航天器军事应用建模与仿真

曹裕华　冯书兴　管清波
张玉军　汪　洲　白洪波　编著

国防工业出版社
·北京·

内 容 简 介

本书是在总结作者近些年教学心得和科研成果的基础上编写的一部学术性较强的军事技术理论著作。全书以航天器侦察监视、通信中继、导航定位、导弹预警、气象探测和电子干扰等功能的建模与仿真为核心内容，详细阐述了航天器的军事应用、仿真结构、仿真流程、数学模型以及支持功能仿真的公共基础模型，系统地介绍了航天器军事应用建模与仿真基础、航天器组网应用和军事应用可视化的建模与仿真、基于STK的航天器军事应用仿真分析等内容。

本书可以作为全军院校军事运筹学、军事航天学、系统建模与仿真等学科专业研究生相关专业课程的教材或教学参考书，也可作为相关领域研究人员的参考资料。

图书在版编目(CIP)数据

航天器军事应用建模与仿真／曹裕华等编著．—北京：国防工业出版社，2010.6
ISBN 978-7-118-06879-5

I.①航… II.①曹… III.①航天器－应用－军事－建立模型 ②航天器－应用－军事－计算机仿真 IV.①V47-39

中国版本图书馆 CIP 数据核字(2010)第 088147 号

※

*国防工业出版社*出版发行
（北京市海淀区紫竹院南路 23 号　邮政编码 100048）
腾飞印务有限公司
新华书店经售

*

开本 787×1092　1/16　印张 17¾　字数 406 千字
2010 年 6 月第 1 版第 1 次印刷　印数 1—3500 册　定价 39.00 元

（本书如有印装错误，我社负责调换）

国防书店：(010)68428422　　　发行邮购：(010)68414474
发行传真：(010)68411535　　　发行业务：(010)68472764

前　言

信息化条件下的局部战争实践表明,航天器在战场态势感知、指挥通信、导航支援等方面的应用不断加强,在现代战争中的地位和作用越来越重要,从而备受世界各国关注,引发了航天器军事应用研究的热潮。建模与仿真是认识世界和改造世界的重要手段,目前,已渗透到各学科和工程技术领域,如生物领域、航天航空领域、水利工程领域等,在军事领域的应用研究也得到了广泛深入的发展。将建模与仿真用于研究航天器的军事应用,将成为认识、发现和掌握航天器军事应用规律的重要方法。

本书以作战模拟的基本理论和方法为指导,以航天器军事应用仿真为研究对象,构建了航天器军事应用模型体系,建立了航天器军事应用的各种功能模型,并进行了航天器军事应用模型的仿真设计,旨在为航天装备体系发展论证、航天器军事应用效能评估、航天器军事应用方式研究以及航天器军事应用模拟训练提供技术支撑,为航天器形成作战能力的探索研究提供支持。

本书分为12章。第1章、第2章是本书的基础部分,介绍航天器军事应用及航天器军事应用建模与仿真的基本思想与方法、模型体系等内容;第3章～第10章是本书的核心部分,介绍航天器侦察、通信中继、导航定位、导弹预警、气象监测和电子干扰等主要军事应用功能的建模与仿真以及支持功能仿真的公共模型和航天器组网应用模型;第11章、第12章是本书的扩展部分,介绍航天器军事应用的可视化仿真和基于STK软件的应用仿真分析方法。

本书由曹裕华、冯书兴设计框架,曹裕华、冯书兴、管清波、张玉军、汪洲和白洪波共同编写。其中,曹裕华负责第1章、第3章、第6章,冯书兴负责第4章,管清波负责第2章、第8章,张玉军负责第5章、第7章、第12章,汪洲负责第9章、第10章,白洪波负责第11章,全书由曹裕华、冯书兴负责统稿和修改。

本书是作者在近几年的教学心得和科研成果基础上整理和深化而成的,同时,也参考或直接引用了国内外的有关文献。撰写过程中,得到了领导和专家的指导、帮助。军事科学院军事运筹分析研究所的江敬灼研究员,装甲兵工程学院的郭齐胜教授,装备指挥技术学院的于小红教授、李智教授认真审读了书稿,提出了宝贵的修改意见。学院科研处的王元钦副部长、学术成果处廖育荣处长、钱坤参谋、试验指挥系白杨政委和廖学军副主任给予了支持和帮助,在此一并表示衷心的感谢。

另外,还要特别感谢相关课题组的王鹏、滕崇志、蒲波、白庆华、刘刚、郏启军等同志,书中的有些内容来源于他们的思想和研究工作。

由于作者水平有限,不妥之处敬请读者批评指正。

作者
2010 年 4 月于怀柔

目　　录

第1章 航天器军事应用概述

航天器的军事应用受到世界各国尤其是军事大国的高度重视,各类航天器在通信保障、战场感知、导航定位及导弹预警等方面的作用和地位日益突出。以空间侦察监视系统、通信保障系统、导航定位系统、气象保障系统为主的、直接用于作战支持的天基综合信息系统,为部队作战行动提供了全面支援,对现代作战的进程和结局产生了巨大而深远的影响。

1.1 航天器概述

航天器是在地球大气层以外的宇宙空间,基本上按照天体力学的规律运行的各类飞行器,又称空间飞行器。世界上第一个航天器是苏联于1957年10月4日发射的"人造地球卫星"1号,第一个载人航天器是苏联航天员 IO. A. 加加林乘坐的东方号飞船,第一个把人送到月球上的航天器是美国"阿波罗"11号飞船,第一个兼有运载火箭、航天器和飞机特征的航天飞机是美国"哥伦比亚"号航天飞机。至今,航天器还都是在太阳系内运行。航天器为了完成航天任务,必须与运载器、航天器发射场和回收设施、航天测控和数据采集网和用户台站(网)等互相配合、协调工作,共同组成航天系统。其中,航天器是执行航天任务的主体,是航天系统的主要组成部分。

1.1.1 航天器的组成及功能

航天器由不同功能的若干分系统(或系统)组成,一般分为专用系统和保障系统两类。专用系统又称有效载荷,用于直接执行特定的航天任务;保障系统又称通用载荷,用于保障专用系统的正常工作。

各类航天器的保障系统往往是相同或类似的,其组成结构如图1-1所示,一般包括以下一些系统:

(1)结构系统。用于支承和固定航天器上的各种仪器设备,使它们构成一个整体,以承受地面运输、运载器发射和空间运行时的各种力学和空间环境,其结构形式主要有整体结构、密封舱结构、公用舱结构、载荷舱结构和展开结构等。航天器的结构大多采用铝、镁、钛等轻合金和增强纤维复合材料。

(2)热控制系统。热控制系统又称温度控制系统,用来保障各种仪器设备在复杂环境中处于允许的温度范围内。航天器热控制措施主要有表面处理,包覆多层隔热材料,以及使用热控百叶窗、热管和电加热器等。

(3)电源系统。用来为航天器所有仪器设备提供所需的电能。人造地球卫星大多采用蓄电池电源和太阳电池阵电源系统,空间探测器采用太阳电池阵电源系统或空间核电

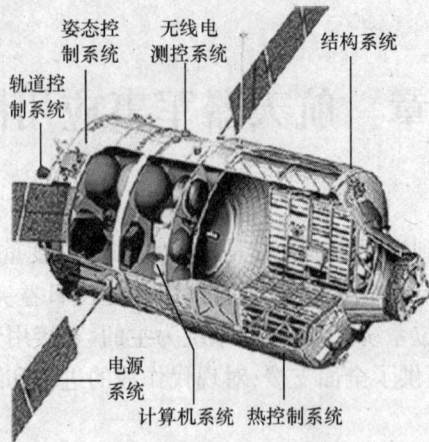

图 1-1　航天器组成结构

源,而载人航天器大多采用氢氧燃料电池或太阳电池阵电源系统。

(4)姿态控制系统。用来保持或改变航天器的运行姿态。航天器一般都需要姿态控制,例如,使侦察卫星的可见光照相机镜头对准地面,使通信卫星的天线指向地球上某一区域等。常用的姿态控制方式有三轴姿态控制、自旋稳定、重力梯度稳定和磁力矩控制等。

(5)轨道控制系统。用来保持或改变航天器的运行轨道。航天器轨道控制以轨道机动发动机提供动力,由程序控制装置控制或地面航天测控站遥控。

(6)无线电测控系统。无线电测控系统包括无线电跟踪、遥测和遥控 三部分。跟踪部分主要有信标机和应答机,它们不断发出信号,以便地面测控站跟踪航天器并测量其轨道。遥测部分主要由传感器、调制器和发射机组成,用于测量并向地面发送航天器的各种仪器设备的工程参数(如工作电压、温度等)和其他参数(如探测仪器测量到的环境数据、敏感器测量到的航天器姿态数据等)。遥控部分一般由接收机和译码器组成,用于接收地面测控站发来的遥控指令,传送给有关系统执行。

(7)返回着陆系统。专用于返回型航天器,保障航天器安全、准确地返回地面。一般由制动火箭、降落伞、着陆装置、标位装置和控制装置等组成。

(8)生命保障系统。专用于载人航天器,用以维持航天员正常生活所必需,一般包括温、湿度调节、供水供氧、空气净化和成分检测、废物排除和封存、食品保管和制作、水的再生等设备。

(9)应急救生系统。应急救生系统专用于载人航天器。当航天员在任意飞行阶段发生意外时,用以保证航天员安全返回地面,一般包括救生塔、弹射座椅、分离座舱等救生设备。它们都有独立的控制、生命保障、防热和返回着陆等系统。

(10)计算机系统。用于存储各种程序、进行信息处理和协调管理航天器各系统工作。例如,对地面遥控指令的存储、译码和分配,对遥测数据预处理和数据压缩,对航天器姿态和轨道测量参数的坐标转换、轨道参数计算与数字滤波等。

航天器的专用系统种类很多,因航天器执行的任务不同而不同,如侦察卫星的可见光相机、电视摄像机、合成孔径雷达或无线电信号接收机,通信卫星的信号处理器、转发器和通信天线,导航卫星的双频发射机、高精度振荡器或原子钟等。单一用途航天器装有一种类型的专用系统,多用途航天器装有几种类型的专用系统。例如,法国的"太阳神"1A光学成像侦察卫星除携带光学相机外,还带有无线电信号接收机。

由于携带的专用系统不同,航天器所具有的功能不同,主要包括以下几方面。

(1)信息获取功能。航天器平台通过光电遥感器,如微波扫描仪,多光谱扫描仪,可见光相机,红外相机,多光谱相机,CCD相机,电视摄像机,合成孔径雷达,红外、射线和电磁脉冲探测器,无线电接收与检测装置等,从空间获取位于陆地、海上、空中和空间的目标与环境信息,为指挥员及其指挥机关的指挥决策和部队作战行动提供情报信息服务。

(2)信息传输功能。航天器平台通过通信天线、信号处理器、信号转发器等专用系统,从空间传输和分发声音、图像、数据和数字等战略战术和战场信息,向指挥人员和作战部队传送情报中心的情报产品,以满足多军兵种联合作战对指挥控制、协同作战、火力打击和作战保障的需要。中继传输功能还用于对各类低轨航天器的指令数据传输,扩大低轨航天器的测控覆盖范围。

(3)导航定位功能。由多颗携带双频发射机、高精度振荡器或原子钟等专用系统的导航卫星及其他保障系统组成卫星导航定位系统,处于地面、海洋、空中和空间的用户通过接收导航卫星发出的信号,确定自己所处的位置、运动的速度和当时的时间。信息化条件下的局部战争中,全天时、全天候、连续、实时的导航定位功能对指挥决策、协调控制、部队机动、单兵行动等具有重要作用。

(4)信息战功能。从航天器平台利用电子干扰器等武器载荷,对对方空间信息系统实施信息封锁、信息阻塞、信息欺骗、信息摧毁,达到破坏其数据通信或使其信息获取单元、信息节点和最终用户单元获取不到正确信息的目的。同时,在空间采用信息伪装、规避、保密、拒堵等方法对己方信息和信息系统进行防护。

(5)在轨服务功能。航天员或地面控制人员通过航天器平台在空间中对其他在轨运行的航天器进行各类操作,包括组装、维修、回收与释放等传统操作(已应用于空间站的建设),以及俘获、补给、升级等新型操作,如图1-2所示。在轨服务功能既可提高己方航天器的生存能力,也可对目标航天器实施接近、观察、俘获等。

图1-2 美国"前端机器人近期演示验证"在轨服务项目

1.1.2 航天器的分类

航天器按照应用目的可以分为民用航天器、商用航天器和军用航天器。民用航天器是专为经济社会服务的航天器,商用航天器是专为商业目的服务的航天器,而军用航天器是专门用于军事目的的航天器。有的航天器兼有军事和民用目的,称为军民两用航天器。迄今,世界各国已发射了约6000个航天器,根据美国"忧思科学家联盟"2008年1月公布的全球卫星数据库,目前在轨运行的约845个,其中军用或军民两用航天器约占70%。由此看出,航天技术已成为世界经济发达国家军事技术特别是军事高技术不可缺少的重要组成部分。本书所指的航天器主要是军用航天器(也包括军民两用航天器)。

军用航天器大致可分为三类:第一类是已经大量使用的军用卫星;第二类是处于研究发展中的天基武器;第三类是处于试验阶段的军用载人航天器。每类航天器还可以继续细分,如图1-3所示。

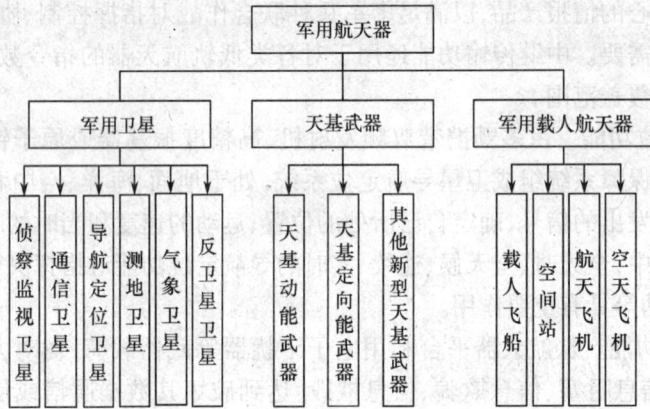

图1-3 军用航天器的分类

1. 军用卫星

军用卫星是指专门用于各种军事目的的人造地球卫星的统称,按用途可分为侦察卫星、通信卫星、导航卫星、测地卫星、气象卫星和反卫星卫星六种。

(1)侦察卫星。侦察卫星是用于获取军事情报的人造地球卫星。它利用光电遥感器、照相设备和无线电接收机等侦察设备,从轨道上对目标实施侦察、监视或跟踪,以搜集地面、海洋或空中目标的情报。根据不同的侦察手段和侦察任务,侦察卫星可以分为照相侦察卫星、电子侦察卫星、海洋监视卫星和导弹预警卫星四种。照相侦察卫星主要通过可见光遥感器搜集目标反射的光来获取图像,用于侦察机场、海港、导弹基地、交通枢纽、城市设防、工业布局、兵力集结以及军事部署等情报,这种卫星一般运行于高度为150km~1000km的近地轨道上。电子侦察卫星装有电子侦察设备(包括天线和无线电接收机),用来侦察防空雷达和反导弹雷达的位置和分辨力特性,窃听国外遥测和通信等机密信息以获取情报,这种卫星一般运行在高度为300km~500km的近圆形轨道上。海洋监视卫星用来监视海洋上的舰船和潜航中的潜艇等活动目标,装有能实时传输信息的侦察设备,这种卫星为了能对广阔的海洋进行连续监视,一般要由多颗卫星组成监视卫星网。导弹预警卫星是监视和发现敌方发射战略导弹并发出警报的卫星,这种卫星通常运行在地球同步轨道或周期约12h的大椭圆轨道上,一般要由几颗卫星组成预警卫星网。

(2)通信卫星。以卫星作为中继站而进行的无线电通信称为卫星通信。作为无线电信号中继站的卫星称为通信卫星。卫星通信具有覆盖范围大、通信距离远、通信容量大、传输质量高、机动性好和生存能力强等优点,因而在军事通信中有着举足轻重的作用。军事通信卫星通常可分为战略通信卫星和战术通信卫星两大类。战略通信卫星通常在地球同步轨道上运行,为远程直至全球范围的战略通信服务。战术通信卫星一般在以12h为周期的椭圆轨道上运行,主要为军用飞机和水面舰艇的机动通信服务。

(3)导航卫星。导航卫星是为航天、航空、航海、巡航导弹和洲际导弹等提供导航信号与数据的卫星。至今,导航卫星系统已经发展了两代,第一代以美国"子午仪"卫星导航系统为代表;第二代以美国"导航星"全球定位系统为代表。

"子午仪"导航卫星系统是美国20世纪60年代建立的,由均匀分布在6个近圆形近极地轨道上的6颗"子午仪"导航卫星组成,轨道高度1100km,周期为107min～108min,在飞行过程中卫星每隔2min同时以两个非常稳定的频率向地面发送导航信号。地面用户可逐次利用不同的卫星来导航定位,平均每次定位时间为8min～10min。用于军事导航的定位精度为6m左右,通过多次定位可达2m以内。但是,"子午仪"导航卫星只能提供经度和纬度,不能定出高度,也不能连续导航,平均定位间隔时间达1.5h,不能满足飞机和导弹的三维空间定位要求。1996年底,该卫星终止了导航任务。

"导航星"全球定位系统(GPS)可为地面车辆、人员以及航空、航海、航天等领域的飞机、舰船、潜艇、卫星等进行导航和定位;可为洲际导弹的中段制导,作为惯性制导系统的补充,提高导弹的精度;还可用于大地测量、空中加油、空运、航空交通控制和指挥等。它由分布在6个轨道面内的21颗工作卫星和3颗备用卫星组成,卫星轨道高度约为20000km,轨道倾角55°,全球各地的所有用户在任何时候至少可以同时收到4颗导航卫星的信号。所以"导航星"全球定位系统能24h连续不间断地提供三维位置、三维速度和精确的时间信息,定位精度可达10m,测速精度小于0.1m/s,授时精度可达100ns。

苏联也于1982年开始建立全球导航卫星系统(GLONASS),目前已有18颗导航卫星在太空工作。该系统的定位精度为30m～100m,测速精度为0.15m/s,授时精度为1μs。

(4)测地卫星。用来测定地球形状、地球重力场以及地面上任何一点位置的卫星称测地卫星。由于地球重力场分布不均匀和测量误差等原因,原有地图上标明的各种地理位置常与实地不符。这对导弹弹道的计算、飞机和导弹的惯性制导及巡航导弹的地图匹配制导都会造成很大影响。如果不用测地卫星准确测定有关数据,就会产生相当大的误差,降低命中精度,影响战略武器的效能。至今,美国和苏联发射了一系列测地卫星,完成了一系列的军事测地任务。

(5)气象卫星。气象卫星就是一个无人高空气象站,是从外层空间对地球及其大气层进行气象观测的人造地球卫星。卫星上装有各种扫描辐射仪、可见光和红外电视摄影机、温度和湿度探测器以及自动图像传输设备。这些设备将搜集到的各种气象数据,通过计算机处理后变成感光图像或转换成电信号记录在磁带上,然后发回地面。地面气象人员把通过卫星获得的气象资料同其他方法获得的气象资料一起进行综合分析后,就可以准确地预报天气。

(6)反卫星卫星。反卫星卫星是一种对对方的卫星实施摧毁或使其失效的人造地球卫星,也称拦截卫星。这种卫星上装有跟踪识别装置和杀伤武器,并使其具有一定的机动变轨能力,以识别、接近并摧毁对方卫星。反卫星卫星有两种类型:一种是携带有常规炸药的卫星,当它在轨道上接近目标卫星时,以地面遥控或自动引爆的自毁方式与目标卫星同归于尽;另一种是装备有导弹或速射炮的卫星平台,当目标卫星进入武器的射程之内时便进行发射并摧毁目标卫星。

2. 天基武器

天基武器是指布置在地球的外层空间,用于威胁对方空间、空中、地面、海上目标的武器系统(图1-4)。目前,世界上已经研制和正在研制的天基武器主要有部分轨道轰炸系统、天基定向能武器、轨道激光反射镜和动能拦截器(KKV)等。

图1-4 天基反卫星武器系统

天基武器主要由天基武器平台和天基武器载荷组成。天基平台与其他航天器平台一样,武器载荷主要包括动能武器载荷和定向能武器载荷,其中,定向能载荷包括高能激光、高能微波和高能粒子束等。根据所携带的武器载荷不同,天基武器分为天基动能武器、天基定向能武器和其他新型天基武器。天基动能武器包括轨道轰炸器、电磁炮、动能拦截器等;天基定向能武器主要包括天基激光武器、天基微波武器和天基粒子束武器等;其他新型武器主要有作战飞行器、作战机器人等。

3. 军用载人航天器

载人航天器包括载人飞船、空间站、航天飞机和正在研制中的单级火箭式的空天飞机,它们都可执行军事任务。

(1)载人飞船。它是一种能够保证宇航员在空间轨道上生活和工作以执行航天任务并可返回地面的航天器。它的运行时间有限,仅能一次性使用,可独立进行航天活动,也可以作为往返于地面和空间站之间的"渡船",还能与空间站或其他航天器在轨道上对接进行联合飞行。典型的载人飞船由对接装置、轨道舱、返回舱、仪器设备舱和太阳能帆板等部分组成。载人飞船的军事用途主要包括以下几方面:

① 为发展新的军事航天器作技术准备。

② 对特定目标进行观察和侦察。

③ 作为空间站与地面之间的运输工具。

(2)空间站。空间站也称航天站或轨道站,是一种在固定轨道上长期运行的、可载人从事太空活动的巨型卫星体和永久性空间基地。其突出特点是:有数个对接口,可同时和数个航天器对接组成大型轨道联合体;可变轨机动;可在轨道上永久载人。就目前来看,它主要具备侦察监视、指挥控制、拦截摧毁、组装维修和支援、保障功能。

(3)航天飞机。它是一种可以重复使用、往返于地面和高度在数百千米以下的近地轨道之间的兼有运载器和航天器双重功能的飞行器。航天飞机的研制成功是航天技术的重大突破,是人类航天史上一项划时代的成就。自1981年4月12日美国"哥伦比亚"号航天飞机首次遨游太空,至今,航天飞机已进行了近百次轨道飞行,完成了大量的微重力科学与应用研究、生命科学和医学研究,以及卫星的发射与回收等多种任务。航天飞机比火箭、卫星和飞船具有更多的优点和用途,在军事上有着发射、维修、回收卫星,侦察与监视地面军事目标,指挥和控制地面军事力量,组装与维修空间军事设施,拦截与摧毁卫星、导弹等应用潜力。

美国"亚特兰蒂斯"号航天飞机如图1-5所示。

图1-5 美国"亚特兰蒂斯"号航天飞机

(4)空天飞机。空天飞机是航空航天飞机的简称,是一种集航空航天双重技术于一身,同时具有航空与航天两种功能的新型航天飞机。其突出特点是:可水平起降、连续使用,可自由出入太空,飞行速度极快(5倍~25倍声速),经济效益好,用途广泛。就目前情况来看,空天飞机可遂行侦察照相和探测,执行部署、维修、回收卫星,太空攻击,作为战时空间预备指挥所以及实施战略轰炸等多项军事任务。

1.1.3 航天器的特点

由于所处的空间位置不同,航天器在运动方式、环境与可靠性、控制、系统技术和军事应用等方面都有显著的特点。

(1)运动方式。航天器大多不携带飞行动力装置,在极高真空的宇宙空间靠惯性沿着固定轨道自由飞行。航天器的运动速度为8km/s~十几千米/秒,这个速度是入轨前由运载器提供的。航天器的轨道是事先根据航天任务来选择和设计的,与航天器的运行速度密切相关。有些航天器带有动力装置,如小火箭发动机,是用来变轨或轨道保持。

(2)工作环境与可靠性。航天器由运载器发射送入宇宙空间,长期处在高真空、强辐射、失重的环境中,有的还要返回地球或在其他天体上着陆,经历各种复杂环境。航天器工作环境比航空器环境条件恶劣得多,也比火箭和导弹工作环境复杂。发射航天器需要比自身重几十倍到上百倍的运载器,航天器入轨后,需要正常工作几个月、几年甚至十几

7

年。因此,质量轻、体积小、高可靠、长寿命和承受复杂环境条件的能力是航天器材料、器件和设备的基本要求,也是航天器设计的基本原则之一,对于载人航天器来说,可靠性要求更为突出。

(3)航天器控制。绝大多数航天器为无人飞行器,各系统的工作要依靠地面遥控或自动控制,虽然航天员对载人航天器各系统的工作能够参与监视和控制,但是仍然要依赖于地面指挥和控制。航天器控制主要是借助地面和航天器上的无线电测控系统配合完成的。航天器工作的安排、监测和控制通常由航天测控和数据采集网或用户台站(网)的中心站的工作人员实施,随着航天器计算机系统功能的增强,航天器自动控制能力在不断提高。

(4)系统技术。航天器运动和环境的特殊性以及飞行任务的多样性使得它在系统组成和技术方面有许多显著特点。航天器的电源不仅要求寿命长、比能量大,而且还要功率大,从几十瓦到几千瓦,所用的太阳电池阵电源系统、燃料电池和核电源系统都比较复杂,涉及到半导体和核能等多项技术。航天器轨道控制和姿态控制系统不仅采用了很多特有的敏感器、推力器和控制执行机构以及数字计算装置等,而且应用了现代控制论的新方法,形成为多变量的反馈控制系统。航天器结构、热控制、无线电测控、返回着陆、生命保障等系统以及多种专用系统都采用了许多特殊材料、器件和设备,涉及到众多的科学技术领域。航天器的正常工作不仅取决于航天器上各系统的协调配合,而且还与整个航天系统各部分的协调配合有密切关系。航天器以及更复杂的航天系统的研制和管理,都必须依靠系统工程的理论和方法。

(5)军事应用。按照国际法准则,空间无国界,航天器能够合法停留或经过他国领土上空从事侦察等军事活动,不受国界、领海、领空的限制,也不受地形条件和大气环境的制约。在轨道机动能力允许的情况下,航天器可以任意机动,其作战应用的自由度大大增加。航天器在轨运行,具有高度优势(一般高于150km),对地球表面的覆盖面积大,恰当地选择航天器的轨道参数,并通过组网,就能满足各种作战任务对地覆盖范围和覆盖时间的要求。例如,2颗~4颗静止轨道卫星就基本可完成全球通信、气象观测、导弹预警及天基测控任务。另外,空间真空度高,阻力极低,航天器无需太多燃料就能长期运行,其作战持续能力很长,适于长期作战应用。

1.2 航天器在现代作战中的应用分类

在未来信息化战争中,航天器可以为各种作战行动提供情报信息支持和保障,能够完成情报侦察支持、指挥通信保障、防天监视和预报、大地和海洋测绘支持、导航定位支持、气象保障、海洋监视、战场监测、导弹及空袭的早期预警、打击效果评估以及对其他军兵种作战支援等多种任务,具有多种应用类型。

1.2.1 侦察监视应用

利用航天器系统发现、识别和监视陆、海、空、天的各种目标,获取目标信息(特别是动态敌情信息),在经过快速处理后,提供给联合作战指挥机关和作战单元的过程,其目标是实现对对方指挥中心、机场、弹道导弹发射架、防空导弹基地、交通枢纽等重要目标全天时、全天候地侦察与监视,为主战武器提供目标打击指示和进行打击效果评估等。按照航天器携带的专用系统和侦察监视的对象,航天器的侦察监视应用可以分为成像侦察应用、电子侦察应用、海洋监视应用和空间目标监视应用等。

（1）成像侦察应用。成像侦察是利用航天器平台上的光学、光电或微波成像遥感器获取目标图像信息,经过处理提供目标信息的过程。获取目标信息所使用的遥感器主要有可见光相机、红外相机、多光谱或超光谱相机、微波成像雷达等。为提高图像的地面分辨力,侦察卫星一般运行于 200km ~ 1000km 的低地球轨道,可见光照相的详查空间分辨力优于 0.5m,普查空间分辨力优于 2m,可获得极高的图像分辨力,对目标的定位误差小于 100m,而且信息直观;红外、多光谱成像的空间分辨力优于 10m,能实施夜间侦察,具有一定识别伪装的能力,但是与可见光照相一样受气象条件的影响;多光谱成像的谱段分辨力达 10nm ~ 20nm,具有识别伪装和揭示更多目标特征的能力,对目标的定位误差小于 100m;微波成像的空间分辨力优于 5m,具有全天候、全天时侦察能力,对目标的定位误差小于 100m。侦察卫星对目标侦察的时间分辨力为 2h ~ 4h,对某一战区侦察的时间分辨力为 3 天 ~ 5 天。分辨力优于 1m 的成像侦察信息可以用于确认和鉴别各类车辆和装置;分辨力几米的成像侦察信息可用于识别车辆位置和特征;分辨力几十米的成像侦察信息可用于定位机场、军事基地等目标。

（2）电子侦察应用。电子侦察是利用航天器平台上的无线电接收装置侦收雷达、通信和遥测等系统发射和辐射的电磁信号,通过对获得的电磁信号进行加工处理和破译,获取这些辐射源的各种技术参数和精确的地理位置,并向用户提供电子侦察情报的过程。任务目标是侦收敌方的雷达信号,测定其战术技术参数、位置,判明其类型、用途以及与之相关的防空系统、武器系统的配置情况;侦收、分析敌方的遥控、遥测信号,掌握其战略武器系统的性能、试验情况和发展动向;截获敌方的无线电通信,获取其情报;长期监视敌电磁辐射源的变化情况,获取其电子设备发展水平以及部队配置和活动规律等情报。电子侦察的谱段分辨力为 3MHz ~ 10MHz,对目标的定位误差小于 4km。空间电子侦察具有范围广、速度快、效率高、不受国界和天气条件限制等优点,可以对敌方进行长时间、大范围的连续侦察监视,获取实效性很强的电子侦察信息。

（3）海洋监视应用。海洋监视是利用海洋监视卫星进行电子侦察和成像侦察,发现和识别海洋目标,确定其位置、航向和航速等信息,并向情报用户提供海洋监视信息的过程。海洋监视卫星有电子型和雷达型两种。电子型海洋监视卫星又称被动型海洋监视卫星,一般采用多颗卫星上的电子侦察设备同时截获海面目标发射的无线电通信信号和雷达信号,以测定目标的位置和类型。与导航卫星采用的双曲线导航法类似,通过测出 2 颗卫星收到海面某信号源的时间差（两卫星到信号源的距离差）,即可获得以这 2 颗卫星为焦点的双曲面,再用另外 2 颗卫星又可获得一双曲面,两双曲面的交线与地面的交点就是海面信号源的位置。雷达型海洋监视卫星又称主动型海洋监视卫星,它载有大功率、大孔径、核动力雷达,发射雷达波束对海面扫描并接收由目标反射的回波信号,以确定舰船的位置和外形尺寸。通常,由 2 颗卫星配对工作同时进行测量,这样可以消除或减少海面杂波的干扰,容易探测到较小的目标。

（4）空间目标监视应用。空间目标监视主要利用天基空间目标监视系统对空间目标进行探测跟踪、定轨预报、识别编目、侦收分析,以获取情报,并向情报用户提供空间目标监视信息的过程。空间目标监视具有监视面积大、范围广、可定期或连续监视空间等特点,对于军事、政治、经济、科学和外交等多个领域具有重要的作用。此外,空间目标监视在满足实战要求、及时获取准确的目标信息方面还有如下特点:

① 极强的监视能力。随着雷达等探测设备技术的发展,空间目标监视系统具有极强的监视能力,包括远距离探测能力、多目标处理能力、高数据率处理能力、高精度测量能力、高分辨力能力和目标识别能力等。

② 实时性。充分利用系统的监视能力以及各分系统的协调作业,可以获得空间目标的实时信息,并实时下发给作战单元,从而提高了作战效率。

1.2.2 导航定位应用

导航定位是利用运行于地球中高轨道的卫星星座连续向地球表面发射带有准确发射时间以及卫星在空间准确位置等信息的无线电信号,地球表面及近地空间的导航接收机通过接收多颗卫星信号并进行测距而给出其载体的准确位置、速度和时间的过程。其目标是为力量投送、目标定位、武器的精确制导提供全球性、全天候的导航、定位与授时信息服务。

根据用户是否需要向卫星发射信号,导航卫星系统分为主动式(有源)导航卫星系统和被动式(无源)导航卫星系统;按导航方法可分为多普勒测速导航卫星系统和时间测距导航卫星系统;按覆盖区域可分为全球导航卫星系统和区域导航卫星系统。

导航卫星系统由空间段、控制段(或地面段)和用户段组成。空间段由多颗导航卫星组成导航卫星星座,卫星发送高精度的导航信号,它是导航卫星系统的主体;控制段由卫星跟踪站、数据注入站、时统中心、计算中心和控制中心组成,负责卫星及星座控制、数据注入、时间同步和信息处理;用户段由各种形式、数量众多的用户接收设备组成,用户设备接收卫星发送的导航信息,经处理产生精确的位置和时间信息。导航卫星在空间做有规律的运动,卫星每时每刻的轨道位置都可以精确预报。用户接收卫星发射的无线电导航信号,通过测量信号到达的时间或多普勒频移,分别获得用户相对于卫星的距离或距离变化率等导航数据,并依据卫星发送信号的时间、卫星轨道参数(星历)计算出卫星的实时位置,从而确定用户的位置等导航、定位数据。目前,导航定位卫星对高动态目标的定位精度达到 50m,测速精度达到 0.1m/s;对低动态目标的定位精度达到 20m,测速精度达到 0.1m/s;对固定目标的定位精度达到 5m。

海湾战争和对伊战争中,美国大量使用 GPS 制导的巡航导航、GPS 制导炸弹等各种 GPS 精确制导武器,取得了良好效果,GPS 制导已成为实现外科手术式打击的重要手段。未来的导航卫星系统将具有更高的导航、定位与授时精度,提供更多的导航信号,同时其抗干扰能力、自主导航能力将不断提高。

1.2.3 信息传输应用

空间信息传输是实施战略战役甚至战术通信的主要手段,是构成作战指挥信息系统不可缺少的重要一环。它主要是通过各种通信卫星转发无线电信号,实现用户之间或用户与航天器之间的通信,可传输电话、电报、电视、传真和数据等。有了环绕地球飞行的通信卫星作为信息中转站,实施作战指挥时,作战单元之间、作战单元与指挥机关之间的空间位置的分散已变得无关紧要,从最高统帅部到联合作战指挥机构,再到参战军兵种力量的各级指挥机构,甚至到单兵之间的联系便可以畅通无阻,实现参战部队有效指挥与控制。

与一般通信方式相比,通信卫星由于采用自适应调零天线技术、星上处理技术等先进技术,在执行信息传输任务时,具有通信距离远、传输容量大、覆盖区域广、通信质量好、经济效益高等优点。例如,1 颗地球同步通信卫星可覆盖 40% 的地球表面,在赤道上空等间距放 3 颗即可实现除南、北两极局部地区外的全球通信,无线电信号从地球站经通信卫星传回地球站,时延仅 0.24s,可实现近实时通信。因此,卫星通信已成为现代通信的重要手段,尤其卫星通信的多址灵活性和可移动性等特点,对联合作战的指挥控制具有特别重要的意义,能很好地满足联合作战对通信的特殊需求。例如,海湾战争期间,美国本土中央司令部与海湾前线指挥部及各军兵种之间的战略通信任务,主要是依靠卫星链路——从沙特阿拉伯到美国本土 90% 的通信业务都经由通信卫星传输,战术通信任务很多也通过配备、使用卫星通信终端完成;阿富汗战争期间,通信卫星系统将从美国本土到战区、阿拉伯半岛基地到阿富汗及其周边国家地区有机无缝地联系在一起,为美军实现全球指挥起到了决定性作用;伊拉克战争期间,美军卫星通信系统用以提供战略通信和战术通信,使得美军从目标确定到对其实施摧毁的时间也缩短到前所未有的程度:一架"B-1B"轰炸机,在接到新的命令后,仅用了 12min 就将炸弹准确地投向目标。

1.2.4 导弹预警应用

导弹预警是利用卫星预警系统,从空间监视、发现和跟踪敌方导弹等飞行器的发射和飞行,及早发出来袭警报、识别导弹类型、估计飞行弹道参数和预报落点。卫星预警系统从功能结构上划分包括空间预警卫星和地面系统两大部分。其中空间预警卫星包括部署在高轨道和中低轨道上的各类预警卫星,通过安装在航天器平台上的传感器,对弹道导弹、空间飞行器、远程轰炸机和巡航导弹等预警对象进行探测、发现、识别和跟踪;地面系统包括运行控制、应用、信息传输分发、终端等系统,其功能是完成对预警卫星及其星座的运行控制,接收各种预警卫星传回来的探测数据,对预警卫星获得的探测数据进行处理并提取出预警信息,向各种用户发布预警信息,通过终端设备将预警信息嵌入各级指挥决策机构和武器平台,为实施防空袭、反卫星、导弹拦截或反击作战提供信息支持。卫星导弹预警采用可见光、近红外、中红外、热红外四个扫描波段探测器,红外波段分辨力为 15m,可见光分辨力为 4m~5m,监视宽度为 100km~200km。卫星导弹预警对目标的定位误差小于 10km。

1.2.5 环境探测应用

环境探测是利用航天器环境探测系统获取地球大气、海洋、空间环境信息,以探测天气变化、辐射环境、水文资料、海洋环境等要素,在对探测信息综合处理后,向用户提供环境信息及其对作战影响的分析结论的过程,包括对作战部队的部署、作战行动、武器装备的使用以及对 C^4ISR 系统运行的影响等。按照探测环境类型,可以分为气象探测、海洋环境探测、陆地观测、空间环境探测等。

气象探测是利用航天器平台上携带的各种气象遥感仪器,接收和测量地球及其大气层的可见光、红外与微波辐射,并将它们转换成电信号传送到地面用户的过程。

海洋环境由海空(包括低层大气的云、雨、雾和风等)、海表(包括浪、流、风暴潮、潮汐、海冰和水温等)、海体(包括浅海、深海中的内波、环流、跃层、声道、密度、盐度、温度和透明度等)和海底(包括地质、地貌和磁场等)的多种类海洋要素和人为现象(包括舰艇噪声、战场烟雾等)所组成。卫星海洋环境探测是利用卫星平台上的遥感器对发生在海空、海表、海体和海底的物理过程、物理现象和海洋要素进行探测,从而为作战提供海洋环境信息的过程。

陆地观测是利用航天器平台上的光学、红外或微波遥感设备,收集陆地表面辐射或反射的多种波段的电磁波信息,并记录下来,由传输设备发送回地面进行处理和加工,判读资源、地形和景物等信息的过程。其中,陆地观测卫星多采用太阳同步轨道,采用对地定向的三轴稳定控制方式,星上遥感器按工作波段分为两类:可见光和红外遥感器、微波遥感器。测绘卫星的定位精度优于 50m,高程精度优于 5m,可提供 1:25000 的地形图。

空间环境探测是利用航天器携带的探测仪器对空间物理环境进行直接探测,获得大量定量的空间环境信息,从而为研究空间环境对航天器的影响提供支持。

1.2.6 作战支援应用

在未来信息化战争中,航天器的作战支援包括信息战支援和火力战支援。信息战支援是利用航天器平台协同其他军兵种参与干扰、破坏和毁伤对方信息、基于信息的过程、信息系统和基于计算机的网络,同时保卫己方的信息、基于信息的过程、信息系统和基于计算机的网络,从而取得制信息权,包括指挥控制战支援、心理战支援和网络战支援等具体行动样式。

指挥控制战支援是利用航天器平台参与对对方指挥控制系统所实施的干扰/反干扰、破坏/反破坏,包括对对方指挥控制信息的获取与识别、对指挥控制信息过程的截断与破坏、对指挥控制系统的摧毁与瘫痪等,同时也包括直接破坏对方用于侦察和监视的空间信息系统,以及利用空间电子设备或装置对对方相应设备或装置所进行的电磁斗争,以便增强/减弱、保护/破坏相应电子设备或装置对信息的获取、存储、处理、传输能力以及截获/反截获信息流的能力;心理战支援是利用航天器平台向敌人传播心智的信息来影响对方人员的感觉和意志,从而俘虏敌人的心智和感情,使其心灵随意于自己的作战行动;网络战支援是利用航天器平台,通过软件技术手段破坏对方的信息链路节点中心的计算机系统,关闭/破坏对方信息链路节点中的计算机系统或从该点获取部队的作战信息,使用这些信息来延迟、改变或停止其作战行动。

未来的空间不仅是信息战的战场,也将是火力支援的战场。空间武器具有速度快、射程远、精度高、威力大等突出特点,是一种新的打击平台。随着空间武器的发展应用,从空间直接攻击地球表面目标或拦截弹道导弹,将成为重要的作战手段。例如,高能激光武器发射的高能激光以光速射向目标,电磁轨道炮可以发射速度达 20km/s ~ 30km/s 的弹丸,可以撞毁任何坚固的目标。再如,利用作战飞行器、轨道轰炸器、弹道导弹等进攻性武器,从空间对陆地、海上、空中敌纵深内的重要目标实施火力打击,可瘫痪敌作战体系,削弱敌整体作战能力,最终达到加速战役进程的目的。可以说,在未来信息化战争中,制天权日益成为信息化部队、信息化武器和打赢信息化战争的重要前提,并将发挥极为关键的作用。在和平时期拥有制天权,对于遏制战争、维护国家利益将具有十分重要的现实意义,是国家威慑力量的重要组成部分。

总之,航天技术和空间信息系统的不断发展,使信息化作战行动越来越离不开航天器的运用,离不开空间信息系统的支持,谁控制了太空,谁就拥有空间优势,谁就能在战争中拥有主动权。

1.3 航天器在现代作战中的应用特点

航天器是未来信息化战争的重要武器装备,相比其他军兵种的武器装备具有独特的优势。例如,航天器运行在地球外层空间,具有明显的居高临下的位置优势,能够从更高的点位监视与控制陆海空战场;航天器以当代最先进的技术为基础,其战术技术性能明显优于其他军兵种的武器装备;航天器使用的是光能和电磁能,速度很快,威力很大等。因此,航天器在现代作战中的应用具有鲜明特点。从 20 世纪 80 年代以来的局部战争看,航天器在现代作战中的应用特点主要表现在每战必用、最先应用、全程应用、集中应用等方面。

1.3.1 每战必用

航天器技术的发展和应用,导致了作战方式的变革。"空间军事化、战场化"是近几场高技术局部战争的一个显著特征:或者是海空一体战,或者是空地一体战,或者是独立的空中作战,或者是空天一体战,或者是陆、海、空、天一体战——无论以什么方式作战,也无论在什么空间实施作战,有时可以没有海上舰艇,有时可以没有地面军队,但不能缺少的是举足轻重的空间力量和航天装备。据有关资料统计,在第二次世界大战后发生的军事行动中,80% 以上动用了军用航天器。20 世纪 80 年代以来的高技术局部战争,航天器几乎是每战必用,例如,海湾战争美国在太空部署了 34 颗卫星;科索沃战争美军及其盟国投入了 89 颗军用卫星;伊拉克战争美军投入了 70 多颗军用卫星。

之所以如此,与局部战争的有限性和军用航天器的威慑能力及优越的战技性能密切相关。战争目的的有限性和作战手段的有限性是信息化条件下局部战争的两大特点。战争目的是战争的政治属性,主要表现在它是建立在政治需求基础之上的;作战装备(力量)的军事属性则主要表现在它是直接实现战争(或军事)目的的。一般情况下,战争目的直接制约和规定着对作战装备(力量)的选择。高技术局部战争目的的有限性,决定了必须选择能够服从政治需要、可控性强、隐蔽突然、速战速决、可迅速而有效地实现有限战争目的的作战力量与技术装备。

航天器的应用及其所具备的威慑能力和优越的作战技术性能恰恰适应战争有限目的对作战力量和技术装备的苛刻要求,成为高技术局部战争必用的技术装备。首先,航天器在轨运行的全空域、全时域和高精度战场感知能力可以为己方作战行动提供实时准确的战场态势情报;其次,航天器的快速机动能力和超强的威慑能力可以为实现战争的有限目的提供最为迅捷的作战手段;最后,在空间利用航天器实施信息作战增强了作战行动的隐蔽性和风险性,航天器支持下的精确制导武器实施远程打击减少了作战行动的附带损伤与政治风险。

1.3.2　最先应用

在信息化条件下的局部战争中,航天器不仅是每战必用的高技术装备,而且也是每战最先使用的高技术装备,这主要由其具备强大的信息获取、信息传输能力决定的。

1. 最先用于感知获取战场情报

知彼知己,方能百战不殆。"兵马未动,情报先行",已成为现代战争行为的重要规律。为了掌握战争的主动权,保证作战计划的针对性和可行性,掌握航天技术的军队往往在战争发动前就发射和调集大量的航天器,用于航天侦察和信息传输,海湾战争、科索沃战争、阿富汗战争和伊拉克战争都是如此。信息技术的发展,特别是空间信息技术的发展,改变了战场信息获取的传统方法,使知彼知己的手段发生了跨越式变迁,航天侦察系统可以不受任何干扰地窥测地球上的任何目标,它们所具有的独特功能,在使其成为高技术局部战争战场信息获取手段主体的同时,也自然成为最先使用的武器装备。例如,在2002年年底伊拉克战争打响前,英军就把"天网"-4D卫星从大西洋移往伊拉克的正南方,加强对中东地区的观察侦测。

2. 最先用于信息中继传输

把各种渠道获取的目标信息和战场环境信息送回各级各类情报中心,经过处理后生成的情报产品分发到参战部队的各级指挥机构和参战力量单元、武器平台和单兵,由统帅部、参战部队的各级指挥机构拟作出的作战计划、指令分到所属部分队、武器平台,直至单兵,这些联合作战行动前的工作,都离不开通信网络的支持,而通信卫星是通信网络中最为重要的中继节点,可以大大提高用户联系的范围,因此,通信卫星也是联合作战中最先动用的装备之一。例如,伊拉克战争前一个月,美军通过轨道漂移,调整通信卫星的轨道,使其覆盖中东战区,满足通信需求。

1.3.3　全程应用

1. 全程主导信息获取

由于高技术武器尤其是航天武器系统广泛地采用先进的光、电、声、像技术,战场的侦察、监视、警戒,目标的跟踪识别,导弹的制导与控制,武器系统的瞄准与发射,对作战部队的指挥与协调等,都必须通过信息技术来实现。因此,现代战争的实质,主要还是表现为一种空间信息主导下的联合火力打击。在高技术局部战争中,任何一次作战行动和任何一个作战阶段,离开了航天器的应用,就离开了空间信息技术的主导与支撑,作战平台及其武器弹药就不能发挥应有的作用。

2. 全程主导信息传输

(1)保障部队集结、调动与控制,发布指挥员指令。在科索沃战争中,几个军用通信卫星系统,特别是美军的"全球广播服务"系统提供了大容量、快速的信息传递;确保了北约空袭行动的指挥与控制以及北约部队有效的联合作战。

(2)传输、发布各种情报数据。由于战场数字化程度越来越高,现代战争中需要大量情报数据作为保障,所以通信卫星以其高速、大容量等优点被选作优先对象。

(3)为士兵提供个人通信服务。通信卫星在提供个人通信方面具备很大的优势,这一特点尤其适合于单独作战的士兵进行个人通信。在海湾战争中,美国曾利用"国际通信卫星"等卫星为参战人员提供个人通信服务,使他们能与后方的家人通话;在"盟军"行动中,美国航天司令部的支援人员在作战前线架设了保密的通信终端,利用商用卫星为参战人员构筑个人通信链路。

3. 全程实施信息战支援

由于信息对于高技术局部战争具有主导和决定作用,交战双方为取得信息优势而展开的信息战往往十分激烈,侦察与反侦察、干扰与反干扰、欺骗与反欺骗、网络的进攻与防御、信息系统的摧毁与反摧毁等信息战手段是贯穿战争全过程的主要行动。由于具有点位优势,能够取得较好的信息战效果,航天器是实施信息战行动的主要装备,同时,也由于航天器固有的脆弱性和高价值性,它们又是信息战中全程被攻击的主要目标。例如,美军的卫星干扰系统利用电磁能的无线电频率,在不烧毁敌人卫星通信系统部件的情况下,对对方的卫星传输进行临时或可逆式的破坏。

1.3.4 集中应用

在信息化战争中,集中兵力和建立优势的内涵发生了重大变化,现代意义上的优势,已经不再是简单的数量优势,而是质量和效能的优势。因此,为了尽快实现战略目标,达到"不战而屈人之兵",产生最高的威慑效果,世界军事大国纷纷看中了航天器的优越战技术效能,并且在运用航天器装备时,又往往表现出集中应用的特点,企图以完整优越的航天装备体系形成空间威慑和强大的作战能力。

由于空间战场更加广阔,航天器与其他传统的陆、海、空、二炮等军兵种的装备相比,部署更加分散,要使其较好地发挥作战效能,必须强调集中运用,这是因为单个航天器在轨运行时,它的覆盖范围(尤其是低轨航天器)、侦测频段、对特定目标区域的重访时间、对战场环境和目标的适应性等方面,还难以满足联合作战全空域、全时域、全频域对作战目标、战场环境的信息需求,难以满足多种通信方式的需求,而且,诸如导航定位卫星系统、海洋监视卫星系统、导弹预警卫星系统等本身就要求集中使用和管控。

航天器在高技术局部战争中的特殊地位和作用,使得军事强国在航天器装备的使用上,总是要集中形成绝对的优势,力求应用效益的最大化,海湾战争、科索沃战争、阿富汗战争和伊拉克战争都是如此。由不同归属、不同类型和不同性质的航天器构成的空间信息网络系统,对其指挥控制提出了前所未有的挑战。在未来联合作战中,为了使它们有机结合,具备强大的作战支持能力,必须对分散在各部门、各军兵种的航天器系统实施集中统一的指挥和控制。科索沃战争中,北约由欧洲盟军最高司令部充当战役指挥机构,运用先进的 C^4ISR 系统,对来自美、英、法等国的各种卫星(直接为军事行动服务的有 50 余颗)实施集中统一的指挥和控制,保证了参战的各类航天器作战应用的质量和效益。

1.4 航天器在现代作战中的地位和作用

航天器的出现使人类的活动范围从地球大气层扩大到广阔无垠的宇宙空间,引起了人类认识自然和改造自然能力的飞跃,对社会经济和社会生活产生了重大影响。航天器的军事应用,使战场空间迅速从大气层拓展到外层空间,战争形态由传统的陆、海、空作战转变成陆、海、空、天、电多位一体的作战,成为导致军事活动全面变革、推动新军事革命的关键因素,在未来信息化条件下的联合作战中必将是武器装备信息化的基石、作战指挥信息系统的重要组成、作战要素一体化的桥梁,成为现代作战夺取信息优势、取得作战胜利的重要技术保障。

1.4.1　发挥信息化武器装备效能

信息化武器装备是大量应用电子信息技术的武器装备系统,主要包括信息化弹药、信息化作战平台等。信息化弹药即精确制导武器,能够获取和利用目标所提供的位置信息,修正自己的弹道,以准确命中目标;信息化作战平台是装备先进的预警系统、通信指挥系统、火力控制系统、机动系统、夜视系统、防卫系统的各类导弹发射装置、作战飞机与直升机、各类舰艇、各类战车等武器载体,它们与 C^4I 系统联网,具有全天候、全时空攻防作战的能力。

不管是信息化弹药还是信息化作战平台,作战效能的提高来源于电子信息技术对目标的准确识别和精确制导,而航天器在此有巨大的优势。侦察监视类航天器从空间实现对世界范围内军事目标全天时、全天候的侦察与监视,掌握各国武器装备发展和部署情况,监督国际军备控制条约执行,确定军事设施位置,监视部队行动,获取战场态势信息,为信息化武器装备提供准确的目标指示和打击效果评估信息;利用快速、高效的卫星通信服务,实现决策过程与执行过程的高度融合,达成对信息化武器装备近乎实时的指挥控制;导航定位卫星为信息化武器装备作战提供了精确打击手段。目前,卫星的导航、定位精度已经达到10m量级以下,不久的将来会达到1m量级。全球导航定位系统可以为分布在全球各地的武器装备系统提供全天候的精确实时的导航、定位与授时数据,大大提高了武器打击目标的精度。在2003年3月对伊打击行动中,美军精确制导武器的使用率达到了80%以上,其中绝大部分是利用GPS制导,如"战斧"巡航导弹、增强型联合防区外武器(JSOW)、增强型高速反辐射导弹、AGM－130、SLAM－ER、陆军战术导弹系统、联合直接攻击弹药(JDAM)以及增强型GBU－15等。

1.4.2　构建指挥信息系统

信息的流通主要依靠各种通信网络,然而,远距离的网络如果离开了"空间段"的中继和衔接,信息的流动将不可能畅通,也就无法构成真正意义上的数字化部队和数字化战场。通信中继航天器系统能够把指挥、控制、通信、计算机、情报、监视与侦察有机结合起来,使指挥控制系统、作战系统和保障系统达到高度集成,使战场信息资源在整个作战范围内实现最佳配置,最终实现指挥、控制、通信、情报、侦察、电子战和火力战及后勤保障等功能的一体化。

在未来联合作战中,航天器系统将是指挥信息系统的依托甚至主体,能为提高部队作战能力、促成多军种联合作战发挥决定性作用。由于它是指挥信息系统最具高远位置优势的信息节点,可以大范围、快速准确地获取、处理和传输信息,为诸军兵种作战行动提供各类信息保障支援。它们加入指挥信息系统并作为其中组成,能实现各种信息系统的无缝连接,大大提高指挥信息系统的效能,成为形成整体合力的"黏合剂"和提高整体作战能力的"倍增器",是联合作战体系的重要支柱。与陆基、海基、空基的信息装备相比,航天器在轨工作具有不受国界和地理条件限制,覆盖范围广,可全天时、全天候、全空域提供、获取、传输信息的时效性和质量高等优点。

1.4.3 实现作战单元联合

未来信息化条件下的作战必定是诸军兵种的联合作战,战场环境复杂多变,需要多种参战力量的联合行动才能取胜,因此要求决策者和各级指挥员全面、准确、及时地了解战场态势,做出准确判断,有效地控制部队实现决策和决心,完成作战任务,而这些都需要有高性能的作战指挥信息系统。侦察监视类航天器能全面准确地获取战略战术情报供指挥员定下正确的决心,可以及时、准确地观察评估战场态势的变化;通信卫星能保证指挥员及时可靠地将命令传达到各级作战单元;导航定位卫星可以对部队和武器系统提供大范围、精确控制。因此,航天器的作用不只是表现在其自身独立的作战能力,而是实现各军兵种作战单元有机联合起来,组成联合作战体系。在作战体系中,将现有传统军事力量的作战潜力最大限度地发挥出来,起到对传统力量整合与效能倍增的作用。美国空军曾模拟用3种军事力量与假想敌交战,结果配备航天武器装备的天军用几天时间就打赢了战争,而另外2支主要由传统的常规武器装备的部队则花长达数月时间,且人员多出3倍。

1.4.4 夺取战场信息优势

高分辨力、多谱段、多频段的航天侦察体系,是联合作战中实现战场透明的主要手段。在作战行动中,从战前准备到作战全过程,运用侦察卫星对各类战略、战术目标进行全面、准确、近实时地侦察与监视,并在精确打击后快速进行打击效果评估,可以为指挥员、指挥机关和作战部队提供准确、完整的信息。例如,在2003年3月对伊拉克军事行动期间,美国国家侦察局利用6颗高分辨力成像侦察卫星在对伊拉克一些特定设施保持几乎每小时1次的严密监视,全面了解和掌握伊拉克的军事部署情况和打击效果。侦察卫星,可以构成具有雷达感知、电子感知和光电感知能力的庞大传感器网络,全天候、立体化的战场侦察与监测系统为一体化联合作战提供了强大的战场态势感知能力,使参战的各部队能够获取战场态势,实时或近实时地获取军兵力部署、作战企图、军事基地、工事障碍、导弹、飞机、装甲车辆等情报,并评估打击效果,为指挥员决策和制定作战计划服务。

1.4.5 开辟新的战场空间

空间是大气层外距离地球海平面100km以上的广阔宇宙空间,具有浩瀚无垠、无遮无挡的特点和资源丰富、位置高远、驰骋自由的优势,受到人们的高度关注。随着信息技术、航天技术在军事领域的广泛应用,各类卫星、宇宙飞船、航天飞机、空间站等航天器相继升空,为人类利用空间资源开辟了广阔的前景,同时也为航天大国开辟新的战场提供了方便之门。空间军事化、战场化的趋势越来越明显,而且越来越受到重视,有人甚至预言,空间战场将会是未来的联合作战中的主战场,谁控制了空间,谁就控制了地球;谁在空间处于优势,谁就掌握了作战和战争的主动权,最有可能取得作战的胜利。

航天器作为空间战场上的主要武器装备平台,是未来信息化作战的物质基础和主要工具。人们运用它们开展侦察、监视、通信、预警、导航、定位和信息对抗等各种作战行动,为联合作战中其他军兵种作战力量提供信息保障,夺取信息优势。伊拉克战争中,美军在100km～800km的外层空间战场,用100多颗各类军用与民用卫星构成了"天基信息网",

极大地提高了美军信息情报获取能力、战场认知能力和战场指挥控制能力。航天器是航天技术、能源技术、材料技术和信息技术等许多高新技术物化的产物,在空间这个特殊的作战环境运行,表现出独特的优越性能,不论是信息支援,还是争夺信息优势,都具有特殊的作战能力。可以说,没有航天器,就不会有空间的军事化,更不会有空间的战场化。因此,航天器是航天国家开辟新的战场空间的物质基础和工具。

1.5　航天器军事应用研究的问题与方法

1.5.1　航天器军事应用研究的问题

尽管航天器在现代作战中得到了广泛应用,而且逐步从战略、战役应用向战术、单兵应用发展,但从近几场局部战争的应用情况看,仍然存在许多不足,例如,成像侦察重复观测周期长,侦察监视系统对活动目标、地下目标、伪装目标的探测能力有限,轨道机动能力较差;导弹预警系统探测战术导弹的扫描速率低,图像不清晰,预警时间短;导航定位系统容易受到干扰;信息传输系统带宽不足,满足不了网络中心战模式要求等。

空间战场的开辟,航天器的军事应用,军事斗争已经或将要面临诸多崭新的认识领域,有很多问题尚需研究解决。初步分析,主要有以下7个方面的问题:

(1)航天器的军事应用基础问题,包括:航天器的应用环境,航天器的应用要素,航天器的应用地位与作用,航天器的应用基本特征、基本原则、指导思想等。

(2)航天器的军事应用需求问题,包括:需要哪些不同类型的航天器,数量各是多少,已有多少颗,至少还要发射多少颗卫星,轨道怎样分布才最合理;所用航天器的性能要求,如覆盖范围及覆盖时间长短,空间、时间和频率分辨力是多少。

(3)航天器的应用装备和技术问题,包括:单个航天器的应用效能评估,空间侦察监视网络、空间通信网络、空间导航定位网络、空间导弹预警、空间环境探测网络的军事应用效能评估,基于特定任务的航天装备体系(天基综合信息网络)的效能评估,航天器应用涉及的信息获取技术、信息传输技术、信息处理技术、信息应用技术等。

(4)航天器的军事应用指挥控制问题,包括:航天器的军事应用指挥控制要素、指挥控制机构、指挥控制原则、指挥控制方式、指挥控制流程等问题。

(5)航天器的军事应用模式问题,包括:航天器的任务区分、航天器的轨道与组网设计、航天器轨道机动方式和策略、航天器军的事应用准备,航天器与支持对象或用户如指挥机构、作战单元、武器平台和单兵的接口规范与标准等问题。

(6)航天器的军事应用保障问题,包括:航天器管理、控制和应用单位的后勤、装备和技术保障需求、应用保障体制、保障手段和保障方式方法等问题。

(7)航天器的军事应用人才培养问题,包括:航天器的军事应用人才需求(涉及航天军事应用的指挥和技术人才的规模、结构、质量等)、培养目标、培养渠道、培训方法和使用管理等问题。

1.5.2　航天器军事应用研究的建模与仿真

航天器的军事应用问题可以采用很多方法(如战例分析法、实兵演习法、解析分析法、专家研讨法等)进行研究,作战模拟也是其中之一,它是对某种作战研究对象进行建模与仿真,利用计算机仿真技术实现对作战过程和效果演示的方法。建模与仿真是作战模拟两个不可或缺的部分。建模是对所要模仿的对象特征进行抽象提取、构建模型的过程;模型是对所要模仿对象(包括系统、实体、现象和过程)主要特征的一种物理的、数学的或其他方式的描述;仿真是基于模型的活动,通过模型的建立、实现、验证、分析、应用,以达到研究系统的目的,它是通过模型来模仿现实系统,帮助理解认识现实系统,对现实系统进行改进,对构思新系统进行设计规划、计划实现的一种有效活动。

航天器的军事应用建模与仿真是一种关于航天器的军事应用训练、研究的作战模拟,是以航天器的军事应用为原型,按照给定的应用背景、情况条件和应用程序与规则,构建各种航天器的功能模型、轨道动力学模型、目标环境模型,对航天器的军事应用过程、功能进行模仿的方法、活动。相比其他方法,利用建模与仿真对航天器的军事应用相关问题进行研究和训练,具有以下优势:

(1)应用性。钱学森在 1979 年 7 月 24 日全军指挥院校科技教学研究会上指出:"作战模拟,实质上提供了一个'作战实验室',在这个实验室里,利用模拟的作战环境,可以进行策略和计划的试验,可以检验策略和计划的缺陷,可以预测策略和计划的效果,可以评估武器系统的效能,可以启发新的作战思想。"航天器的军事应用研究和训练除了通过作战实践外,也可以通过作战模拟进行,把它作为认识航天器的军事应用规律和方法的手段。尽管对问题作了假设和简化,没有达到完全一致的地步,但是,随着建模与仿真技术发展,航天器的军事应用模拟效果将会近似实战,在一定程度上,与实战应用一样具有现实性的品质。

(2)可控制性。这是航天器实装应用无法具有的优点。"兵无成势,无恒形",战争是充满偶然性和不确定性的领域,每次作战、每个作战行动中的航天器应用情况条件都不相同,都有自己特殊的方法和规律,通过一次军事应用对航天器的应用规律的认识会有一定的局限性,因为一次作战检验所有的应用方法、方案和计划是不可能的。要想获得在不同情况条件下的普遍规律,必须通过不同情况条件下的若干次应用,不断积累和总结才能完成。实战不行但是作战模拟能行,可以设定种种不同的情况条件,采取同一种航天器应用方法模拟,也可以设置一种情况条件,对航天器应用的各种方法进行模拟,这就为检验和优化航天器军事应用方案和计划,认识航天器军事应用规律开辟了一条有效途径。

(3)经济性。众所周知,航天装备十分复杂、精密、昂贵,数量较少,通过使用实际装备进行航天器军事应用的训练和研究,不仅耗费大量的人力、物力,安全性、保密性也比较差,尤其是一些消耗性的作战应用,如航天器支持导弹作战的应用、航天器支持航空部队作战的应用等,更是如此,效果不好,甚至会以训练和研究失败而告终,而且很难改变航天器应用状态条件,难以对航天器的军事应用规律的普遍意义有正确认识。相反,作战模拟采用计算技术、虚拟现实技术、通信网络技术,利用航天器功能模型、轨道姿态动力学模型等取代使用实物原型和实装实兵进行试验,能避免人员损伤,减少航天装备和其他军事资源损耗,以小得多的代价达到同样甚至更好的效果。

第2章 航天器军事应用建模与仿真基础

航天器是一种比较"年轻"的军事装备,在军事上的作用越来越突出,但是其应用又比较缺少理论支持和实践检验,而航天器军事应用建模与仿真是认识航天器军事应用,发现和掌握应用规律的重要手段。同其他作战模拟活动一样,航天器军事应用建模与仿真需要遵循一些基本思路和方法进行,需要设计模型体系。

2.1 航天器军事应用建模与仿真的用途

航天器军事应用的建模、仿真和分析研究已经成为发达国家军队研究联合作战的重要手段,正在加快发展系列化、规范化的航天装备作战应用模型。目前,主要航天系统模型与仿真工具包括:GPS 导航模型(PSM + Nav)、空间信息分析模型(SIAM)、导弹防御仿真工具(MDST)、完整大气海洋模型(TAOS)、战略和战区攻击模型(STAMP)、卫星和导弹分析工具(SMAT)、空军的战区级战役仿真模型(THUNDER)、卫星工具箱(STK)和空间碎片环境模型(EVOLVE、LEGEND)等。

2001 年 8 月,美军航天司令部将航天装备作战应用纳入 JWARS(Joint Warfare System)体系,实施一个专门计划(JSSPAR),主要任务包括:分析航天装备在 JWARS 系统中的应用现状;评估和确定现有模型的能力与缺陷;确认联合作战任务对空间功能的需求;建立系统完整的航天装备作战应用模型。自 2001 年起,制度化地开展了有假想敌的"施里弗"系列空间战演习,进行作战实验,从不同角度和层次探索航天器作战规律,从战略、战术层次研究影响航天器作战效能发挥的各类因素。

通过航天器军事应用建模与仿真,可以对航天装备体系发展论证提供支持,对航天器军事应用效能进行评估,对航天器的军事应用方式进行研究以及进行航天器军事应用的模拟训练。

2.1.1 航天装备体系发展论证支持

世界军事大国均很重视运用建模与仿真等技术手段进行武器装备体系的发展研究,分析和研究武器装备体系的作战能力,以此为依据提高决策的科学性。采用建模与仿真手段,已成为各军事大国武器装备体系建设的重要支撑。

由于航天装备发展与应用具有高投入、高风险的特点,因此,要对航天装备体系的发展进行总体论证,统筹规划,做到"有所为有所不为"。航天装备体系建设,必须根据当前军事变革和军事斗争需求进行发展,因此,航天装备体系建设应首先针对不同作战任务和作战环境等进行分析,综合未来航天装备发展的战略、战术需求,然后运用建模与仿真技术,在较逼真的战场环境和不同的作战样式下,通过开展航天装备体系的仿真实验,对航天装备进行能力测验和战术技术性能评价,分析装备体系是否满足军事需求,分析航天装备体系结构及其薄弱环节,而提出武器装备体系的建设方向和重点,优化装备体系编配结构。

2.1.2 航天器军事应用战术技术研究

恩格斯说过:"一旦技术上的进步可以用于军事目的并已经用于军事目的,他们便立刻几乎强制地,而且往往是违反指挥官的意志地,引起作战方式上的改变甚至变革。"第二次世界大战提供了这样的历史经验:通过周密的作战模拟研究,可以找到现有武器系统的有效使用方式,使这些武器能在战斗中最大限度地发挥潜力。例如,英国根据当时作战模拟的结果,仅仅把飞机投放的反潜深水炸弹的爆炸水深调整一下,就把对德国潜水艇的攻击效果提高了 2 倍。"沙漠之狐"行动和海湾战争更是将模拟作为训练指战员主要工具和制定作战计划的重要依据。

航天器作为一种"新型"的武器装备,其作战环境和应用方式均与传统的装备有着较大的不同,而同时航天器的作战应用又与海陆空各军兵种、各个层次的作战行动有着千丝万缕的联系,支持或约束着各军兵种的作战决策和作战行动。通过建模与仿真,可以反复研究有航天装备支持下的战术战法,比较不同的航天器军事应用的方式方法,并进行评价和优选,探索装备作战使用方式和相应作战理论,从而形成装备体系与作战相"匹配"的最佳方式,为制定航天器军事应用指南和作战条令提供技术支撑,从整体上提高部队的作战能力。

2.1.3 航天器军事应用模拟训练

新的武器带来新的作战方法,新的作战方法提出了对训练军事指挥人员和参谋人员的新的需求。航天器作为一种新型装备,其战技特性和作战规律迥异于目前的海陆空作战,而航天动力学理论、空间信息技术、空间平台技术等专业性较强的特点,也使得各军兵种指战员们对航天器的作战应用或认识肤浅,或望而生畏。同时,航天器军事应用是一个复杂的系统工程,其每一步的作战行动都需要测控、通信等资源的保障,再加上应急发射等作战行动,牵扯诸多的技术层面,使其指挥决策必须遵循航天器应用规律,可以说,航天器军事应用具有鲜明的军事与技术结合的特点,与常规作战指挥的科学性和艺术性相结合的特点相比,航天器的作战指挥技术性和科学性更强些。

美军提出的成本和效率分析(Cost and Operational Effectiveness Analysis,COEA)以及成本和训练效率分析(Cost and Training Effectiveness Analysis,CTEA)的概念就是要把新武器系统放进作战模型中去研究,这种概念要求未来的作战模型不仅能确定武器在战场上的效率,而且也能确定成功地运用这种武器的训练水平。也就是说,一种新的武器,只有能被有效地运用,才是有效的。应用建模与仿真技术,构建航天器军事应用模拟训练系统,训练从士兵到各级指挥官和作战参谋人员,使其认识和了解航天器的作战能力、应用原则和规律等,熟悉航天器军事应用流程和方式。

2.2 航天器军事应用建模思路与方法

要实现仿真,首先要给被研究的系统建立一个数学模型,把这个过程简称为建模。人与外部世界的相互作用,基本上是由认识世界和改造、利用世界这样两个不同的步骤组成的。建模是人们认识世界的过程,它是面向科学的。实际上,科学研究的绝大部分工作就是实现系统的形式化描述,也即建立系统的概念模型,并在此基础上建立系统的数学模型。认识世界的目的是为了改造并进一步利用世界,在模型上做试验,研究、分析和利用模型试验所获得的结果,这一工作具有面向工程的性质。所以,分析、研究模型这一工作可以说是改造世界的内容之一。

所有支持建立模型与分析模型的工作都可以被认为是仿真活动。可以用图2-1来说明系统、模型和仿真的关系。模型与系统相对应,不同类型的系统对应的建立模型的方法和模型的形式也各不相同。关于系统和模型的分类,因角度不同而不同,一般地,有如下几种:

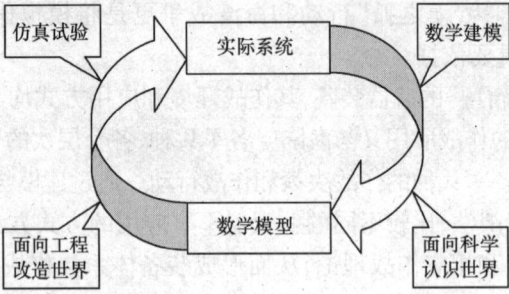

图2-1 系统、模型和仿真的关系

(1)动态和静态。系统的活动,即系统的状态变化,总是与组成系统的实体之间的能量、物质的传递和变换有关。这种能量流和物质流的强度变化是不可能在瞬间完成的,需要一定的时间和经历一个变化过程。用以描述系统状态的过渡过程(即系统活动)的数学模型称为动态模型,它常用微分方程或差分方程来描述;静态模型则仅仅反映系统处于平衡状态时系统特征值之间的关系,这种关系常用代数方程来描述。

静态数学模型给出了系统于平衡状态下的各属性之间关系的表达式,据此,便可以求得当任何属性值的改变而引起平衡点变化时,模型内部所有属性的新值。动态数学模型允许把系统属性值的变化过程表示为一个时间的函数,在进行求解运算时,按照数学模型的复杂程度,可分别采用分析法和数值法。

(2)连续和离散。当系统的变化主要表现为连续平滑的运动时,则称该系统为连续系统。当系统状态变化主要表现为不连续(离散)的运动时,则称该系统为离散系统。对于一个真实系统,很少表示为完全连续或完全离散,而要考察哪一种形式的变化占优势,即以主要特征作为依据来划分系统模型的类型。航天器军事应用中的事件可分为连续事件和离散事件。连续事件是指事件状态是连续变化的,即仿真对象的状态可在任意时刻获得,如航天器的在轨运行,其空间位置是随时间的变化而连续变化的,可以获得任意时刻航天器的空间位置;离散事件是指事件的状态仅在离散点上发生变化,而这些离散时间点一般是不确定的,引起状态变化的原因是某种事件,通常状态变化与事件的发生是一一对应的,如航天器的侦察任务,其开始侦察时刻、持续侦察时间等。

描述连续系统的数学模型可以分为两大类:一类是外部模型;另一类是内部模型。外部模型仅仅给出系统的输入量与输出量之间的关系,而没有给出任何关于系统内部变量的信息。这类模型的形式很多,如微分方程和传递函数。内部模型则描述系统内部各个

22

变量之间的关系,形式上是一组微分方程组,叫做状态方程。离散事件系统的时间是连续变化的,而系统的状态仅在一些离散的时刻上由于随机事件的驱动而发生变化,由于事件发生的时刻是随机的,系统状态的变化是离散的,因此,这类系统的模型很难用数学方程来描述,建模方法与连续系统有很大不同,目前的主流是流程图和网络图。

（3）确定和随机。若一个系统的输出（状态或活动）完全可以用其输入（外作用或干扰）来描述,则这种系统称为确定性系统,如航天器的实时位置主要由其6个轨道根数确定;若一个系统的输出（状态或活动）是随机的,即对于给定的输入（外作用或干扰）存在多种可能的输出,则称该系统为随机系统。这种随机性不仅表现在内在方面,还可表现在外部环境方面。对于随机系统一般建立其概率计算模型,用蒙特卡洛法来模拟。

航天器军事应用系统是一个复杂系统,其仿真模型基本涵盖了以上的各种类型。本书所建立的仿真模型主要为功能模型,即对仿真对象在功能层次上进行抽象描述,使模型和仿真活动更注重于航天器的军事行为特征和能力,而不涉及航天器平台和载荷内部结构和运行细节。

2.2.1 建模的基本过程和方法

建模就是要对所要模拟的系统特征进行抽象提取的过程,也就是利用模型来代替系统原形的抽象化或形象化的过程。在建模阶段,要根据研究目的、系统的先验知识和试验观察数据,对系统进行分析,对模型目标、规范、要素、制约等一系列界定因素的定性描述,建立被研究系统的概念模型;确定各组成要素以及表征这些要素的状态变量和参数之间的数学逻辑关系,建立被研究系统的数学逻辑模型;然后通过分析、对比、试验、验证等手段对模型进行可信性分析,进行修正,保证模型的可信度。

由过程图2-2可以看到,建模的信息源是目标、数据和先验知识,建模的途径主要是演绎法和归纳法,模型可分为概念模型和数学模型两类,其中概念模型是建立数学模型的基础,最后要对所建立的模型进行可信性分析,保证模型的可信度。

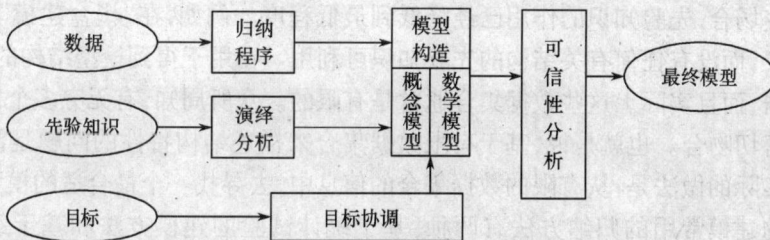

图2-2 建模过程图

1. 建模的信息源

（1）目标和目的。一个数学模型,事实上只对研究的真实过程给出一个非常有限的映像。同一个实际系统可以有许多研究对象,这些研究对象将规定建模过程的方向,并对这些对象相关的环境等进行一定的约束。

（2）先验知识。建模过程是基于以往的知识源出发而进行开发的。在某项建模工作的开始阶段,所研究的过程常常是前人研究过的。通常,随着事件的进展,关于某一类现象的知识已经被集合，被统一成一个科学分支。在这个科学分支中，已经发现了许多定理、原理和模型。因此，这些先验知识可作为建模的信息源加以利用。

（3）试验数据。建模过程的信息来源，也可以通过现象的试验和量测来获得。合适的定量观测是解决建模信息的另一途径。建模所需要的试验数据量，来自对真实系统的试验和调查统计，或者来自在一个仿真器上对模型的试验。

建模过程主要包括上述三类主要的信息源。建模任务的困难程度取决于信息来源的特殊性质，例如，模型的特殊目的是什么，先验信息有多大的利用价值，信息的质量如何，精确性和一般性如何，能收集到多少试验和调查数据，设计的试验或调查是否可行，测量或调查获得的数据信噪比有多少等。

2. 建模的主要途径

建模的方案取决于对信息源的利用，同时也取决于信息的结构。根据建模信息源的不同，建模途径主要有演绎法和归纳法。

（1）演绎法。这是一种运用先验信息的十分经典的建模方法。根据已知的先验信息，在某些假设和原理的基础上，通过数学的逻辑演绎来建立有效而清晰的数学描述。这种方法是从一般到特殊，并且将模型看作是从一组前提下经过演绎而得出的结果。

依赖先验知识，采用演绎方法进行推导的建模，通常称为"白盒建模"。航天器军事应用建模的主要方法之一就是基于严格航天动力学理论，通过数学演绎的建模方法。航天器作为一种在太空运行的作战装备，其在轨运行的位置、状态和特性必须满足航天动力学的相关理论，也就是说，航天器军事应用建模的主要依据是轨道动力学和姿态动力学的相关理论。

（2）归纳法。这种方法从观测到的行为出发，试图推导出与观测结果相一致的更高一级的知识。因此，这是一个从特殊到一般的过程。归纳法从系统描述分类中最低一级水平开始，试图推断出较高水平的信息。一般来讲，这样的选择不是唯一的。这是由于观测得到的数据集合经常是有限的，且经常是不充分的。实际上，当模型所给出的数据在模型结构方面并非有效时，任何一种表示都是一种对数据的外推。

在有些场合，先验知识的作用已经降低到最低程度。例如，在"黑盒建模"中，仅知道模型的框架，而没有任何有关结构的先验知识可利用。在用于得到模型结构的信息中，只有试验数据，而且实际上这些数据集合通常是有限的。众所周知，有无穷多个模型能与这一组数据密切吻合。也就是说，基于有限数据集合来描述结构特性的问题是没有唯一解的。切合实际的做法是：从有限的数据集合的信息中，去寻找一个最合适的模型。航天器军事应用的建模常用的归纳方法有两种：基于统计试验的建模方法和基于经验的建模方法。

基于统计试验的建模方法在作战仿真中运用得比较早。这种方法主要是利用概率论、数理统计理论等对不确定性问题进行建模的方法。其中典型的是蒙特卡洛（Monte Carlo）法，其基本思想是：针对求解问题，建立该问题的概率模型（简称概型），将问题的解表述为该模型中事件的概率或随机变量的表征值；然后进行抽样试验；最后统计模拟结果，用事件发生的频率或随机变量的样本表征值给出解的近似估计及其精度。如航天器侦察信息的获取能力是一个概率问题，在仿真时对覆盖带内目标的获取仿真就可采用蒙特卡洛法来进行。

基于经验建模方法的典型代表是美国军事历史学家杜派(T. N. Dupuy)上校提出的指数法。指数是将与作战有关的因素量化为可以相对同一个量进行对比的数字。杜派上校认为,可以通过对历史战例的分析得出作战过程的规律,从而达到研究战争、预测分析战争的目的。由于战争的复杂性,许多过程或规律很难用解析方法描述,越是规模大的战争这一点越是明显。指数法的特点是:用指数法建立的模型一般结构简单、简便易行;反映军事人员的作战经验,易被接受和掌握;模型数据量适中,计算分析快捷方便;指数比较概括粗糙,难以反映细节等。在航天器军事应用的过程中,气象、地形、电磁等多种因素影响着航天器作战效能的发挥,通过指数法可以计算影响航天器作战能力的影响因子等。

另外,还有以兰彻斯特方程为代表的半经验半理论的建模方法。虽然不少研究人员根据现代战争的特点和武器作战特性,从不同角度对兰彻斯特方程进行了改进和扩展,形成了形式多样、适于不同条件的兰彻斯特方程,但其在航天器军事应用方面的改进尚未见到有价值的应用成果,因此,本书不将其作为建模方法的一种。

3. 模型的可信度

仿真是基于模型的试验,在建模过程中不可避免地会忽略一些次要因素和不可观察因素,且对系统作了一些理论假设和简化处理,因此,模型是对所研究系统的近似描述,模型是否合理,是否满足与仿真对象的一致性要求,仿真实现是否正确等都是开发者和用户很关心的问题,建模与仿真的校核、验证与确认(Verification、Validation and Accreditation,VV&A)就是在这个背景下产生的。VV&A 技术的应用能提高和保证仿真的可信度,降低由于仿真系统在实际应用中的模型不准确和仿真可信度水平低所引起的风险。

2.2.2　概念建模方法

人们对作战系统的第一次抽象称为对作战系统的概念建模,得到的用近自然语言表达的模型称为军事概念模型,它是对军事行动的规范化描述。概念建模是对现实世界进行抽象的基础,它为技术专家和应用系统的使用者提供了交流手段,是理解和表示现实组织的主要途径,是构建信息系统的有效工具。通过概念建模,获得仿真对象的概念模型。概念模型用语言、符号和框图等形式表示系统的外在特性和内在特征,具体而言,概念模型就是对模型目标、规范、要素、制约等一系列界定因素的定性描述,包括对模型的概念、规则和逻辑流程等的阐述,可以分为概念描述和逻辑描述两部分。概念描述说明模型的基本概念、适用范围等,逻辑描述是对模型的逻辑流程进行描述,即从模型的输入开始到模型的输出,对其间的各种逻辑关系、约束条件和信息流程所进行的详细描述。

通过概念模型的描述可为不同领域的专家对模型的讨论提供一个有效的途径,同时减少不同的编程人员对仿真系统模型的理解上的偏差,可以有效增加模型专业人员和编程专业人员合作的可能性,并且可为仿真模型的升级和仿真模型的移交提供方便。

1. 建立概念模型的原则

与其他模型相比,概念模型是一种更加接近于自然语言的模型表述方法。它是独立于模拟的,对仿真系统体系结构的表达;是人们对作战仿真系统的目标、需求和环境的理解;是将需求转译为仿真功能和仿真行为能力的媒介;是将模拟演习(训练)的需求与仿真系统的设计开发联系起来的重要途径,使系统的开发者在建模前就了解它。

如前所述,概念模型作为建立数学模型的基础,必须易被领域人员和仿真人员掌握与运用,便于他们对所研究的问题产生一致的理解,因此,必须明确概念模型应包含的基本内容。

1) 概念模型应包含的内容

对于作战仿真系统,概念模型的基本内容通常包括基本概念、军事背景与适用范围、军事规则(约束条件)、输入输出四个部分。其中,基本概念用于说明模型是什么,对模型的主要功能作用进行描述;军事背景与适用范围用于说明模型能做什么,对模型适用于什么情况以及建立该模型的原因目的或需求等进行描述;军事规则(约束条件)包括模型的内部约束和外部约束,具体说明怎么做,对各模型间的接口关系、模型的动作过程、影响模型的因素等进行描述;输入输出描述模型开始运行所需的条件或驱动模型运行的因素以及运行后的结果。

2) 概念模型的设计原则

一个完整的概念模型必须遵循以下原则:

(1)独特性。概念模型中所描述的模型的特征必须有别于其他模型的特征,即这些特征是该模型所独有的特征,且概念模型中至少有一种特征描述具备独特性。

(2)准确性。概念模型中的特征描述必须含义明确、用语准确,要避免模棱两可的描述。

(3)规范性。构成概念模型的各种描述在遣词造句上要力求规范用语、使用标准所规范的概念与名词术语,尽量避免使用自造词语。如果不得已必须使用,则应当用规范语言解释清楚。

3) 概念模型的开发过程

军事概念模型是对军事行为空间进行的第一次抽象,它对军事系统表达的准确性和合理性将是作战仿真模拟质量的关键。航天器军事应用建模与仿真的第一步就是建立军事概念模型(Conceptual Model of Military Afairs,CMMA),也就是说,从军事角度,对航天器作战行为空间进行的第一次抽象,它对军事系统表达的准确性和合理性将是建模仿真质量的关键。其具体开发过程如图2-3所示。

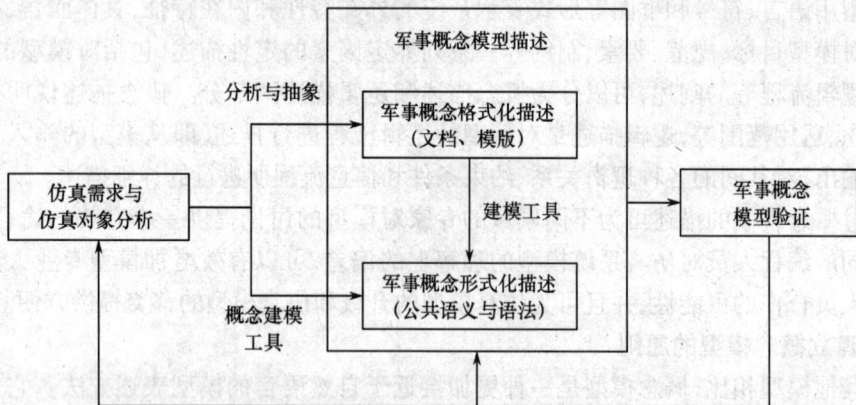

图2-3 概念模型的开发过程

由图2-3可知,军事概念模型的核心是结构化军事概念描述,可分为军事概念格式化描述和概念模型形式化描述两个阶段。军事概念格式化描述是指军事人员以图、文、表

26

等一套标准化、规范化的表现形式,将现实世界军事行动描述成建模技术人员易懂、易用、详尽、够用的完整信息,主要解决军事知识的规范表示,可分为文档和模板两种格式。概念模型的形式化描述建立在对概念模型所需要的信息进行规范表示的基础之上,通过选用一定的形式化描述语言将文档型的内容转换为规范的图形化语言的表达方式,更利于理解、交流和下一步的仿真软件分析设计。形式化的语言可以从静态和动态两方面对现实世界进行描述,有足够的能力对概念模型进行完整而准确的表述。常用的概念建模方法有 IDEF0 建模、UML 建模、XML 建模、CMMS(任务空间的概念模型)等。

2. 建立军事概念模型的方法

1)IDEF0 建模方法

IDEF 方法是由美国空军于 1981 年提出并在国际上得到推广应用的一种方法,它是美国空军一体化计算机辅助制造(Integrated Computer Aided Manufacturing,ICAM)计划为系统的描述开发的多个标准,这些标准集称为 IDEF(ICAM Definition)。IDEF0 是其中标准之一,用于描述系统或一个组织的功能。IDEF0 侧重从军事角度描述军事系统的功能结构和信息流,较直观地反映了军事人员对作战任务过程的理解和完成作战任务的基本需求,能够达到军事和技术人员交流的目的,对作战需求分析阶段的研究有较大的优越性。

IDEF0 是一种结构化的分析设计方法,它能同时表达系统的活动和数据流以及它们之间的联系,因此,IDEF0 模型能全面描述信息系统的功能。IDEF0 中的基本模型是活动,在图中用一个方框表示。一个活动代表系统所执行的功能,它对一个输入集进行转化得到输出。输入是一个功能所要转化的条件,控制决定此项功能何时执行或以某种方式制约此功能,而机制是活动执行功能所需要的资源,它说明执行活动的事物,如图 2-4 所示。

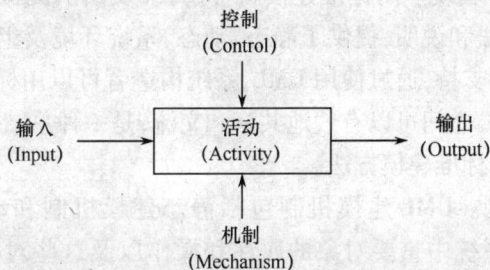

图 2-4　IDEF0 基本模型的图形表示

用 IDEF0 方法建立空间信息支持武器作战的功能模型如图 2-5 所示。

作为一种概念建模语言,IDEF0 具有以下特点:全面及表达能力强;是一种连贯的、简单的语言;用严格的自顶向下、逐层分解的方式来构造模型,强调细节的层次化;能由多种计算机图形工具生成。IDEF0 已在美国空军、其他政府开发工程以及私营工业中的应用得到了很好的检验和证明。

IDEF0 的不足之处有三点:一是 IDEF0 建模方法只侧重于系统的功能定义及功能分解和活动间的先后顺序关系,对系统的动态特性如同步性、并发性以及活动间的冲突等无法表达;二是不具备面向对象的特点,使得它难以表达此概念模型的价值视图,也就难以掌握在各过程中所涉及的一些性能指标;同时,IDEF0 方法缺乏形式基础,不具备可操作

27

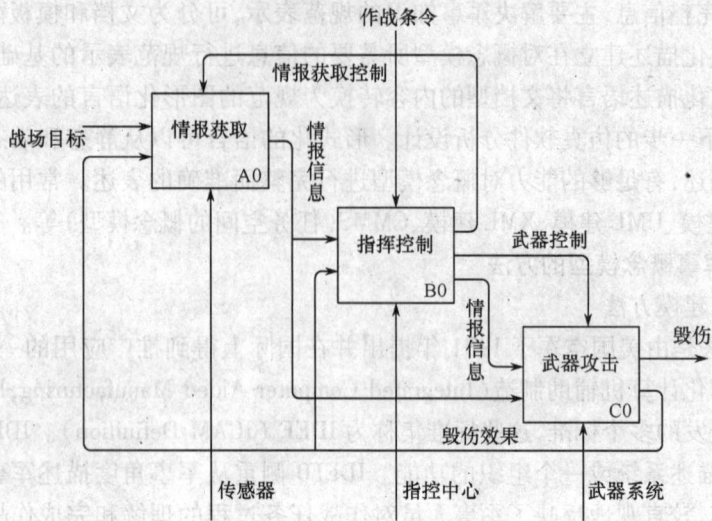

图 2 - 5　空间信息支持武器作战 IDEF0 功能模型

性,故其被称为文档模型或纸面模型。

2)UML 建模方法

统一建模语言(Unified Modeling Language,UML)是面向对象软件开发中的一种可视化、通用、统一的图形模型语言,是面向对象分析和设计过程中重要的建模工具,1997 年由对象管理组织(Object Management Group,OMG)发布。UML 的目标之一就是开发和构建系统。UML 提出了一套统一的标准建模符号,为开发团队提供标准通用的设计语言,包括概念的语义、表示法和说明,提供了静态、动态、系统环境及组织结构的模型,可被交互的可视化建模工具所支持,通过使用 UML,系统构造者可以用标准的、易于理解的方式进行表达,使得不同人员之间可以有效地共享和交流,是一种总结了以往建模技术的经验并吸收当今优秀成果的标准建模方法。

(1)UML 建模机制。UML 建模机制包括静态建模机制和动态建模机制两大类。静态建模机制定义了系统中重要对象的属性和操作以及这些对象之间的相互关系;动态建模机制定义了对象的时间特性和对象为完成目标任务而相互进行通信的机制。相应地,UML 定义了 9 种模型图,从静态与动态两方面来描述系统。其中,表示静态建模机制的模型图有用例图、类图、对象图、组件图、配置图。用例图用来显示用例与角色及其相互关系,从用户角度描述系统功能,并指出各功能的操作者;类图描述系统种类的静态结构,它不仅定义系统的类,表示类之间的联系如关联、依赖、聚合等,也包括类的内部结构如属性和操作,在系统的整个生命周期都是有效的;对象图是类图的实例,用于显示类的(多个)对象实例,由于对象存在生命周期,因此对象图只能在系统的某一段时间存在;组件图描述代码部件的物理结构及各部件之间依赖关系;配置图定义了系统中软硬件的物理体系结构。表示动态建模机制的模型图有顺序图、协作图、活动图、状态图。顺序图显示对象之间的动态合作关系,强调对象间消息的发送顺序,同时显示对象之间的交互;协作图与顺序图相似,显示对象之间的动态关系。在实际

28

建模中,如果强调时间和顺序,使用顺序图;如果强调上下级关系则选择协作图;状态图描述类的对象所有可能的状态以及事件发生时状态的转移条件,而活动图描述满足用例要求所要进行的活动以及活动间的约束关系,有利于识别并行活动。在 UML 中,用例的实现用交互图来指定和说明。

此外,UML 还定义了一些关系,类与类之间的关系有关联、继承(泛化)、依赖、聚合;用例与用例之间的关系有包含、扩展、泛化。图 2-6 为用 UML 建立的卫星侦察任务顺序图。

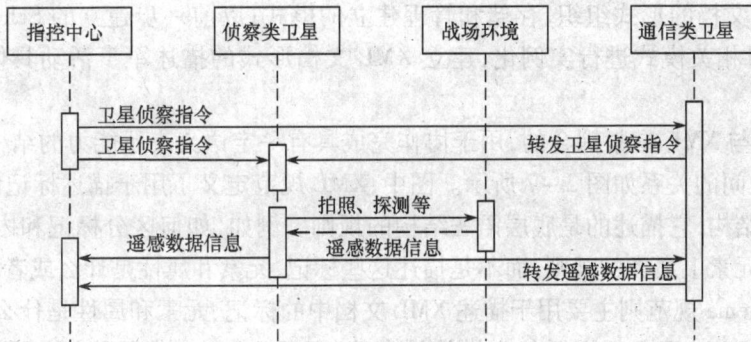

图 2-6　卫星侦察任务顺序图

(2) UML 特点。UML 具有以下特点:

① 面向对象。UML 支持面向对象技术的主要概念,提供了一批基本的模型元素的表示图形和方法,能简洁明了地表达面向对象的各种概念。

② 可视化表示能力强。通过 UML 的模型图能清晰地表示系统的逻辑模型和实现模型,可用于各种复杂系统的建模。UML 定义了 8 类图形,用于建立系统模型,包括类图、对象图、用例图、协同图、状态图、活动图、组件图、配置图。这些 UML 图形可从不同角度使系统可视化。

③ 独立于过程。UML 是系统建模语言,独立于开发过程。UML 所建立的系统模型必须转换为某个程序设计语言的源代码程序,然后,经过该语言的编译系统生成可执行的软件系统。

④ 独立于程序设计语言。用 UML 建立的软件系统模型可以用 Java、VC ++、Smalltalk 等任何一种面向对象的程序设计来实现。

⑤ 易于掌握使用。UML 图形结构清晰,建模简洁明了,容易掌握使用。

常用的支持 UML 开发的工具是 Rational Rose,它支持各种图形,如 Use Case、Sequence、Collaboration、State Chart、Component Deployment 等。通过正向和逆向转出工程代码特性,可以支持 C ++、Java、Visual Basic 和 Oracle8 的代码产生和逆向转出工程代码等。

3) XML/Schema 方法

XML(eXtensible Markup Language)意为可扩展标记语言,它包含了一组定义语义标记的规则,可以定义特定领域内标记语言的语法结构。作为元标记语言,XML 允许开发者生成自己需要的标记,这就使得标记的含义可以很灵活,可以满足不同开发者的需求。Schema 则是 W^3C XML 模式工作组创建的模式语言,是当前创建特定领域内标记的两种主要方式之一。它可以做到:方便地以数据结构的形式表示描述原语,即方便地以数据结构的形式表示词汇和语法;方便地填充表示描述原语的数据结构中的数据项;方便地定制数据结构中数据项,并使这些定制作用于数据填充的过程。因此,可以作为人与计算机据可以理解的概念建模技术之一。

(1)基本思路。基于 XML/Schema 的概念建模技术实现的基本思路是:依据 Schema 规范建立军事活动中所有涉及到的抽象概念的模型,即以 Schema 模式的形式建立描述军事活动中出现的实体、任务、行动、交互以及其他相关概念的词汇和语法,并以 Schema 模式文档的形式组织、存储和管理建立的模式;以前一步建立的 Schema 模式文档为基础,对相关模式进行实例化,建立 XML 文档形式的描述军事活动具体场景的形式化文档。

Schema 与 XML 是紧耦合的,用于协作完成具有一定语义表示能力的结构化的 XML 文档,二者之间的关系如图 2-7 所示。图中,XML 规范定义了用于描述标记语言必须遵循的元语法结构,它描述的是底层语法结构的规则。例如,如何区分标记和内容,如何将属性附加到元素上之类的规则,而不是描述这些标记、元素和属性是什么或者它们的含义是什么。Schema 规范则主要用于描述 XML 文档中的标记、元素和属性是什么,或者它们的含义是什么,以及必须遵循什么样的约束等,即用 Schema 模式语言描写的模式文档(一个模式文档即定义了特定领域的一种具体标记语言,又可称为词汇表或 XML 应用)定义了可用在 XML 文档中的元素、属性、实体和标记的表示方法,以及这些内容之间可能的相互关系,它描述的是一种语义结构。同时,书写模式文档本身的元语法结构遵循的是 XML 规范,即模式文档本身也是一个 XML 文档,只是该 XML 文档所用的标记是由 Schema 模式规范定义的而已。

XML 和 Schema 的上述特点使它们在结构化文档的语义表示方面具有卓越的性能,特别是将结构与内容分离开,并以结构限制内容的描述方式,能够很好地满足 CMMA 开发的需求。

(2)主要方法。模式(Schema)是模式文档的基本单元,也是概念建模技术实现的核心,用于定义描述 CMMA 的原语。Schema 规范所定义的模式是一个可扩展的树形数据结构,如图 2-8 所示,它由三类元素组成:根元素、叶元素和节点元素。其中,根元素为没有父节点的元素,每个模式有且仅有一个根元素;叶元素为没有子节点的元素;节点元素为既有父节点又有子节点的元素,用于描述其父节点元素在某个方面的属性。

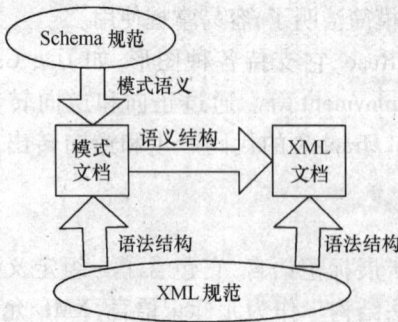

图 2-7　XML 与 Schema 的关系

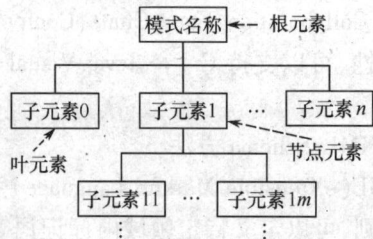

图 2-8　XML 模式数据结构

应用模式定义军事活动中的抽象概念时,模式根元素的名称为该模式所表示的概念名称加"模式"字符串,并在根元素的下级子元素集中包含"名称"和"标识"叶元素。其中"名称"元素的值域为字符串类型,用于表示抽象概念实例化后所得实例的名称;"标识"元素的值域为 xsd:ID,用于全局唯一的标识概念实例。模式中有一类特殊类型的叶元素,这类元素的名称均为"引用",该类元素的值域为 xsd:IDREF。模式实例化时,该类元素的取值为 XML 文档中已经定义的全局唯一标识符,即模式中元素名为"标识"的元素在实例化后所赋予的值。引入"引用"和"标识"元素的目的在于当抽象概念之间存在某种关联,但又无法以模式的形式建立显式联系时,建立抽象概念实例之间的隐式联系。

常用的模式构造方法有模式引用、模式聚合、模式继承。模式引用一方面可以使模式简洁明了,另一方面可以建立模式之间的显式联系;利用模式聚合可以将一类具有相似性质的模式用一个模式表示,从而增强模式的适用范围;利用模式继承可以表示模式之间的泛化和特化关系,从而增强模式的层次性和适用性,并简化模式的构造和增强模式的重用性。图 2-9 为航天测控任务数据的 XML Schema 树图。

4)任务空间概念建模

按照美国 MSMP 的定义,任务空间的概念模型(Conceptual Models of the Mission Space,CMMS)是对一组特定军事行动(即任务)相关的真实世界的首次抽象。任务空间概念模型并不关心具体使用概念模型的特定演习、测试和试验,其首要关注点在军事行动的任务空间。它通过通用技术框架、接口工具、一致化的表现和易于访问的方式来促进仿真部件的互操作和可重用。

任务空间的概念模型作为一个权威的知识源,通过描述任意一任务所涉及到的关键实体、行动和交互的基本信息,为仿真开发提供服务。CMMS 是对这些实体、行动和交互的一个中性的描述,即任务空间的概念模型是面向军事领域的有关各种在仿真执行中将会发生的任务的行为和特征的集合。因此,可以说,任务空间的概念模型全面反映了有关军事行动和任务所包含的复杂的知识,包括每一个实体的性能数据。一旦仿真开发者在特定的演习、测试和试验中,选择好一个剧本(Scenario),并决定双方所使用的兵力和系统等因素后,所形成的"问题空间"(Problem Space)将利用任务空间概念模型中的信息来形成联邦概念模型(Federation Concept Model)。这样做可以确保联邦概念模型是基于并利用真实系统的性能和参数。

总之,CMMS 是一个大型的有关任务以及该任务所发生的所在情况和环境的信息和知识集合,包括一般联合任务列表(Universal Joint Task List,UJTL)、联合使命基本任务列表(Joint Mission Essential Task List,JMETL)以及任务的其他方面的资源和实体数据等。

CMMS 提供军事行动、作战行为部队、系统和环境之间的直接连接,包含以下三个方面的内容:

(1)概念模型。现实军事行动中实际主体的一致的、实质的描述,这种描述的产生和维护是主体有关人员和技术专家共同建立的,最终由各个建模与仿真程序完成并以知识获取产品的形式提供使用。

(2)注册、存储、管理和发布的数据库管理系统。为重复利用这些主体描述,在建模与仿真办公室、权威的数据资源部门以及各个建模与仿真部门共同建设和运作知识获取产品的公共仓库。

预报数据
- 测控资源编号　类型　xs:string
- 卫星圈号　类型　xs:positiveInteger
- 升降标志　类型　xs:string
- 入站数据
  - 入站时间　类型　xs:time
  - 入站高度　类型　xs:decimal
  - 入站方位角　类型　xs:decimal
  - 入站俯仰角　类型　xs:decimal
- 出站数据
  - 出站时间　类型　xs:time
  - 出站高度　类型　xs:decimal
  - 出站方位角　类型　xs:decimal
  - 出站俯仰角　类型　xs:decimal
- 最高仰角数据
  - 时间　类型　xs:time
  - 距离　类型　xs:decimal
  - 方位角　类型　xs:decimal
  - 俯仰角　类型　xs:decimal

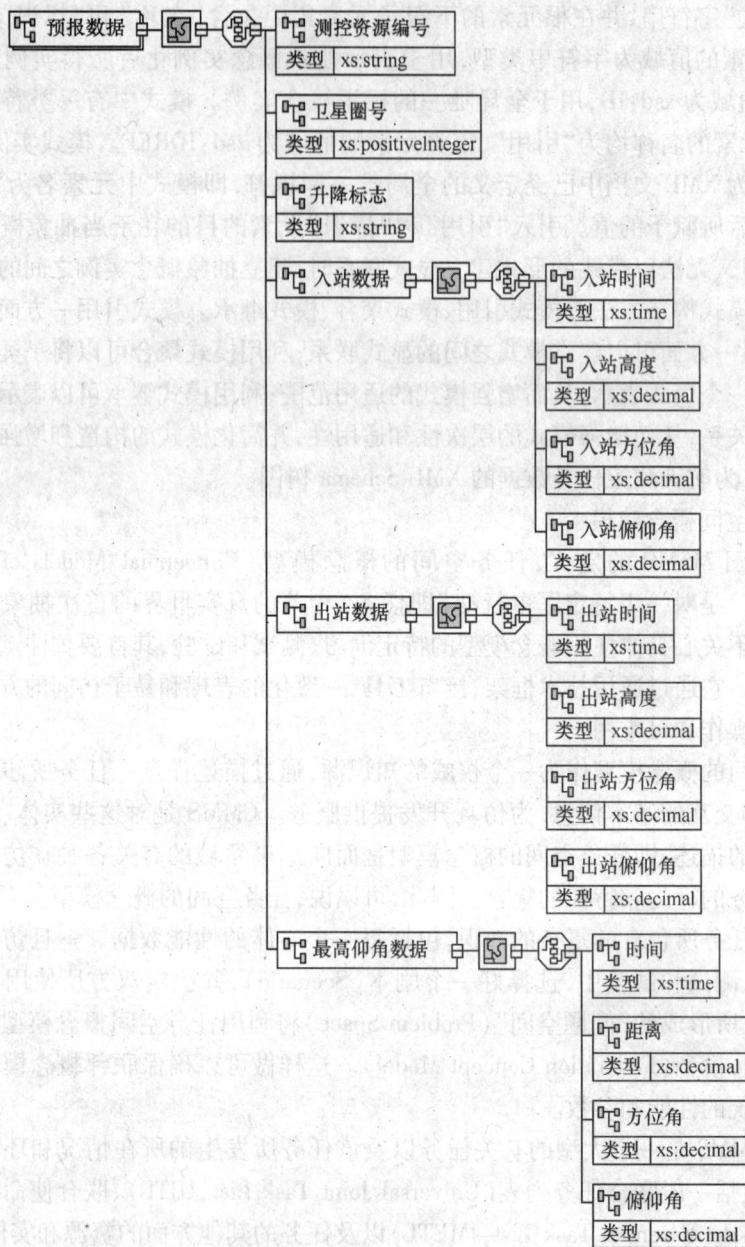

图2-9　航天测控任务数据的 XML Schema 树图

（3）创造和综合的知识框架。在公共仓库注册的知识获取产品的可互操作性和知识集成的技术框架。

美国国防部建模与仿真办公室开发了一系列的任务空间概念模型开发工具,用于保证在不同的建模与仿真工程中的一致性的行动。这也是促进仿真部件可重用和互操作的一种重要手段。这些工具主要包括知识开发与捕获工具、知识集成与分析工具、模型库和权威数据源等。

32

2.2.3 网络建模技术

卫星通信是航天器军事应用的重要组成部分。随着卫星通信技术的发展,通信网络的结构和规模越来越复杂,基于卫星通信网络的应用也越来越多样化,因此,需要通过科学的手段反映和预测网络的性能,这就是网络仿真技术。网络仿真技术是一种通过建立网络设备和网络链路的统计模型,并模拟网络流量的传输,从而获取网络设计或优化所需要的网络性能数据的仿真技术。它以其独有的特点能为网络的规划设计提供客观可靠的定量依据。它能为网络提供接近真实环境下的模拟试验环境和辅助测试手段,验证网络的基本使用效能、网络可靠性以及提供各种新技术体制的试验环境。

1. Petri 网建模

Petri 网是德国的 Carl Adam Petri 博士在 1962 年提出的一种用于描述事件和条件关系的网络。Petri 网是一种面向图形的语言,用来设计、说明、模拟系统,已经实践验证是非常有利于分析和建立分布、并行、随机模型的有效方法和工具,在 C^3I 建模、CIMS、计算机网络等领域已经有广泛的应用。

1)Petri 网的静态结构和动态行为

Petri 网的静态结构可用满足下述条件的四元组

$$PN = (P,T,F,M_0)$$

式中:$P = \{p_1,p_2,\cdots,p_n\}$ 是位置(Place,在图中用圆圈"O"表示)的集合,它通常表示场所、位置、库所中存放、包含的资源状况(态);$T = \{t_1,t_2,\cdots,t_m\}$ 是转移(Transition,在图中用"|"或"∪"表示)的集合,它通常表示资源的消耗、使用及对应库所状态的变化,如信息的传递等。$F = \{f_1,f_2,\cdots,f_n\}$ 为流关系(在图中用"→"表示),是一个 P 元素和一个 T 元素组成的有序偶集合。

Petri 网的动态行为是用令牌(Token)在库所中的分配来描述的,每个库所中的令牌数 $M(p)$ 称为标识,在图上通常用"·"表示,M_0 是 Petri 网上的初始标识。库所的标识表示该库所的状态,所有库所的状态反映了系统的状态。系统从一个状态向另一个状态的转变是通过变迁触发或点火实现的,变迁触发的规则如下:

(1)一个变迁能发生,必须是使能(激发)的变迁。

(2)一个变迁是使能(激发)的充要条件是变迁的输入位置中的令牌数(Token 值)大于或等于输入弧的权数。

(3)当一个变迁发生后,从每个输入位置中移出的与弧权数相等的令牌数,在每个输出位置中产生与输出弧相等的令牌数。

2)建模机制和分析方法

利用 Petri 网为系统建模可归结为两个基本概念:事件和条件。许多系统均可从事件与条件的观点去建模。事件是系统中的动作,事件的出现是由系统状态控制的。系统状态可描述为一组条件,条件就是系统状态的谓词或逻辑描述。条件可以成立(为真)也可以不成立(为假)。为了使事件发生,必须使某些条件成立,这种条件称为事件的前条件。事件的发生可能破坏前条件而使另外的条件成立,这种条件称为事件的后条件。所有的条件为库所集,事件为变迁集,从而构造 Petri 网;而网的执行就是指变迁不断发生,系统的状态不断变化的过程。执行时变迁的发生(点火、激活、授权)要满足两个充要条件：

(1)每个输入库所中的令牌数≥输入弧的权值。

(2)每个输出库所中的令牌数与输出弧的权值之和≤输出库所的容量。

然后,按弧的权数和输入、输出关系使令牌转移。

Petri 网可用于建模的元素比较多(位置、变迁、有向弧、标识),有很强的描述能力,研究的系统模型行为特性包括状态的可达(Reachability)、位置的有界性(Boundedness)、变迁的活性(Liveness)、初始状态的可逆达(Reversibility)、标识之间的可达(Reachability)、变迁之间的坚挺(Persistence)、事件之间的同步距离(Synchronic Distance)和公平性(Fairness)等,已成为描述和研究具有异步、并发、分布、并行和非确定性信息系统的强有力工具。目前,Petri 网已在卫星网络的性能评价得到了应用,用于刻画卫星网络中信息业务的并行性、异步性等特点,端到端的平均时延和网络的平均吞吐量等。

Petri 网的分析方法有可达树、关联矩阵和状态方程、不变量(Invariants)和分析化简规则等。图 2 - 10 构造了地面站(两个)、通信卫星(两颗)完成通信任务的 Petri 网模型。消息从地面站出发,在两颗 LEO 卫星间进行通信转发,再回到另一地面站。

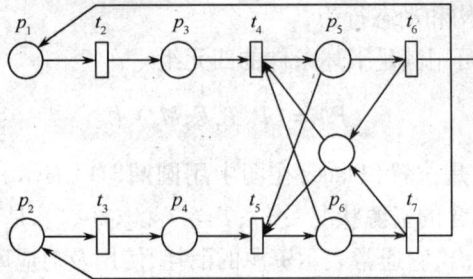

图 2 - 10　两颗通信卫星支持地面通信的 Petri 网模型

图 2 - 10 中:p_1、p_2 为消息到达地面站,等待发送;t_2、t_3 为地面站请求传输;p_3、p_4 为地面站有消息等待传输链路;t_4,t_5 为消息从地面站向卫星的上行链路传输;p_5、p_6 为消息获取传输链路,链路被占用;t_6、t_7 为消息从卫星向地面站的下行链路传输;p_7 为卫星间的传输带宽。

可以通过构造 Petri 网模型的可达树,求解与其同构的马尔可夫链所对应的线性方程组,对平均时延、平均吞吐量和卫星网络节点间的带宽利用率等性能进行分析。

2. OPNET

网络仿真的优点使其一出现就得到迅速的发展,目前,世界上的一些主流仿真软件均采用面向对象的智能化分布式并行仿真技术,如美国 OPNET Technology 公司的网络仿真产品 OPNET。OPNET Modeler 作为一种主流网络仿真软件,为通信网络和分布式系统的建模提供全面的模拟仿真开发环境。OPNET 通过执行离散事件仿真来分析各种模拟系统的行为和性能。OPNET Modeler 将各个仿真研究阶段所需要的工具相结合,组成一个由模型设计工具、仿真核心、数据收集工具和数据分析工具有机结合起来的大型仿真系统。

1)OPNET Modeler 的特点

作为广泛应用的系统开发平台,OPNET Modeler 的主要特点如下:

34

（1）层次化、模块化的建模机制。在 OPNET Modeler 中,采用与实际系统相类似的层次化结构建模。最下层是进程域模型,用有限状态机、C 或 C++ 以及 OPNET 自带的核心函数实现各种协议算法。第二层是节点域,由能实现不同功能的模块组成,反映设备的硬件和软件特性。最上层是网络域,利用各种网络设备模型映射现实网络。

（2）面向对象的建模方式。OPNET Modeler 采用面向对象的方式建模。每类节点用相同的节点模型,再针对不同的对象设置特定的参数。

（3）丰富的模型库。OPNET Modeler 提供标准模型库,包括 X.25、ATM、Ethernet、TCP/IP 等现有设备的标准模型库,同时,还有 3COM、Cisco、Sun 等多个厂家的现有设备。

（4）图形化的建模方式。不论是网络域、节点域和进程域,还是传输链路、网络中流动的包等,OPNET Modeler 均采用图形化的编辑器完成模型的构建。

（5）灵活的建模机制。在进程域中,采用有限状态机和 C/C++ 以及 OPNET Modeler 自身所提供的 400 多个核心函数可以实现自定义设备,或者根据协议、算法,开展协议研究等。OPNET Modeler 中的源代码完全开放,用户可以根据需要添加、修改源代码。

（6）统计数据的生成。仿真期间,用户能够自定义要收集的统计数据。

（7）综合分析工具。在 OPNET Modeler 中,包括 ACE、网络医生、流分析等多个数据分析工具。这些工具为网络仿真设计的准确性、可信性提供网络诊断。同时,还可以进行详细的网络性能分析。

（8）动画。OPNET Modeler 可以在仿真中或仿真后对诸如网络中的数据流的传输过程进行演示,生动地展示模型的动态过程。

2) OPNET 的建模机制

OPNET Modeler 建模采用层次化和模块化方式,将复杂的系统分解为不同的层次结构,OPNET 采用三层建模机制:

（1）最底层为进程（Process）模型,进程行为（协议、算法、应用）用有限状态机和可扩展高级语言进行定义。

（2）其次为节点（Node）模型,由协议模块和连接模块的各种连接线组成,反映设备特性,每个模块对应一个或多个进程模型。

（3）最上层为网络模型,用子网、节点、链路和地理背景描述网络拓扑,由该层模型可直接建立起仿真网络的拓扑结构。三层模型和实际的协议、设备、网络完全对应,全面反映了网络的相关特性。

3) OPNET 仿真步骤

使用 OPNET Modeler 仿真可以大体分成六个步骤,具体如下:

（1）配置网络拓扑（Topology）。利用 OPNET 提供的向导和各相关编辑器,完成场景的建立、网络设备的选择以及建立网络拓扑结构。

（2）配置业务（Traffic）。建立网络业务流量模型,通过选择在网络上运行的应用业务类型,为所仿真的网络配置业务量,完成对系统流量的建模工作。

（3）收集结果统计量（Statistics）。统计量是对所仿真网络进行性能测量和评价的依据。通过 OPNET 提供的各种统计参数,完成对所建立的网络模型收集统计量的工作。

（4）运行仿真（Simulation）。通过运行仿真得到网络运行的性能数据。

（5）调试模块再次仿真（Re-simulation）。通过分析仿真数据，找出与网络设计目标的差距，通过修改网络拓扑结构、更新网络设备、调整协议及业务量等，再次仿真运行，最终达到网络设计的各项性能指标，如网络的吞吐量、延时、响应时间等。

（6）发布结果和仿真报告（Report）。根据仿真结果，OPNET可发布网络性能测试参数的各种相关图表，提交仿真报告，为确定网络设计的最佳方案提供依据。

在实际应用中，一般不可能经过一个仿真的流程就达到目的，往往需要多次反复，因此，上述步骤或其中的部分步骤会多次重复，需根据具体的仿真情况来确定。

2.3　航天器军事应用仿真模型体系

作战模拟是应用一定的模型进行模拟作战试验，以揭示军事活动规律的过程。其中，模型是对实际系统、实体、现象或过程的一种物理的、数学的或其他方式的逻辑表达，是为了理解事物而对事物做出的一种抽象。航天器军事应用仿真模型主要是对各类航天器履行使命任务的功能的抽象和数学描述以及为支持功能仿真的航天器状态特征描述，因此，模型分辨力为航天器实体或者航天器网络实体，各种有效载荷仅作为航天器的功能载体，功能仿真不单独建模描述它们。

2.3.1　模型体系及其设计原则

"体系"一词在《辞海》中的解释是："若干有关事物互相联系互相制约而构成的一个整体。"定义体系是一个二元组

$$T = (S, G) \tag{2.1}$$

式中：S 是事物的集合；G 是事物之间的关系。对于航天器军事应用的模型体系而言，S 就是系统中根据模拟粒度的要求，所有可单独辨识的模型以及由它们组合而成的模型，G 则包括模型间的层次关系、隶属关系、耦合关系。

体系结构是指一个系统的组成部分、各部分之间的关系，以及制约其设计与发展的原理和准则。模型体系是指模拟系统中所包含的全部模型以及这些模型之间的关系。模型体系有以下几方面的作用。一是便于制定模拟系统开发计划。模型体系确定了满足系统开发所需的全部模型，明确了模型间的关系，便于开发人员掌握情况，制定开发计划。二是提高模拟系统开发效率。模型体系中的模型充分考虑了模型的通用性和可重用性，利用模型体系可方便地检索使用现有模型资源，既可避免不必要的重复，又可实现内容互补，共同实现天基信息作战应用的仿真模拟，提高了开发效率。三是为最终的校核、验证与确认奠定基础。模型体系提供了一个模拟系统开发的共同的技术框架，为模拟系统的最终的校核、验证与确认奠定了基础。

为了使用户、设计人员、开发人员对航天器军事应用仿真的模型体系有一致的了解，必须形成规范的模型体系文档。这个文档包括两部分：一是模型体系树图；二是模型体系的概念模型描述。其中模型体系树图给出了模型集合 S，又给出了集合 G 中模型间的层次关系、隶属关系；概念模型则给出了各元模型（模型树图中最底层的模型）的定义、功能以及它们之间的耦合关系。建立概念模型的原则和方法在 2.2 节有详细的描述，同时因

为概念模型内容较多,本书不再一一描述。

　　模型体系应紧紧围绕航天器军事应用的目标,既要必须具备完整性,涵盖各类航天器在轨运行、信息获取、处理与传输,并考虑电子对抗条件下的作战应用效果,又要有简有繁,弱化次要因素,突出主要因素——航天器系统的信息支援能力以及与其结合紧密的行动,建立高分辨力的仿真模型及效能评估模型。模型体系用来指导航天器军事应用功能仿真开发,因此,模型体系设计应满足以下原则:

　　(1)模型内容类型完整。模型体系是模拟系统开发的基础,因此,模型体系中包含的模型的内容类型必须全面完整。

　　(2)模型层次分类合理。为了便于模拟系统的开发同时保证一定的保真度,应根据系统的开发目的合理地确定模型的分辨力。

　　(3)模型应具有通用性和互操作性。模型作为组件划分,应具有较强的通用性,有一定互操作性,保证成果共享,并可方便灵活地组合成较大的模型。

　　(4)模型间相互关系明确。每个模型都是大系统模型体系中的一部分,它们之间相互作用、相互影响,设计模型体系时应明确各模型间的相互关系,并充分考虑相互之间的协调和集成关系。

2.3.2　模型体系

　　根据模型体系设计原则,航天器军事应用仿真模型应该包括各类航天器的功能仿真模型、支持功能仿真的公共模型和应用可视化仿真模型,它们构成的模型体系如图2-11所示。

　　(1)公共基础模型。公共基础模型是针对航天器在轨运行时的一些公共特性而建立的一组模型,它是不同功能的航天器军事应用建模的基础,主要包括航天器任意时刻的方位与运动状态计算模型、地面覆盖性计算模型、对目标航天器的可见性判断计算模型、航天器轨道机动所需速度增量与时间计算模型,将在本书第3章进行详细的描述。

　　(2)信息获取模型。信息获取模型主要用于描述航天器对地面目标的侦察能力,涵盖成像类载荷、电子侦察和海洋监视类载荷,考虑环境影响因素,完成覆盖区域和覆盖性能指标参数的计算模型、目标发现与揭示能力计算模型、定位精度计算模型和信息传输时延计算模型等,将在本书的第4章进行详细的描述。

　　(3)通信与中继模型。通信与中继模型主要用于描述卫星的通信保障功能,包括卫星载荷功能模型、链路模型和通信网模型三类,用于计算天线增益、链路损耗、链路信噪比和链路质量,并描述和分析通信网的拓扑结构,将在本书的第5章进行详细的描述。

　　(4)导航定位模型。导航定位模型主要用于描述卫星导航定位系统的功能,包括导航卫星定位构型计算模型、定位误差源分析模型,将在本书的第6章进行详细的描述。

　　(5)导弹预警模型。导弹预警模型主要用于描述预警卫星发现并预测弹道的功能,包括导弹主动段飞行模型、高低轨卫星预警功能模型和弹道预报模型,将在本书的第7章进行详细的描述。

　　(6)气象监测模型。气象监测模型主要用于描述气象环境、气象卫星的气象信息获取和反演功能,包括气象环境动态生成模型、辐射传输计算模型和气象要素反演模型,将在本书的第8章进行详细的描述。

航天器军事应用仿真模型体系

- **可视化模型**
  - 航天器作战应用环境可视化模型
  - 航天器作战应用行为可视化模型
  - 航天器实体可视化模型
- **组网模型**
  - 航天器自主行为模型
  - 航天器网络维护模型
  - 决策者组织结构优化模型
  - 决策者与资源分配关系模型
  - 面向任务的资源调度模型
  - 网络性能指标模型
  - 网络拓扑结构模型
- **电子干扰模型**
  - 全链路通信质量模型
  - 电子干扰模型
  - 噪声模型
  - 链路附加损耗模型
  - 自由空间传播损耗模型
- **气象监测模型**
  - 能见度计算模型
  - 云检测模型
  - 辐射计算模型
  - 气象环境生成模型
- **导弹预警模型**
  - 落点预报模型
  - 预警时间计算模型
  - 发射点预报模型
  - 目标定位分析模型
  - 扫描探测模型
  - 探测距离计算模型
  - 导弹目标发射模型
- **导航定位模型**
  - 导航干扰分析模型
  - 用户速度确定与计算模型
  - 用户位置确定与计算模型
  - 定位星座优选模型
  - 双星定位几何精度系数计算模型
  - 全球定位几何精度系数计算模型
- **通信与中继模型**
  - 空间通信网络模型
  - 通信干扰模型
  - 通信链路载噪比模型
  - 电磁波空间传输模型
  - 星载天线功能模型
- **信息获取模型**
  - 覆盖性能指标参数计算模型
  - 侦察信息下传时间计算模型
  - 海洋监视卫星定位精度计算模型
  - 电子侦察定位精度计算模型
  - 发现与揭示目标概率计算模型
  - 成像影响因素描述模型
  - 侦察覆盖性判断计算模型
  - 地面分辨力计算模型
- **公共基础模型**
  - 轨道机动计算模型
  - 可见性判断计算模型
  - 地面覆盖性计算模型
  - 方位与运动状态计算模型

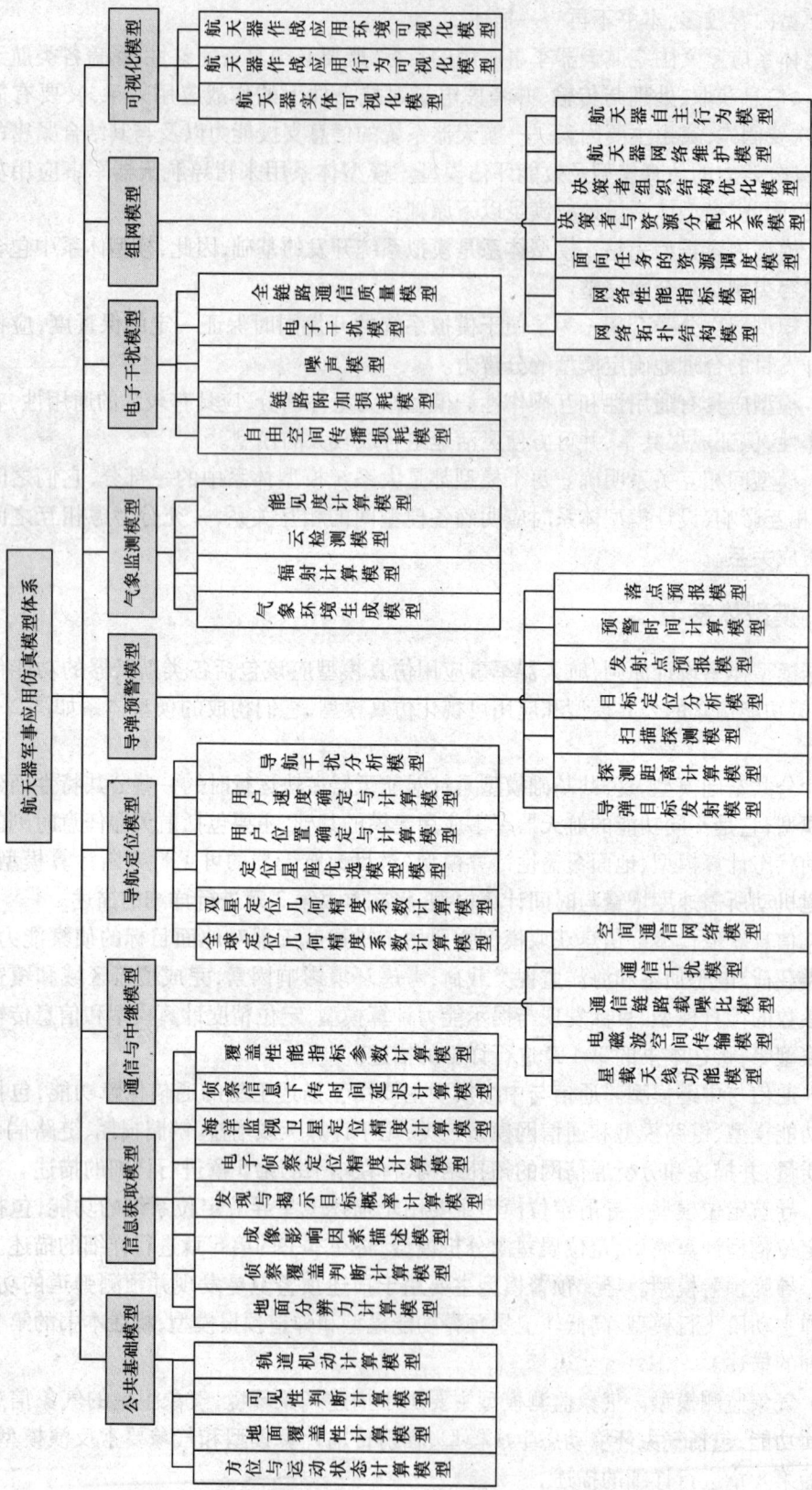

图 2-11 航天器军事应用仿真模型体系图

（7）电子干扰模型。电子干扰模型主要描述航天器通信受电磁环境的影响效果,主要包括航天器链路损耗模型、噪声模型、电子干扰模型等,将在本书的第9章进行详细的描述。

（8）组网模型。组网模型是指用于描述航天器网络结构和网络资源分配功能,可分为信息网络模型和任务网络模型两类,包括网络拓扑结构模型、网络性能指标模型、资源调度模型、决策者与资源分配关系模型、决策者组织结构优化模型、航天器网络维护模型和航天器自主行为模型,将在本书的第10章进行详细的描述。

（9）可视化模型。可视化模型主要是运用可视化技术,对航天器实体、作战行为以及作战环境在仿真场景中进行全面直观形象的表达或映射,即进行航天器实体可视化、航天器作战行为可视化和航天器军事应用环境可视化,将在本书的第11章进行详细的描述。

2.4　航天器军事应用的仿真方法

2.4.1　蒙特卡洛法

克劳塞维茨说过:"战争是充满偶然性的领域,人类的任何活动都不像战争那样给偶然性这个不速之客留有这样广阔的活动天地,因为没有一种活动像战争这样从各个方面和偶然性经常接触。偶然性会增加各种情况的不确定性,并扰乱事件的进程。"处理这种偶然性事件的最有效的方法就是蒙特卡洛(Monte Carlo)法。在航天器军事应用的过程中,战场环境变化、航天器对侦察目标信息的获取、通信链路是否可通以及各类干扰、攻击事件等均为满足一定概率分布的随机事件,因此,蒙特卡洛法也成为航天器军事应用仿真的一个重要手段。

蒙特卡洛法亦称为随机仿真(Random Simulation)法,有时也称作随机抽样(Random Sampling)技术或统计试验(Statistical Testing)法。蒙特卡洛法是一种与一般数值计算方法有本质区别的计算方法,属于试验数学的一个分支,起源于早期的用机率近似概率的数学思想,它利用随机数进行统计试验,以求得的统计特征值(如均值、概率等)作为待解问题的数值解。

1. 蒙特卡洛法的基本思想

蒙特卡洛法以概率统计理论为其主要理论基础,以随机抽样(随机变量的抽样)为其主要手段。它可以解决各种类型的问题,但总体来说,视其是否涉及随机过程的性态和结果,这些问题可分为两类:第一类是确定性的数学问题,如计算多重积分、解线性代数方程组等;第二类是随机性问题,如原子核物理问题、运筹学中的库存问题、随机服务系统中的排队问题、动物的生态竞争和传染病的蔓延问题等。

在概率论中,随机事件发生的可能性大小是遵循一定的概率分布的。通过对某一现象的多次模拟观察每次的结果,并把这些结果加以平均,便得到所求量(事件发生的概率)的近似值,统计的次数越多,结果就越精确。蒙特卡洛法的主要做法是用数学方法产生具有已知分布的随机变量的随机数(即该随机变量的一个可能值),一个或多个这种随机数输入到求解未知随机变量的数学模型中,计算出未知随机变量的随机数。独立进行足够多次这样的计算,可以得到未知随机变量的一组随机数。这组随机数的集合叫做该随机变量的一个样本。统计处理所得到的随机样本,就得到所求随机变量分布或数字特征的统计估值。

用蒙特卡洛法来描述作战过程是 1950 年美国人约翰逊首先提出的,这种方法能充分体现随机因素对作战过程的影响和作用,更确切地反映作战的动态过程。在作战模拟中,常用蒙特卡洛法来确定含有随机因素的效率指标,如发现概率、命中概率、平均毁伤目标数等;模拟随机服务系统中的随机现象并计算其数字特征;模拟一些复杂的作战行动,方法是通过合理的分解,将其简化为一系列前后相连的事件,再对每一事件用随机抽样的方法进行模拟,最后达到模拟战斗动作或作战过程的目的。

2. 蒙特卡洛法的基本过程

用蒙特卡洛法求解时,最简单的情况是模拟一个发生概率为 P 的随机事件 A,如求连续抛硬币之后,正面出现的概率。采用概率论来处理此事的方法是:设正面出现的概率为 P,则反面出现的概率为 $1-P$,所以抛硬币的期望为 $E = 1 \times P + 0 \times (1-P)$。用蒙特卡洛法处理此事的方法是:设两个变量 N、M,其初始值均为 0。由于被抛硬币出现正反面是随机的,所以用一随机数序列来模拟抛硬币的过程,每产生一个随机数即为抛硬币一次,N 加 1,若随机数大于某个中心均值(如 1/2),则认为硬币出现正面,否则认为硬币出现反面,当硬币出现正面时,M 加 1,M/N 称为硬币出现正面的频率,当 N 充分大时,M/N 与硬币正面出现的概率相差无几,在模拟中,不断增加模拟的次数 N,直至得到比较满意的结果为止。

从上述例子的模拟过程可以看出,用蒙特卡洛法求解实际问题的基本步骤如下:

(1)根据实际问题的特点,构造简单而又便于实现的概率统计模型,使所求的解恰好是所建立模型的概率分布或数学期望。

(2)给出概率模型中各种不同分布随机变量的抽样方法。

(3)统计处理模拟结果,给出问题解的估计值和精度估计值。

用数学方法产生具有给定分布的随机数的工作可以方便地由计算机实现。为了获得高计算效率,通常都是先在计算机上产生在 $[0,1]$ 区间均匀分布的随机数,通过变换再得到所要求的给定分布的随机数。这样获得随机数好像抽签,故又称为随机抽样。蒙特卡洛法流程如图 2 - 12 所示。

3. 随机变量的抽样方法及应用

用蒙特卡洛法模拟一个实际问题时,要大量用到各种不同分布的随机变量。因而,在计算机上经济地产生统计上理想的各种不同分布的随机变量的抽样序列是蒙特卡洛法能成功运用的基础。为简单起见,把各种不同分布的随机变量的抽样序列简称为随机数。

在理论上,只要有了一种具有连续分布的随机变量,就可以通过直接抽样、函数变换、舍远补偿或渐近模拟等方法产生其他任意分布的随机变量的抽样。而在连续分布的随机变量中,$[0,1]$ 上均匀分布的随机变量是最简单、最基本、最重要的随机变量,因此,在计算机模拟时,总是先产

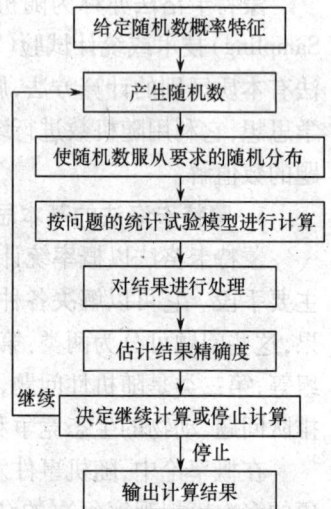

图 2 - 12 蒙特卡洛法流程

生[0,1]上均匀分布的随机数,然后再利用它获得其他分布的随机数。

在计算机上常用的产生[0,1]上均匀分布的随机数的方法大致可分为三类:

(1)把已有的随机数表输入计算机。

(2)用物理方法,如噪声型随机数发生器、放射型随机数发生器等,产生真正的随机数。

(3)用数学方法产生伪随机数,如 C 语言中的 rand( )。

第一种方法要占用大量的内存且随机数表长度有限;第二种方法需要增加额外的物理随机数发生器;第三种方法是目前普遍使用的一种方法,它根据一个适当选取的递推公式,由计算机程序直接产生具有均匀总体简单子样统计性质的随机数序列。常用的方法有迭代取中法、移位法和同余法。需要指出的是,由于字长的限制,计算机只能表示有限个不同的数,所以在计算机上不能产生真正连续分布的随机数,而只能用离散分布的随机数代替连续分布的随机数;另外,用递推公式产生的数值序列本质上是完全确定的,到一定程度后就会周而复始地出现周期现象。无疑,这些都和随机数应该具备的基本统计性质是矛盾的。换句话说,用数学方法根本不可能产生真正的随机数。为了和真正的随机数相区别,通常把用数学方法产生的随机数称为伪随机数。用数学方法如何产生与真正随机数相近的伪随机数,是目前数学界的一项重大研究课题。

要把伪随机数当作真正的随机数使用,就要对用数学方法产生的伪随机数提出一定的要求:

(1)产生的数值序列要具有均匀总体简单子样的一些概率统计特征,通常包括分布的均匀性、抽样的随机性、试验的独立性和前后的一致性等。

(2)产生的伪随机数要有足够长的周期,满足模拟实际问题的要求。

(3)产生随机数的速度快,占用计算机的内存小。

除了[0,1]上均匀分布的随机数外,在仿真中常用的随机数还有[a,b]上均匀分布的随机数、指数分布的随机数、瑞利分布的随机数、威布尔分布的随机数、正态分布的随机数等。设 R 为[0,1]上均匀分布的随机数,则通过反函数法和舍选法可以产生各种分布的随机变量。下面简单介绍这些随机数常用的抽样方法。

1. [a,b]上均匀分布的随机数

在作战仿真中,常常需要产生在某个指定区间上均匀分布的随机数。例如,电子侦察过程中,需要模拟雷达的工作频率。雷达工作频率范围为[a,b],若雷达在每个频率点上工作的概率相同,则当模拟雷达随机工作频率时,就抽取[a,b]上均匀分布的函数,即

$$X = (b - a)R + a \qquad (2.2)$$

2. 指数分布随机变量的抽样

在进行航天器侦察行动仿真时,给定区域地面动目标出现的时间间隔、航天器系统的可靠性、随机系统中的服务时间等都满足负指数分布,即

$$X = -\frac{1}{\lambda}\ln R \qquad (2.3)$$

3. 威布尔分布随机变量的抽样

可靠性理论中的基本分布之一,电子产品的使用寿命都服从这一分布。m 为形状参数,η 为尺度参数,γ 为位置参数,则有

$$X = \gamma + \eta [-\ln R]^{1/m} \qquad (2.4)$$

4. 正态分布随机变量的抽样

正态分布是最常见的一种分布,侦察卫星,尤其是电子侦察卫星对目标的测量误差、弹着点等都近似服从正态分布,一般来讲,只要影响某一数量指标的随机因素很多,而且每个因素所起的作用又不太大,则根据中心极限定理,就可认为这个指标服从正态分布。一般常用 Box-Muller 方法(变换抽样方法)来生成服从正态分布的随机变量。设 R_1、R_2 为 $[0,1]$ 上均匀分布的随机数,则 X_1、X_2 是相互独立的服从标准正态分布的随机变量,即

$$\begin{cases} X_1 = \sqrt{-2\ln R_1} \cos 2\pi R_2 \\ X_2 = \sqrt{-2\ln R_1} \sin 2\pi R_2 \end{cases} \qquad (2.5)$$

一般地,满足正态分布 $N(X, \sigma^2)$ 的随机变量可由下式求出,即

$$\begin{cases} X_1 = X + \sigma\sqrt{-2\ln R_1} \cos 2\pi R_2 \\ X_2 = X + \sigma\sqrt{-2\ln R_1} \sin 2\pi R_2 \end{cases} \qquad (2.6)$$

5. 泊松分布随机变量的抽样

泊松分布是离散性的随机分布,在随机服务系统、可靠性问题模拟中应用广泛。如在侦察卫星的覆盖带内,发现和目标的个数服从泊松分布。基于直接抽样法,然后,根据泊松分布与指数分布随机变量之间的关系,可得出如下的快速抽样算法。

产生 $[0,1]$ 上均匀分布的随机数 $r_1, r_2, \cdots$,则满足不等式

$$\prod_{i=0}^{n} r_i \geq e^{-\lambda} > \prod_{i=0}^{n+1} r_i \qquad (2.7)$$

式中:n 值服从泊松分布,$r_0 = 1$。

2.4.2　仿真推进策略

航天器军事应用仿真涉及诸多仿真模型,在仿真时要对航天器军事应用的各级各类模型进行集成、驱动和调度,建立仿真系统中各实体、活动、事件之间的逻辑关系,根据仿真策略进行仿真推演。通常有三种典型的仿真策略:事件调度法、活动扫描法和进程交互法。这三种方法是最早出现的,也是最基础的仿真策略。

1. 事件调度法

事件调度法(Event Scheduling)最早出现在 1963 年兰德公司的 Markowitz 等人推出的 SIMSCRIPT 语言的早期版本中。离散事件系统的一个基本概念是事件,事件的发生引起系统状态的变化。事件调度法以事件为分析系统的基本单元,通过定义事件及每个事件发生对系统状态的变化,按时间顺序确定并执行每个事件发生时有关的逻辑关系并策划新的事件来驱动模型的运行,这就是事件调度法的基本思想。

按事件调度法作为仿真策略建立仿真模型时,所有事件均放在事件表中。模型中设有一个时间控制模块,该模块从事件表中选择具有最早发生时间的事件,并将仿真时钟置为该事件发生的时间,再调用与该事件对应的事件处理模块,更新系统状态,策划未来将要发生的事件,该事件处理完后返回时间控制模块。这样,事件的选择与处理不断地进

行,直到仿真终止的条件产生为止。

事件调度法的仿真策略如下:

(1) 初始化。

① 置仿真的开始时间 t_0 和结束时间 t_f。

② 置实体的初始状态。

③ 置初始事件及其发生时间 t_s。

(2) 仿真时钟 TIME $= t_s$。

(3) 确定在当前时钟 TIME 下发生的事件类型 E_i , $i = 1, 2, \cdots, n$,并按解结规则排序。

(4) 如果 TIME $\leqslant t_f$,执行

{case E_1 : 执行 E_1 的事件例程;产生后续事件类型及发生时间;

        ……

        E_n : 执行 E_n 的事件例程;产生后续事件类型及发生时间;

    end case }

否则,转步骤(6)。

(5) 将仿真时钟 TIME 推进到下一最早事件发生时刻,转步骤(3)。

(6) 仿真结束。

事件调度法的步骤(5)体现了仿真时钟的推进机制,是将仿真时钟推进到下一最早事件的发生时刻。它与连续系统仿真中的时间推进方法——固定时间增量法不同,反映了离散事件系统状态仅在离散时刻点上发生变化的特点,这种时间推进方法为离散事件系统仿真策略所普遍采用,称为下一事件增量法,简称事件增量法。

2. 活动扫描法

事件调度法仿真时钟的推进仅仅依据"下一个最早发生事件"的准则,而该事件发生的任何条件的测试则必须在该事件处理程序内部去处理。如果条件满足,该事件发生;如果条件不满足,则推迟或取消该事件发生。因此,从本质上来说,事件调度法是一种预定事件发生时间的策略这样,仿真模型中必须预定系统中最先发生的事件,以便启动仿真进程。在每一类事件处理子程序中,除了要修改系统的有关状态外,还要预定本类事件的下一事件将要发生的时间。这种策略对于活动持续时间的确定性较强的系统是比较方便的。当事件的发生不仅与时间有关,而且还与其他条件有关,即事件只有满足某些条件时才会发生的情况下,采用事件调度法策略将会显示出这种策略的弱点。原因在于这类系统的活动持续时间是不确定的,因而无法预定活动的开始或终止时间。

活动扫描法(Activity Scanning)最早出现在 1962 年 Buxton 和 Laski 发布的 CSL 语言中,活动扫描法与活动周期图模型有较好的对应关系。以活动为分析系统的基本单元,认为仿真系统在运行的每一个时刻都由若干活动构成。每一活动对应一个活动处理模块,处理与活动相关的事件。活动与实体有关,主动实体可以主动产生活动,如排队服务系统中的顾客,它的到达产生排队活动或服务活动;被动实体本身不能产生活动,只有在主动实体的作用下才产生状态变化。

活动的激发与终止都是由事件引起的,活动周期图中的任一活动都可以由开始和结束两个事件表示,每一事件都有相应的活动处理。处理中的操作能否进行取决于一定的测试条件,该条件一般与时间和系统的状态有关,而且时间条件必须优先考虑。确定事件

的发生时间事先可以确定,因此,其活动处理的测试条件只与时间有关;条件事件的处理测试条件与系统状态有关。一个实体可以有几个活动处理;协同活动的活动处理只归属于参与的一个实体(一般为永久实体)。在活动扫描法中,除了设计系统仿真全局时钟外;每一个实体都带有标志自身时钟值的时间元(Time-cell)。时间元的取值由所属实体的下一确定时间刷新。

每一个进入系统的主动实体都处于某种活动的状态。活动扫描法在每个事件发生时,扫描系统,检验哪些活动可以激发,哪些活动继续保持,哪些活动可以终止。活动的激发与终止都会策划新的事件。活动的发生必须满足一定的条件,其中活动发生的时间是优先级最高的条件,即首先应判断该活动的发生时间是否满足,然后再判断其他条件。

活动扫描法的基本思想是:用各实体时间元的最小值推进仿真时钟;将仿真时钟推进到一个新的时刻,按优先顺序执行可激活实体的活动处理,使测试通过的事件得以发生,并改变系统的状态和安排相关确定事件的发生时间,因此,与事件调度法中的事件处理模块相当,活动处理是活动扫描法的基本处理单元。

活动扫描法仿真策略如下:

(1)初始化。

① 置仿真开始时间 t_0 和结束时间 t_f。

② 置实体的初始状态。

③ 置实体时间元 time-cell$[i]$ 的初值;$i=1,2,\cdots,m$;m 是实体个数。

(2)置仿真时钟 TIME $= t_0$。

(3)如果 TIME $\leq t_f$,转步骤(4);否则,转步骤(6)。

(4)活动的例程扫描:

    for $j=1,n$(优先序从高到低)

        例程 A_j 隶属于实体 E_i;

        if(time-cell$[i]\leq$TIME   then

          执行活动例程 A_j;

          若 A_j 中安排了下一事件则刷新 time-cell$[i]$;

        end if

        若例程 A_j 的测试条件 $D[j]=$True,则

        {退出当前循环,重新开始扫描};

        end for

(5)推进仿真时钟 TIME $=$ min{time-cell$[i]$ | time-cell$[i]$ $>$TIME}。

(6)仿真结束。

从上面算法可知,活动扫描法要求在某一仿真时刻上要对所有当前(time-cell $=$ TIME)可能发生的和过去(time-cell $<$ TIME)应该发生的事件反复进行扫描,直到确认已没有可能发生的事件时才推进仿真时钟。

3. 进程交互法

事件调度法和活动扫描法的基本模型单元是事件处理和活动处理,这些处理都是针对事件而建立的;而且,在事件调度法和活动扫描法策略中,各个处理都是独立存在的。

进程交互法(Process Interaction)的基本模型单元是进程,进程与处理的概念有着本

质的区别,它是针对某类实体的生命周期而建立的,因此,一个进程中要处理实体流动中发生的所有事件(包括确定事件和条件事件)。为了说明进程交互法的基本思想,下面以单服务台排队服务系统作为例子。

进程交互法的基本思想如下:

(1)针对某类实体的生命周期建立进程,一个进程中要处理实体流动中发生的所有事件(包括确定事件和条件事件)。

(2)通过所有进程中时间值最小的无条件延迟复活点来推进仿真时钟;当仿真时钟推进到一个新的时刻后,如果某一进程被解锁,只要条件允许,该进程就要尽可能多地连续向前推进,即一直推进到下一次延迟发生为止。

进程交互法仿真策略如下:

(1)初始化。

① 置仿真的开始时间 t_0 和结束时间 t_f。

② 置各进程的初始复活点及相应的时间值 $T[i]$,$i = 1,2,\cdots,m$;m 是进程数。

(2)推进仿真时钟 $\mathrm{TIME} = \min\{T[j] \mid j$ 处于无条件延迟$\}$。

(3)如果 $\mathrm{TIME} \geqslant t_f$,仿真结束,否则转步骤(4)。

(4)按优先顺序从高到底扫描进程。

如果 $T[i] = \mathrm{TIME}$ 或 $T[i] < \mathrm{TIME}$ 且进程 i 的延迟结束条件满足,则从当前复活点开始推进进程 i,直至下一次延迟发生为止,若下一次延迟是无条件延迟,则设置进程 i 的复活时间 $T[i]$;退出当前循环,重新开始扫描。以上扫描直至没有进程可以推进为止。

(5)返回到步骤(2)。

2.5　航天器军事应用过程

作战离不开战场信息,它包括对抗双方的兵力部署、战场态势、军事设施等。战场信息的一部分最终以情报的形式到达指挥员手中,指挥员对这些信息的应用反映在他指挥的作战行动中,作战行动又改变了已有的战场信息。这一切构成了一条战场信息的观察、判断、决策和行动(OODA)回路。航天器军事应用包括侦察监视、气象保障、导弹预警、信息传输、导航定位五个方面,以不同的方式参与作战,贯穿于整个 OODA 回路,航天器军事应用过程如图 2-13 所示。

由图 2-13 可以看出,航天器军事应用的功能模块相对独立。因此,既可以系统地以航天器对地面作战全过程的总体信息支援能力为目的进行仿真,研究各阶段航天器军事应用的方式、方法,又可以分别以航天器系统完成目标侦察、导弹预警、导航定位和通信保障功能为目的进行仿真,研究不同作战应用下单一功能航天器系统的应用模式。

2.5.1　航天器目标侦察监视应用过程

航天器侦察监视主要用于对地面指挥所、发射架、港口、桥梁、部队行动等目标进行情报获取,侦察监视应用主要由光学成像侦察卫星、雷达成像侦察卫星、电子侦察卫星、海洋监视卫星和通信与中继卫星完成,其中通信与中继卫星只在侦察卫星与地面情报用户不可见,无法直接下传信息时使用。航天器侦察监视应用的主要过程如图 2-14 所示。

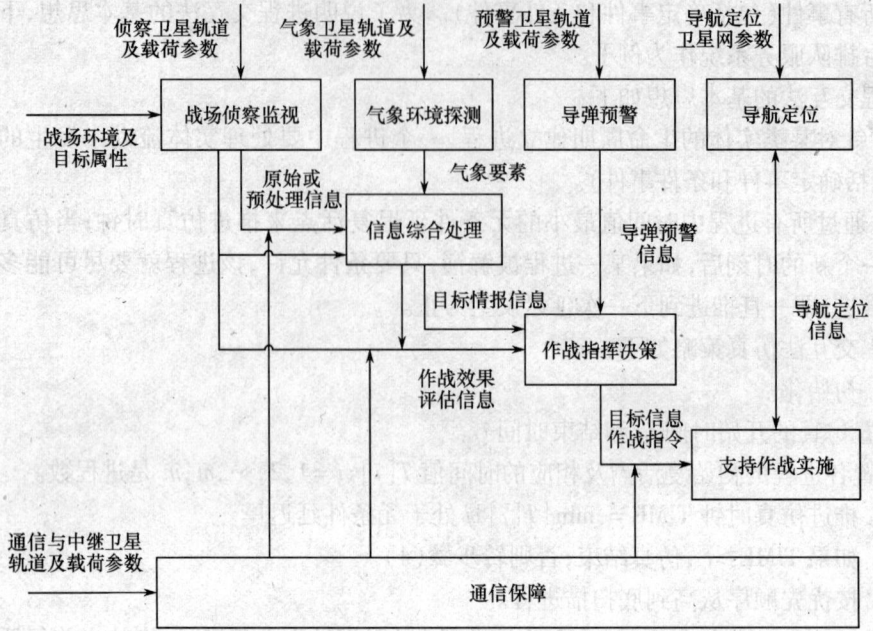

图 2-13　航天器军事应用流程

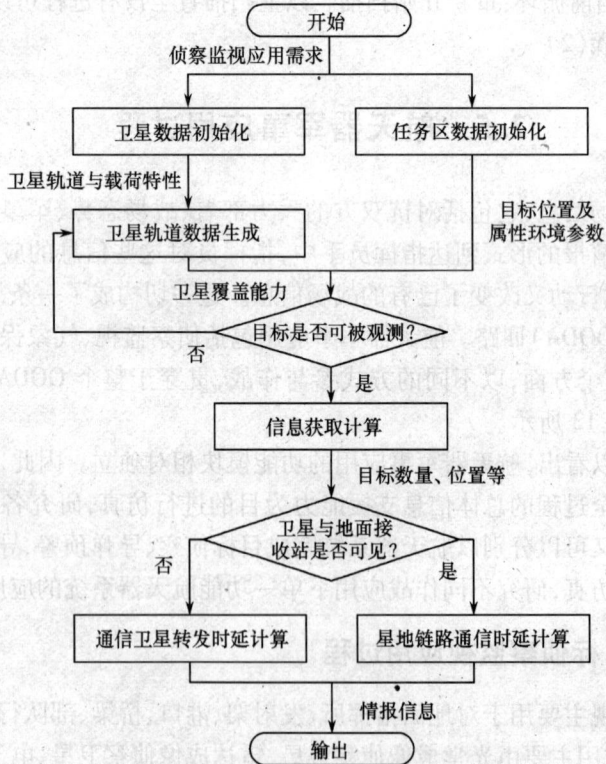

图 2-14　航天器侦察监视应用过程

2.5.2 航天器导弹预警应用过程

航天器导弹预警主要用于监视和发现敌方导弹发射,探测导弹弹道参数,提供早期预警,导弹预警应用主要由预警卫星、通信与中继卫星完成,其中通信与中继卫星只在预警卫星与任务中心不可见,无法直接下传信息时使用。航天器导弹预警应用的主要过程如图2-15所示。

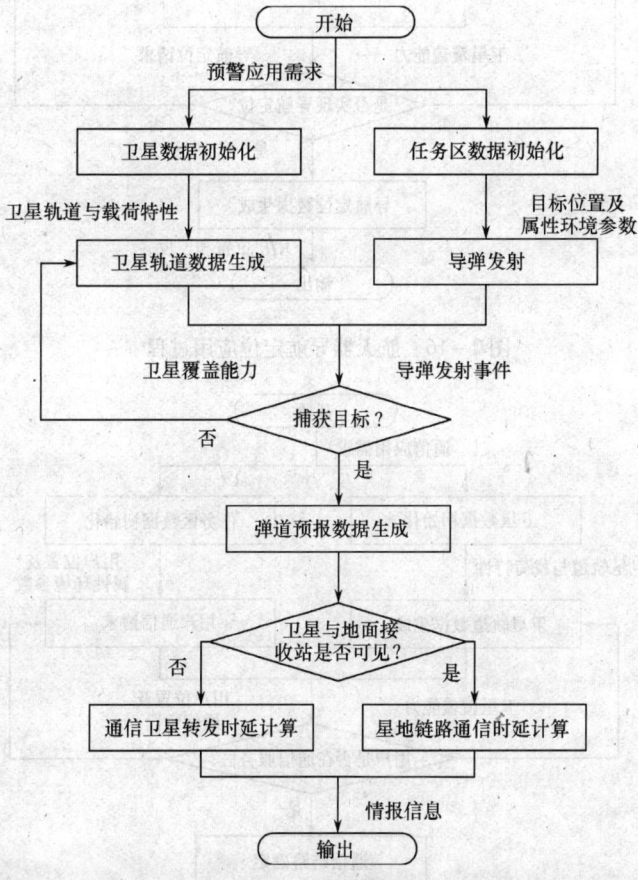

```
                    开始
                     │ 预警应用需求
         ┌───────────┴───────────┐
         ▼                       ▼
   卫星数据初始化            任务区数据初始化
         │                       │
  卫星轨道与载荷特性          目标位置及
         │                   属性环境参数
         ▼                       ▼
   卫星轨道数据生成          导弹发射
         │                       │
   卫星覆盖能力            导弹发射事件
         ▼                       ▼
           ◇ 捕获目标? ◇
       否 ◄─┘        │ 是
                     ▼
            弹道预报数据生成
                     │
          ◇ 卫星与地面接
            收站是否可见? ◇
       否 ◄─┘        └─► 是
         ▼                   ▼
  通信卫星转发时延计算    星地链路通信时延计算
         └─────────┬─────────┘
                   │ 情报信息
                   ▼
                 输出
```

图2-15 航天器导弹预警应用过程图

2.5.3 航天器导航定位应用过程

航天器导航定位主要用于为用户提供准确的导航定位服务,常用的是无源多星定位技术,即3颗或3颗以上卫星进行定位,获取三维用户位置和速度信息。导航定位应用主要由导航定位卫星星座和用户共同完成。航天器导航定位应用的主要过程如图2-16所示。

2.5.4 航天器通信保障应用过程

航天器通信保障应用主要为卫星和地面用户提供无线通信服务,主要由通信与中继卫星、地球站共同完成。航天器通信保障应用的主要过程如图2-17所示。

47

```
                    ┌──────────────┐
                    │     开始      │
                    └──────────────┘
                           │ 导航定位应用需求
              ┌────────────┴────────────┐
     ┌─────────────────┐        ┌─────────────────┐
     │   卫星数据初始化    │        │   任务区数据初始化   │
     └─────────────────┘        └─────────────────┘
        │ 卫星轨道与载荷特性              │ 用户位置及
        │                             │ 属性环境参数
   ┌─────────────────┐        ┌─────────────────┐
┌──│   卫星轨道数据生成   │        │   导航定位请求     │──┐
│  └─────────────────┘        └─────────────────┘  │
│        │ 卫星覆盖能力        │ 导航定位请求            │
│        └──────────┐    ┌───┘                     │
│              ◇───────────────────◇               │
│     否      ╱  是否实现导航定位?   ╲     否           │
└────────────◇                      ◇──────────────┘
              ╲                    ╱
               ◇───────┬─────────◇
                       │ 是
              ┌─────────────────┐
              │   导航定位数据生成   │
              └─────────────────┘
                       │ 用户位置和速度
              ┌──────────────┐
              │     输出      │
              └──────────────┘
```

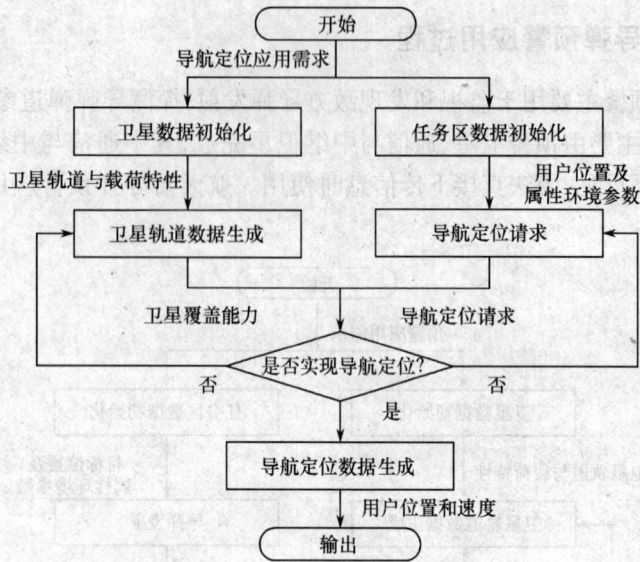

图 2-16　航天器导航定位应用过程

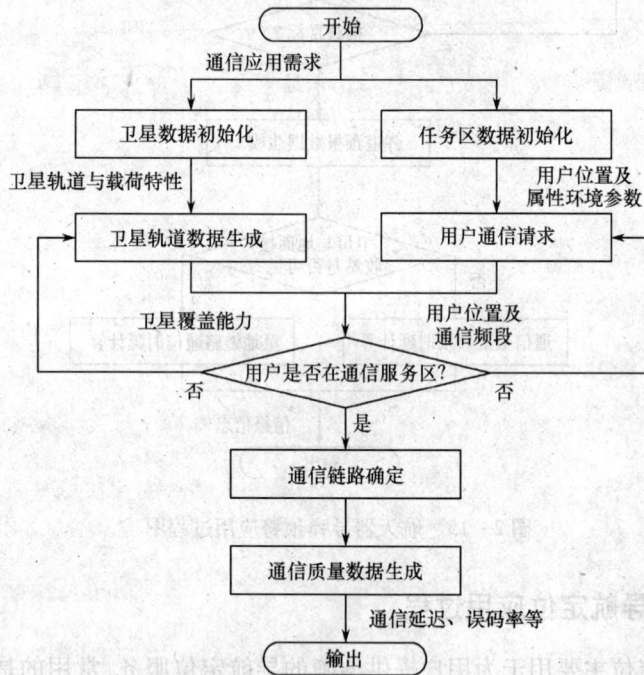

```
                    ┌──────────────┐
                    │     开始      │
                    └──────────────┘
                           │ 通信应用需求
              ┌────────────┴────────────┐
     ┌─────────────────┐        ┌─────────────────┐
     │   卫星数据初始化    │        │   任务区数据初始化   │
     └─────────────────┘        └─────────────────┘
        │ 卫星轨道与载荷特性              │ 用户位置及
        │                             │ 属性环境参数
   ┌─────────────────┐        ┌─────────────────┐
┌──│   卫星轨道数据生成   │        │   用户通信请求     │──┐
│  └─────────────────┘        └─────────────────┘  │
│        │ 卫星覆盖能力        │ 用户位置及             │
│        │                  │ 通信频段              │
│        └──────────┐    ┌───┘                     │
│              ◇───────────────────◇               │
│     否      ╱ 用户是否在通信服务区? ╲     否          │
└────────────◇                      ◇──────────────┘
              ╲                    ╱
               ◇───────┬─────────◇
                       │ 是
              ┌─────────────────┐
              │   通信链路确定     │
              └─────────────────┘
                       │
              ┌─────────────────┐
              │   通信质量数据生成   │
              └─────────────────┘
                       │ 通信延迟、误码率等
              ┌──────────────┐
              │     输出      │
              └──────────────┘
```

图 2-17　航天器通信保障应用过程

第3章 航天器军事应用仿真公共模型

由于航天器携带的有效载荷不同,因而具有不同的功能,能遂行不同的使命任务。航天器的军事应用仿真其实主要是对航天器的功能进行仿真,或者说是依据其有效载荷性能、应用环境和目标特性(对侦察监视而言)数据,仿真计算航天器的行为效果。不同的航天器功能仿真,采用的模型不完全相同。为了在航天器军事应用仿真中最大程度地重用模型,提高建模效率和模型可信性,把其中相同的模型抽取出来,作为航天器功能仿真的公共模型,它们包括航天器军事应用建模的基础模型、任意时刻的方位与运动状态计算模型、任意时刻地面覆盖性计算模型、对目标航天器的可见性判断计算模型和轨道机动所需速度增量与时间计算模型。

3.1 航天器军事应用建模基础

3.1.1 坐标系

为了描述运动点的规律,确定点位在空间中的位置,必须确定恰当的坐标系,包括确定坐标原点、参考平面和参考平面上的主方向三个要素,这既是现实中研究与实施导航、定位、测量和航天器发射、跟踪测量等的基础,也是航天器军事应用建模与仿真的一个基础。本书用地心坐标系来描述航天器在其运行轨道上的运动,主要包括地心惯性坐标系、地心轨道坐标系和地心固连坐标系。

为了建立地心坐标系,需要寻求一个形状和大小与地球接近且与地球有着固定联系的数学体来表征地球,作为坐标系和航天器与地面系统点位的基准。尽管地球表面存在着不规则的起伏,而这种起伏从全局看并不是很大,为此,人们通常把地球近似为一个椭球体,南北为短轴,东西为长轴,地球绕短轴旋转,赤道面近似为一个圆。由于地球的短半轴和长半轴半径长度分别约为6356863m和6378245m,有一些差别,在航天工程中必须考虑,但是,在航天器军事应用建模与仿真中,差别较小(扁率小于0.34%),对仿真结果影响不会太大,因此,可以把地球进一步简化成一个圆球体,半径通常取6378137m。

1. 地心惯性坐标系

地心惯性坐标系是一个惯性参考基准,用来描述航天器在惯性空间中的绝对运动。地心惯性坐标系 $O_eX_IY_IZ_I$ 的三个要素定义如下:

坐标原点 O_e 为地球质心。

参考平面 $O_eX_IY_I$ 为地球赤道面,赤道面是通过地心与地球南北轴垂直的平面。

参考平面上的主方向: O_eX_I 轴指向春分点方向; O_eZ_I 轴与地球南北轴重合,指向北极; O_eY_I 轴与 O_eX_I 轴和 O_eZ_I 轴构成右手坐标系。

地球绕太阳公转的轨道面称为黄道面,与地球赤道的两个交点称为春分点和秋分点,其中太阳由赤道以南升到赤道以北的交点为春分点。从地球地心经过春分点到太阳的方向称为春分点方向，春分点方向和地球南北轴方向在惯性空间中的指向基本不变，可以作为惯性坐标系的参数轴方向。地心惯性坐标系如图 3-1 所示。

航天器任意时刻在地心惯性坐标系中的三维位置可以用航天器的星下点赤经 α、赤纬 δ 以及航天器的地心距 r 来表示，称为极坐标表示法，如图 3-1 所示。赤经 α 是航天器的星下点所在的经线平面与 O_eX_I 轴所在的经线平面之间的夹角，其取值范围为 $-180° < \alpha \leq 180°$，由 O_eX_I 轴向东度量时赤经取正值，由 O_eX_I 轴向西度量时赤经取负值。赤纬 δ 是航天器的星下点至地心的连线与地球赤道面之间的夹角，其取值范围为 $-90° \leq \delta \leq 90°$，由地球赤道面向北度量时赤纬取正值，由地球赤道面向南度量时赤纬取负值，在数值上航天器的星下点赤纬与航天器星下点的地理纬度是相等的。

航天器任意时刻的三维位置还可以用航天器在地心惯性坐标系 $O_eX_IY_IZ_I$ 中的三维直角坐标 (x_I, y_I, z_I) 来表示。由极坐标 (α, δ, r) 到直角坐标 (x_I, y_I, z_I) 采用下式转换，即

$$\begin{cases} x_I = r\cos\delta\cos\alpha \\ y_I = r\cos\delta\sin\alpha \\ z_I = r\sin\delta \end{cases} \tag{3.1}$$

相反，由直角坐标 (x_I, y_I, z_I) 到极坐标 (α, δ, r) 可以采用下式转换，即

$$\begin{cases} \alpha = \arctan(y_I/x_I) \\ \delta = \arctan(z_I / \sqrt{x_I^2 + y_I^2}) \\ r = \sqrt{x_I^2 + y_I^2 + z_I^2} \end{cases} \tag{3.2}$$

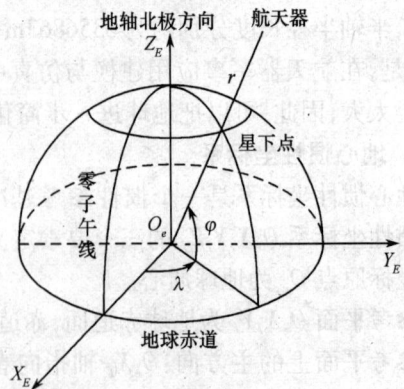

2. 地心固连坐标系

地心固连坐标系是随地球一同转动的动参考基准，用以描述航天器相对地球的视运动，即航天器相对地球的相对运动。地心固连坐标系 $O_eX_EY_EZ_E$ 的三个要素定义如下：

坐标原点 O_e 为地球质心。

参考平面 $O_eX_EY_E$ 为地球赤道面，赤道面是通过地心与地球南北轴垂直的平面。

参考平面上的主方向：O_eX_E 轴在赤道面指向格林尼治子午线（零子午线）方向；O_eZ_E 轴与地球南北轴重合，指向北极；O_eY_E 轴与 O_eX_E 轴和 O_eZ_E 轴构成右手坐标系。地心固连坐标系如图 3-2 所示。

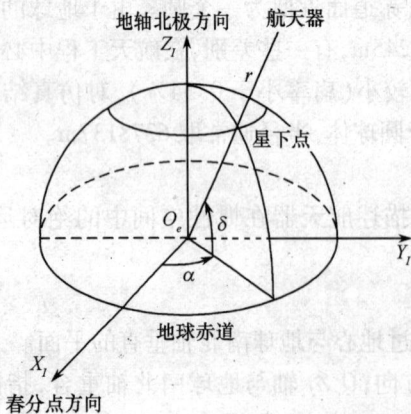

图 3-1　地心惯性坐标系　　　　　　图 3-2　地心固连坐标系

航天器任意时刻在地心固连坐标系中的三维位置可以用极坐标表示法,即用航天器的星下点经度 λ、纬度 φ 以及航天器的地心距 r 来表示,如图 3-2 所示。经度 λ 是航天器星下点所在的经线平面与格林尼治子午线(亦即零子午线)所在的经线平面之间的角,其取值范围为 $-180° < \lambda \leqslant 180°$,由格林尼治子午线向东度量时经度取正值,由格林尼治子午线向西度量时经度取负值。纬度 φ 是航天器的星下点至地心的连线与地球赤道面之间的夹角,其取值范围为 $-90° \leqslant \varphi \leqslant 90°$,由地球赤道面向北度量时纬度取正值,由地球赤道面向南度量时纬度取负值。

航天器任意时刻的三维位置还可以用航天器在地心固连坐标系 $O_e X_E Y_E Z_E$ 中的三维直角坐标 (x_E, y_E, z_E) 来表示。由极坐标 (λ, φ, r) 到直角坐标 (x_E, y_E, z_E) 采用下式转换,即

$$\begin{cases} x_E = r\cos\varphi\cos\lambda \\ y_E = r\cos\varphi\sin\lambda \\ z_E = r\sin\varphi \end{cases} \quad (3.3)$$

相反,由直角坐标 (x_E, y_E, z_E) 到极坐标 (λ, φ, r) 可以采用下式转换,即

$$\begin{cases} \lambda = \arctan(y_E/x_E) \\ \varphi = \arctan(z_E/\sqrt{x_E^2 + y_E^2}) \\ r = \sqrt{x_E^2 + y_E^2 + z_E^2} \end{cases} \quad (3.4)$$

3. 地心轨道坐标系

地心轨道坐标系是随航天器一同转动的动参考基准,用以描述地球相对航天器的视运动,即地球相对航天器的相对运动。地心轨道坐标系 $O_e X_o Y_o Z_o$ 的三个要素定义如下:

坐标原点 O_e 为地球质心。

参考平面 $O_e X_o Y_o$ 为轨道平面,由航天器轨道根数决定。

参考平面上的主方向:$O_e X_o$ 轴沿轨道矢径 r 方向,指向航天器;$O_e Z_o$ 轴沿轨道平面正法线方向,即与动量矩矢量 H 一致;$O_e Y_o$ 轴在轨道平面内,与 $O_e X_o$ 轴和 $O_e Z_o$ 轴构成右手坐标系。地心轨道坐标系如图 3-3 所示。

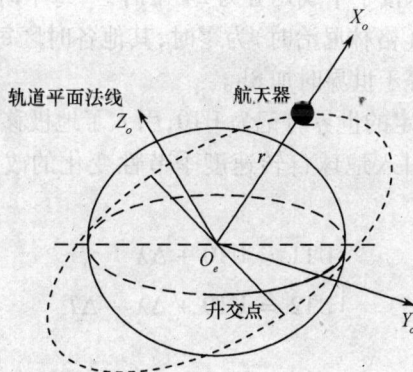

图 3-3 地心轨道坐标系

航天器任意时刻在地心轨道坐标系中的位置只用三维直角坐标 (x_o, y_o, z_o) 表示。由于地心轨道坐标系始终随着航天器运动变化,而且航天器质点始终在 $O_e X_o$ 轴上,因此,航

天器任意时刻在地心轨道坐标系中的位置坐标为$(r,0,0)$，r是地心距，即航天器质点在该时刻至地心的距离。

3.1.2 时间系统

轨道计算中，时间是独立变量，但是在计算不同的物理量时却使用不同的时间系统。例如，在计算测站位置和使用星下点轨迹时使用世界时 UT1，而岁差和张动量的计算采用质心动力学时 TDB 等，所以必须清楚各时间系统的定义和各时间系统之间的转换。

1. 时间系统的定义

时间系统是表示航天器在空间运行的时间特性的基准。时间系统包含有"时刻"和"时间间隔"两个概念，前者指的是发生某一事件的瞬时，后者指的是发生某一事件所经历的过程，是这一过程始末的时刻之差。建立时间系统一要明确时间尺度，即时间的单位；二要明确时间的原点，即起始历元。

1）太阳时

以太阳的周日视运动为依据而建立的时间计量系统叫做真太阳时，真太阳连续两次下中天的时间间隔叫做真太阳日。真太阳时在使用上并不方便，因为真太阳日的长短不一致，观测发现，最长和最短的真太阳时相差达51s。因为真太阳时是一个变化的量，不宜作为时间的计量单位，于是，需要建立一个和真太阳时接近但均匀的平太阳时系统。

平太阳是由纽康提出的，首先引入了一个沿黄道作均匀运动的辅助点，它的运行速度与太阳视运动的平均速度相等，并且和太阳同时通过近日点和远日点，再引入第二个辅助点，此点沿着赤道作均匀运动，它的运行速度和第一个辅助点的速度相同，并且和第一个辅助点同时通过春分点。第二个辅助点称为平赤道上的太阳，简称平太阳。

地球上每个地方子午圈均存在一个地方平太阳时 m_s（简称地方时），格林尼治（本初子午圈）平太阳时称为世界时 UT，世界时和地方时的关系为

$$m_s = \text{UT} + \lambda \tag{3.5}$$

式中：λ 为该地的经度。

为了使用方便，将地球按子午线划分为24个时区，每个时区以中央子午线的平太阳时为该区的区时。世界时（格林尼治时）为零时，其他各时区每15°加减1h，例如，北京对应第八时区，所以北京时等于世界时加8h。

根据天文观测直接测定的世界时记为 UT0，引入了地极移动所引起的经度改正值 $\Delta\lambda$ 后的世界时记为 UT1，再引入地球自转速度季节性变化的改正值 ΔT_s 后的世界时称为 UT2，它们的关系为

$$\begin{cases} \text{UT1} = \text{UT0} + \Delta\lambda \\ \text{UT2} = \text{UT0} + \Delta\lambda + \Delta T_s \end{cases} \tag{3.6}$$

其中

$$\begin{cases} \Delta\lambda = (x\sin\lambda - y\cos\lambda)\tan\phi \\ \Delta T_s = 0.022^s\sin2\pi t - 0.012^s\cos2\pi t - 0.006^s\sin4\pi t + 0.0007^s\cos4\pi t \end{cases}$$

式中：(λ,ϕ) 为观测地点的地理位置；(x,y) 为地极坐标。

$$t = 2000 + (MJD + 515544.03)/365.2422 \tag{3.7}$$

式中:MJD 为简略儒略日。

2）恒星时

以春分点为参考点的周日视运动所确定的时间系统称为恒星时,常用 S 表示,春分点连续两次下中天的时间间隔叫做恒星日。与地方时相似,地球上每个地方子午圈均存在一个地方恒星时 S,格林尼治子午圈的恒星时称为格林尼治恒星时 S_G。由于岁差章动的影响,春分点有缓慢的位置变化。根据春分点的运动,可以分为平春分点和真春分点,相应地,就有平恒星时 $\bar{S}$ 和真恒星时 S,即

$$S = \bar{S} + \Delta\psi\cos\varepsilon \tag{3.8}$$

式中:$\Delta\psi\cos\varepsilon$ 为赤道章动。

3）国际原子时

国际原子时(TAI)以铯原子 C_s^{133} 基态两能级间跃迁辐射的 9192631770 周所经历的时间作为 1s 长的均匀时间,起点在 1958 年 1 月 1 日 0 时 UT。

4）动力学时

动力学时是均匀的,根据天体力学的动力学方程所对应参考点,动力学时可以分为以下两种:

（1）相对于地球质心的运动方程所采用的时间参数,它是地心视位置历表的时间引数,称为地球力学时(TDT),1991 年以后称为地球时(TT)。

（2）相对于太阳系质心的运动方程及其给出的历表中所采用的时间变量,称为太阳系质心动力学时,简称质心动力学时(TDB)。岁差、章动的计算公式也是依据该时间尺度的。

2. 时间系统之间的转换

时间系统之间的转换主要是为了求得格林尼治恒星时,这个时角是地心惯性坐标系与地心固连坐标系转化的关键。转换的过程如图 3-4 所示。

1）世界时转换为儒略日

计算相隔若干年两个日期之间的天数可用儒略日期。这是天文上常用的一种长期记日法。儒略日是指公元前 4713 年儒略日 1 月 1 日格林尼治 12 时起算的累积天数,天的定义与世界时相同。天文年历中载有每年 0 日世界时 12 时的儒略日(简写为 JD)。设给出世界时日期的年、月、日、时、分、秒分别是 Y、M、D、h、m、s,则

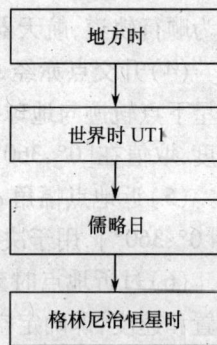

图 3-4 时间转换
关系图

$$\begin{aligned}
J = &D - 32075 + [1461 \times (Y + 4800 + [(M - 14)/12])/4] + \\
&367 \times [(M - 2 - [(M - 14)/12] \times 12)/12] - \\
&3 \times [(Y + 4900 + [[(M - 14)/12]/100]/4]
\end{aligned} \tag{3.9}$$

式中:符号"[ ]"表示取整数部分,对应的儒略日为

$$JD(UT1) = J - 0.5 + h/24 + m/1440 + s/86400 \tag{3.10}$$

53

2）儒略日转换为格林尼治恒星时

设在 J2000.0 系统下的格林尼治平恒星时为 $\bar{S}$，则由下式计算可得

$$\bar{S} = 67310^{s}.54841 + (8640184^{s}.812866 + 876600^{h})t + \\ 0^{s}.093104t^2 - 0^{s}.62 \times 10^{-5}t^3 \tag{3.11}$$

式中：t 为自 J2000.0（JD = 2451545.0）起算至 UTI 时刻的儒略世纪数，即

$$t = \frac{JD(UT1) - 2454545.0}{36525.0} \tag{3.12}$$

3.1.3　航天器轨道

若将地球看成一个质量密度分布均匀的球体，则它对绕其运行的航天器的引力作用可等效成一个质点，即质量全部集中在地心上，于是构成一个简单的二体运动系统。在该二体运动系统中，航天器质量远远小于地球质量，属于小天体，可以忽略它对地球的引力，使它的运动问题得到简化。

航天器的运行轨道常用 6 个轨道根数表示，由它们可以确定航天器在任何时刻的三维位置和三维速度。6 个轨道根数的定义如下：

（1）半长轴 a。椭圆轨道长轴的 $1/2$，决定轨道的大小，与轨道周期密切相关。

（2）偏心率 e。椭圆轨道两焦点之间的距离与长轴的比值，决定轨道的形状。通常，偏心率取值在 $[0,1)$，其值越大，轨道越扁，其值越小，轨道越圆，当 $e = 0$ 时，为圆轨道。

（3）轨道倾角 i。航天器轨道平面与地球赤道平面的夹角，用地球北极方向与轨道平面的正法线方向之间的夹角度量，取值在 $[0°,180°]$。倾角决定轨道平面相对赤道平面的倾斜程度，$i = 0°$ 或 $i = 180°$ 的轨道为赤道轨道；$i = 90°$ 的轨道为极轨道；$0° < i < 90°$ 的轨道为顺行轨道，航天器运行方向与地球自转方向相同；$90° < i < 180°$ 的轨道为逆行轨道。

（4）升交点赤经 Ω。航天器由南向北运行时的轨道弧段称为升弧段，在升弧段航天器星下点轨迹与地球赤道的交点称为升交点。升交点赤经是从春分点逆时针至升交点的角度，取值在 $[0°,360°]$，与轨道倾角 i 共同确定轨道平面在惯性空间中的位置。

（5）近地点幅角 ω。近地点至地心的连线与升交点至地心的连线之间的夹角，取值在 $[0°,360°]$，用于决定椭圆轨道在轨道平面中的方位。

（6）过近地点时刻 τ。航天器过近地点的时刻，用以确定航天器某一时刻在轨道上的位置和速度，即确定空间位置与时间的关系。

航天器轨道根数的几何含义如图 3 - 5 所示。

描述航天器轨道还经常用到其他的一些参数，如轨道周期 T、平近点角 M 和偏近点角 E 等。

航天器沿着轨道周而复始地运行，其周期表示航天器在轨道上运行一圈次所需的时间，它与轨道的半长轴有关，半长轴相同的轨道，周期也相同。航天器的轨道周期为 $T = 2\pi\sqrt{\dfrac{\mu}{a^3}}$。

事实上，航天器的运行轨道与二体运动理论轨道是有误差的，因为航天器除了受到地球中心引力以外，还受到地球扁率引起的力（地球不是均匀圆球体）、大气压力、日月引力

54

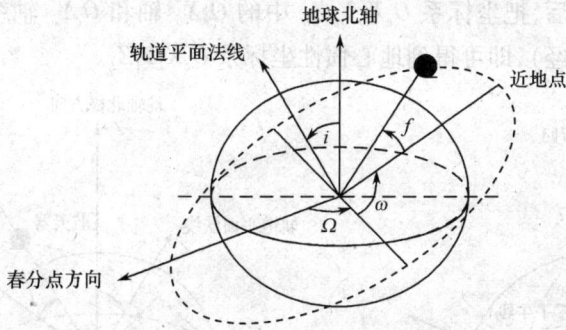

图 3 – 5　航天器轨道根数的几何含义

和太阳辐射压力等,而二体运动理论轨道仅仅考虑了地球中心引力的作用,这就带来了微小的误差(称为轨道摄动)。另外,地球潮汐作用和地球磁场作用也会引起微小的轨道摄动。

轨道摄动使航天器不再沿着固定的轨道运行,航天器的轨道会慢慢变低变圆,出现轨道衰竭,但是衰竭时间可能较长。为了简化问题,在航天器军事应用的建模与仿真中,忽略各种轨道摄动因素,认为航天器就是沿着固定的轨道作周期性运动。

3.1.4　地心惯性坐标系、地心固连坐标系和地心轨道坐标系的相互转换

航天器在地心惯性坐标系 $O_eX_IY_IZ_I$ 和地心固连坐标系 $O_eX_EY_EZ_E$ 中的三维位置表示是不相同的,但可以相互转换。两种坐标系的原点以及 O_eZ_I 轴与 O_eZ_E 轴始终是重合的,但地心固连坐标系的 O_eX_E 轴和 O_eY_E 轴却始终绕地球南北轴转动,而地心惯性坐标系在惯性空间中固定不动。如果知道某初始时刻 t_0 地心固连坐标系的 O_eX_E 轴与地心惯性坐标系的 O_eX_I 轴之间的夹角 θ_0,则初始时刻以后的某时刻 t 地心固连坐标系的 O_eX_E 轴与地心惯性坐标系的 O_eX_I 轴之间的夹角 $\theta = \theta_0 + \Omega_e(t - t_0)$,$\Omega_e$ 为地球自转速度,其值约为 7.292115×10^{-5} rad/s。两种坐标系的关系如图 3 – 6 所示。

设在 t_0 时刻之后任意时刻 t,航天器在地心惯性坐标系和地心固连坐标系中的三维位置用直角坐标分别为 (x_I, y_I, z_I) 和 (x_E, y_E, z_E),两者之间可以采用下式进行相互转换,即

$$\begin{bmatrix} x_E \\ y_E \\ z_E \end{bmatrix} = \begin{bmatrix} \cos\theta & \sin\theta & 0 \\ -\sin\theta & \cos\theta & 0 \\ 0 & 0 & 1 \end{bmatrix} \begin{bmatrix} x_I \\ y_I \\ z_I \end{bmatrix} \tag{3.13}$$

θ 为此时刻地心固连坐标系的 O_eX_E 轴与地心惯性坐标系的 O_eX_I 轴之间的夹角。

从图 3 – 7 可以看出,地心轨道坐标系 $O_eX_oY_oZ_o$ 可以通过一系列旋转变化到地心惯性坐标系 $O_eX_IY_IZ_I$。首先,将 O_eX_o 轴和 O_eY_o 轴绕 O_eZ_o 轴顺时针旋转 $u = \omega + f$(为负),得到坐标系 $O_eX'_oY'_oZ'_o$,其中 $O_eX'_o$ 轴与航天器升交点与降交点连线重合,$O_eZ'_o$ 轴与 O_eZ_o 轴重合;其次,把坐标系 $O_eX'_oY'_oZ'_o$ 中的 $O_eY'_o$ 轴和 $O_eZ'_o$ 轴绕 $O_eX'_o$ 轴顺时针旋转 i(为负),得到坐标系 $O_eX''_oY''_oZ''_o$,其中 $O_eZ''_o$ 轴与地极南北轴重合,坐标系参考平面 $O_eX''_oY''_o$ 与

地球赤道面重合;然后,把坐标系 $O_e X_o'' Y_o'' Z_o''$ 中的 $O_e X_o''$ 轴和 $O_e Y_o''$ 轴绕 $O_e Z_o''$ 轴顺时针旋转 Ω(Ω 为升交点赤经),即可得到地心惯性坐标系 $O_e X_I Y_I Z_I$。

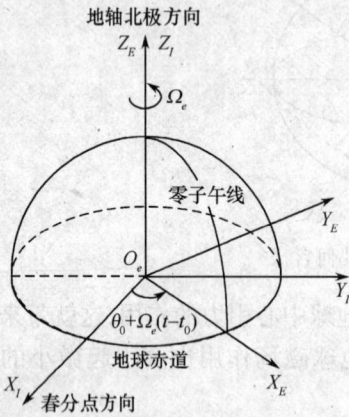

图 3-6　地心惯性坐标系与地心　　　图 3-7　地心惯性坐标系与地心
　　　　固连坐标系的关系　　　　　　　　　　轨道坐标系的关系

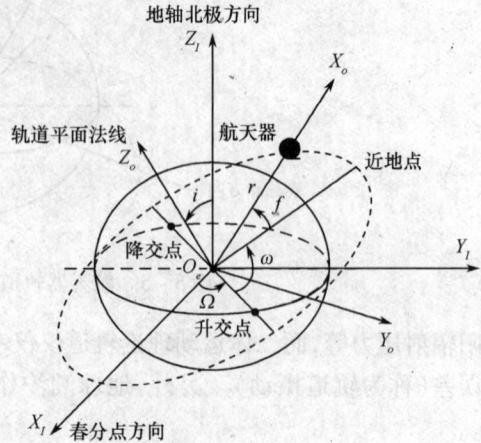

在地心轨道坐标系 $O_e X_o Y_o Z_o$ 中航天器的位置始终可以表示成为 $(r,0,0)$,根据坐标系的变化过程,通过矩阵运算可获得航天器在地心惯性坐标 $O_e X_I Y_I Z_I$ 中相应的位置 (x_I,y_I,z_I),即

$$
\begin{bmatrix} x_I \\ y_I \\ z_I \end{bmatrix} = \begin{bmatrix} \cos(-\Omega) & \sin(-\Omega) & 0 \\ -\sin(-\Omega) & \cos(-\Omega) & 0 \\ 0 & 0 & 1 \end{bmatrix} \begin{bmatrix} 1 & 0 & 0 \\ 0 & \cos(-i) & \sin(-i) \\ 0 & -\sin(-i) & \cos(-i) \end{bmatrix} \begin{bmatrix} \cos(-u) & \sin(-u) & 0 \\ -\sin(-u) & \cos(-u) & 0 \\ 0 & 0 & 1 \end{bmatrix}
$$

$$
\begin{bmatrix} x_o \\ y_o \\ z_o \end{bmatrix} = \begin{bmatrix} \cos\Omega\cos u - \sin\Omega\sin u\cos i & -\cos\Omega\sin u - \sin\Omega\cos u\cos i & \sin\Omega\sin i \\ \sin\Omega\cos u + \cos\Omega\sin u\cos i & -\sin\Omega\sin u + \cos\Omega\cos u\cos i & -\cos\Omega\sin i \\ \sin u\sin i & \cos u\sin i & \cos i \end{bmatrix} \begin{bmatrix} r \\ 0 \\ 0 \end{bmatrix}
$$

(3.14)

地心轨道坐标系 $O_e X_o Y_o Z_o$ 与地心固连坐标系 $O_e X_E Y_E Z_E$ 的转换可以先把地心轨道坐标系 $O_e X_o Y_o Z_o$ 转换成地心惯性坐标系 $O_e X_I Y_I Z_I$,然后再把地心惯性坐标系 $O_e X_I Y_I Z_I$ 转换成地心固连坐标系 $O_e X_E Y_E Z_E$,这里不再赘述。

3.2　航天器任意时刻的方位与运动状态计算模型

根据航天器的 6 个轨道根数:半长轴 a、偏心率 e、轨道倾角 i、升交点赤经 Ω、近地点幅角 ω、过近地点时刻 τ(或航天器在时刻 t_0 的平近点角 M_0),计算航天器任意时刻的方位与运动状态,可以为判断计算航天器是否通过任务区域、何时通过任务区域、通过任务区域的时间长度、通过任务区域的时间间隔等提供基础模型。

56

3.2.1　航天器任意时刻的真近点角计算模型

真近点角 f 是航天器至地心的连线与近地点至地心的连线之间的夹角,它自近地点开始沿航天器的运行方向度量,用于表征航天器在轨道上的位置,如图 3-8 所示。

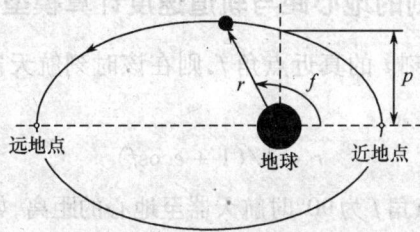

图 3-8　真近点角构成示意图

为了求解真近点角 f,需要引入偏近点角 E 和平近点角 M。偏近点角 E 是轨道中心至航天器的连线与轨道中心轴线的夹角,平近点角 M 是从近地点起算,航天器以平均角速度运行的角度。偏近点角 E 与真近点角 f 的几何关系如图 3-9 所示。

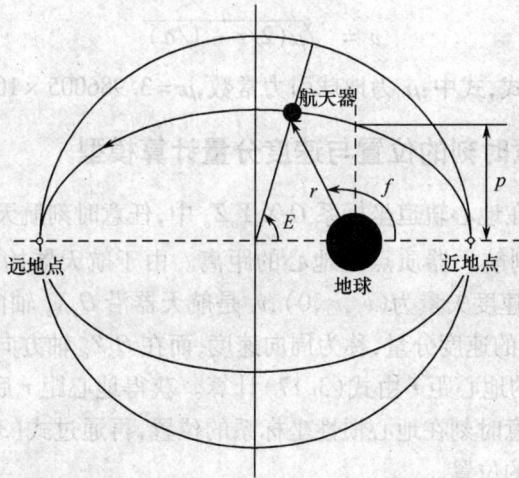

图 3-9　真近点角与偏近点角的几何关系

航天器沿椭圆轨道运动具有规律性,表现在偏近点角 E 随时间 t 的变化上。令轨道历元为 t_0,对应的平近点角为 M_0(可以由轨道根数获得),t 时刻航天器的偏近点角 E 满足

$$E - e\sin E - M_0 = \sqrt{\frac{\mu}{a^3}}(t - t_0) \qquad (3.15)$$

根据式(3.15),令 $E_0 = 0.0$,$E_i = e\sin E_{i-1} + M_0 + \sqrt{\frac{\mu}{a^3}}(t - t_0)$,$i = 1, 2, \cdots$,反复迭代计算 $\varepsilon = E_i - e\sin E_i - M_0 - \sqrt{\frac{\mu}{a^3}}(t - t_0)$,直至 ε 小于给定的阈值。

求得 t 时刻航天器的偏近点角 E 后,可以进一步求出 t 时刻航天器的真近点角 f,即

$$f = 2\arctan\left\{\sqrt{\frac{1+e}{1-e}}\tan(E/2)\right\} \tag{3.16}$$

式中:e 为航天器轨道的偏心率。

3.2.2 航天器任意时刻的地心距与轨道速度计算模型

如果求得航天器在时刻 t 的真近点角 f,则在该时刻航天器的地心距 r 可用下式计算,即

$$r = p/(1 + e\cos f) \tag{3.17}$$

式中:p 为半通经,是真近点角 f 为 90°时航天器至地心的距离,如图 3 – 9 所示。它与航天器轨道长半轴 a、短半轴 b 和偏心率 e 满足以下关系,即

$$p = \frac{b^2}{a} = a(1 - e^2) \tag{3.18}$$

当求得航天器在某时刻的地心距 r 时,航天器在该时刻的轨道速度 v 可以用下式确定[①],即

$$v = \sqrt{\mu(2/r - 1/a)} \tag{3.19}$$

式(3.19)称为活力公式,式中:μ 为地球引力常数,$\mu = 3.986005 \times 10^{14} \text{m}^3 \cdot \text{s}^{-2}$。

3.2.3 航天器任意时刻的位置与速度分量计算模型

如图 3 – 3 所示,在地心轨道坐标系 $O_e X_o Y_o Z_o$ 中,任意时刻航天器的三维直角坐标都是 $(r,0,0)$,r 为该时刻航天器质点至地心的距离。由于航天器始终在坐标系参考平面 $O_e X_o Y_o$ 运行,因此,它速度矢量为 $(v_r,v_t,0)$,v_r 是航天器沿 $O_e X_o$ 轴向的速度分量,称为径向速度,v_t 是垂直径向的速度分量,称为周向速度,而在 $O_e Z_o$ 轴方向速度分量为0。

航天器某时刻 t 的地心距 r 由式(3.17)计算。获得地心距 r 后,由式(3.14)可以方便地计算出航天器任意时刻在地心惯性坐标系的位置,再通过式(3.13)可以计算出航天器在地心固连坐标系的位置。

航天器在地心轨道坐标下任意时刻的径向速度 v_r 和周向速度 v_t 为

$$v_r = \sqrt{\mu/p} \cdot e \cdot \sin f, \quad v_t = \sqrt{\mu/p} \cdot (1 + e \cdot \cos f) \tag{3.20}$$

通过坐标系变换,航天器在地心惯性坐标系下,该时刻的速度分量为

$$\begin{bmatrix} v_{x_I} \\ v_{y_I} \\ v_{z_I} \end{bmatrix} = \begin{bmatrix} \cos\Omega\cos u - \sin\Omega\sin u\cos i & -\cos\Omega\sin u - \sin\Omega\cos u\cos i & \sin\Omega\sin i \\ \sin\Omega\cos u + \cos\Omega\sin u\cos i & -\sin\Omega\sin u + \cos\Omega\cos u\cos i & -\cos\Omega\sin i \\ \sin u\sin i & \cos u\sin i & \cos i \end{bmatrix} \begin{bmatrix} v_r \\ v_t \\ 0 \end{bmatrix}$$

$$\tag{3.21}$$

式中:Ω 是升交点赤经。

[①] 郗晓宁等,近地航天器轨道基础,国防科技大学出版社,2003 年 4 月:第 94 页 ~ 第 96 页。

3.2.4 航天器任意时刻的星下点计算模型

航天器在轨运行,为了更好地表示它的运动状态,特别是反映它的运动与地球的相对关系,常用星下点轨迹表示。星下点是指某时刻航天器至地心的连线与地球表面的交点,其位置用球坐标(λ,φ)表示,(λ,φ)是大地经纬度,由于本书假定地球是圆球体,因此,(λ,φ)也是地心经纬度。

随着航天器的运行,不同时刻星下点的连线称为星下点轨迹,它描绘出在自转的地球表面上航天器与地球的相对运动关系,结合可观测条件所对应的可观测范围等,容易体现航天器的动态观测几何。

计算航天器任意时刻t的星下点位置坐标(λ,φ)的步骤如下:

(1)由3.2.1节计算出航天器在该时刻的真近点角f,由式(3.17)和式(3.18)计算出该时刻航天器的地心距r,此时,航天器在地心轨道坐标系下的直角坐标为$(r,0,0)$。

(2)由3.1.4节把地心轨道坐标系下的坐标$(r,0,0)$变换到地心惯性坐标系下的坐标(x_I,y_I,z_I)。由式(3.13)把地心惯性坐标系下的坐标(x_I,y_I,z_I)变换到地心固连坐标系下的直角坐标(x_E,y_E,z_E)。

(3)由式(3.4)即可计算星下点位置经度和纬度坐标(λ,φ)。

另一种方法是利用角度之间的关系计算。与前一种方法一样,先求得航天器在任意时刻t的真近点角f和地心距r,然后考察航天器轨道根数参数i、Ω、ω,真近点角f与航天器在惯性坐标系下的赤经α和赤纬δ的关系如图3-10所示。

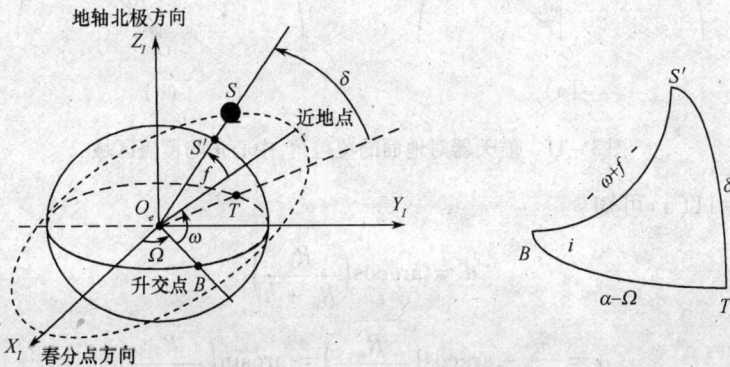

图3-10 相关角之间的关系

在球面三角形$BS'T$中,B角就是轨道倾角i,直角边BT在赤道上,大小为$\alpha-\Omega$,Ω是升交点赤经。斜边BS'为$\omega+f$,另一个直角边$S'T$为δ。根据直角球面三角形公式,有

$$\begin{cases} \sin\delta = \sin i\sin(\omega+f) \\ \sin(\alpha-\Omega) = \dfrac{\cos i\sin(\omega+f)}{\cos\delta} \\ \cos(\alpha-\Omega) = \dfrac{\cos(\omega+f)}{\cos\delta} \end{cases} \tag{3.22}$$

根据式(3.22)可以求出该时刻t航天器的赤经α和赤纬δ,由式(3.1)可以求出在地

心惯性坐标下的直角坐标(x_I, y_I, z_I)，由式(3.13)可以求出在地心固连坐标系下的直角坐标(x_E, y_E, z_E)，再由式(3.4)求得航天器星下点的经纬度坐标(λ, φ)。

3.3 航天器任意时刻地面覆盖计算模型

利用轨道根数对航天器的覆盖范围，给定目标覆盖时刻、覆盖时长和覆盖频率等特征参数进行计算，假设航天器的6个轨道根数为半长轴a、偏心率e、轨道倾角i、升交点赤经Ω、近地点幅角ω、过近地点时刻τ（或航天器在时刻t_0的平近点角M_0）。

3.3.1 瞬时覆盖角和覆盖区域计算模型

如图$3-11(a)$所示，设航天器S任意时刻t的瞬时高度为h，相应的星下点为S'。根据前面地球是一个半径为R_e的圆球的假设，作航天器与地球的切线（切点为P），称为航天器的几何地平，其包围的地球表面区域就称为覆盖区，是航天器在该时刻可能观测的地面区域总和，$d = \angle SO_eP$称为航天器对地面的覆盖角，而$\alpha = \angle O_eSP$为航天器对地面的中心角（或视场角）。

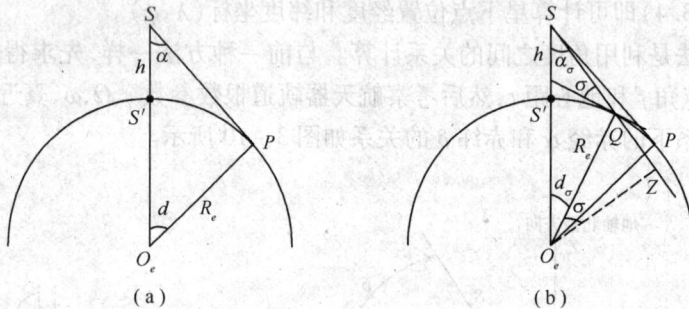

图$3-11$ 航天器对地面的覆盖角、中心角与覆盖区域

由图$3-11(a)$可知

$$d = \arccos\left(\frac{R_e}{R_e + h}\right) \tag{3.23}$$

$$\alpha = \frac{\pi}{2} - \arccos\left(\frac{R_e}{R_e + h}\right) = \arcsin\left(\frac{R_e}{R_e + h}\right) \tag{3.24}$$

覆盖区的面积$A_s = 2\pi R_e^2(1 - \cos d) = 4\pi R_e^2 \sin^2\dfrac{d}{2}$，此为航天器的瞬时最大覆盖区域。

在最大覆盖区范围的边缘地区附近，由于地物遮挡，利用航天器观测、通信的效果可能不好。为了改善效果，通常规定视线SP与地面过P的切平面（即水平面）的夹角不能小于某个角度σ，称为最小观测角，对应的覆盖角记作d_σ，对应的中心角（或视场角）记作α_σ。显然，最小观测角σ越大，航天器观测、通信的效果的效果越好，然而，加上最小观测角限制，航天器的覆盖区域将会越小。

从图$3-11(b)$可以看出，在直角三角形O_eZQ中，$\angle QO_eZ = \sigma$，因此，有

$$O_eZ = R_e\cos\sigma \tag{3.25}$$

而在直角三角形 $O_e ZS$ 中，有

$$O_e Z = (R_e + h)\sin\alpha_\sigma \tag{3.26}$$

$$\alpha_\sigma + d_\sigma + \sigma = \frac{\pi}{2} \tag{3.27}$$

由式(3.25)、式(3.26)和式(3.27)可得

$$\alpha_\sigma = \arcsin\left[R_e\cos\sigma/(R_e + h)\right] \tag{3.28}$$

$$d_\sigma = \frac{\pi}{2} - \sigma - \arcsin\left[R_e\cos\sigma/(R_e + h)\right] =$$

$$\arccos\left[R_e\cos\sigma/(R_e + h)\right] - \sigma \tag{3.29}$$

加上最小观测角 σ 限制后，覆盖区域为

$$A'_s = 2\pi R_e^2(1 - \cos d_\sigma) = 4\pi R_e^2\sin^2\frac{d_\sigma}{2}$$

3.3.2　航天器最早覆盖给定地面目标的时间计算模型

假定航天器运行严格遵循二体运动理论，地球是一个质量均匀的圆球体，半径为 R_e，航天器对地面覆盖如图 3-11(b) 所示。在加上最小观测角 σ 限制后，由式(3.29)可以计算出在某个时刻 t，航天器覆盖地面的最大地心角为 d_σ。

在该时刻 t，地面目标的经纬度为 (λ_T, φ_T)，而航天器星下点的经纬度 (λ_S, φ_S) 由 3.2.4 节计算获得。此时，地面目标与航天器星下点的地心角由下式计算，即

$$d_{T-S} = \arccos(\sin(\varphi_S)\cdot\sin(\varphi_T) + \cos(\varphi_S)\cdot\cos(\varphi_T)\cdot\cos(\lambda_S - \lambda_T)) \tag{3.30}$$

如果 $d_{T-S} \leqslant d_\sigma$，那么，在此时刻，该目标在航天器的瞬时覆盖区内，否则，不在覆盖区内。

通过选取适当的时间步长 Δt，反复利用式(3.30)计算判断目标是否出现在航天器的覆盖区之内，最终可以得到航天器在 t 时刻后首次覆盖给定目标的时刻。模型流程如图 3-12所示。

模型输入包括当前时刻 t、航天器的轨道根数、航天器最小观测角 σ、目标位置 (λ_T, φ_T)(初始的或固定的)、退出计算的时刻 T、时间推进步长 Δt，输出是当前时刻 t 之后最早观测到目标的时刻 t'(也可能是一个无效时间)。模型计算结果的精度主要取决于推进的时间步长 Δt，步长越小，精度越高，但越费时间。

3.3.3　航天器一个圈次观测给定地面目标的时段计算模型

航天器覆盖给定地面目标后，一般能够进行观测、通信等工作，但是效果如何还取决于航天器在这个运行圈次内能够覆盖给定目标的时段长短，太短可能无法对目标有效拍照摄像完成观测，或者不能把数据、指令一次性地传输出去，因此，覆盖目标时段长短是航天器任务规划的一个重要因素。

为了计算航天器一个圈次观测给定地面目标的时段，同样，假定航天器运行严格遵循二体运动理论，地球是一个质量均匀的圆球体，半径为 R_e，航天器对地面覆盖如图 3-11

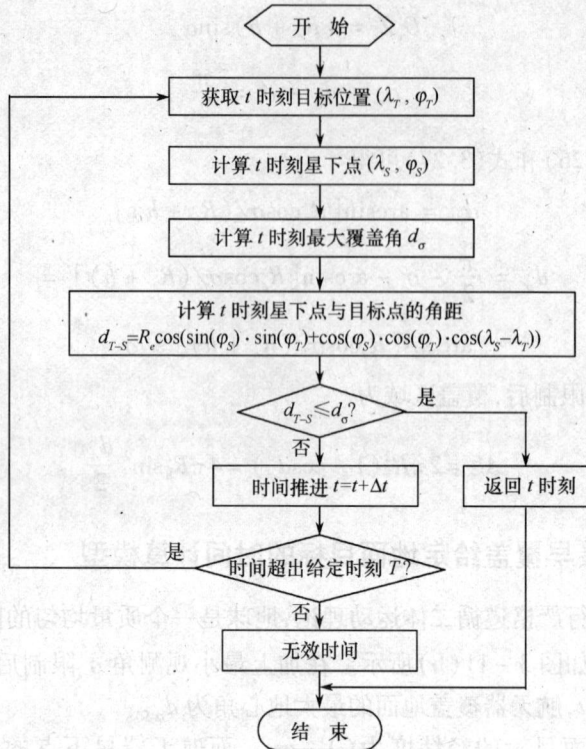

图 3-12 航天器对给定目标的最早覆盖时间计算模型流程

（b）所示。利用 3.3.3 节，可以计算航天器最早覆盖该地面目标的时刻 t_I。

如果时刻 t_I 有效，则进一步计算目标从航天器覆盖区最先消失的时刻 t_0，两者的差 $t_0 - t_I$ 即为航天器一个圈次观测给定地面目标的时段 TS。

设在时刻 t 地面目标的经纬度为 (λ_T, φ_T)，航天器的星下点经纬度为 (λ_S, φ_S)（由 3.2.4 节计算），航天器此时覆盖地面的最大地心角为 d_σ（由式（3.29）计算），地面目标与航天器星下点的地心角 d_T 由式（3.30）计算。如果 $d_{T-S} > d_\sigma$，那么，在此时刻，该目标离开了航天器的瞬时覆盖区。

通过选取适当的时间步长 Δt，反复利用式（3.30）计算判断目标是否出现在航天器的覆盖区之内，最终可以得到给定目标在进入航天器覆盖区后最早离开覆盖区的时刻。模型流程如图 3-13 所示。

模型输入包括当前时刻 t、航天器的轨道根数、航天器最小观测角 σ、目标位置 (λ_T, φ_T)（初始的或固定的）、时间推进步长 Δt，输出是航天器一个圈次内地面目标进入覆盖区及其后的离开覆盖区的时刻 t_I 和 t_0 或者观测给定地面目标的时段 TS。模型计算结果的精度主要取决于推进的时间步长 Δt，步长越小，精度越高，但越费时间。

3.3.4 航天器对给定地面目标的重访周期计算模型

重访周期是航天器对给定地面目标能够再次观测的时间间隔，又称为航天器的时间分辨力，表征了航天器访问目标区域的频率。有时为了便于具体应用，重访周期也可以用

开 始

计算航天器最早覆盖目标的时间 t_I

t_I 有效？ —— 否

是

时间 $t=t_I+\Delta t$

获取 t 时刻目标位置 (λ_T,φ_T)

计算 t 时刻星下点 (λ_S,φ_S)

计算 t 时刻最大覆盖角 d_σ

$TS=0$

计算 t 时刻星下点与目标点的角距
$d_{T-S}=R_e\cos(\sin(\varphi_S)\cdot\sin(\varphi_T)+\cos(\varphi_S)\cdot\cos(\varphi_T)\cdot\cos(\lambda_S-\lambda_T))$

$d_{T-S}>d_\sigma$？

否　　　　　　　　是

时间推进 $t=t+\Delta t$　　　　$t_O=t$

$TS=t_O-t_I$

结 束

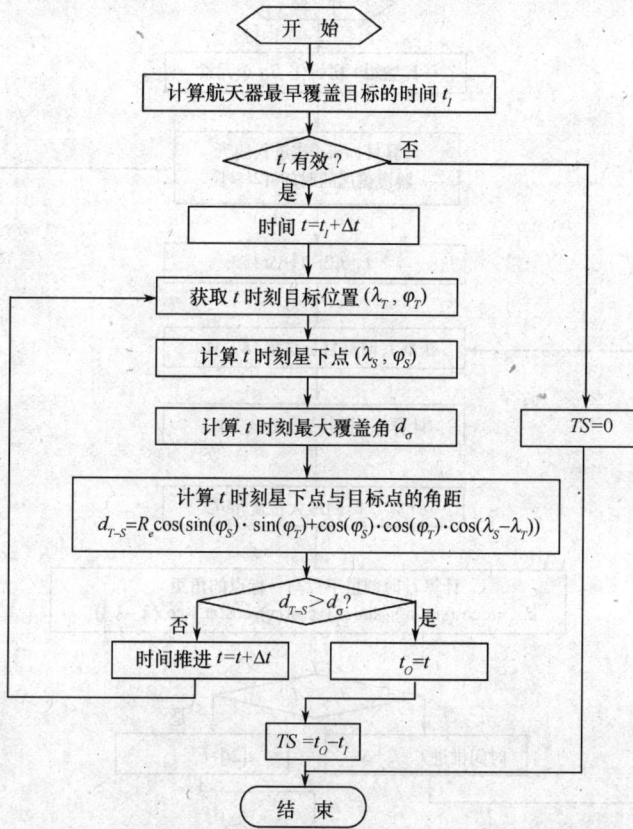

图 3-13 航天器一个圈次对给定目标的覆盖时段计算模型流程

某个时间范围内对给定地面目标的访问次数来表示。重访周期是航天器轨道设计的重要指标,重访周期时间越短,航天器观测地面目标的频率越快,对该地域观测获得的信息越多,或者有效通信时间可能越长。

航天器对给定地面目标的访问需要持续一段时长,可以认为目标必须位于航天器覆盖区包络内部,即航天器每访问一次目标,目标总有一个进入覆盖区的时刻和一个离开覆盖区的时刻,而且这两个时刻是相邻的,把过近地点时刻 τ 以后的目标进入和离开航天器的时刻依序分别编号为 t_{2i-1} 和 t_{2i},$i=1,2,\cdots$。

迭代求解目标进入和离开航天器覆盖区的时刻,两次相邻的进入时刻或者离开时刻的差就是航天器对给定地面目标的重访周期,即

$$T_v = t_3 - t_1 = t_4 - t_2 = t_5 - t_3 = t_6 - t_4 = \cdots \qquad (3.31)$$

实际上,航天器对给定地面目标的重访周期是一种统计规律,对于不同的运行轨道计算航天器多长时间访问目标还是比较困难,一般通过地面覆盖的统计规律来确定。但是,在计算机求解重访周期模型中,通常取解的平均值作为重访周期,模型算法如图 3-14 所示。

$$T_v = \frac{t_{2n} + t_{2n-1} - t_2 - t_1}{2n} \qquad (3.32)$$

式中:n 为航天器在过近地点时刻 τ 以后访问给定地面目标的次数。

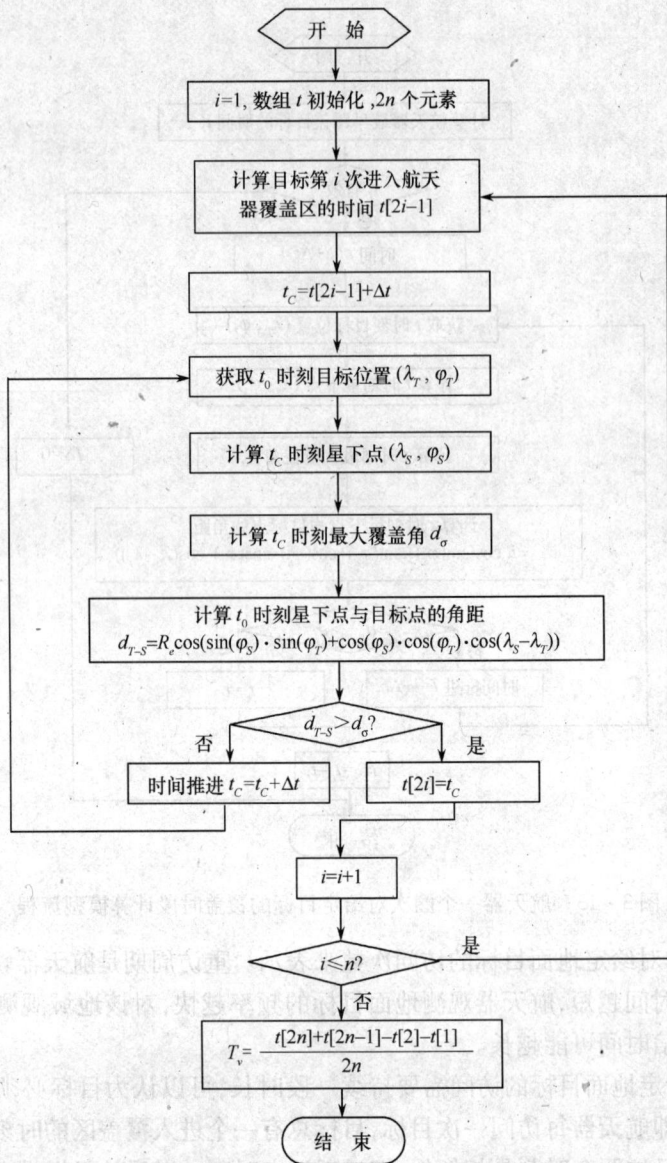

图 3-14 航天器对给定地面目标重访周期计算模型流程

3.4 对目标航天器的可见性判断计算模型

3.4.1 地面站对目标航天器的可见性判断计算模型

地面站位于地球表面上,地面站与航天器之间的可见性取决于地面站相对于航天器的仰角,如果仰角大于一个设定最小临界值 $\alpha_{\min}(\alpha_{\min} \geqslant 0)$ 且小于一个最大的临界值 $\alpha_{\max}$,则地面站与航天器之间物理可见,反之不可见,如图 3-15 所示。

设地面站经纬度位置为 (λ, φ),高程为 H,由式(3.3)推导下式计算地面测站的直角

坐标 (x_T, y_T, z_T),即

$$\begin{cases} x_T = (R_e + H)\cos\varphi\cos\lambda \\ y_T = (R_e + H)\cos\varphi\sin\lambda \\ z_T = (R_e + H)\sin\varphi \end{cases} \tag{3.33}$$

由 3.1.4 节可知,根据航天器的轨道根数,可以计算航天器在地心固连坐标系下的直角坐标 (x_S, y_S, z_S),因此,航天器与地面站之间的距离为

$$d = \sqrt{(x_S - x_T)^2 + (y_S - y_T)^2 + (z_S - z_T)^2}$$

由图 3-15 三角形关系,可由 d、R_e 和航天器地心距 r(由式(3.17)计算)计算出地面站与航天器连线和地面站与地心连线之间的张角 α_1,即

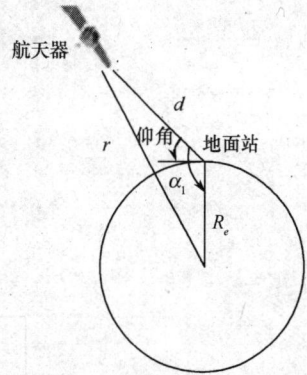

图 3-15 地面站与航天器
可见性示意图

$$\alpha_1 = \arccos((R_e^2 + d^2 - r^2)/(2 \times R_e \times d)) \tag{3.34}$$

显然,如果 $\alpha_{min} \leqslant \alpha_1 - 90° \leqslant \alpha_{max}$,则地面站与航天器之间物理可见,且满足可通要求,否则,两者之间物理不可见,地面站此时不能完成对航天器的跟踪控制。

3.4.2 地面站对目标航天器的可见弧段计算模型

航天器沿着预定的轨道运行,由于地球的遮挡和地面站测控设备性能的限制,对一个地面站来说,航天器在某个运行圈次,要么不可见,要么只有一段可见,可见,弧段的长短与航天器的轨道、地面站的位置和测控设备的性能相关。

利用迭代法可以计算一个圈次内地面站对目标航天器的可见弧段。以 Δt 作为时间步长,由 3.4.1 节计算判断各个时刻地面站对目标航天器的可见情况,在本圈次中地面站最后"看见"航天器时刻与最先"看见"航天器时刻的差值,就是地面站对航天器的可见弧段,计算模型流程如图 3-16 所示。

模型输入包括当前时刻、航天器的轨道根数、测控设备最大仰角 α_{max} 与最小仰角 α_{min}、地面站经纬度位置 (λ, φ) 和高程 H、时间推进步长 Δt,输出是航天器一个圈次内地面地面站对航天器的可见弧段 arc。模型计算结果的精度主要取决于推进的时间步长 Δt,步长越小,精度越高,但越费时间。

3.4.3 中继星对目标航天器之间的可视性判断计算模型

中继星与航天器都位于地球表面上空,它们之间是否可见,取决于两者之间的视线是否为地球遮挡,如图 3-17 所示。如果被地球遮挡,两者不可见,中继星不能对目标航天器进行跟踪和控制。

某时刻,设 θ 为过中继星的地心线与地球过中继星的切线的夹角,如果过中继星的地心线与航天器至中继星连线的夹角(称为观测角)$\eta > \theta$,则中继星与航天器之间可见。因此,θ 为中继星与目标航天器的最小可见角。

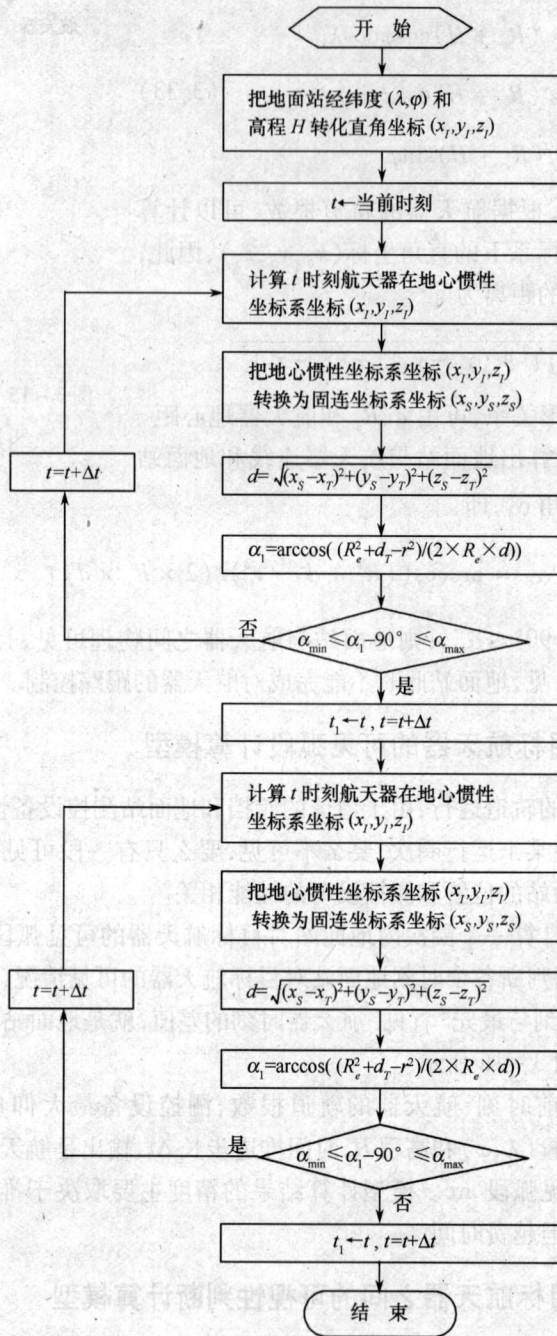

图 3-16　地面站对目标航天器的可见弧段计算

$$\theta = \arcsin\left(\frac{R_e}{r}\right) \tag{3.35}$$

式中：r 为中继星在该时刻的地心距。

在地心惯性坐标系中，根据中继星和目标航天器的轨道根数，由 3.2.3 节可以计算出

66

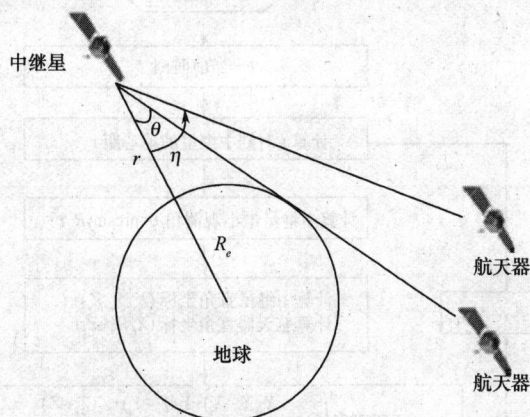

图 3 - 17 中继星与航天器可见性示意图

它们此时的直角坐标为 (X_r, Y_r, Z_r) 和 (X_t, Y_t, Z_t)。此时,中继星至地心的矢量为 $(-X_r, -Y_r, -Z_r)$,中继星至航天器的矢量为 $(X_t - X_r, Y_t - Y_r, Z_t - Z_r)$,两个矢量的夹角即观测角为

$$\eta = \arccos\left(\frac{X_r(X_r - X_t) + Y_r(Y_r - Y_t) + Z_r(Z_r - Z_t)}{\sqrt{X_r^2 + Y_r^2 + Z_r^2}\sqrt{(X_r - X_t)^2 + (Y_r - Y_t)^2 + (Z_r - Z_t)^2}}\right) \quad (3.36)$$

令中继星与目标航天器之间的距离为 d,则有

$$d = \sqrt{(X_r - X_t)^2 + (Y_r - Y_t)^2 + (Z_r - Z_t)^2}$$

中继星在该时刻的地心距为

$$r = \sqrt{X_r^2 + Y_r^2 + Z_r^2}$$

当过中继星的地心线与航天器至中继星连线的夹角 $\eta \leqslant \theta$ 时,如果 $d \leqslant r$,则中继星与航天器之间也可见,反之,不可见。

3.4.4 中继星对目标航天器之间的可视时间计算模型

中继星和航天器沿着各自的轨道独立运行,由于地球的遮挡,对一颗中继星来说,当前时刻后,最近能"看见"目标航天器的时间是一个区间,可视时间长短与中继星和目标航天器的轨道相关。

利用迭代法可以计算中继星对目标航天器的最近可视时间。以 Δt 作为时间步长,由 3.4.3 节计算判断各个时刻中继星对目标航天器的可见情况,中继星最后"看见"航天器时刻与最先"看见"航天器时刻的差值,就是中继星对目标航天器的可视时间,计算模型流程如图 3 - 18 所示。

模型输入包括当前时刻、中继星和目标航天器的轨道根数、时间推进步长 Δt,输出是中继星最近对目标航天器的可视时间 arc。模型计算结果的精度主要取决于推进的时间

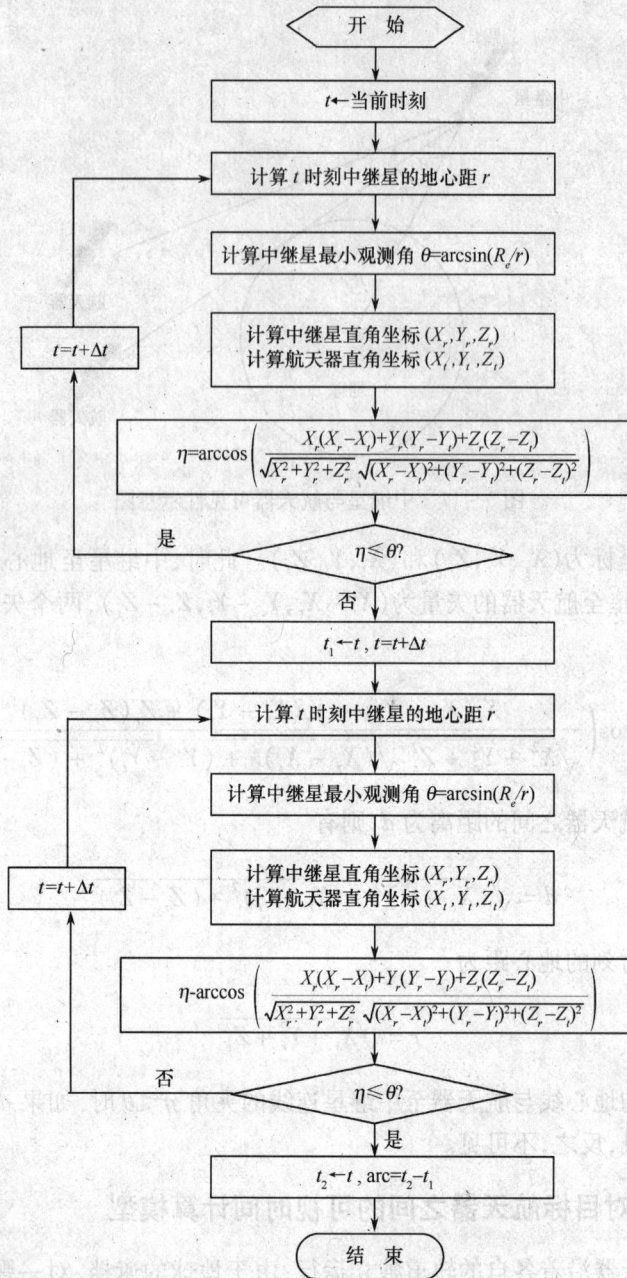

开　始

$t\leftarrow$ 当前时刻

计算 t 时刻中继星的地心距 r

计算中继星最小观测角 $\theta=\arcsin(R_e/r)$

计算中继星直角坐标 (X_r,Y_r,Z_r)
计算航天器直角坐标 (X_t,Y_t,Z_t)

$$\eta=\arccos\left(\frac{X_r(X_r-X_t)+Y_r(Y_r-Y_t)+Z_r(Z_r-Z_t)}{\sqrt{X_r^2+Y_r^2+Z_r^2}\ \sqrt{(X_r-X_t)^2+(Y_r-Y_t)^2+(Z_r-Z_t)^2}}\right)$$

$t=t+\Delta t$

是

$\eta\leqslant\theta$?

否

$t_1\leftarrow t,\ t=t+\Delta t$

计算 t 时刻中继星的地心距 r

计算中继星最小观测角 $\theta=\arcsin(R_e/r)$

计算中继星直角坐标 (X_r,Y_r,Z_r)
计算航天器直角坐标 (X_t,Y_t,Z_t)

$$\eta=\arccos\left(\frac{X_r(X_r-X_t)+Y_r(Y_r-Y_t)+Z_r(Z_r-Z_t)}{\sqrt{X_r^2+Y_r^2+Z_r^2}\ \sqrt{(X_r-X_t)^2+(Y_r-Y_t)^2+(Z_r-Z_t)^2}}\right)$$

$t=t+\Delta t$

否

$\eta\leqslant\theta$?

是

$t_2\leftarrow t,\ \mathrm{arc}=t_2-t_1$

结　束

图 3－18　中继星对目标航天器的可视时间计算

步长 Δt，步长越小，精度越高，但越费时间。

3.5　航天器轨道机动所需速度增量与时间计算模型

航天飞行器在控制系统作用下使其轨道发生有意的改变称为轨道机动，或者说，轨道机动是有目的地使航天器从已有的自由轨道出发，最终达到另一条预定的自由轨道的操作过程。航天器的出发轨道称为初轨道（或称停泊轨道），预定要到达的轨道称为终轨道（或称预定轨道）。轨道机动包括轨道转移和相位调整等。

3.5.1 霍曼转移

如果航天器在已知的圆形轨道上飞行，转移到同一平面的、同一引力中心的另一圆轨道平面上。霍曼转移采用两次脉冲，且当两点分别为转移轨道的近地点和远地点时实现转移。霍曼转移能量最省，所用的转移轨道为最佳转移轨道。

转移椭圆轨道（霍曼转移轨道）与初始轨道、目标轨道都相切，P、A 为切点，分别为转移轨道的近地点和远地点。初始轨道上的 P 点可以任选，如图 3-19 所示。

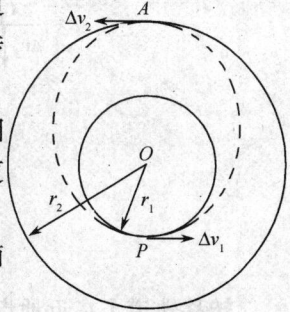

(1)设初始轨道与目标轨道的半长轴分别为 r_1、r_2，则转移椭圆轨道的半长轴 a_T、偏心率 e_T 为

图 3-19　霍曼转移
示意图

$$\begin{cases} a_T = (r_1 + r_2)/2 \\ e_T = \dfrac{r_2 - r_1}{r_2 + r_1} \end{cases} \quad (3.37)$$

(2)航天器在转移椭圆轨道 P、A 两点处的速度为

$$v_{TP} = \sqrt{\mu\left(\frac{2}{r_1} - \frac{1}{a_T}\right)} = \sqrt{\frac{\mu}{r_1}\left(2 - \frac{2r_1}{(r_1 + r_2)}\right)} = v_P\sqrt{\frac{2r_2}{r_1 + r_2}} \quad (3.38)$$

$$v_{TA} = \sqrt{\mu\left(\frac{2}{r_2} - \frac{1}{a_T}\right)} = \sqrt{\frac{\mu}{r_2}\left(2 - \frac{2r_2}{(r_1 + r_2)}\right)} = v_A\sqrt{\frac{2r_1}{r_1 + r_2}} \quad (3.39)$$

式中：v_P、v_A 分别为航天器在初始轨道和目标轨道的运行速度，$v_A = \sqrt{\dfrac{\mu}{r_2}}$，$v_P = \sqrt{\dfrac{\mu}{r_1}}$。

(3)航天器实施变轨所需的速度增量为

$$\Delta v_P = v_P\sqrt{\frac{2r_2}{r_1 + r_2}} - v_P, \quad \Delta v_A = v_A - v_A\sqrt{\frac{2r_1}{r_1 + r_2}}$$

总的速度增量为

$$\Delta v = \Delta v_P + \Delta v_A = v_P\left(\sqrt{\frac{2r_2}{r_1 + r_2}} - 1\right) - v_A\left(\sqrt{\frac{2r_1}{r_1 + r_2}} - 1\right) \quad (3.40)$$

变轨所需的时间为椭圆转移轨道周期的 $1/2$，即

$$\Delta\tau = \pi\sqrt{\frac{(r_1 + r_2)^3}{8\mu}} \quad (3.41)$$

变轨后，航天器的目标轨道根数中，平近点角比初始轨道增加 π，轨道历元增加 $\Delta\tau$。

3.5.2　共面圆轨道三冲量双椭圆转移

如果初始轨道和目标轨道是共面的圆轨道，半径分别为 r_1、r_2，且 $r_2 : r_1 > 11.938765$，

那么,三冲量双椭圆轨道转移比霍曼转移更省能量。如图3-20所示,在轨道平面内目标轨道外任意选定一点 A,作为双椭圆转移轨道的公共远地点,地心距不妨设为 r_A,且 $r_A > r_2$。

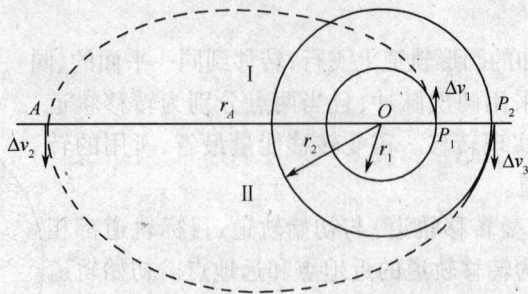

图 3-20 共面圆轨道三冲量双椭圆转移

转移轨道 I 在近地点和初始轨道 P_1 点相切,航天器在作转移机动时,在 P_1 处施加速度增量 Δv_1 进入转移轨道 I,在 A 点切向加速 Δv_2,进入转移轨道 II,在 P_2 处切向减速 Δv_3,使航天器进入目标轨道,实现双椭圆转移。

令转移椭圆轨道 I 和轨道 II 的半长轴分别为 a_1 和 a_2,偏心率分别为 e_1 和 e_2,则

$$a_1 = \frac{1}{2}(r_1 + r_A), e_1 = \frac{r_1 - r_A}{r_1 + r_A}$$
$$a_2 = \frac{1}{2}(r_A + r_2), e_2 = \frac{r_A - r_2}{r_A + r_2}$$

(3.42)

在 P_1 点的速度增量为

$$\Delta v_1 = \sqrt{\frac{\mu}{r_1}}\left(\sqrt{\frac{2r_A}{r_A + r_1}} - 1\right)$$

在 A 点的速度增量为

$$\Delta v_2 = \sqrt{\frac{\mu}{r_A}}\left(\sqrt{\frac{2r_2}{r_A + r_2}} - \sqrt{\frac{2r_1}{r_A + r_1}}\right)$$

在 P_2 点的速度增量为

$$\Delta v_3 = \sqrt{\frac{\mu}{r_2}}\left(\sqrt{\frac{2r_A}{r_2 + r_A}} - 1\right)$$

双椭圆转移的速度增量为

$$\Delta v = \sqrt{\frac{\mu}{r_1}}\left(\sqrt{\frac{2r_A}{r_A + r_1}} - 1\right) + \sqrt{\frac{\mu}{r_A}}\left(\sqrt{\frac{2r_2}{r_A + r_2}} - \sqrt{\frac{2r_1}{r_A + r_1}}\right) + \sqrt{\frac{\mu}{r_2}}\left(\sqrt{\frac{2r_A}{r_2 + r_A}} - 1\right)$$

(3.43)

变轨所需的时间为转移轨道 I、转移轨道 II 的周期和的 1/2,即

$$\Delta \tau = \pi a_1 \sqrt{\frac{a_1}{\mu}} + \pi a_2 \sqrt{\frac{a_2}{\mu}}$$

(3.44)

变轨后,航天器的目标轨道根数中,平近点角比初始轨道增加 2π,轨道历元增加 $\Delta\tau$。

3.5.3 共面共拱线椭圆轨道转移

如果初始轨道和目标轨道共面而且拱线相同,也可以采用两次速度冲量进行最小能量转移。如图 3-21 所示,在初始轨道(轨道 I)的近地点 P 施加速度冲量 Δv_1 后,进入过渡轨道 t,在过渡轨道的远地点 A 施加速度增量 Δv_2,转移到目标轨道(图中轨道 II)。

不妨设初始轨道近、远地点的地心距分别为 r_{p1}、r_{a1},目标轨道近、远地点的地心距分别为 r_{p2}、r_{a2},则初始轨道的半长轴为 $a_1 = \dfrac{r_{p1} + r_{a1}}{2}$,目标轨道的半长轴为 $a_2 = \dfrac{r_{p2} + r_{a2}}{2}$,过渡轨道近、远地点的地心距分别为 r_{p1}、r_{a2},过渡轨道的半长轴为 $a_T = \dfrac{r_{p1} + r_{a2}}{2}$。

因此,在初始椭圆轨道上,近地点 P 的速度为

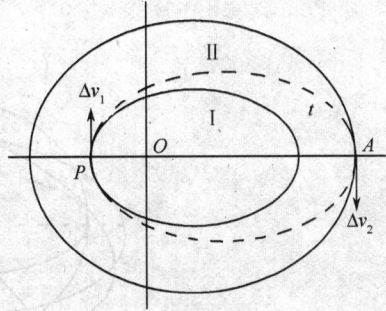

图 3-21 共面共拱线椭圆
轨道转移

$$v_{p1} = \sqrt{u\left(\frac{2}{r_{p1}} - \frac{1}{a_1}\right)} = \sqrt{\frac{2\mu r_{a1}}{r_{p1}(r_{p1} + r_{a1})}}$$

$$(3.45)$$

在过渡椭圆轨道上,远地点 A 和近地点 P 的速度为

$$\left\{\begin{array}{l} v_{at} = \sqrt{\mu\left(\dfrac{2}{r_{a2}} - \dfrac{1}{a_T}\right)} = \sqrt{\dfrac{2\mu r_{p1}}{r_{a2}(r_{p1} + r_{a2})}} \\[3mm] v_{pt} = \sqrt{\mu\left(\dfrac{2}{r_{p1}} - \dfrac{1}{a_T}\right)} = \sqrt{\dfrac{2\mu r_{a2}}{r_{p1}(r_{p1} + r_{a2})}} \end{array}\right.$$

$$(3.46)$$

在目标椭圆轨道上,远地点 A 的速度为

$$v_{a2} = \sqrt{u\left(\frac{2}{r_{a2}} - \frac{1}{a_2}\right)} = \sqrt{\frac{2\mu r_{p2}}{r_{a2}(r_{p2} + r_{a2})}}$$

$$(3.47)$$

所以实现轨道转移需要的速度增量 Δv 为

$$\Delta v = \Delta v_1 + \Delta v_2 =$$

$$\sqrt{\frac{2\mu r_{a2}}{r_{p1}(r_{p1} + r_{a2})}} - \sqrt{\frac{2\mu r_{a1}}{r_{p1}(r_{p1} + r_{a1})}} + \sqrt{\frac{2\mu r_{p2}}{r_{a2}(r_{a2} + r_{p2})}} - \sqrt{\frac{2\mu r_{p1}}{r_{a2}(r_{a2} + r_{p1})}}$$

$$(3.48)$$

轨道转移所需时间 $\Delta\tau$ 为过渡椭圆轨道周期的 $1/2$,即

$$\Delta\tau = \pi\sqrt{\frac{(r_{p1} + r_{a2})^3}{8\mu}}$$

$$(3.49)$$

变轨后,航天器的目标轨道根数中,平近点角比初始轨道增加 π,轨道历元增加 $\Delta\tau$。

3.5.4 非共面轨道转移

非共面轨道转移一般是改变初始轨道倾角或者升交点赤经,转化为共面轨道机动问题再求解。如果改变轨道倾角或升交点经度,则最佳变轨点在两轨道相交的节点,脉冲速度增量使初轨道面绕节线转过角,如图 3 - 22 所示。

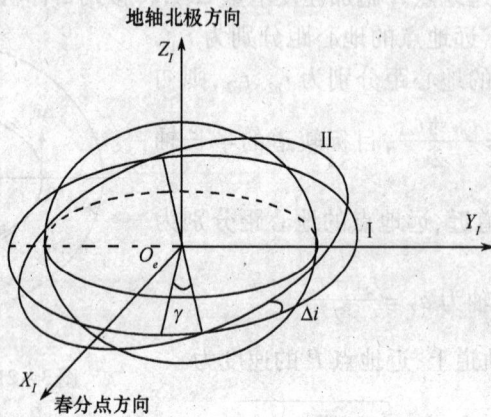

图 3 - 22 非共面轨道转移

设初始轨道和目标轨道的倾角分别为 i_1 和 i_2,升交点赤径分别为 Ω_1 和 Ω_2,变轨点距初始轨道升交点的 γ 角和 Δi 的关系式为

$$\begin{cases} \cos\Delta i = \cos i_1 \cos i_2 + \sin i_1 \sin i_2 \cos(\Omega_1 - \Omega_2) \\ \sin\gamma = \dfrac{\sin i_1 \sin(\Omega_1 - \Omega_2)}{\sin\Delta i} \end{cases} \tag{3.50}$$

两种情况需要的速度增量都为

$$\Delta v = \sqrt{v_1^2 + v_2^2 - 2v_1 v_2 \cos\Delta i} \tag{3.51}$$

式中:v_1 和 v_2 分别是航天器在两轨道变轨点的速度,且

$$v_1 = v_2 = \sqrt{(1 + 2e\cos f + e^2)\mu/p} \tag{3.52}$$

式中:f 为航天器在变轨点处的真近点角,$f = \gamma + \omega(\omega$ 近地点幅角);p 为轨道半通经,由式(3.18)计算。变轨后,轨道根数除了轨道倾角和升交点赤径发生了改变外,其他没有改变。

3.5.5 相位调整

相位调整适合于航天器追赶处于同一轨道上的目标。当目标位于航天器前方时,相位超前 θ(地心角),如图 3 - 23(a)所示。为了追赶目标,需要减少一个速度增量 Δv_1,进入比原轨道半径小的椭圆过渡轨道,周期缩短,在航天器沿椭圆轨道运行一个周期回到起点后再增加速度增量 Δv_2 进入原轨道,Δv_1 和 Δv_2 大小相等但方向相反。此时,航天器就可以追赶到目标。

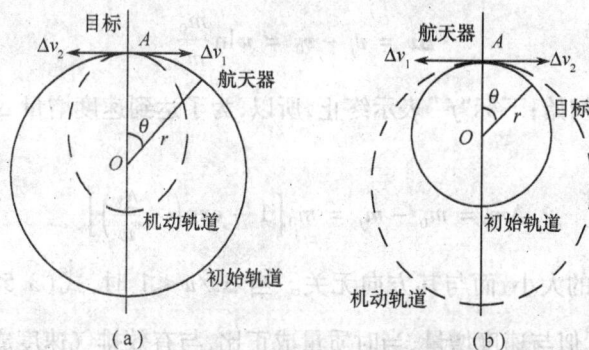

图 3 – 23　航天器相位调整

(a)向前机动 $\theta > 0$;(b)向前机动 $\theta < 0$。

如果目标位于航天器后方,相位滞后 θ(地心角),如图 3 – 23(b)所示。为了追赶目标,航天器需要增加一个速度增量 Δv_1,进入比原轨道半径大的椭圆过渡轨道,周期增长,在航天器沿椭圆轨道运行一个周期回到起点后再减少速度增量 Δv_2 进入原轨道,Δv_1 和 Δv_2 大小相等但方向相反。

设航天器初始轨道为圆轨道,半径为 r,周期 $T_0 = 2\pi \sqrt{r^3/\mu}$,机动轨道为椭圆轨道,如果希望航天器在机动轨道运行 k_1 圈内把相位调整到位,就必须满足

$$k_1 T_m = (k_2 - \theta/2\pi) T_0 \tag{3.53}$$

式中:T_m 为机动轨道的周期;k_2 为相同时间内航天器在初始轨道转过的圈数;θ 为要调整的相位(航天器滞后为负,航天器超前为正),则机动轨道的半长轴为

$$a_m = (\mu T_m^2/4\pi^2)^{1/3} \tag{3.54}$$

如果航天器在一圈内完成相位调整,即 $k_1 = k_2 = 1$,此时,施加的速度增量 Δv_1 和 Δv_2 大小都为

$$\Delta v_1 = \Delta v_2 = \sqrt{\mu(2/r - 1/a_m)} - \sqrt{\mu/r} \tag{3.55}$$

相位调整后,在机动点处,平近点角增加 2π,轨道历元时间增加 $(1 - \theta/2\pi) T_0$。

3.5.6　燃料消耗与速度增量的关系

航天器轨道机动需要速度增量,而速度增量是通过消耗航天器携带的燃料产生,燃料数量是能否完成机动任务的条件。通过计算实施轨道机动所需要的速度增量 Δv,就能得出消耗的燃料的质量 Δm 和变化的航天器的质量 m。

对于仅在火箭发动机推力作用下的在轨航天器,运动方程为 $m \dfrac{\mathrm{d}v}{\mathrm{d}t} = P$,而 $P = w\left(-\dfrac{\mathrm{d}m}{\mathrm{d}t}\right)$,因此,有

$$\mathrm{d}v = - w \frac{\mathrm{d}m}{m} \tag{3.56}$$

式中:m 为航天器质量;$- \mathrm{d}m$ 为燃料消耗量;w 为燃烧产物的有效排出速度。对式(3.48)积分,得到速度增量为

$$\Delta v = v_f - v_0 = w\ln\frac{m_0}{m_f} \tag{3.57}$$

式中:下标"0"表示初始;下标"f"表示终止,所以,为了达到速度增量 Δv 需要消耗燃料的质量为

$$\Delta m = m_0 - m_f = m_0\left[1 - \exp\left(-\frac{\Delta v}{w}\right)\right] \tag{3.58}$$

Δm 仅决定 Δv 的大小,而与其方向无关。当 $\Delta v/w \ll 1$ 时,式(3.58)简化为 $m_p \approx m_0$ $\frac{\Delta v}{w}$,即燃料消耗量近似与速度增量、当时质量成正比,与有效排气速度成反比。

第4章 航天器侦察功能建模与仿真

在各种军用航天器中,侦察卫星的发展最为迅速,在现代作战中的应用越来越广泛,作用越来越重要。按照用途不同,侦察卫星通常分为成像侦察、电子侦察和海洋监视,其中成像侦察根据载荷类型又分为光学成像和雷达成像。

4.1 航天器侦察工作原理

航天器侦察是指利用光电遥感器或无线电接收机等侦察设备,从轨道上对目标实施侦察、监视、跟踪,以搜集地面、海洋或空中目标的军事情报。

4.1.1 光学成像侦察功能原理

光学成像侦察是通过安装照相机或摄像机从航天器上对地进行的摄影侦察,常用的遥感设备有可见光照相机、电视摄像机、红外照相机和多光谱照相机等设备。光学成像侦察最主要的特点就是地面分辨力高,至少优于5m,目前,最高分辨力可达0.1m。

现今比较典型的光学侦察卫星包括美国的"锁眼"系列、俄罗斯的"琥珀"和"蔷薇辉石"系列、法国的"太阳神"系列、以色列的"地平线"系列等。以美国侦察卫星为例,现役的光学成像侦察卫星主要有KH-11、KH-12和8X卫星,其中KH-11和KH-12卫星为光电数字传输型成像侦察卫星。KH-11卫星采用了光电数字成像和实时图像传输技术,使得卫星图像传输的实时性得到极大提高,其分辨力达到0.15m;KH-12卫星采用自适应光学成像技术,可在计算机控制下随视场环境灵活地改变主透镜表面的曲率,从而有效地补偿了因大气造成的畸变影响,使分辨力达到0.1m。此外,KH-12卫星增加了热红外谱段,可以对伪装、埋置结构等进行探测。KH-11和KH-12卫星都具有变轨能力,其中KH-12卫星的变轨能力极强。为了改变原有光学成像侦察卫星观测幅度太窄,无法满足战区应用需求的状况,美国研制了新的光学成像侦察卫星系统。由于该系统的观测幅度为KH-12卫星视场的8倍,故被称作"8X"卫星系统,其空间分辨力可达0.1m~0.15m。这三种卫星都具有一定的侧视能力,其中8X卫星的侧视观测能力达到500km。相关参数具体如表4-1所列。

按照图像获取的方式,光学成像遥感器一般分为主动和被动两种方式。目前,光学侦察卫星遥感器多数采用被动方式,即遥感器收集的是地面目标反射来自太阳光的能量。被动成像方式按成像具体形式又可以分为摄影式和扫描式两种方式。

1. 摄影式光学成像遥感器的种类及工作方式

摄影式光学成像遥感器主要是可见光相机和多光谱相机。

表 4 - 1　美国典型侦察卫星相关参数

名称	轨道情况	有效载荷	其他
KH - 11	近地点 325km、远地点 600km 的太阳后同步轨道,变轨后轨道高度范围为 300km ~ 1000km	高分辨力 CCD 相机、红外扫描仪、多谱段扫描仪和反射望远镜	拥有侧视及变轨能力,分辨力可达 0.15m
KH - 12	一颗运行在 1000km 的轨道,其余 3 颗运行在 270km ~ 1000km 的轨道上,为太阳同步椭圆轨道	高分辨力 CCD 可见光相机、红外扫描仪、多谱段扫描仪、反射望远镜和红外相机	拥有侧视及变轨能力,分辨力可达 0.1m,可探测伪装目标、导弹和航天器发射
8X	近地点 2689km、远地点 3132km、轨道倾角 63.4° 的太阳同步轨道	高分辨力 CCD 可见光相机和合成孔径雷达成像遥感器	拥有侧视能力,分辨力为 0.1m ~ 0.15m

1)可见光相机

可见光相机通过目标在感光胶片上的成像信息侦察地面目标,是较成熟的光学成像遥感器。

光学侦察卫星上的可见光相机的工作方式主要有画幅式、推扫式和全景式三种。

画幅式相机也称框幅式相机,是通过控制快门的开启得到一幅幅照片,其工作时光轴指向不变,利用启闭快门将镜头视场内的地物影像聚焦在感光胶片上。画幅式相机所拍摄到的照片是对于地面点的中心投影相片,故地面分辨力高。

推扫式相机工作时不是一幅幅曝光,而是连续曝光。该类相机摄影瞬间所获得的影像是与卫星运动方向垂直且与缝隙等宽的一条地面影像带,故也称为缝隙式相机、航带相机或航线摄影等。当卫星向前飞行时,在相机焦平面上与飞行方向垂直的狭隙中,出现连续变化的地面影像。若相机内的胶片也不断连续绕卷,且绕卷速度与地面影像在缝隙中的移动速度相同,就能够得到连续的条带状的航带摄影相片。由于在实际摄影中难以保持合适的速高比,相机姿态变化不易控制,这种相机已较少使用。

全景式相机又称扫描相机或摇头相机,它是在物镜焦面上平行于飞行方向设置一狭缝,并随物镜做垂直于航线方向扫描,得到一幅扫描成的图像,因此称为扫描相机,又由于物镜摆动的幅面很大,能将航线两边的地平线内的影像都摄入底片,故又称为全景相机。全景式最大的优点就是摄影物镜只利用视场中心解像力最高的部分成像,同时又通过物镜转动来扩大视野,从而得到大范围高清晰影像,任何广角摄影都无法比拟。利用旋转相机的优点,这类相机被用来执行侦察任务,很难用于测绘。

2)多光谱相机

多光谱相机用多部相机同时拍摄同一物体,每个相机安装不同的成像介质,并加装不同的滤色镜头。这类相机的成像方式与可见光相机一样,可以分为画幅式、推扫式和全景式,只是多光谱相机对地物拍摄时,每个相机可记录不同波段的对应成像信息。

2. 扫描式光学成像遥感器的种类及工作方式

1)扫描式光学成像遥感器的主要工作方式

扫描成像的原理是:设想一个场景可以分解成许多大小相等的小面积,利用光学接收系统将一个个场元发出的辐射汇聚在探测器的传感面上,再根据需要记录或经光电转换输出电信号。通过机械运动的方法使光具顺次地接收每个场元的辐射,探测器便输出整个场景的时序信号。

光学扫描可以分为两种：物面扫描（Across-track）和像面扫描（Along-track）。物面扫描利用小视场望远镜，由物镜对目标视场用光学扫描成像系统扫描目标所在的物场；像面扫描则利用广角光学系统将整个视场在像面上成像，探测器扫描像面，即相对于探测器在像面上摆动成像。

目前，光学成像侦察卫星遥感器扫描成像方式主要有光学—机械扫描和推帚式扫描两种。

光学—机械扫描（Optical-Mechanical Scanning）又称光机扫描，扫描方式属于物面扫描方式，依靠机械转动装置使镜头旋转以及卫星的在轨运动，对地面上一条条的带状地区（物面）进行逐点逐行扫描，获得二维遥感数据。光机扫描是行扫描，成像时每一条扫描带都有一个投影中心，一幅图像由多条扫描带构成，因此，遥感影像为多中心投影。光机扫描成像示意图如图4-1所示。

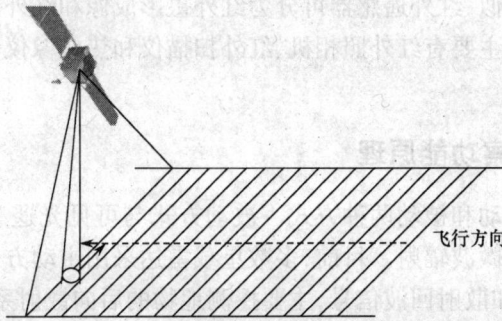

图4-1　光机扫描成像功能原理示意图

推帚式扫描（Push-Broom Scanning）是固体自扫描的一种，为线列阵扫描仪，属于像面扫描。利用焦平面列阵探测器实现仪器对目标的扫描，线列探测器在光学焦面上垂直于飞行方向作横向排列，当飞行器向前飞行完成纵向扫描时，排列的探测器就好像刷子扫地一样扫出一条带状轨迹，从而得到目标物的二维信息，推帚式扫描由此得名。推帚式扫描成像示意图如图4-2所示。

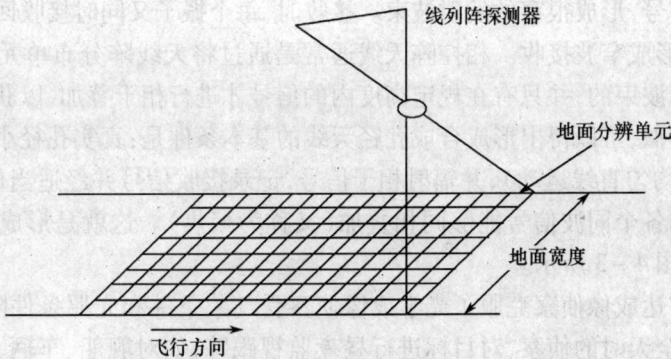

图4-2　推帚式扫描成像功能原理示意图

2）扫描式光学成像遥感器的主要设备

目前，预警和光学侦察卫星上的扫描式光学成像遥感器主要有电视摄像机、光机扫描仪、CCD 自扫描仪和成像光谱仪等。

（1）电视摄像机。电视摄像机是一种电子扫描成像仪。光学聚焦系统把被拍摄的地物成像于摄像管的成像面上，成像面为电荷耦合器件 CCD,通过极细的电子束对此像面逐点逐行扫描,并将光信号转换成视频信号输出,这些信号经放大后记录在磁带上或经光电转换记录在底片上。

（2）光机扫描仪。光机扫描仪是一种光机扫描成像仪,由聚光系统、扫描系统、分光系统和检测系统等组成。

（3）CCD 自扫描仪。CCD 自扫描仪又称作固态电子扫描仪,是利用电子自扫描方式成像的,属于像方成像方式。其原理是:地物经聚光系统成像于多元线性列阵 CCD器件上,列阵上的每个探测元件做光电转换,其转换信号与每个像元点对应,即实现了自扫描。

与可见光遥感器类似,红外遥感器可分为红外摄影成像和红外扫描成像遥感器,相应的红外探测器遥感设备主要有红外照相机、红外扫描仪和热成像仪等,具体工作方式与可见光相似。

4.1.2 雷达成像侦察功能原理

雷达侦察可分为主动和被动两种方式。被动方式与可见光遥感类似,是由微波扫描辐射计接收地表目标的微波辐射。目前,多数星载雷达采用主动方式,即由侦察平台发射电磁波,然后接收辐射和散射回波信号,主要探测地物的后向散射系数和介电常数。它发射的电磁波波长一般较长,为 $1mm \sim 1m$。卫星雷达天线越长,对地物的观测分辨力就越高。由于受雷达天线长度的限制,真实孔径雷达的地表分辨力往往很低,难以满足应用要求,而合成孔径雷达正是解决了利用有限的雷达天线长度来获取高分辨力雷达图像的问题。

雷达的角度分辨力与天线孔径尺寸和目标距雷达的距离有关,天线孔径越大,对目标的分辨力越高,但实际上,不可能无限制地增大天线尺寸,所以必须另辟蹊径。根据雷达探测原理,一副很长的线阵天线之所以方位分辨力较高,是由于发射时线阵上的每个振子同时发射相干信号,形成很窄的发射波束。接收时,每个振子又同时接收回波信号并在馈线上同时叠加,形成窄波接收。相控阵天线通常是通过将天线阵分布单元接收到的信号叠加起来获取窄波束的,并只有在规定高度内的信号才进行相干叠加,以获得该方向上最大增益。与此类似,可以得出形成合成孔径天线的基本条件是:真实孔径小天线相对于目标运动(一般为均匀直线运动),并辐射相干信号,记录接收信号并经适当信号处理,使对同一目标单元的各个同波信号能够同相叠加(又称为聚焦)。这就是形成合成孔径天线的基本概念,如图 4-3 所示。

合成孔径雷达成像侦察克服了光学成像侦察受气象条件和光照条件限制的缺陷,可以实现全天候、全天时的侦察,对目标进行昼夜监视跟踪,如对舰船、车辆、装甲等动目标跟踪。合成孔径雷达是利用目标对微波信号散射特性来获取目标影像,目标的散射特性越强,成像质量越高,大多数军事目标是用金属材料制造的,后向散射能力较强,容易被侦察;此外,由于微波的"透射"能力,因而有利于对一定深度的地下或水下目标侦察。目前,比较先进的雷达成像侦察卫星有美国的"长曲棍球"系列、德国的"SAR-Lupe"星座、意

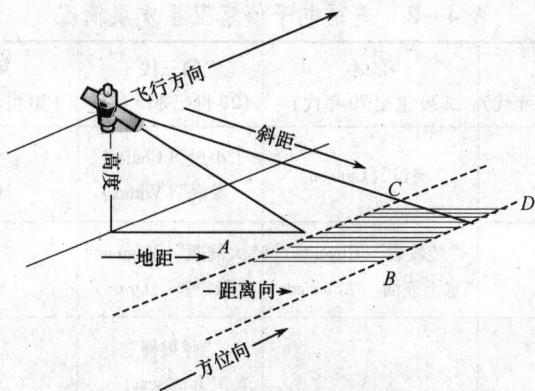

图 4-3 合成孔径雷达成像功能原理示意图

大利的"宇宙"小卫星群等。其中,"长曲棍球"(Lacrosse)卫星是美国的军用雷达成像侦察卫星。卫星的主体呈八棱体,长 8m,直径约 4m,一对太阳能电池帆在轨道上展开后跨度为 45.1m,可提供 10kW 以上的电力,因为这种卫星要向地面发射微波能量,所以需要大量的能量。卫星设计寿命 8 年,运行倾角为 57°~68°,轨道高度为 670km~703km。该星的合成孔径雷达天线呈矩形,长 14.4m、宽 3.6m,由 3 个平面天线阵组成,每个天线阵含 4 个长度相等的子阵。雷达的几何分辨力为 0.3m~3m,所获图像数据通过大型抛物面可跟踪天线经"跟踪与数据中继卫星"传至白沙地面站,再经过美国国内通信卫星传到贝尔沃堡。它不仅适于跟踪舰船和装甲车辆的活动,监视机动或弹道导弹的动向,还能发现伪装的武器和识别假目标,甚至能穿透干燥的地表,发现藏在地下数米深处的设施。1997 年 10 月 23 日发射升空的第 3 颗"长曲棍球"卫星带有相控阵馈电系统,采用抛物面雷达天线,成像质量有所改善。该星与另一颗星配对工作,因而可以反复侦察地面目标。

合成孔径雷达成像侦察主要有五种工作方式,即 Stripmap(条带式)、Spotlight(聚束式)、Scan(扫描模式)、InSAR(干涉 SAR)、ISAR(逆 SAR)。

4.1.3 电子侦察功能原理

电子侦察是指用于侦收敌方电子设备的电磁辐射信号以获取情报的侦察行动,主要用于侦收雷达、通信等电子系统所辐射出的电磁信号和战略武器试验中出现的遥测遥控信号,通过对信号参数的测量、对辐射源的定位(和跟踪)及信息融合,掌握电磁态势和有关政治、军事、经济、技术等方面的情报。电子侦察范围广、效率高,不受国界和天气条件的限制,可对敌方进行长时间、大范围的连续侦察监视,获取时效性很强的军事情报,是现代军事侦察不可缺少的重要手段。

美国于 1962 年 5 月发射了世界第一颗电子侦察卫星,至今已发展了四代这种卫星,其中第一代为低轨道卫星,第二代~第四代主要为地球静止轨道和大椭圆轨道卫星,详细参数如表 4-2 所列。

此外,其他国家的电子侦察卫星包括俄罗斯第四代的"处女地"-2 系列卫星和第五代的"宇宙 1961"系列、法国的"蜂群"(Essaim)侦察网等。

79

表 4 - 2　美军电子侦察卫星发展简况

运行轨道	第一代 (20 世纪 60 年代)	第二代 (20 世纪 70 年代)	第三代 (20 世纪 80 年代)	第四代 (20 世纪 90 年代)	第五代 (21 世纪初)
准同步轨道		"峡谷"(Canyon)	"小屋"(Chalet) "漩涡"(Vortex)	"水星" (Mercury)	"入侵者" (Intruder) "徘徊者" (Prowler)
地球同步轨道		"流纹岩"(Rhyolite) "水上表演"(Aquacade)	"大酒瓶"(Magnum) "猎户座"(Orion)	"顾问" (Mentor)	
大椭圆轨道			"弹射椅" (Jumpseat)	"军号" (Trumpet)	
低轨道	"雪貂" (Ferret)	子卫星(Sub-Sats)	子卫星(Sub-Sats)		"奥林匹亚" (Olympia)
低轨道	"撷取" (GRAB)	"海军海洋监视卫星"(NOSS)	"命运三女神" (Parcae)	"天基广域监视系统" (SBWASS)	

　　根据侦察对象的不同可分为电子情报型侦察和通信情报型侦察,前者用于侦察雷达、通信、遥测和遥控信号技术参数和位置,后者用于截获、解调、解读获取的通信信号的技术参数,窃听通信内容。

　　电子侦察的一个主要侦察目标是各种雷达。从一个普通雷达脉冲可以得到六个参数:到达角、射频频率、到达时间、脉冲幅度、脉冲宽度和极化特征。通过测定这些参数可以完成三个任务:信号分选、信号识别和雷达位置确定,如图 4 - 4 所示。

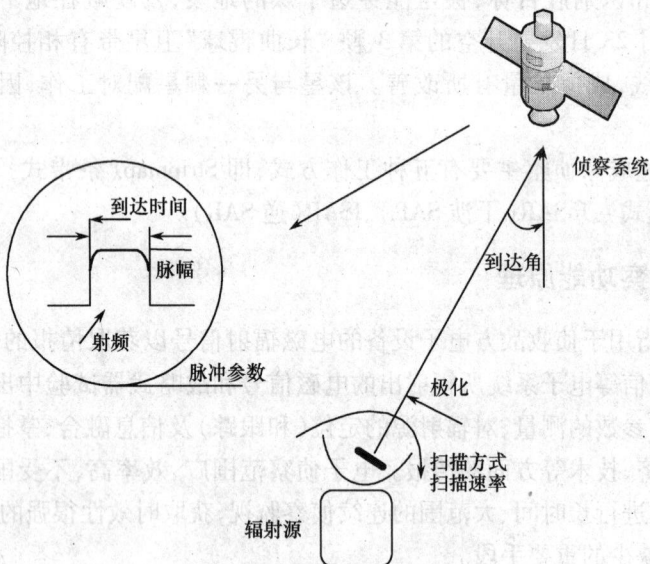

图 4 - 4　电子侦察卫星功能原理示意图

　　空间电子侦察的任务之一是确定无线电辐射源的位置,进而判断出如雷达、指挥所等所在。这一般可通过相应的电子侦察定位技术,利用信号到达角和已知的侦察平台的位置和姿态来确定。

80

4.1.4 海洋目标监视功能原理

海洋监视卫星主要用于探测、跟踪、定位、识别、监视海面状态和舰船、潜艇,侦收、窃听舰载雷达、通信和其他无线电设备发出的无线电信号。这种监视分为主动型和被动型两种,主动型主要指苏联时期的"宇宙型",现在已经不再服役。比较典型的被动型无源定位海洋监视卫星有美国的"白云"系列和俄罗斯的"US-P"系列,后者是单星或双星配对工作方式,采用基线干涉定位方法,定位精度较低,为6km~13km;前者采用时差定位方法,四颗卫星一组,定位精度可达2km~4km。

采用时差定位方式的海洋监视卫星由三颗小卫星编队飞行构成,星间相距几十千米且均匀分布,通过三星分别测量信号脉冲的到达时间差,完成对无线电辐射源的定位。星座中的卫星相距一定的距离,辐射源发射的每个脉冲到达三个卫星的时间是不同的,测量侦察目标辐射源信号到达两颗卫星的时差,从而得出距离差,利用距离差,以两颗卫星为焦点可形成一个回转双曲面。同样,利用另一组卫星组合形成另外一个回转双曲面。两个双曲面产生两条交线与地球表面产生两个交点,利用粗测向信息排除一个虚假定位点,另一交点即携载辐射源的目标位置。

4.2 航天器侦察功能仿真设计

4.2.1 仿真功能分析

航天器侦察功能仿真主要模拟可见光成像卫星侦察系统、雷达成像卫星侦察系统、卫星电子侦察系统和海洋目标监视卫星系统的功能。

前三者的功能仿真基于单个航天器平台进行,在计算平台实时位置、进入任务区时间等基础上,完成分辨力计算、图像信息量计算、光照大气等自然因素对成像影响程度计算、电磁辐射捕获计算、发现概率计算、信息传输时间计算、目标定位及其精度计算以及覆盖性能指标参数计算等功能。

海洋目标监视卫星系统功能仿真基于卫星网络进行,完成三星网络的描述及卫星轨道数据的载入,海洋目标发现计算、海洋目标定位及其误差计算等功能。

仿真输入数据包括:航天器平台的轨道参数,成像侦察载荷的视场角(覆盖角),任务开始时间和结束时间,航天器平台的信息传输速率,目标区域四个点的经纬度坐标值,目标区域的天气、自身伪装情况,电子侦察载荷接收频率、功率等。

仿真输出结果为航天器对目标的侦察效果,包括能否实现侦察、侦察时刻、持续时间、成像效果、目标被侦察确定的位置等。

4.2.2 仿真模型结构

航天器侦察功能仿真模型包括公共基础模型和功能专用模型,公共基础模型包括坐标系转换模型、航天器轨道描述模型、实时位置与速度计算模型、可见性判断计算模型、航天器轨道机动计算模型、卫星网络描述模型等(见本书第3章)。航天器侦察功能专用模型包括地面分辨力模型、侦察覆盖判断模型、成像影响因素定量描述模型、发现与揭示目标概率计算模型、电子侦察定位精度计算模型、侦察信息下传时间延迟计算模型、覆盖性能指标参数计算模型等。

　　其中,地面分辨力计算模型完成光学成像载荷的地面分辨力大小计算;侦察覆盖判断计算模型用来计算判断目标是否在成像带内;成像影响因素描述模型主要是对影响成像侦察效果的如云量、能见度、太阳高度角、伪装等各种环境因素及其影响的定量描述;发现与揭示目标概率计算模型完成成像侦察卫星对目标发现等级的一种概率描述计算;电子侦察定位精度计算模型完成单颗卫星对地面目标定位精度(误差)的计算;海洋监视卫星定位精度计算模型完成多颗海洋监视卫星网络对海上目标的定位精度计算;侦察信息下传时间延迟计算模型计算从卫星完成侦察任务到将侦察信息下传到地面接收站的时间,即信息的时效性;覆盖性能指标参数计算模型是对航天器时间分辨力参数进行计算。航天器侦察功能仿真模型结构如图 4 - 5 所示。

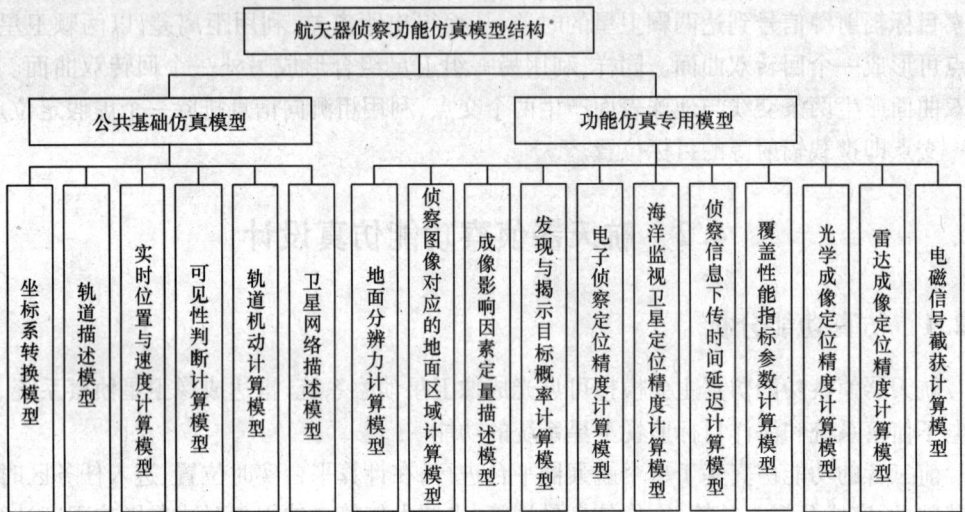

图 4 - 5　航天器侦察功能仿真模型结构

4.2.3　仿真流程

1. 成像侦察卫星功能仿真流程

　　(1)接受侦察命令后,判断推进时间是否在最迟侦察前,如果已经超过最迟时间,则退出;反之,依照卫星的运转规律,调用航天器军事应用仿真公共模型,生成卫星的位置、速度等数据。

　　(2)判断卫星星下点是否在所给的任务区域内。若是,记录下成像图像的左边坐标及开始获取图像的时间;否则,继续进行卫星轨道推进。

　　(3)开始获取图像后,继续判断星下点是否在任务区域内。若是,继续获取图像;否则,记录下成像图像的右边坐标及结束获取图像的时间。

　　(4)根据卫星载荷性能参数,以及卫星轨道位置参数,计算出地面分辨力。

　　(5)根据获取的图像信息,图像传输速率以及卫星与地面站、中继卫星的位置关系,计算出侦察情报下传至地面站的信息传输时延。

　　(6)将图像信息、地面分辨力、信息传输时延传送给地面站进行处理。

(7)根据目标区域的环境影响因素,计算目标揭示概率,如图4-6所示。

2. 电子侦察卫星功能仿真流程图

(1)依照航天器平台的运转规律,获取平台的实时位置坐标,通过相应的电子侦察定位技术,利用信号到达角,计算确定无线电辐射源的位置电子侦察载荷的地面覆盖情况。

(2)判断雷达或通信信号的频率是否在电子侦察载荷的测频范围之内。

(3)判断雷达或通信信号的到达能量是否高于接收机侦察灵敏度,即电子侦察卫星是否能够截获并识别出该辐射信号。

(4)计算侦察情报下传至地面站的信息传输时延,如图4-7所示。

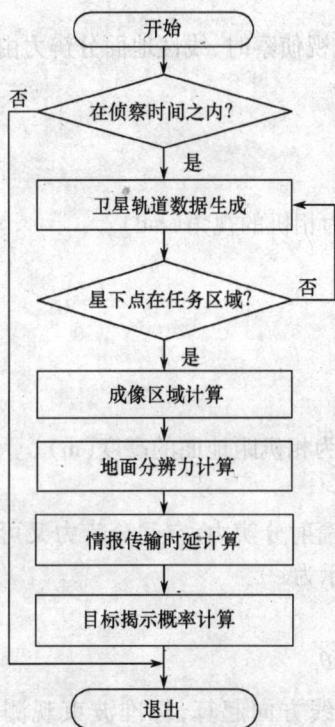

图4-6 成像侦察功能仿真流程   图4-7 电子侦察功能仿真流程

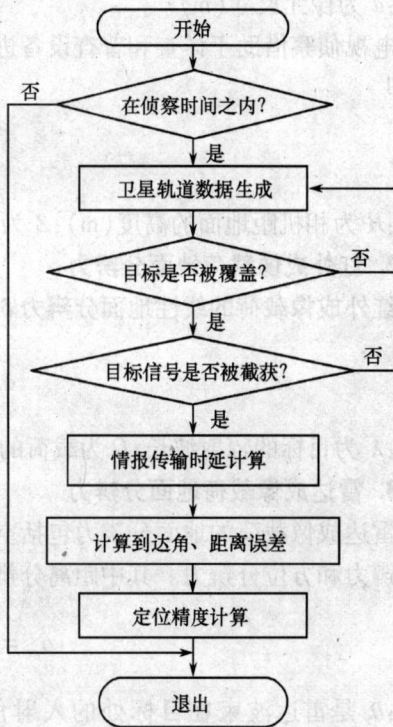

4.3 航天器侦察功能建模

4.3.1 地面分辨力计算模型

地面分辨力是评价航天器对地遥感系统重要的技术参数,指表示图像上影像分辨力的线对宽度所对应的地面距离,以 m 为单位。例如,地面分辨力为20m,则能分辨排列在地面上宽度各为10m 的黑白线条。影像分辨力是指图像上再现物体细节的能力,它的值通常用1mm 范围内能分辨出宽度相同的黑白线对数来表示。

1. 可见光成像载荷地面分辨力

对于胶片成像的相机系统,地面分辨力 δ_1 可近似为

$$\delta_1 = \frac{H}{f} \cdot \frac{1}{n \times 1000} \qquad (4.1)$$

式中:H 为相机距地面的高度(m);f 为相机焦距(m);n 为照相系统分辨力或称影像分辨力(线对/mm)。

对于 CCD 成像的相机系统,设卫星飞行高度为 H,物镜焦距为 f,则地面分辨力 δ_2 可近似为

$$\delta_2 = \frac{1}{1000} \cdot \frac{d \cdot H}{f} \qquad (4.2)$$

式中:d 为像元尺寸(m)。

电视侦察借助于详查和普查设备进行,在进行电视侦察时,线性地面分辨力由下式决定,即

$$\delta_3 = \frac{H\theta}{Z} \qquad (4.3)$$

式中:H 为相机距地面的高度(m);Z 为扫描线数;θ 为相机的视角(rad)。

2. 红外成像载荷地面分辨力

红外成像载荷的线性地面分辨力 δ_4 可近似为

$$\delta_4 = 1.22\lambda \frac{H}{D} \qquad (4.4)$$

式中:λ 为目标的辐射波长;D 为载荷的镜头直径;H 为相机距地面的高度(m)。

3. 雷达成像载荷地面分辨力

雷达成像载荷的地面分辨力包括空间分辨力和辐射分辨力,空间分辨力又可分为距离分辨力和方位分辨力。其中距离分辨力用公式表示为

$$\rho_{gr} = \frac{c}{2B\sin\theta_i} = \frac{c\tau}{2\sin\theta_i} \qquad (4.5)$$

式中:θ_i 是雷达波束在目标处的入射角(从地表法线方向起算,标准波束观测模式为 $20.0° \sim 49.4°$,此处建立随机数模型,取 $\theta_i = 20.0 + 29.4\xi, \xi = 0.0 \sim 1.0$);$c$ 为光速;τ 为雷达波形的时间分辨力;B 为发射波形的频带宽度,如 Radarsat SAR 在标准观测模式下的脉冲频带宽度为 17.28MHz 和 11.58MHz。

SAR 的理论方位分辨力与目标距离无关,即

$$\rho_a = k\frac{l}{2} \qquad (4.6)$$

式中:k 为综合加权系数;l 为雷达天线沿方位向的孔径尺寸,如 Radarsat SAR 为 15m。

辐射分辨力 γ 是指区分具有不同后向散射特性的两个面目标的能力的量度,反映在雷达图像中所能区分的两个目标的微波反射率之间的最小差值的能力,即

$$\gamma = \frac{\sqrt{M} + 1.282}{\sqrt{M} - 1.282} \qquad (4.7)$$

式中:M 为形成雷达图像的样本(雷达输出信号)个数。

84

研究表明,随着样本数的增加,式(4.7)定义的辐射分辨力的最小错误概率降低趋势逐渐平缓,所以样本数 M 应取较大数值。

此处建立随机数模型,使 M 取值为 $10 \sim 20$,则有

$$M = 10 + 10\xi, \xi = 0.0 \sim 1.0$$

SAR 地面分辨力可以用距离分辨力、方位分辨力和辐射分辨力的如下关系来表示,即

$$r = \sqrt{\rho_{gr} \cdot \rho_a \cdot \gamma(M)/\gamma(\infty)} \tag{4.8}$$

4.3.2 侦察图像对应的地面区域计算模型

成像侦察卫星在经过目标区域时,开始进行成像侦察,在顺着星下线方向的地球表面形成一条观测带,观测带的图像信息即为原始侦察情报信息。

(1)对于光学成像,有效载荷的瞬时视场可假设为圆锥形,则对于点目标的覆盖判断可通过第3章介绍的模型进行。现假设有一区域目标,如图 4 - 8 所示,P_1、P_2、P_3、P_4 为任务区域的矩形的四个顶点,阴影矩形为卫星某一次对任务区域的覆盖区域(图 4 - 9)。

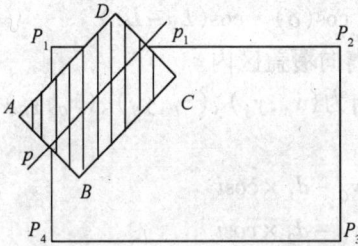

图 4 - 8　成像区域示意图　　　　图 4 - 9　图像区域范围计算示意图

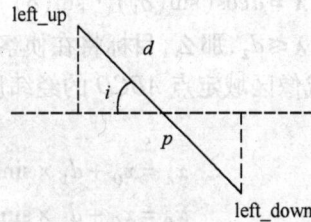

阴影区起始点 A、B 近似值可由下式计算求得,即

$$\begin{cases} \text{left\_up. Longitude} = p.\,\text{Longitude} - d \times \cos i \\ \text{left\_up. Latitude} = p.\,\text{Latitude} + d \times \sin i \\ \text{left\_down. Longitude} = p.\,\text{Longitude} + d \times \sin i \\ \text{left\_down. Latitude} = p.\,\text{Latitude} - d \times \cos i \end{cases} \tag{4.9}$$

式中:i 为侦察卫星的轨道倾角;p 为侦察卫星开始工作时的星下点;d 为覆盖角。

同理,可求得 C、D 点坐标值。

(2)对于 SAR 成像,可假设有效载荷的瞬时视场为带状区域,设当前时刻 t 时卫星的星下点为 Q,时刻 t_1 时卫星的星下点为 R,已知卫星轨道高度,雷达近端侧视角 θ_1,远端侧视角 θ_2,星下点经纬度。根据图 4 - 10 的几何关系,可以得出 SAR 成像侦察卫星覆盖的地心角范围,d_1、d_2 分别为雷达的远、近覆盖角,即

$$\begin{cases} d_1 = \dfrac{\pi}{2} - \theta_1 - a\cos\left(\dfrac{(R_E + H) \cdot \sin\theta_1}{R_E}\right) \\[3mm] d_2 = \dfrac{\pi}{2} - \theta_2 - a\cos\left(\dfrac{(R_E + H) \cdot \sin\theta_2}{R_E}\right) \end{cases} \tag{4.10}$$

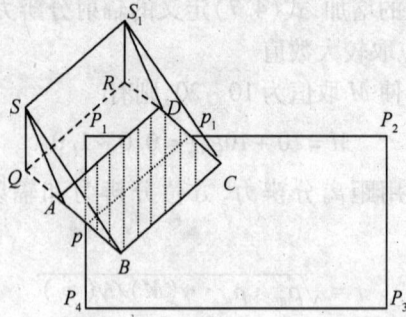

图 4-10　覆盖判断示意图

则垂直于航天器飞行方向的距离向覆盖宽度为

$$Z = \frac{2\pi R_E(d_2 - d_1)}{180} \qquad (4.11)$$

设地面目标的经纬度为 (L, δ)，卫星星下点的经纬度为 (L_V, δ_V)，则目标与星下点的地心角为

$$\lambda = a\cos(\sin(\delta_V) \cdot \sin(\delta) + \cos(\delta_V) \cdot \cos(\delta) \cdot \cos(L_V - L)) \qquad (4.12)$$

满足 $d_1 \leq \lambda \leq d_2$，那么，目标将在侦察载荷的距离向覆盖区内。

设 SAR 成像区域定点 ABCD 的经纬度坐标分别为 (x_A, y_A)、(x_B, y_B)、(x_C, y_C)、(x_D, y_D)，则有

$$x_A = x_Q + d_1 \times \sin i \qquad y_A = y_Q - d_1 \times \cos i$$
$$x_B = x_Q + d_2 \times \sin i \qquad y_B = y_Q - d_2 \times \cos i$$
$$x_C = x_R + d_2 \times \sin i \qquad y_C = y_R - d_2 \times \cos i$$
$$x_D = x_R + d_1 \times \sin i \qquad y_D = y_R - d_1 \times \cos i$$

式中：i 为侦察卫星的轨道倾角；d_1、d_2 分别为雷达的远、近覆盖角；x_p、x_{p1} 分别为雷达成像开始时刻和结束时刻的星下点。

$$x_p = \frac{d_1 + d_2}{2} \times \sin i + x_Q \qquad y_p = y_Q - \frac{d_1 + d_2}{2} \times \cos i$$

$$x_{p1} = \frac{d_1 + d_2}{2} \times \sin i + x_R \qquad y_{p1} = y_R - \frac{d_1 + d_2}{2} \times \cos i$$

(3)判断目标是否在覆盖范围以内，可以转化为点的包含性检验模型。常用的检验方法有两种：夹角和检验法和交点校验法，这里将覆盖面近似看做平面，采用的是夹角和检验法，基本方法如下：

设有一个点 P 和一个多边形 ABCD，如图所示。

依次将点 P 分别与多边形各顶点 A、B、C、D 相连，令 α_i 为相邻两顶点与点 P 相连所形成的夹角，则

$$\alpha_1 = \angle APB, \qquad \alpha_2 = \angle BPC$$
$$\alpha_3 = \angle CPD, \qquad \alpha_4 = \angle DPE$$

当 P 与 A、B、C、D 中任何一点都不重合时，如果 $\sum_1^4 \alpha_i = 2\pi$，则说明点 P 在多边形

86

ABCD 之内,如图 4-11(a)所示。反之,则说明点 *P* 在多边形 *ABCD* 之外,如图 4-11(b) 所示。在这里,角 α 的值可以通过余弦定理求出,如 $\cos\alpha_1 = \dfrac{AP^2 + BP^2 - AB^2}{2AP \cdot BP}$,并且这个角度值的计算可以用较低的精度而不会影响判断结果的可倍性。

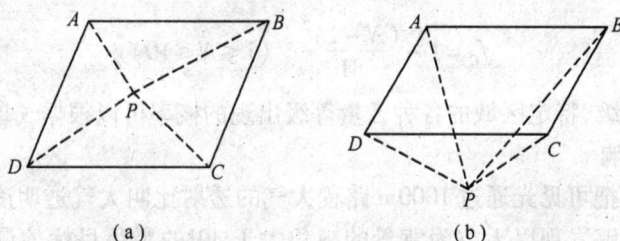

(a)　　　　　　　　　　(b)

图 4-11　点的包含性检验

4.3.3　成像影响因素的定量描述模型

航天器侦察技术是建立在物体电磁波理论基础上的,电磁波在空间中传播必然受到各种环境因素的影响,从而影响航天器的侦察效果,从辐射源、传播路径和目标特性等方面出发,分析云量、能见度、太阳高度角、对比度和伪装五种影响因素的定量描述形式。

1. 云量影响

对于可见光成像侦察卫星,其侦察效果直接受大气层中云量的影响。云是大气中水蒸气遇冷凝结成的水滴、冰晶以及其吸附的大气尘埃等形成的混合物。云层的厚度、覆盖范围是天气因素中直接影响侦察任务是否能够顺利完成的主要因素,云层的存在不但大大降低卫星侦察效能,还有可能导致失去成像机会,因此,有必要定量分析云对成像的影响。云对太阳辐射的影响主要是无选择散射与吸收,从图 4-12 中可以看出云层厚度对大气透过率的影响。表 4-3 所列为云量等级与云层厚度、大气透过率的对应关系。

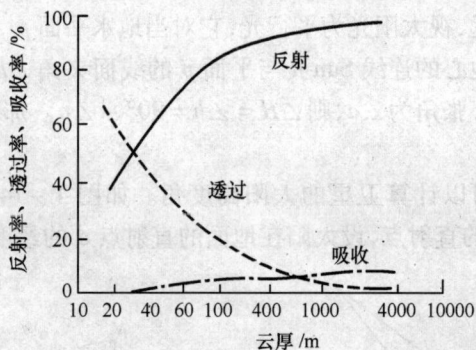

图 4-12　云层厚度与透过率、吸收率和反射率的关系

表 4-3　云量等级与云层厚度、大气透过率对应关系

云量等级	1	2	3	4	5	6	7	8	9	10
厚度/m	0	20	30	40	50	70	80	100	500	1200
大气透过率/%	1	0.6	0.5	0.45	0.4	0.32	0.3	0.26	0.14	0

87

为了便于分析,对云量分级,建立云量等级及其对成像效果的影响间的映射,即一定云量等级与侦察影响因子之间的定量关系。云量分1级~10级,1级为"万里无云"(云层厚度为0),10级为"乌云密布"(云层厚度超过1200m)。云量对可见光成像侦察的影响因子可表示为

$$f_C = 1 - \frac{(N-1)^2}{81} \quad (1 \leqslant N \leqslant 10) \tag{4.13}$$

式中:N为云量等级,特定区域的各种云量等级出现的概率可以根据气象统计资料确定。

2. 能见度影响

在气象学上,把可见光通过1000m路程大气的透射比叫大气透明度。在一定透明度的条件下,人眼能够发现以天空为背景的视角大于30′的黑色目标的最大距离叫能见度或能见距离。这里的能见度所考虑的只是云层以下空气的能见度。各空气特征与透明度、能见度之间的对应关系如表4-4所列。

表4-4 空气特征与透明度、能见度之间的对应关系

能见度等级	1	2	3	4	5	6	7	8	9	10
空气特征	绝对透明	较高透明	良好透明	中等透明	少许浑浊	浑浊	很浑浊	薄雾	浓雾	雨雪
大气透明度	0.99	0.97	0.96	0.92	0.81	0.66	0.36	0.12	0.015	0
能见距离/m	400	200	100	50	20	10	4	2	1	0

能见度对可见光成像侦察的影响因子可表示为

$$f_V = e^{-\frac{(N-1)^4}{1024}} \quad (1 \leqslant N \leqslant 10) \tag{4.14}$$

式中:N为能见度等级。

3. 太阳高度角影响

太阳高度角是自然光照中对可见光成像侦察最直接和最重要的影响因素。太阳高度角是指太阳方向与当地水平面的夹角,如图4-13所示,$\angle H$为s点的太阳高度角。假定太阳与地球相距无穷远,视太阳光为平行光,它对当地水平面p上任何一点的入射角均是相等的,那么,太阳与地心的连线Sun-a与平面p的线面夹角$\angle h$应该与$\angle H$相等。图中太阳与地心连线的地心张角为$\angle a$,则$\angle H = \angle h = 90° - \angle a$。那么,只要计算出$\angle a$,也就可以得到太阳高度角。

利用球面三角形可以计算卫星的太阳高度角。如图4-14所示,N为北极,O为地心,d为太阳在地球上的直射点,设太阳在地面的直射点d的经度和纬度为α_d、δ_d,测量地

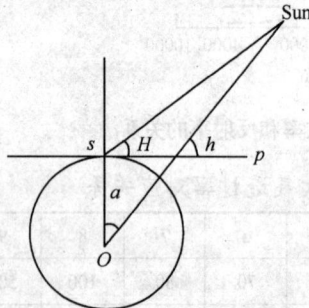

图4-13 太阳高度角示意图　　　图4-14 太阳高度角计算关系

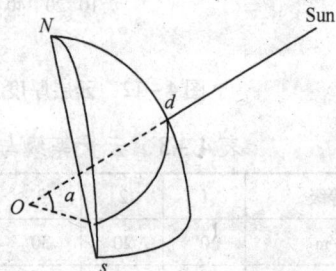

88

点 s 的经度和纬度为 α_s、δ_s,则

$$\widehat{Ns} = 90° - \delta_s, \quad \widehat{Nd} = 90° - \delta_d$$

过 d 与 s 做圆弧,则 $\widehat{ds} = \angle a$,在球面三角形 Nds 中,根据余弦定理,有如下关系,即

$$\cos\widehat{ds} = \cos\widehat{Ns}\cos\widehat{Nd} + \sin\widehat{Ns}\sin\widehat{Nd}\cos\widehat{Nd}$$

经三角变换,可得到太阳高度角计算公式为

$$H = \arcsin\left[\sin\delta_d\sin\delta_s + \cos\delta_d\cos\delta_s\cos(\alpha_s - \alpha_d)\right]$$

太阳地面直射点的位置,随着季节、日期和时刻的不同,做近似周期性变化。通过时间,可以近似求解当前太阳在地面直射点 d 的经纬度 α_s、δ_s。

一般认为,在目前的技术水平下,当侦察区域内的太阳高度角 $H \geq 30°$ 时,可进行详查照相;当侦察区域内的太阳高度角 $H \geq 15°$ 时,可进行普查照相。对于电视侦察(如果需要的话),太阳高度角 $H \geq 5°$ 时就可进行。因此,太阳高度角对光学侦察手段的影响可以简单地用分段线性函数来描述,即

$$f_s = \begin{cases} 1, & H \geq 30° \\ 0.7, & 15° \leq H < 30° \\ 0.3, & 5° \leq H < 15° \\ 0, & H < 5° \end{cases} \quad (4.15)$$

4. 对比度影响

对比度影响是指侦察发现目标时,要求目标与背景的差异程度,目标与背景对比度越强,成像越清晰,越容易辨认,反之,图像边缘模糊,难以分辨。对于不同载荷的成像原理,对比度所关注的因素也不同,可见光主要考虑色彩对比度因素,红外成像主要考虑温差对比度因素。

色彩对比度对目标判读的影响,可以用对比度影响因子 f_r 来表示。本文将目标与背景之间的对比度量化为 10 个等级(1 级 ~ 10 级)。1 级对应着反差最小,即区分不出目标,$f_r = 0$;10 级对应着目标与背景之间的反差最大,即最易于区分目标,$f_r = 1$。对比度对侦察效果的影响可用公式表示为

$$f_r = 1 - e^{-b\frac{(N-1)^2}{9}} \quad (1 \leq N \leq 10) \quad (4.16)$$

式中:N 为对比度等级,b 为尺度参数,可通过定义标准对比度确定。根据人眼的判别能力,通常取 2.5 为标准对比度,即在标准对比度下,识别目标的效用为 0.5,则

$$f_r = 1 - e^{-6.77\frac{(N-1)^2}{9}} \quad (1 \leq N \leq 10)$$

温差对比度是指目标与背景之间的温差。当信噪比小于 1 时,一般认为目标探测概率为 0;当信噪比大于等于 1 时,温差对红外成像侦察的影响因子可表示为

$$f_r = 1 - e^{-0.15(\frac{\text{delt}T}{\text{NETD}} - 1)^2} \quad (4.17)$$

式中:$\text{delt}T$ 为目标与背景的温差;NETD 为等效噪声温差。

5. 伪装影响

对抗侦察的几种常见的伪装方式有迷彩伪装、遮蔽伪装、单兵伪装、模拟器材伪装、无源干扰伪装和发烟伪装,其对成像侦察的影响可根据经验采用不同影响因子进行定量描述,0表示没有影响,1表示无法成像侦察,如表4-5所列。不同载荷的影响因子不同,表4-5所列可供读者参考。其中 f_{p1} 为红外成像影响因子,f_{p2} 为可见光成像影响因子,f_{p3} 为雷达成像影响因子。

表4-5 不同的伪装方式对红外成像的影响因子

伪装方式	不伪装	迷彩伪装	遮蔽伪装	单兵伪装	模拟器材伪装	无源干扰伪装	发烟伪装	不确定
编号	1	2	3	4	5	6	7	8
f_{p1}	0	0.05	0.1	0.7	0.25	0.2	0.05	0.193
f_{p2}	0	0.815	0.8	0.2	0.5	0.5	0.3	0.409
f_{p3}	0	0	0.5	0	0.25	0.5	0	0.179

6. 卫星姿态稳定性影响

卫星摆动会使成像模糊,降低成像质量,卫星姿态稳定度对成像的影响主要在横向,因此,此处只考虑横向振动影响。卫星姿态稳定性对识别目标影响的效用函数采用调制传递函数MTF来求出。

当卫星低频振动(振动频率远小于CCD采样频率),振幅较小时,卫星姿态稳定性对成像质量的影响因子为

$$f_e = |sinc(Nd)| \tag{4.18}$$

式中:$sinc(x) = \dfrac{\sin(\pi x)}{\pi x}$;$N$ 为空间频率,采样和恢复图像之后无错误的最大空间频率为奈奎斯特(Nyquist)频率,$N = F_n = 1/2r_g$;d 为弥散斑直径(μm)。

当卫星低频振动,振幅较大时,有

$$f_e = \cos(2\pi N\varphi)\frac{Si(\pi Nd)}{\pi Nd} \tag{4.19}$$

式中:φ 为由于振动而导致的错位距离;$Si(x)$ 为正弦积分函数,$Si(x) = x - \dfrac{x^3}{3 \times 3!} + \dfrac{x^5}{5 \times 5!}\cdots$;$d = s_a\left[1 - \cos\left(\dfrac{\pi t_i}{s_t}\right) + 2\sin\left(\dfrac{\pi t_i}{s_t}\right)\right]$;$s_a$ 为振幅(μm);t_i 为积分时间;s_t 为振动周期。

当卫星高频振动时,有

$$f_e = J_0(2\pi Nd)$$

式中:J_0 为零阶贝赛尔函数,$J_0(x) = 1 - \dfrac{x^2}{2^2} + \dfrac{x^4}{2^4(2!)^2}\cdots$。

4.3.4 发现与揭示目标概率计算模型

1. 目标发现概率

目标探测分为间歇搜索目标和连续搜索目标两种探测类型,且连续搜索可视为间歇

式搜索的特例。因此,不失一般性,假设卫星探测目标为间歇式搜索,第 i 次侦察的发现概率为 g_i,则第 n 次探测发现目标的概率 $p(n)$ 为

$$p(n) = 1 - \prod_{i=1}^{n}(1 - g_i) \tag{4.20}$$

假设卫星每次侦察的条件基本相同,即 $g = g_i$,则式(4.20)可化简为

$$p(n) = 1 - (1 - g)^n \tag{4.21}$$

由于目标在探测区域内的运动情况是未知的,且卫星每次扫视指定区域的路径也存在一定的随机性,所以可以将卫星对区域内运动目标的搜索视为一种随机搜索方式,假设目标在探测区域 A 内按随机路线运动,且初始时刻在 A 内服从均匀分布,则卫星随机搜索的发现概率为

$$g = \begin{cases} 1 - \exp\left(-\dfrac{R_e \Delta\varphi W}{A\sin i}\right), & i \geqslant \arctan\left(\dfrac{\Delta\varphi}{\Delta\lambda}\right) \\[3mm] 1 - \exp\left(-\dfrac{R_e \Delta\lambda W}{A\cos i}\right), & i < \arctan\left(\dfrac{\Delta\varphi}{\Delta\lambda}\right) \end{cases} \tag{4.22}$$

式中:A 为区域的面积;$\Delta\varphi$ 为区域经度间隔;$\Delta\lambda$ 为区域纬度间隔;i 为卫星的轨道倾角;W 为卫星的覆盖宽度。

对于多颗航天器组网侦察而言,最大访问时间间隔 $G_{\max}$ 表示星座中所有卫星没有覆盖侦察区域的最大时间间隔。由 $G_{\max}$ 可以确定某一时间内星座对某一区域的总探测次数,设 T 时间内目标在区域 A 内运动,则星座对目标的发现概率为

$$p = 1 - (1 - g)^{\frac{T}{G_{\max}}} \tag{4.23}$$

2. 目标揭示概率

成像侦察对目标的揭示等级分为发现、识别、确认和详细描述四类,其中发现要求确定部队、军事目标和军事活动位置,识别要求识别出一般性质的目标类型,确认要求识别已知类型的目标种类,详细描述要求确定设施或目标的大小、形状、结构和数量。表 4 – 6 给出的数据是美国麦道公司依据判读实践和经验给出的典型目标识别程度与地面分辨力的关系。

表 4 – 6　典型目标辨识程度与分辨力的关系

目标类型	发现/m	识别/m	确认/m	详细描述/m
桥梁	6	3.5	1.5	0.9
通信设备	3	1.5	0.3	0.10
小部队宿营地	6	2.1	1.2	0.13
空军基地设备	6	3.5	3	0.30
军用机场		90	3.5	1.5
大炮和火箭	0.9	0.6	0.15	0.05
战术导弹	3	1.5	0.6	0.30
飞机	3.6	1.5	0.9	0.15
雷达	3	0.9	0.3	0.15

目标类型	发现/m	识别/m	确认/m	详细描述/m
司令部	3	1.5	0.9	0.15
运输车辆	1.5	0.6	0.3	0.03
港口	30	15	6	3
人工设施	6	3.6	3	0.3
车场	30	15	6	1.5
海面潜艇	30	6	1.5	0.9
中等水面舰船	7.5	3.5	0.6	0.30
道路	9	6	1.8	0.6
市区	60	30	3	3

对于特征尺寸为 l 的目标,不同揭示等级对地面分辨力 D 的要求可表示为

$$\begin{cases} 4D \leqslant L < 9D, & \text{发现目标} \\ 9D \leqslant L < 15D, & \text{识别目标} \\ 15D \leqslant L < 25D, & \text{确定目标} \\ L \geqslant 25D, & \text{详细描述目标} \end{cases}$$

式中:$L = \kappa \times l$,κ 为尺寸修正因子,如果目标形状特殊,容易区分,可令 $\kappa = 1$;如果目标形状易混淆,可令 $\kappa = 0.8$。

因此,对目标的揭示概率也可分为发现、识别、确认和详细描述概率,如表 4 - 7 所列。在侦察过程中,假设发现目标(识别目标、确认目标和详细描述目标)所需的地面分辨力为 D_d,侦察载荷的地面分辨力为 D,对目标的发现(识别、确认和详细描述)概率用 p'_d 表示,则

$$p'_d = \begin{cases} 1 & , D < D_d \\ \exp\left(1 - \left(\dfrac{D}{D_d}\right)^4\right) & , D \geqslant D_d \end{cases} \quad (d = 1, 2, 3, 4) \quad (4.24)$$

表 4 - 7　目标发现等级与地面分辨力对应关系表

	发现目标	识别目标	确定目标	详细描述目标
目标揭示等级 d	1	2	3	4
各揭示等级 所需的地面分辨力 D_d	$L/4$	$L/9$	$L/15$	$L/25$

在侦察过程中,环境、目标属性等因素间接影响着成像侦察信息的目标揭示概率。因此,在仅考虑地面分辨力影响下的目标揭示概率的基础上,综合考虑云量、能见度等环境影响因子以及伪装方式、温差等目标属性影响因子,可以得到比较全面的目标揭示概率模型。

经环境影响因子和目标属性影响因子修正后,目标揭示概率可用下式表示,即

$$p_d = f_c \cdot f_v \cdot f_r \cdot f_p \cdot f_s \cdot f_e \cdot p'_d \quad (d = 1, 2, 3, 4) \quad (4.25)$$

根据修正后的目标揭示概率,可利用蒙特卡洛法判断在这次侦察中能否发现目标,产生一个 $0 \sim 1$ 的服从均匀分布的随机数 r,判断其与目标识别概率之间的关系。如果 $r < p_4$,认为成像侦察卫星能够详细描述目标;反之,认为经过处理后成像侦察卫星不能详细描述目标,揭示等级降低到确认目标,重复此操作,直到能够确定是否确认(或识别、发现)目标为止。

4.3.5 光学成像定位精度计算模型

1. 定位原理

在已知卫星星历信息和姿态信息的情况下,光学成像卫星可以用于目标定位。根据目标与星下点的相对位置关系就可以确定目标的绝对位置,如图 4-15 所示。地球角半径 ρ、星下点角 η(卫星星下点至目标点的张角)、地心角 λ(卫星星下点至目标点相对于地心的张角)、卫星仰角 ε(在目标点处测量的卫星与当地地平之间的夹角)与卫星至目标的斜距 D 间的关系为

$$
\begin{cases}
\sin\rho = \dfrac{R_e}{R_e + H} = \dfrac{R_e}{R_S} \\[2mm]
\tan\eta = \dfrac{\sin\rho\sin\lambda}{1 - \sin\rho\cos\lambda} \\[2mm]
\cos\varepsilon = \dfrac{\sin\eta}{\sin\rho} \\[2mm]
\eta + \lambda + \varepsilon = \dfrac{\pi}{2} \\[2mm]
D = R_e(\sin\lambda / \sin\eta)
\end{cases}
\tag{4.26}
$$

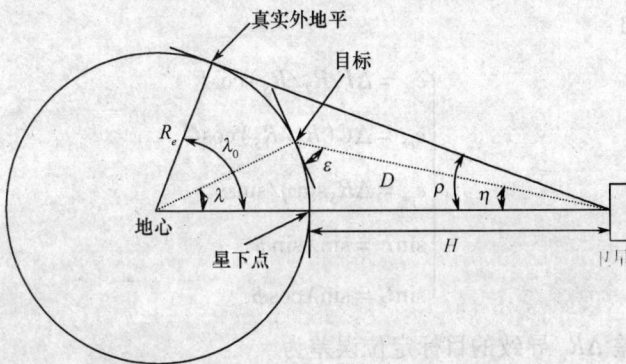

图 4-15　卫星与地面目标间的几何关系

如果已知卫星星下点的纬度 L_S 和经度 δ_S 及目标相对星下点的参数为 (A_z, λ),则目标的经度 δ_T 和纬度 L_T 采用下式计算,即

$$
\begin{cases}
\sin\delta'_T = \cos\lambda\sin\delta_S + \sin\lambda\cos\delta_S\cos A_z & (\delta'_T < 180°) \\[2mm]
\sin\Delta L = (\cos\lambda - \sin\delta_S\sin\delta_T)/(\cos\delta_S\cos\delta_T)
\end{cases}
\tag{4.27}
$$

式中,$\delta'_T = 90° - \delta_T$;$\Delta L = |L_S - L_T|$。

93

2. 定位误差分析

根据前面分析的利用卫星图像确定目标位置的计算模型,侦察卫星的姿态误差、位置误差和时间误差必将是影响目标位置误差的重要因素。下面分析各因素对定位误差的影响,定位误差的几何关系及各参数的含义如图4-16所示。

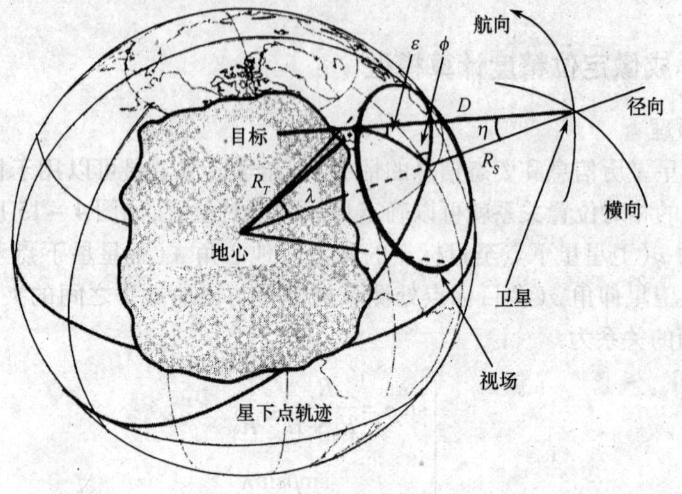

图4-16 定位误差几何关系

航天器姿态误差 $\Delta\phi$ 和 $\Delta\eta$ 导致的目标定位误差包括航向误差 e_{ai} 和横向误差 e_{ac},即

$$\begin{cases} e_{ai} = \Delta\phi D \sin\eta \\ e_{ac} = \Delta\eta D / \sin\varepsilon \end{cases} \tag{4.28}$$

航天器位置误差 ΔI、ΔC 和 ΔR_S 导致的目标定位误差包括航向误差 e_{pi}、横向误差 e_{pc} 和径向误差 e_{pr},即

$$\begin{cases} e_{pi} = \Delta I (R_T/R_S) \cos F \\ e_{pc} = \Delta C (R_T/R_S) \cos G \\ e_{pr} = \Delta R_S \sin\eta / \sin\varepsilon \\ \sin F = \sin\lambda \sin\phi \\ \sin G = \sin\lambda \cos\phi \end{cases} \tag{4.29}$$

目标高度误差 ΔR_T 导致的目标定位误差为

$$e_{ta} = \Delta R_T / \tan\varepsilon \tag{4.30}$$

时间误差 ΔT 导致的目标定位误差为

$$e_t = \Delta T V_e \cos(L_T) \tag{4.31}$$

定位精度 σ_T 为以上各误差的平方和的平方根,即

$$\sigma_T = \sqrt{e_{ai}^2 + e_{pi}^2 + e_t^2 + e_{ac}^2 + e_{pc}^2 + e_{pr}^2 + e_{ta}^2} \tag{4.32}$$

式中: ϕ 为方位角; R_T 为目标距地心的距离; R_S 为卫星距地心的距离; V_e 为地球赤道点的

94

旋转速度，$V_e = 464\text{m/s}$；D、η、ε、λ、L_T 与同式(4.26)。

4.3.6 雷达成像定位精度计算模型

1. 定位原理

利用 SAR 卫星对目标进行精确定位是影响 SAR 卫星作战效能的关键指标。但是，SAR 卫星直接利用真实天线的方向性信息来定位是很困难的。实际工作中通常采用的是通过信号处理形成方位向高度锐化的合成孔径波束的方法，可以得到理想的高分辨力图像。星载 SAR 对地面目标的定位，实际上就是对其合成孔径图像的相应像元定位。早期定位方法是在星载 SAR 的视场内找出一些位置确知的参考点，然后再去决定图像像元相对于这些点的位置。但在很多情况下，特别是在海洋上，很难找到用于定位的可靠参考点。20 世纪 80 年代提出了一种新的定位算法，利用卫星星历数据、星载 SAR 回波的距离—多普勒参数和地球模型确定目标位置。本节介绍了这种定位模型的迭代算法，以及该算法定位精度的完整解析推导，并直接给出这种定位算法和对目标的定位精度模型。

利用卫星星历和星载 SAR 回波数据的距离—多普勒参数对地面目标定位，主要依据以下三个方程：

1) 距离方程

星载 SAR 到地面目标的斜距为

$$R = |\boldsymbol{R}_S - \boldsymbol{R}_T| = \frac{c\tau}{2} \tag{4.33}$$

式中：$\boldsymbol{R}_S$ 为卫星的位置矢量；$\boldsymbol{R}_T$ 为目标的位置矢量；c 为光速；τ 为 SAR 所接收的目标回波相对于发射脉冲的时间延迟。

令 R 为常数，则可在地球表面得到如图 4-17 所示的等距离线，是以星下点为中心的一些同心圆。

2) 多普勒频率方程

星载 SAR 观察到的目标回波多普勒频率为

$$f_D = -\frac{2}{\lambda} \frac{(\boldsymbol{V}_S - \boldsymbol{V}_T) \cdot (\boldsymbol{R}_S - \boldsymbol{R}_T)}{|\boldsymbol{R}_S - \boldsymbol{R}_T|} = -\frac{2}{\lambda R} \boldsymbol{R} \cdot \boldsymbol{V} \tag{4.34}$$

式中：$\boldsymbol{V} = \boldsymbol{V}_S - \boldsymbol{V}_T$ 为星载 SAR 与目标间的相对速度矢量；λ 为 SAR 所辐射的电波的波长。若令 f_D 为常数，则可在地球表面得到双曲线形式的等多普勒线。

3) 地球模型方程

为了构建雷达成像定位精度计算模型，这里专门假设地球是一个扁椭球体，其描述方程为

$$\frac{x^2 + y^2}{R_e^2} + \frac{z^2}{R_P^2} = 1 \tag{4.35}$$

式中：$R_e = 6378137\text{m}$ 是平均赤道半径；$R_P = (1 - 1/f) R_e$ 是极半径，$f = 298.255$ 为平坦度因子。

不难看出，地球面上的等距离线与等多普勒线的交点决定了具有相应 R 和 f_D 值的地面目标的位置。如果又能从星历表决定测量时刻卫星平台的位置，联立以上三个方程就

能计算出该地面目标的绝对位置(经纬度)。

为了决定目标相对于星下点的位置,选用图 4-18 所示的地面相对坐标系。在该坐标系中,原点 O 位于星下点。Oz 轴指向卫星;Ox 轴位于过星下点的水平面内,并且平行于星下点经线方向指向北极;Oy 轴在过星下点的水平面内,并与 Ox 轴和 Oz 轴组成右手坐标系。

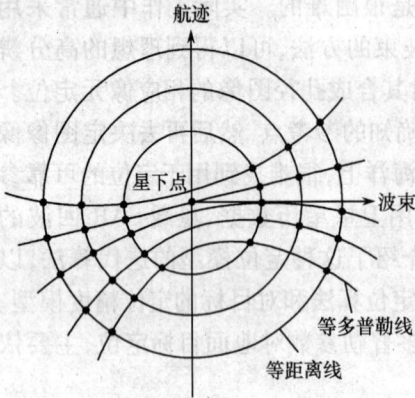

图 4-17　距离—多普勒信息定位原理　　　　图 4-18　相对定位的几何关系

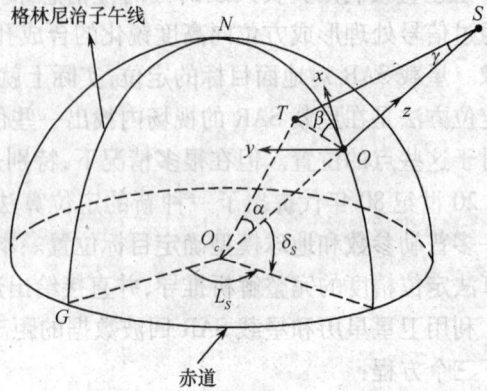

假定地球是一个具有星下点本地半径为 R_L 的球体(其中 δ_S 为星下点的地心纬度),用解析法决定目标相对于星下点的位置,半径 R_L 为

$$R_L = \left(\frac{R_e^2 R_P^2}{R_e^2 \sin^2 \delta_S + R_P^2 \cos^2 \delta_S} \right)^{1/2} \tag{4.36}$$

地面目标 T 相对于星下点 O 的位置可以用两个球面角 α 和 β 表示。α 是目标相对于星下点的地心张角,β 是目标相对于星下点所在经线的偏角。在 ΔTO_eS 中,利用边角关系可以求出 α,即

$$\cos\alpha = \frac{R_S^2 + R_L^2 - R^2}{2R_S R_L} \tag{4.37}$$

式中:R_S 为地心到卫星的距离。

由图 4-18 可知

$$R_T = R_L [\sin\alpha\cos\beta \cdot \boldsymbol{i} + \sin\alpha\sin\beta \cdot \boldsymbol{j} - (1 - \cos\alpha) \cdot \boldsymbol{k}] \tag{4.38}$$

设 $\boldsymbol{V} = \dot{x} \cdot \boldsymbol{i} + \dot{y} \cdot \boldsymbol{j} + \dot{z} \cdot \boldsymbol{k}$,根据式(4.34),有

$$f_D = -\frac{2}{\lambda R} [\dot{x}(-R_L\sin\alpha\cos\beta) + \dot{y}(-R_L\sin\alpha\sin\beta) + \dot{z}(R_S + R_L(1 - \cos\alpha))] \tag{4.39}$$

式(4.39)可简化为

$$A\cos\beta + B\sin\beta + C = 0 \tag{4.40}$$

式中:$A = \dfrac{2}{\lambda R}\dot{x}R_L\sin\alpha$;$B = \dfrac{2}{\lambda R}\dot{y}R_L\sin\alpha$;$C = -\dfrac{2}{\lambda R}\dot{z}(R_S - R_L\cos\alpha) - f_D$。

求解上述方程可得到球面角 β 的方程为

96

$$\cos\beta = \frac{-AC \pm B\sqrt{A^2 + B^2 - C^2}}{A^2 + B^2} \tag{4.41}$$

式中:正负号可根据星载 SAR 的侧视方向来决定。求解系数 A、B、C 的卫星速度可通过几次坐标转换得到。

目标的地心经纬度(L_T, δ_T)可按下列公式计算,即

$$\begin{cases} \cos(L_S - L_T) = \dfrac{\cos\alpha - \sin\delta_S\sin\delta_T}{\cos\delta_S\cos\delta_T} \\ \cos(90° - \delta_T) = \cos\alpha\sin\delta_S + \sin\alpha\cos\delta_S\cos\beta \end{cases} \tag{4.42}$$

式中:$90° - \delta_T < 180°$。若$\beta > 180°$,则目标在星下点西边;若$\beta < 180°$,则目标在星下点东边。目标的地理经纬度为

$$\begin{cases} L'_T = L_T \\ \delta'_T = \arctan(1.006740\tan\delta_T) \end{cases} \tag{4.43}$$

2. 定位误差分析

对式(4.42)两边求全微分,经整理可得目标的绝对定位误差,即目标地理经纬度的误差为

$$\begin{cases} \Delta\delta_T = \dfrac{1}{\cos\delta_T}\big[\,(-\sin\alpha\sin\delta_S + \cos\alpha\cos\beta\cos\delta_S)\Delta\alpha + \\ \qquad\qquad (-\sin\alpha\sin\beta\cos\delta_S)\Delta\beta + (\cos\alpha\cos\delta_S - \sin\alpha\cos\beta\sin\delta_S)\Delta\delta_S\,\big] \\ \Delta L_T = \Delta L_S + \dfrac{1}{\sin(L_S - L_T)\cos\delta_S\cos\delta_T} \cdot \\ \qquad\qquad \Big[(-\sin\alpha)\Delta\alpha + \Big(\dfrac{\cos\alpha\sin\delta_S - \sin\delta_T}{\cos\delta_S}\Big)\Delta\delta_S + \Big(\dfrac{\cos\alpha\sin\delta_T - \sin\delta_S}{\cos\delta_T}\Big)\Delta\delta_T\Big] \end{cases} \tag{4.44}$$

其中相对位置误差为

$$\Delta\alpha = F \cdot \Delta R + G \cdot \Delta R_S + H \cdot \Delta R_L \tag{4.45}$$

式中:$F = \dfrac{1}{\sin\alpha}\Big(\dfrac{R}{R_S R_L}\Big)$;$G = \dfrac{1}{\sin\alpha}\Big(\dfrac{\cos\alpha}{R_S} - \dfrac{1}{R_L}\Big)$;$H = \dfrac{1}{\sin\alpha}\Big(\dfrac{\cos\alpha}{R_L} - \dfrac{1}{R_S}\Big)$;$\Delta R$是测量回波时延误差引起的斜距误差;$\Delta R_S$是由于星历表数据在测量距离—多普勒参数时刻的误差引起的卫星径向位置误差;ΔR_L是计算地球本地半径的误差,且

$$\Delta\beta = \frac{1}{\sin\beta}\Bigg\{\frac{\partial\cos\beta}{\partial A}\bigg[\Big(\frac{\partial A}{\partial R} + \frac{\partial A}{\partial\alpha}F\Big)\Delta R + \Big(\frac{\partial A}{\partial\alpha}G\Big)\Delta R_S + \Big(\frac{\partial A}{\partial R_L} + \frac{\partial A}{\partial\alpha}H\Big)\Delta R_L + \Big(\frac{\partial A}{\partial\dot{x}}\Big)\Delta\dot{x}\bigg] +$$

$$\frac{\partial\cos\beta}{\partial B}\bigg[\Big(\frac{\partial B}{\partial R} + \frac{\partial B}{\partial\alpha}F\Big)\Delta R + \Big(\frac{\partial B}{\partial\alpha}G\Big)\Delta R_S + \Big(\frac{\partial B}{\partial R_L} + \frac{\partial B}{\partial\alpha}H\Big)\Delta R_L + \Big(\frac{\partial B}{\partial\dot{y}}\Big)\Delta\dot{y}\bigg] +$$

$$\frac{\partial\cos\beta}{\partial C}\bigg[\Big(\frac{\partial C}{\partial R} + \frac{\partial C}{\partial\alpha}F\Big)\Delta R + \Big(\frac{\partial C}{\partial R_S} + \frac{\partial C}{\partial\alpha}G\Big)\Delta R_S + \Big(\frac{\partial C}{\partial R_L} + \frac{\partial C}{\partial\alpha}H\Big)\Delta R_L + \Big(\frac{\partial C}{\partial\dot{z}}\Big)\Delta\dot{z} + \Delta f_D\bigg]\Bigg\}$$

其中

$$\begin{cases} \dfrac{\partial \cos\beta}{\partial A} = \dfrac{1}{A^2 + B^2}\left(-C \pm \dfrac{AB}{\sqrt{A^2 + B^2 - C^2}} - 2A\cos\beta \right) \\[3mm] \dfrac{\partial \cos\beta}{\partial B} = \dfrac{1}{A^2 + B^2}\left(\dfrac{\pm B^2}{\sqrt{A^2 + B^2 - C^2}} \pm \sqrt{A^2 + B^2 - C^2} - 2B\cos\beta \right) \\[3mm] \dfrac{\partial \cos\beta}{\partial C} = \dfrac{1}{A^2 + B^2}\left(-A \mp \dfrac{BC}{\sqrt{A^2 + B^2 - C^2}} \right) \end{cases}$$

$$\begin{cases} \dfrac{\partial A}{\partial R} = -\dfrac{A}{R} \\[3mm] \dfrac{\partial A}{\partial R_L} = \dfrac{A}{R_L} \\[3mm] \dfrac{\partial A}{\partial \alpha} = \dfrac{A}{\tan\alpha} \\[3mm] \dfrac{\partial A}{\partial \dot{x}} = \dfrac{A}{\dot{x}} \end{cases} \qquad \begin{cases} \dfrac{\partial B}{\partial R} = -\dfrac{B}{R} \\[3mm] \dfrac{\partial B}{\partial R_L} = \dfrac{B}{R_L} \\[3mm] \dfrac{\partial B}{\partial \alpha} = \dfrac{B}{\tan\alpha} \\[3mm] \dfrac{\partial B}{\partial \dot{y}} = \dfrac{B}{\dot{y}} \end{cases} \qquad \begin{cases} \dfrac{\partial C}{\partial R} = -\dfrac{C + f_D}{R} \\[3mm] \dfrac{\partial C}{\partial R_S} = -\dfrac{2}{\lambda R}\dot{z} \\[3mm] \dfrac{\partial C}{\partial R_L} = \dfrac{2}{\lambda R}\dot{z}\cos\alpha \\[3mm] \dfrac{\partial C}{\partial \alpha} = -\dfrac{2}{\lambda R}\dot{z}R_L\sin\alpha \\[3mm] \dfrac{\partial C}{\partial \dot{z}} = \dfrac{C + f_D}{\dot{z}} \end{cases}$$

综上所述,可以将误差源分为四类:卫星星历误差 $\Delta\delta_S$、ΔL_S、ΔR_S,卫星速度误差 $\Delta\dot{x}$、$\Delta\dot{y}$、$\Delta\dot{z}$,测量误差 ΔR、Δf_D,地球半径误差 ΔR_L。此外,还有其他一些因素影响对目标的定位精度,如目标高度的不确定性、星地时间的不同步以及数据处理过程中的误差。由于已经考虑到地球本地半径的误差影响,况且关心的是 SAR 卫星对海上目标的侦察监视,因此,不必考虑目标高度的不确定性对定位精度的影响。由于星地时间不同步造成的误差相对较小,数据处理对 SAR 图像造成的误差对定位精度的影响不大,因此也不予考虑。

在具体计算中,可认为以上四类误差源互不相关,因此式(4.44)可写成

$$\varepsilon_T = \begin{bmatrix} \Delta\delta_T \\ \Delta L_T \end{bmatrix} = A_S \begin{bmatrix} \Delta\delta_S \\ \Delta L_S \\ \Delta R_S \end{bmatrix} + A_v \begin{bmatrix} \Delta\dot{x} \\ \Delta\dot{y} \\ \Delta\dot{z} \end{bmatrix} + A_m \begin{bmatrix} \Delta R \\ \Delta f_D \end{bmatrix} + A_e \Delta R_L \tag{4.46}$$

则定位精度为

$$\sigma_T = \sqrt{\mathrm{Tr}(B_T)} = \sqrt{\mathrm{Tr}(E[\,\varepsilon_T\,\varepsilon_T^{\mathrm{T}}])} \tag{4.47}$$

4.3.7 电磁信号截获判断计算模型

电磁信号包括通信信号和雷达信号,根据电磁波传播原理,卫星接收天线接收到的信号功率为

$$P_r(d) = \dfrac{P_t G_t G_r}{L_f L_t L_r} \tag{4.48}$$

式中:P_t 是信号发射功率(单位为 W);G_t、G_r 分别是发射天线和接收天线的增益;L_t、L_r 分

别为发射机到发射天线的馈线(波导)损耗、接收天线到接收机的波导传播损耗(二者可按常数值处理);L_f 为自由空间传播损耗。如果传播距离为 d,信号频率为 f,则

$$L_f = \left(\frac{4\pi d}{\lambda}\right)^2 = \left(\frac{4\pi d f}{c}\right)^2 \tag{4.49}$$

假设接收机灵敏度为 $P_{r\mathrm{TH}}$,要截获信号,就要使 $P_r(d) \geqslant P_{r\mathrm{TH}}$,即

$$P_r(d) = \frac{P_t G_t G_r c^2}{(4\pi f)^2 d^2} \geqslant P_{r\mathrm{TH}} \tag{4.50}$$

此外,还应该判断接收机工作波段在目标辐射源波段之内。当以上条件满足时,则可以判断接收机截获到电磁信号。

假设卫星可接收到 n 个频段,令探测到第 i 个频段的概率为 P_{di},探测到第 i 个频段确定目标为 j 的可信度为 P_{rdj},则卫星探测到第 i 个频段并能够确定目标为 j 的可信度 P_{rj} 为

$$P_{rj} = P_{di} P_{rdj} \tag{4.51}$$

对辐射脉冲信号的目标,P_{di} 可统一采用下式近似计算,即

$$P_d \doteq \frac{1}{2}\left(1 - \mathrm{erf}\left(\sqrt{-\ln(P_{fd})} - \sqrt{\mathrm{SNR}}\right)\right) + \frac{\exp\left(-\left(\sqrt{-\ln(P_{fd})} - \sqrt{\mathrm{SNR}}\right)^2\right)}{4\pi\sqrt{\mathrm{SNR}}} \cdot$$

$$\left(\frac{3}{4} - \frac{\sqrt{-\ln(P_{fd})}}{4\sqrt{\mathrm{SNR}}} + \frac{1 + \left(\sqrt{-2\ln(P_{fd})} - \sqrt{2\mathrm{SNR}}\right)^2}{16\sqrt{\mathrm{SNR}}}\right) \tag{4.52}$$

由于目标携带的雷达的工作是一个时间连续、状态离散的随机过程,即在任意时刻,雷达可能随机地处于开机状态或关机状态。当卫星覆盖目标时,只有在雷达开机的情况下才可能探测到目标。因此,可以由雷达的开机时间和关机时间来定义雷达的能见度,它是时间的函数。假设雷达的开机时间和关机时间分布均为指数分布,即开机率 μ 和关机率 λ 都为常数,每次开机或关机的事件是独立事件。

利用马尔可夫随机过程模型可得瞬时能见度 $O_i(t)$,即任意时刻 t 雷达开机的概率为

$$O_i(t) = \frac{\mu}{\lambda + \mu} + \frac{\lambda}{\lambda + \mu} \mathrm{e}^{-(\lambda + \mu)t} \tag{4.53}$$

其稳态能见度为

$$O_s = \lim_{t \to \infty} O(t) = \frac{\mu}{\lambda + \mu} \tag{4.54}$$

设卫星覆盖目标的时间为 t_c,则在卫星覆盖下第 i 种雷达的平均开机时间 t_{oi} 为

$$t_{oi} = O_{si} \cdot t_c \tag{4.55}$$

式中:O_{si} 为第 i 种雷达的稳态可见度,且

$$t_c = \frac{W_c}{v_g} \tag{4.56}$$

式中:v_g 为航天器地面轨迹速度。

因此,在卫星覆盖目标的过程中脉冲积累 n_i 为

$$n_i = t_{oi} \cdot \text{PRF}_i \tag{4.57}$$

式中:PRF_i 为第 i 种雷达的脉冲重复频率。不考虑电子干扰和目标雷达波束方向的影响,只考虑脉冲积累的情况下,信躁比为

$$\text{SNR} = \frac{n_i P_t G_t G_r \lambda^2 M}{(4\pi R)^2 S_{i\min}} \tag{4.58}$$

式中:$S_{i\min}$ 为接收机实际灵敏度;M 为识别系数。

P_{rdj} 应根据所探测到的电磁辐射特征对目标在全局中呈现的影响水平来确定,体现了信息特征与目标的关联程度。可通过确定情报矩阵来获取根据侦察信息对目标进行分类的假设概率。探测到多个频段能够确认目标的概率采用 D – S 证据理论确定。

4.3.8　电子侦察定位精度计算模型

无线电测向定位是获取电子信号源(辐射源)方向、倾角和位置信息的技术手段。针对雷达、通信等辐射源常用的测向体制主要有窄波束旋转测向、交叉波束旋转测向、多波束比幅测向、干涉仪测向、短基线时差测向等。对辐射源定位的方法主要有照射目标直接定位法、方位/仰角定位法、交叉定位法和测时差定位法等。

照射目标直接定位法是利用装有侦察设备的航天器,在飞越目标区域时,用垂直向下配置的强方向性天线波束对地面目标的直接定位。此方法虽然简单,但对辐射源的定位精度很低,只能确定辐射源在侦察天线的波束照射区内,而不能确定其准确位置。

方位/仰角定位法是通过测量信号的到达方位角和俯仰角,以及航天器相对于辐射源的高度,来确定目标的位置。

交叉定位法又称三角定位法,是一种图解定位技术。它利用已知基线上配置的两个或多个侦察测向站对辐射源进行无源测向,然后利用三角关系计算出辐射源的位置。

测时差定位法是利用精确测定了距离的三个或多个侦察测向站,测量同一辐射源发射的脉冲到达时间差,形成两组或多组双曲线,两条或多条双曲线的交点就是目标的位置。

电子侦察卫星对辐射源定位的技术体制主要分为单星定位和多星定位两大类。单星定位又分为瞬时测向定位和测向交叉定位两种,瞬时测向定位是通过测定卫星与辐射源的连线以及卫星与地心的连线之间的夹角来实现定位的;测向交叉定位则是利用卫星在两个不同的位置来测定辐射源的方向,然后交会定位。

多星定位也称为反罗兰到达时间差定位,一般利用 3 颗~4 颗卫星,先测量同一辐射源信号到达任意两颗卫星的时间差,并建立起来以这两颗卫星所处位置为焦点的双曲面,再以同样方法建立起另外两颗卫星所处卫星为焦点的双曲面,最后根据这两个双曲面与地面的交线来确定辐射源目标的位置。本节主要介绍单星定位体制的定位精度模型,多星定位体制将在海洋监视卫星定位模型中详细说明。

单星定位体制可分为瞬时测向定位和测向交叉定位两种方式。

瞬时测向定位是利用多个天线阵元接收到信号的相位差、幅度差和时间差等信息,测量出信号到达的方位角和俯仰角,根据卫星位置和高度,从而对辐射源进行定位。瞬时测向定位常用的有干涉仪测向定位、比幅测向定位、短基线测向定位、空间谱估计测向定位。

测向交叉定位是通过两次以上对同一辐射源进行测向,然后利用方向线的交点对辐射源定位。测向交叉定位对测向误差敏感且定位时间长,目前,主要是利用相位差变化率和多普勒频率变化率等信息来提高定位精度和实效性。

在单星定位方式中,测向技术是至关重要的,现在的主要技术包括以下几种。

(1)比幅测向。通过对天线阵接收信号幅度的比较,测量信号到达角(DOA)。这种方式的测向精度不高,可与高精度比相测向配套使用,即用比相测向满足精度要求,用比幅测向消除测量模糊。

(2)比相测向。通过对天线阵接收信号相位的比较,测量信号到达角。在一定信噪比条件下,当天线阵元之间的距离越大(基线越长)时,比相测向的精度就越高。

(3)时差测向。通过对天线阵接收信号到达时间(TOA)的比较,测量信号方位,基线越长精度越高。时差测向因为没有测量模糊,天线阵元数可以相应较少。

(4)空间谱估计。能够精确地估计信号的 DOA,并且可处理多信号情况。但由于难以克服天线阵元间的相对位置误差和前端各接收通道的增益/相位的不一致性等系统误差对测量精度的影响,天线阵尺寸较小时工程化难度很大。

(5)扫描天线。这种测向技术与以上四种基于天线阵信号处理的测向技术不同,它是依靠波束扫描估计信号的 DOA,分为机械波束扫描和电子波束扫描两种。机械波束扫描影响卫星的姿态,而电子波束扫描天线的尺寸必须经过精心设计才能满足小卫星平台的要求。

辐射信号到达角(α, β)由正交基线干涉仪测向方法得到,在不考虑卫星位置测量误差的情况下,单星定位体制中辐射源定位误差,主要来自到达角的测量误差。

1. 测向原理

如图 4 – 19 所示,两个间隔为 d 的轴线方向一致的相同天线,在接收同一辐射源辐射的电磁波时,若辐射源与侦察天线轴线的夹角为 θ,测电磁波到达两天线行程是不同的。相应的相位差为

$$\phi = \frac{2\pi}{\lambda} \Delta R = \frac{2\pi}{\lambda} d\sin\theta \qquad (4.59)$$

式中:d 为两天线之间距离;λ 为辐射源信号波长。

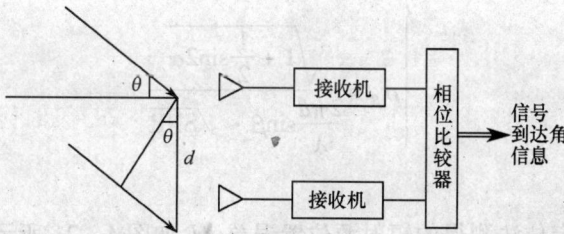

图 4 – 19　基线干涉测向原理

利用不同测向天线在同一时刻接收到的信号的相位差与信号的到达方位、俯仰角的对应关系,通过计算得到信号的方向。如图 4 – 20 所示,A_0、A_1、A_2 三个天线元组成等腰直角三角形阵列,对于以方位角 α、俯仰角 β 入射的信号,以 A_0 为参考点,A_1 处的相位为

$$\phi_1 = \frac{2\pi}{\lambda} \Delta R = \frac{2\pi}{\lambda} d\sin(90° - \beta_x) = \frac{2\pi}{\lambda} d\cos\beta_x \qquad (4.60)$$

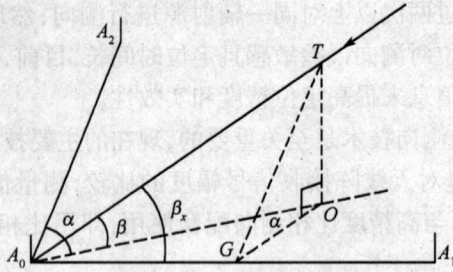

图 4-20　正交基线干涉仪测向原理

在图 4-20 中，有 $A_0T\cos\beta_x = A_0T\cos\beta\sin\alpha$，则

$$\phi_1 = \frac{2\pi d}{\lambda}\sin\alpha \cdot \cos\beta \tag{4.61}$$

式中：β_x 为信号方向与基线方向的夹角。

同理可得

$$\phi_2 = \frac{2\pi d}{\lambda}\cos\alpha \cdot \cos\beta \tag{4.62}$$

利用鉴相器测出相位差 ϕ_1、ϕ_2，即可确定辐射源的方位角、俯仰角，即

$$\begin{cases} \alpha = \arctan(\phi_1/\phi_2) \\ \beta = \arccos\left[\sqrt{\phi_1^2 + \phi_2^2}/(2\pi d/\lambda)\right] \end{cases} \tag{4.63}$$

2. 到达角误差

如假设 A_0、A_1、A_2 各处测量误差均值均为零，信噪比同为 SNR 且互不相关，则方位角 α 和俯仰角 β 的测量均方根误差分别为

$$\begin{cases} \sigma_\alpha = \dfrac{\sqrt{1 - \dfrac{1}{2}\sin 2\alpha}}{\dfrac{2\pi d}{\lambda}\cos\beta \cdot \sqrt{\text{SNR}}} \\[6mm] \sigma_\beta = \dfrac{\sqrt{1 + \dfrac{1}{2}\sin 2\alpha}}{\dfrac{2\pi d}{\lambda}\sin\beta \cdot \sqrt{\text{SNR}}} \end{cases} \tag{4.64}$$

3. 距离误差

利用单星测向定位法测得的辐射源位置误差 ΔL 如图 4-21 所示。

设方位角和俯仰角的测量偏差分别为 $\Delta\alpha$ 和 $\Delta\beta$，由于它们取值非常小，近似可得

$$\Delta L = \sqrt{P'Q^2 + PQ^2} \approx \sqrt{[SP' - SP]^2 + PQ^2} \approx$$

$$\sqrt{[h\cot(\beta + \Delta\beta) - h\cot\beta]^2 + (h\cot\beta \cdot \Delta\alpha)^2} =$$

$$h\sqrt{\frac{\Delta\beta^2}{\sin^4\beta} + \cot^2\beta \cdot \Delta\alpha^2} \tag{4.65}$$

102

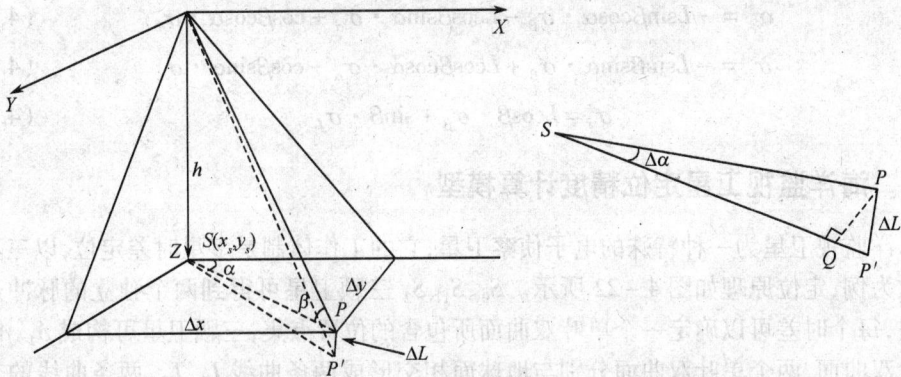

图 4 - 21　距离误差示意图

因此,利用测向得到的单次定位的均方根误差为

$$\sigma_L \approx \frac{h}{\sin^2\beta}\sqrt{\sigma_\beta^2 + \frac{1}{4}\sin^2(2\beta) \cdot \sigma_\alpha^2} \tag{4.66}$$

假定(x,y,z)为目标在X轴、Y轴和Z轴上的坐标,(x',y',z')为考虑了到达角误差和距离误差的目标坐标,σ_x、σ_y 和 σ_z 分别为目标定位在X轴、Y轴和Z轴上的均方差(定位误差),根据图 4 - 21 中的关系可得

$$x = L\cos\beta\cos\alpha \qquad x' = (L + \Delta L)\cos(\beta + \Delta\beta)\cos(\alpha + \Delta\alpha)$$

$$y = L\cos\beta\sin\alpha \qquad y' = (L + \Delta L)\cos(\beta + \Delta\beta)\sin(\alpha + \Delta\alpha)$$

$$z = L\sin\beta \qquad z' = (L + \Delta L)\sin(\beta + \Delta\beta)$$

在 X 轴、Y 轴和 Z 轴上的误差为

$$\Delta x = x' - x = (L + \Delta L)\cos(\beta + \Delta\beta)\cos(\alpha + \Delta\alpha) - L\cos\beta\cos\alpha$$

$$\Delta y = y' - y = (L + \Delta L)\cos(\beta + \Delta\beta)\sin(\alpha + \Delta\alpha) - L\cos\beta\sin\alpha \tag{4.67}$$

$$\Delta z = z' - z = (L + \Delta L)\sin(\beta + \Delta\beta) - L\sin\beta$$

添加合并项得

$$\Delta x = \left[L\cos(\beta + \Delta\beta)\cos(\alpha + \Delta\alpha) - L\cos\beta\cos(\alpha + \Delta\alpha)\right] +$$

$$\left[L\cos\beta\cos(\alpha + \Delta\alpha) - L\cos\beta\cos\alpha\right] + \Delta L\cos(\beta + \Delta\beta)\cos(\alpha + \Delta\alpha)$$

在$\Delta\alpha$、$\Delta\beta$ 和 ΔL 很小的情况下,忽略高阶项,有

$$\Delta x = -L\sin\beta\cos(\alpha + \Delta\alpha) \cdot \Delta\beta - L\cos\beta\sin\alpha \cdot \Delta\alpha + \Delta L\cos(\beta + \Delta\beta)\cos(\alpha + \Delta\alpha) \approx$$

$$-L\sin\beta\cos\alpha \cdot \Delta\beta - L\cos\beta\sin\alpha \cdot \Delta\alpha + \Delta L \cdot \cos\beta\cos\alpha$$

同理可得

$$\Delta y = -L\sin\beta\sin(\alpha + \Delta\alpha) \cdot \Delta\beta + L\cos\beta\cos\alpha \cdot \Delta\alpha + \Delta L \cdot \cos(\beta + \Delta\beta)\sin(\alpha + \Delta\alpha) \approx$$

$$-L\sin\beta\sin\alpha \cdot \Delta\beta + L\cos\beta\cos\alpha \cdot \Delta\alpha + \Delta L \cdot \cos\beta\sin\alpha$$

$$\Delta z = (L + \Delta L)\sin(\beta + \Delta\beta) - L\sin\beta \approx L\cos\beta \cdot \Delta\beta + \Delta L \cdot \sin\beta$$

因此,目标定位在 X 轴、Y 轴和 Z 轴上的均方差 σ_x、σ_y 和 σ_z 为

$$\sigma_x = -L\sin\beta\cos\alpha \cdot \sigma_\beta - L\cos\beta\sin\alpha \cdot \sigma_\alpha + \cos\beta\cos\alpha \cdot \sigma_L \tag{4.68}$$

$$\sigma_y = -L\sin\beta\sin\alpha \cdot \sigma_\beta + L\cos\beta\cos\alpha \cdot \sigma_\alpha + \cos\beta\sin\alpha \cdot \sigma_L \tag{4.69}$$

$$\sigma_z = L\cos\beta \cdot \sigma_\beta + \sin\beta \cdot \sigma_L \tag{4.70}$$

4.3.9 海洋监视卫星定位精度计算模型

海洋监视卫星为一种特殊的电子侦察卫星,它的工作体制是多星时差定位,以三星时差定位为例,定位原理如图4-22所示。S_0、S_1、S_2 三颗卫星可得到两个独立的脉冲达到时间差,每个时差可以确定一个单叶双曲面所包含的位置点集,三颗卫星可构成 A_1、A_2 两个单叶双曲面,两个单叶双曲面分别与地球面相交形成两条曲线 L_1、L_2,两条曲线的交点即为地面辐射源的位置。一般情况下,A_1、A_2 与地球面所含位置点的交集中仅有一个点 R,当三星分布不合理时会出现两个点 R 和 R',其中 R 为辐射源的真实位置,R' 是虚假辐射源位置。随着卫星的运动,R' 是发散的,R 则是稳定收敛的。

假设地面点 R 为目标点,卫星 S_i 为三颗卫星在当前时刻 T 的临空位置,采用经纬度和地心距表示,如图4-23所示,则 T 时刻各点的卫星矢量分别为

$$N = \begin{bmatrix} \gamma & \lambda & \varphi \end{bmatrix}^T$$

$$S_i = \begin{bmatrix} \gamma_i & \lambda_i & \varphi_i \end{bmatrix}^T \quad (i=0,1,2)$$

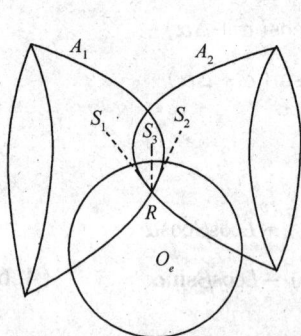

图4-22 三星时差定位原理   图4-23 三星时差定位原理

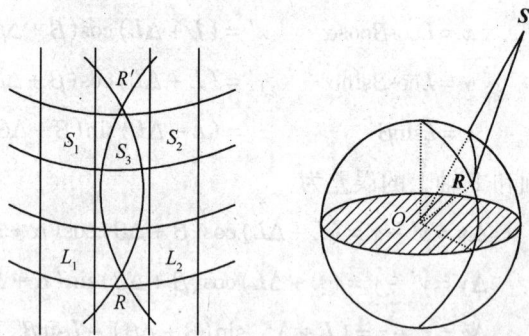

R 为被估计量(辐射源位置矢量),S_i 是可预测的卫星位置矢量,可根据轨道计算和测量来确定。

在 $\Delta S_i RO$ 中,由余弦定理得 S_i 至 R 的距离为

$$r_i = \sqrt{\gamma^2 + \gamma_{si}^2 - 2\gamma\gamma_{si}\cos\Psi_i} \quad (i=0,1,2) \tag{4.71}$$

其中

$$\cos\Psi_i = \sin\varphi_{si}\sin\varphi + \cos\varphi_{si}\cos\varphi\cos(\lambda_{si} - \lambda)$$

在 t_k 时刻,卫星 S_1 与 S_0 得到的信号时间差 t_{10} 和 S_2 与 S_0 得到的信号时间差 t_{20} 与距离差可由下式表示,即

$$C\begin{bmatrix} t_{10} \\ t_{20} \end{bmatrix} = \begin{bmatrix} r_1 - r_0 \\ r_2 - r_0 \end{bmatrix} \tag{4.72}$$

式中：C 为光速，$C = 299792458\text{m/s}$。

根据前面分析的三星时差定位计算模型，时差和三星位置的测量误差必将是影响辐射源位置误差的重要因素之一。星座中三个卫星的相对位置和雷达辐射源相对星座的位置决定了时差和卫星位置测量误差对雷达辐射源位置误差的影响程度。

下面分析各因素对定位误差的影响，时差定位计算模型改写为下面的时差方程，即

$$\begin{cases} Ct_{10} = r_1 - r_0 \\ Ct_{20} = r_2 - r_0 \end{cases} \tag{4.73}$$

对式(4.73)进行全微分，得误差方程为

$$\begin{cases} C\Delta t_{10} = a_{11}\Delta\lambda + a_{12}\Delta\varphi + b_1\Delta\gamma + d_{11}^1\Delta\gamma_{s0} + d_{12}^1\Delta\varphi_{s0} + d_{13}^1\Delta\lambda_{s0} + \\ \qquad\quad d_{11}^2\Delta\gamma_{s1} + d_{12}^2\Delta\varphi_{s1} + d_{13}^2\Delta\lambda_{s1} \\ C\Delta t_{10} = a_{21}\Delta\lambda + a_{22}\Delta\varphi + b_2\Delta\gamma + d_{21}^1\Delta\gamma_{s0} + d_{22}^1\Delta\varphi_{s0} + d_{23}^1\Delta\lambda_{s0} + \\ \qquad\quad d_{21}^3\Delta\gamma_{s1} + d_{22}^3\Delta\varphi_{s1} + d_{23}^3\Delta\lambda_{s1} \end{cases} \tag{4.74}$$

写成矩阵形式为

$$T = AW + BR + \sum D^i S_i \quad (i = 0,1,2) \tag{4.75}$$

$$W = A^{-1}\left(T - BR - \sum D^i S_i\right)$$

其中

$$W = \begin{bmatrix} \Delta\lambda & \Delta\varphi \end{bmatrix}^{\text{T}}$$

$$D^1 = \begin{bmatrix} d_{11}^1 & d_{12}^1 & d_{13}^1 \\ d_{21}^1 & d_{22}^1 & d_{23}^1 \end{bmatrix}$$

$$D^2 = \begin{bmatrix} d_{11}^2 & d_{12}^2 & d_{13}^2 \\ 0 & 0 & 0 \end{bmatrix}$$

$$D^3 = \begin{bmatrix} 0 & 0 & 0 \\ d_{21}^3 & d_{22}^3 & d_{23}^3 \end{bmatrix}$$

$$A = \begin{bmatrix} a_{11} & a_{12} \\ a_{21} & a_{22} \end{bmatrix}$$

$$S_i = \begin{bmatrix} \Delta\gamma & \Delta\varphi & \Delta\lambda \end{bmatrix}^{\text{T}}$$

$$T = \begin{bmatrix} C\Delta t_{10} & C\Delta t_{20} \end{bmatrix}^{\text{T}}$$

$$B = \begin{bmatrix} b_1 & b_2 \end{bmatrix}^{\text{T}}$$

根据三星位置和辐射源位置，可得到误差方程的系数矩阵 A、B、D^i。根据误差方程可计算不同三星位置形状、辐射源位置和各种测量误差情况下的辐射源位置误差，其中：T 为时间测量误差；B 为辐射源的地心距误差，这是由于地球的不规则性引起的，如果假设地球是理想球体，则 $B = 0$；S_i 为卫星位置误差，包括星下点经纬度和地心距，这个误差

包括对卫星的测量精度和地球扁率。

4.3.10　侦察信息下传时间延迟计算模型

侦察卫星获取的信息分发延迟时间 T_{rd} 主要与分发链路和分发方式有关。分发链路决定了信息分发的速度和质量。分发方式决定了信息的时效性,主要包括回收、通过地面站、通过中继卫星三种方式。此处只讨论后两种分发方式。

当通过地面站下传信息时,经常需要首先将获得的信息存储,当卫星与地面站能够建立链路时再将存储的信息下传。对于中继卫星,由于卫星数量或卫星组网的原因,也可能会形成盲区,导致不能对所有卫星形成覆盖。如美国的 TDRSS 对低于 1200km 的侦察卫星不能实现全轨道覆盖,只能达到 85% 。若卫星侦察的敏感区域正好处于中继星不能覆盖的区域,用户星需将信息暂存,等待链路建立后进行发送。因此,信息分发延迟时间为

$$T_{rd} = T_w + T_d \tag{4.76}$$

式中:T_w 为信息等候下传的时间;T_d 为建立链路后信息下传的时间。

信息等候下传的时间 T_w 主要根据卫星侦察敏感区域时与地面站和(或)中继卫星的可见性来确定,采用仿真法计算。具体方法如下:

(1)根据地面站和中继卫星资源数量确定步长和仿真周期,其中仿真周期即为对情报延迟的最大忍受时间。

(2)推进步长,判断航天器与所有地面站的可见性,见第 3 章,若可见,则跳出循环,反之继续。

(3)判断航天器与所有中继卫星的可见性,见第 3 章,若可见,则跳出循环,反之继续。

(4)是否达到仿真周期,否则推进步长,反之返回,T_w 为仿真周期,无效。

光学成像侦察卫星获取的信息量 I(单位为 bit)为

$$I = \frac{k_p k_b A_g}{r_g^2} \cdot \log_2 C_n B_n \tag{4.77}$$

式中:k_p 为图像压缩比;k_b 为波段数;A_g 为成像面积;r_g 为地面分辨力;C_n 为每像元灰度数;B_n 为每像元亮度数。

SAR 成像侦察卫星获取的信息量为

$$I = s_r t_w = \frac{c n_b k_s k_c t_w}{\rho_r \eta_b} \tag{4.78}$$

式中:s_r 为 SAR 卫星的数据率;t_w 为 SAR 卫星工作时间;k_s 为过取样系数,通常取 $k_s \approx 1.2$;ρ_r 为斜距分辨力;c 为光速;n_b 为量化取样值二进制码的位数;k_c 为数据压缩系数;η_b 为频带利用系数,与采用的调制方式有关。

若已知信息传输速率 R,根据式(4.77)和式(4.78),卫星获取信息的传输时间 T 为

$$T = 1/\mu = I/R \tag{4.79}$$

4.3.11　覆盖性能指标参数计算模型

覆盖特性也可以反映侦察信息在时间上的性能,比较通用的覆盖品质因数是覆盖百

分比、最大覆盖间隙、平均覆盖间隙、时间平均间隙和平均响应时间,实际中是把平均响应时间、覆盖百分比、最大覆盖间隙给以加权计算处理。

1. 覆盖百分比

覆盖百分比 t_{pc} 是地面上任意一点的覆盖时间百分比等于卫星覆盖的总时间 t_c 除以总的仿真时间 T,即

$$t_{pc} = \frac{t_c}{T} = \frac{1}{T} \sum_{i=1}^{n} t_{ci} \tag{4.80}$$

式中:总的仿真时间 T 越大,越接近真实情况,实际中,一般取区域网中所有卫星回归周期的最大公约数。

覆盖百分比可直接表示地面上某一点或某一地区被覆盖多少次,但并不包含有关覆盖间隙分布的任何信息。

2. 最大覆盖间隙

最大覆盖间隙 t_{maxcg},等于卫星对目标所有访问间隔的最大值,该参数统计特性给出某种最坏情况的信息。当研究多个点的统计特性时,可以取其最大覆盖间隙的平均值或其中的最大值,假设有 n 个采样点,第 i 采样点的最大覆盖间隙为 t_{maxcgi},则平均最大覆盖间隙 $\bar{t}_{mcg}$ 是全部采样点的最大间隙的平均值,即

$$\bar{t}_{mcg} = \frac{\sum_{i=1}^{n} t_{maxcgi}}{n} \tag{4.81}$$

最大覆盖间隙 $\max t_{mcg}$ 则是某一采样点覆盖间隙的最大值,即

$$\max t_{mcg} = \max_{i=1}^{n} \{ t_{maxcgi} \} \tag{4.82}$$

3. 平均响应时间

平均响应时间 $\bar{t}_r$ 是指从接收到要观测某点的随机请求开始到可以观测到该点为止的时间长度,最大响应时间等于最大覆盖间隙。如果一颗卫星在给定的一个时间步长内覆盖目标,则该时间步长的响应时间为 0;如果所讨论的点在某个覆盖间隙内,则响应时间就是到覆盖间隙终止的时间长度。

平均响应时间就是指在仿真时间段内,各个时间步长的响应时间总和对总仿真时间的平均。事实上,在计算平均响应时间时,由于对称性,响应时间可以用覆盖间隙长度来计算。假设在步长为 h、仿真周期为 T 的计算中,共有覆盖间隙 n 次,第 i 个覆盖间隙长度是 t_{gi},则平均响应时间 $\bar{t}_r$ 为

$$\bar{t}_r = \frac{\sum_{i=1}^{n} \sum_{j=0}^{m} (t_{gi} - j \times h)}{T/h} \quad \left(m = \frac{t_{gi}}{h} \right) \tag{4.83}$$

这个性能指标既考虑了覆盖的统计特性,又考虑了间隙的统计特性,因此可以确定整个系统的响应能力,平均响应时间是评价响应能力最好的覆盖性能指标。

4. 时间平均间隙

时间平均间隙 $\bar{t}_g$ 是指按时间平均的平均间隙持续时间,也就是说,时间平均间隙就

是间隙长度的平均。该指标在数值上等于 n 次覆盖间隙长度的平方和除以仿真时间 T,即

$$\bar{t}_g = \frac{\sum\limits_{i=1}^{n} t_{gi}^2}{T} \tag{4.84}$$

5. 平均覆盖间隙

平均覆盖间隙 $\bar{t}_{cg}$ 是指地面点覆盖间隙的总长度除以覆盖间隙次数。覆盖间隙次数 n 指在仿真时间 T 中该点不被卫星覆盖的次数,覆盖间隙总长度是该点不被卫星覆盖的总时间,假设第 i 次覆盖间隙的长度是 t_{gi},则平均覆盖间隙 $\bar{t}_{cg}$ 为

$$\bar{t}_{cg} = \frac{\sum\limits_{i=1}^{n} t_{gi}}{n} = \frac{T - t_c}{n} \tag{4.85}$$

108

第 5 章　航天器通信/中继功能建模与仿真

与其他通信方式相比,航天器通信具有覆盖面积大、通信频带宽、传输容量大、信道特性稳定、机动性好等特点。战时,航天器通信系统可以为部队提供保密、抗干扰的指挥与通信保障,是连接自动化作战指挥、战场情报侦察、火力支援、综合电子战等系统的纽带,在战争的整个进程中起着举足轻重的作用。

5.1　航天器通信/中继功能原理

5.1.1　卫星通信功能原理

卫星通信是指利用人造地球卫星作为中继站转发或反射无线电波,实现两个或多个地球站之间或地球站与航天器之间的通信,由地面站和卫星间互相发射、接收电波信号来完成的。通信卫星的专用载荷为通信天线、信号处理器、信号转发器。

通信卫星作为无线通信与广播的中继站,其覆盖的地球站(地面通信终端)可以向它发送无线通信与广播信号,这些信号经过卫星变频放大再转播,覆盖范围所有地球站均可以接收它转播的无线通信与广播信号。这些地球站同时共享这一个卫星,它们发送的无线通信与广播信号按照时间、频率空间和地址码等相互区别,即使用特定的多址方式:时分多址、频分多址、空分多址、码分多址等。卫星通信系统组成、卫星通信链路示意分别如图 5 – 1 所示。

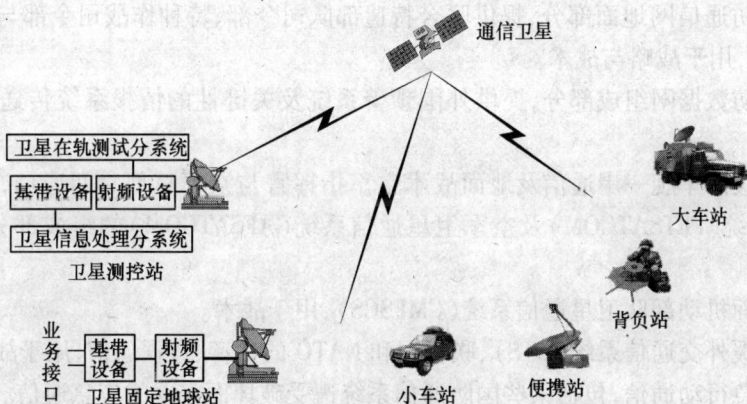

图 5 – 1　卫星通信系统组成

按照不同的分类标准,卫星通信系统有多种分类方式,按照业务分类,可以分为卫星固定业务、卫星移动业务、卫星广播业务和卫星数据中继业务。

卫星固定业务是指通信时卫星通信地球站是固定不动的。卫星移动业务主要用于船只、飞机、车辆和个人等移动载体之间的通信,通信时地球站可以移动。卫星广播业务利用卫星直接向用户进行电视节目和音频节目广播。卫星数据中继业务主要用于其他航天器与地球站之间进行测控信息和数据信息的中继传输。

卫星通信系统的发展以美军卫星通信为代表,美军的卫星通信发展立足于全球战略,现在已建立起了以卫星通信为主体的多频段、多用途、多系统的战略/战术相结合的全球卫星通信系统。最典型的有以下七种网络:

(1)国防卫星通信系统(DSCS)。

(2)舰队卫星通信系统(FLTSATCOM)。

(3)军事战略战术中继卫星(MILSTAR)。

(4)"全球星"系统、"铱"系统等现代小卫星通信星座。

(5)跟踪与数据中继卫星通信系统(TDRSS)。

(6)美军全球广播服务系统(GBS)。

(7)商用通信卫星系统,如 Intelsat、Inmarsat 等卫星。

除美军外,俄罗斯主要的军事卫星通信系统有"闪电"系列战略通信卫星、"宇宙"系列战术通信卫星、"波浪"中继星。英国军事卫星通信系统有"天网"系统等。下面简单介绍一下美国的卫星通信系统,中继系统将在下一节介绍。

1. 国防卫星通信系统(DSCS)

它是由四颗 DSCS - Ⅲ星构成 DSCS 系统的星座,全部位于同步轨道上,即大西洋上空,东、西太平洋上空及印度洋上空各一颗。主要使用 SHF 频段,但也设置了 UHF 频段的单信道转发器(SCT)供空军使用。卫星天线采用了可控多波束及自适应调零技术。地面终端都采用了跳频/直接序列扩频技术,能够在电磁干扰环境下工作,该系统为国防部、陆海空三军提供保密的通信业务,有话音、数据、图形和图像等。其主要用户如下:

(1)全球军事指挥和控制系统(WWMCCS),能提供国家指挥当局、国防信息局以及联合特遣部队司令部、特种作战司令部之间的通信,用于战略。

(2)国防通信网地面部分,提供联合特遣部队司令部、特种作战司令部与总战斗部队之间的通信,用于战略与战术。

(3)国防数据网组成部分,提供外围预警系统及关键性的情报系统传送情报给情报部门。

(4)支援海军舰—岸通信及地面战术空军指挥官与空军总部之间通信,分别为海军卫星通信系统(FLTSATCOM)及空军卫星通信系统(AFSATCOM)的组成部分,用于战略和战术。

(5)地面机动部队卫星通信系统(CMFSCS),用于战术。

(6)支援外交通信系统(DTS)、联合国和 NATO 的话音、数据通信,用于战略。

(7)应急行动通信,包括某些国防通信系统遭受破坏而需要的应急通信。

可见,DSCS 系统既用于战略也用于战术,既用于作战指挥也用于情报传递,既用于作战也用于外交。

2. 舰队卫星通信系统(FLTSATCOM)

此系统于 1978 年建立,先后发射了 8 颗 FLTSAT 星、5 颗 LEASAT 星,以及近几年发射了 3 颗 UFO 星用来取代已到设计寿命的 FLTSAT 及 LEASAT 星。目前在轨的为 FLT-

SAT-7、-8,LEASAT-5 及 3 颗 UFO 星。FLTSAT 与 LEASAT 的转发器相似,主要使用 UHF 频段,少量 SHF 频段,FLTSAT-7、-8 增加了 EHF 信道;而 UFO 星有更多的 UHF 信道,但取消了 500kHz 宽带信道,增加了 EHF 信道。可以看出,此系统主要使用 UHF 频段,兼有 SHF 频段和 EHF 频段,以便与 DCSC-Ⅲ 及 MILSTAR 星兼容,皆为同步卫星。SHF 舰队广播上行链路和 EHF 链路使用扩频技术,约 1/5 的 UHF 信道为星上处理信道(如用再生转发器),以对抗干扰。其任务如下:

(1)为海军提供多信道 UHF 信道,为美国海军舰队卫星通信系统的主体部分,供战略与战术使用。

(2)供空军轰炸机及所有机载指挥所通信,为美国空军卫星通信系统的主要部分,主要用于战术。

(3)支援导弹发射中心及某些具有核能力的部队。

(4)为特殊用户提供 EHF 信道。

3. 军事战略战术中继卫星——军事星 MILSTAR

MILSTAR 是为美军战略和战术部队提供高度保密、抗干扰通信的联合军种军事卫星通信(MILSTATCOM)系统。它能提供前述各系统无可比拟的全球通信能力。军事星系统设计有 MILSTAR-Ⅰ、MILSTAR-Ⅱ、MILSTAR-Ⅲ 三代星,各有 2 颗、4 颗、6 颗。

MILSTARCOM 系统中的用户,根据优先权或指挥层次的不同,对该星需求分配有所区别。最高优先权的通信需求是保证国家当局对执行统一作战计划的指挥、军情上报、战术预警和打击评估,以及各总指挥官(如特种作战总指挥官、联合特遣部队总指挥官、中央总指挥官、陆军总指挥官、空间总指挥官等)之间的通信;第二层优先权是对战区和应急作战的战术部队的通信支援,空中任务命令的生成与分发,及战斧地面攻击导弹任务数据更新等;第三层是对战争以外行动提供通信支援,如后勤供给、情报和执法行动等。

4. "铱"系统

"铱"系统是 1988 年美国摩托罗拉公司提出的,因为初期设计的 77 颗 LEO 卫星围绕地球运行类似元素铱的原子结构,故取名为"铱"系统,后改进为 66 颗。"铱"系统于 1997 年开始发射,1998 年完成组网,66 颗卫星均匀分布在近极地轨道的 6 个平面内,轨道高度 765km,倾角 86.4°,每个轨道上 6 颗卫星向同一方向旋转,卫星之间通过星间链路互连而成网络。改进后的单颗卫星点波束增加为 48 个点波束,可总覆盖地面的直径约 4000km,"铱"系统多星、多波束的全球覆盖,可以保证地球上任何一点,包括南极、北极都能够看到至少一颗卫星。

"铱"系统的配置结构使卫星与用户间的最大通信距离不超过 2315km,所以可以使用小功率、小天线、质量轻的移动电话与卫星直接通信。由于"铱"系统卫星采用了多种数字技术,有利于保密和防窃听,因此,"铱"系统在广泛应用于民用移动通信的同时,也得到了美国军方的极大关注。

现代卫星通信的发展趋势之一就是卫星星体本身正在向大型化和微型化两个方向发展。一方面,各国为了提高卫星的灵敏度和星上处理能力,以及实现卫星的一星多能,把卫星星体造得越来越大,质量也越来越大,不仅能够完成对大容量通信信号的转发,还能对所转发的信号实现星上交换、星上处理。

另一方面,卫星体积增大后,易受电磁干扰和敌方反卫星武器的破坏,而小卫星、微小卫星却能克服这种弱点。如果用多颗小卫星组网来代替单颗大卫星,就可以提高卫星系统的生存能力,并且可以实现通信终端的小型化。

5.1.2 卫星中继功能原理

跟踪与数据中继卫星系统(Tracking and Data Relay Satellite System,TDRSS)是利用同步卫星和地面终端站对中、低轨飞行器(称为用户航天器)进行高覆盖率测控和数据中继的测控通信系统。该系统具有跟踪测轨和数据中继两方面的功能,故称为"跟踪与数据中继卫星系统"。TDRSS 的同步卫星称为"跟踪与数据中继卫星"(TDRS),它从远离地球3.6 万 km 的同步轨道向地球俯视,覆盖范围很大,就像把测控站搬到了天上的同步轨道一样,故 TDRSS 又称为"天基测控系统"。只要发射两颗星,空间角位置上间距130°,便对所有轨道高度1200km~12000km 近地轨道飞行器可实现100% 的连续跟踪覆盖,对轨道高度约200km 的飞行器,也可实现85% 覆盖。

中继星系统的用途主要如下:

(1)连续跟踪用户航天器,转发测距和多普勒频移信息,实现对其轨道的精确测定和控制。

(2)实时地把航天器所获取的大量遥感、遥测数据和图像信息,以高速率转发回地面。

(3)为载人飞船、航天飞机、空间平台和空间站提供与地面之间连续不断的通信联络。

(4)为航天器间的交会对接和分离提供导航和监测手段。

随着航天器数量的日益增多,地基测控手段已经无法满足需求,TRDSS 逐渐成为各航天大国重点发展的项目,重要的系统包括以下几个。

1. 美国"跟踪与数据中继卫星系统"

"跟踪和数据中继卫星系统"是美国 NASA 管理的中继卫星通信系统,是个民用系统,但也用于军事中继通信。"跟踪和数据中继卫星系统"是目前美国最大的中继卫星通信系统,主要使命是:为美国低轨卫星或其他航天器提供中继通信服务,如哈勃望远镜、航天飞机、Topex/Poseidon 和 LANDSAT - 7、TERRA 等 EOS 卫星。

"跟踪和数据中继卫星系统"到目前为止已经发展到第二代系统。其中第一代系统包括 6 颗跟踪和数据中继卫星(TDRS),在第二代建立之前曾为 12 种以上各种中低轨道航天器提供跟踪与数据中继业务。第二代系统包括 3 颗跟踪和数据中继卫星(TDRS - H、I 和 J)。这 3 颗卫星将用来补充和增强现有 TDRSS 的功能,并将提供带宽更宽、调频更灵活的空间数据和图像的中继。现有的 TDRS 已经为航天飞机和其他在轨航天器提供了近 20 年的通信服务。TDRS 将作为美国空间通信的枢纽。第二代 TDRS 将具有数据传输和为地面和空间提供近似连续的通信联系的双重能力。这种新卫星将增加 TDRS 系列Ka 波段通信能力,其数据传输速率可达 800Mb/s,并使之不受日益增强的无线电信号的影响。同时,S 波段的相控阵天线可以一次接收 5 个航天器的信号,并同时向 1 个航天器传输数据。TDRS 具有国际兼容性,可通过 Ka 波段与日本和欧空局的中继卫星相兼容,以便在紧急情况下相互支持。

2. 苏联/俄罗斯的数据中继卫星系统

苏联的跟踪与数据中继卫星系统包括军用和民用两大系统。民用系统亦即公开系统，又分为东部、中部和西部3个独立的网络，直至1993年3月，正常运行的只有两颗卫星构成的两个网络，即"宇宙"1897卫星服务的中部网和"宇宙"2054卫星服务的西部网。系统的主要用途是为低地球轨道卫星提供通信和控制，为和平号空间站、联盟TM飞船以及早期的礼炮号空间站与地面控制站之间提供双向电视数据交换。

苏联的军事数据中继卫星系统称为"急流"，使用的卫星称为"喷泉"。1982年5月发射的"宇宙"1366是第一颗"急流"卫星，位于东经80°位置，1987年11月退役。1986年4月发射的"宇宙"1738卫星占据西经13.5°位置，1989年4月退役。1988年发射的"宇宙"1961卫星，最初占据西经13.5°位置，但从1992年4月起移至东经80°，直至1993年12月退役。卫星天线采用相控阵天线技术。

3. 欧空局的数据中继卫星

欧空局于1989年决定发展数据中继卫星，以试验型"高级中继和技术卫星"（Artemis，简称"阿蒂米斯"）为起点，分两步走达到实用水平。"阿蒂米斯"是欧空局数据中继和技术卫星计划的一部分。该计划由两个独立部分组成："阿蒂米斯"和"数据中继卫星"（DRS）。"阿蒂米斯"卫星是一颗地球同步卫星，加上DRS部件就构成第一个欧洲数据中继系统。由于试验卫星"阿蒂米斯"用于数据中继的星间链路只有Ka频段，故该卫星发射并试验后，将与定于2001年后发射的DRS-1卫星组成双星系统，主要用于对地观测卫星、极轨平台和其他科学卫星的数据中继。

4. 日本数据中继与跟踪卫星

日本宇宙开发事业团准备在近期内部署包括两颗在轨中继卫星的数据中继与跟踪卫星系统。两颗中继卫星分别位于东经90°左右及西经170°左右。地球站将设置在筑波航天中心、鸠山地球观测中心及增田跟踪与数据处理站。为了建设一个可靠而对用户友好的天基网，日本宇宙开发事业团已经于1995年利用"工程试验卫星"进行了轨道间通信的基础试验，并在此基础上，于1997年发射了"通信和广播工程试验卫星"（COMETS）。通过COMETS试验，日本宇宙开发事业团将验证一系列天基网技术，并与美国、欧空局进行系统互操作试验，这是研制实用型数据中继与跟踪卫星的关键项目。此外，日本宇宙开发事业团计划用两颗"数据中继试验卫星"（DRTS）进行高速率数传网络操作试验。试验的目的是为地球观测和国际空间站等日本航天活动建立一个空地通信基础设施。

5.2 航天器通信/中继功能仿真设计

5.2.1 仿真功能分析

航天器通信/中继功能仿真主要完成以下几个方面：

（1）载荷功能仿真，包括各种天线增益的数学描述、天线指向影响等，其中天线指向影响主要体现在中继卫星在数据中继时天线与用户星天线的指向匹配，卫星通信网星间链路的建立。

（2）链路模型仿真，包括星间链路和星地链路，根据电磁波在空间传输的特性，计算通信链路的载噪比,以及在各种干扰因素下,通信链路的误码率、传输时延等参数。

(3)空间通信网,在通信卫星多星组网下,仿真分析通信网点的拓扑构型和链路质量等。

仿真功能输入数据包括航天器平台的轨道参数、通信载荷性能参数(发射功率、增益、灵敏度等)、用户通信设备的性能参数、通信链路损耗影响(大气、雨水、云雾等)和干扰源参数。

仿真功能输出数据为通信能力,包括通信链路建立、通信质量、误码率等。

5.2.2 仿真模型结构

航天器通信功能仿真模型包括公共基础模型和功能专用模型,公共基础模型包括坐标系转换模型、航天器轨道描述模型、实时位置与速度计算模型、可见性判断计算模型、航天器轨道机动计算、卫星网络描述模型等(见本书第3章)。航天器通信/中继功能仿真专用模型主要包括以下五个子模型:

(1)星载天线功能模型,计算各种天线的增益。

(2)电磁波空间传输损耗模型,计算电磁能量传播时,受距离、环境影响的衰减程度。

(3)通信链路载噪比模型,计算通信链路的质量。

(4)通信干扰模型,计算在干扰条件下,通信链路的质量。

(5)空间通信网络模型,分析通信网络的拓扑构型和星间链路建立。航天器通信/中继功能仿真模型结构如图5-2所示。

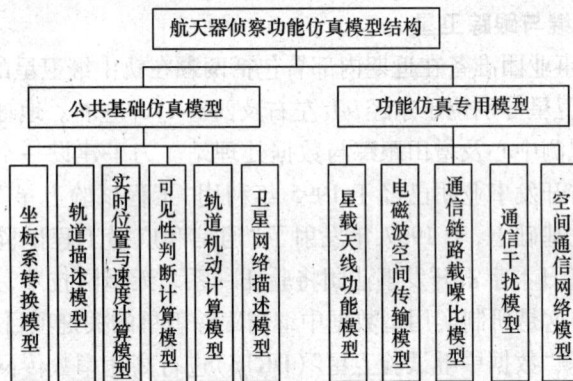

图5-2 航天器通信/中继功能仿真模型结构

5.2.3 仿真流程

(1)根据用户与航天器的位置,判断用户是否在服务区内,如果不在则退出。

(2)当用户在通信卫星服务区内时,需要确定通信链路,如果是单颗卫星通信,则通信链路为用户→卫星→用户,如果是通信网,则链路为用户→卫星→……→卫星→用户,这需要根据通信网的拓扑结构进行确定。

(3)根据发射机和接收机的形状计算各自的增益,以及由于天线对准问题对增益的影响。

(4)根据通信链路和发射/接收增益计算电磁波在空间传输中的损耗。

114

（5）计算干扰对通信质量的影响，主要是误码率。

（6）退出仿真流程，如图 5 - 3 所示。

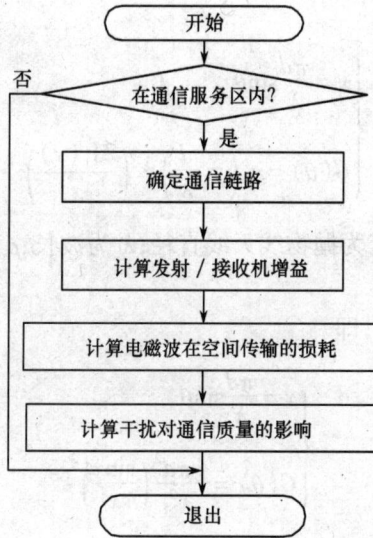

图 5 - 3　航天器通信功能仿真流程

5.3　航天器通信/中继功能建模

5.3.1　星载天线功能模型

1. 天线增益模型

天线方向图精确地描述了天线方位与增益的几何关系。天线方向图通常都有两个或多个瓣，其中辐射强度最大的瓣称为主瓣，其余的瓣称为副瓣或旁瓣。在主瓣最大辐射方向两侧，辐射强度降低 3dB 即功率密度降低 1/2 的两点间的夹角定义为波瓣宽度 $2\theta_{3dB}$，又称波束宽度或主瓣宽度，θ_{3dB} 称为半功率角。

天线方向图增益一般表示为 $G(\theta,\varphi)$，其中 θ 与 φ 的定义如图 5 - 4 所示。圆 O 是一天线面，位于 XOY 面，垂直于 Z 轴，点 P 是空间中一点，点 P' 是 P 点在 XOY 面的投影。φ 是 OP' 与 X 轴的夹角，称为方位角；θ 是 OP 与 Z 轴的夹角，称为指向偏离角。

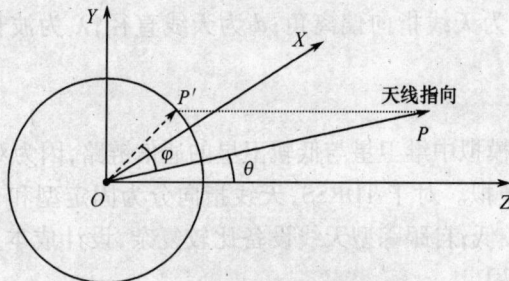

图 5 - 4　天线方向图与天线指向的关系

天线方向图的建模一般都比较困难,主要是由于天线种类繁多,难以建立统一模型。下面将对空间通信中常用的几种轴对称天线进行建模。

抛物面天线,即

$$
\begin{cases}
x = \dfrac{\pi d}{\lambda}\sin\theta \\[3mm]
G(\theta) = \rho_e\left(\pi\,\dfrac{d}{\lambda}\right)\cdot\left(\dfrac{2\mathrm{J}_1(x)}{x}\right)^2
\end{cases}
\tag{5.1}
$$

式中:θ 为天线指向偏离角;d 为抛物线天线直径;λ 为波长;ρ_e 为天线效率;J_1 为第一类贝塞尔函数。

矩形(正方形)喇叭天线,即

$$
\begin{cases}
x = \dfrac{\pi d}{\lambda}\sin\theta \\[3mm]
G(\theta) = \dfrac{4\pi d^2}{\lambda^2}\left(\dfrac{\sin x}{x}\right)^2
\end{cases}
\tag{5.2}
$$

式中:θ 为天线指向偏离角;d 为矩形喇叭的边长;λ 为波长。

非均匀孔径天线,即

$$
\begin{cases}
x = \left(\dfrac{\pi l}{\lambda}\right)\sin\theta \\[3mm]
G(\theta) = l\,\dfrac{\pi}{2}\,\dfrac{\cos(x)}{(\pi/2)^2 - x^2} & (\text{Cosine 型}) \\[3mm]
G(\theta) = \dfrac{l}{2}\,\dfrac{\sin(x)}{x}\,\dfrac{\pi^2}{\pi^2 - x^2} & (\text{Cosine squared 型}) \\[3mm]
G(\theta) = \left[\operatorname{sinc}\left(\dfrac{\pi l}{N\lambda}\sin\theta\right)\right]^N & (\text{sinc powerN 型})
\end{cases}
\tag{5.3}
$$

式中:l 为孔径长度;λ 为波长;θ 为天线指向偏离角。

高斯天线,即

$$
G(\theta) = \rho_a\left(\frac{\pi d}{\lambda}\right)^2 e^{-2.76\left(\frac{\theta}{\theta_{3\mathrm{dB}}}\right)^2}
\tag{5.4}
$$

式中:ρ_a 为孔径效率;θ 为天线指向偏离角;d 为天线直径;λ 为波长;$\theta_{3\mathrm{dB}}$ 为天线的半功率角。

2. 天线指向模型

天线指向模型主要模拟中继卫星与低轨卫星的通信链路,因为对于地面用户,方向比较固定,没有必要进行模拟。对于 TDRSS,天线指向分为固定型和自跟踪型。固定型天线应用较早,设计成本较低;自跟踪型天线设备比较复杂,设计成本高。两种天线在不同情况下均有着广泛的应用。

1)固定型天线指向模型

在固定型天线模型中,本文主要设计的为星载天线的模型。根据系统仿真理论的相

116

似理论,可把星载天线抽象为三个参数:天线位置矢量 $\boldsymbol{D}$、天线指向矢量 $\boldsymbol{P}$、天线半功率角 $\theta_{0.5}$。坐标系采用地球固定(Earth Centered Fixed,ECF)坐标系,其坐标原点为地心,X 轴指向本初子午线与赤道的交点,Z 轴指向地球自转轴,Y 轴由 X 轴、Z 轴按右手螺旋关系决定。

假设两个卫星节点 A、B,考虑其天线指向矢量位置关系最一般的情况——相互异面,如图 5-5 所示。其中,O 是地心,$\boldsymbol{D}_A$、$\boldsymbol{D}_B$ 是两颗卫星在 ECF 坐标系中的位置矢量,$\boldsymbol{P}_A$、$\boldsymbol{P}_B$ 是星载天线指向矢量,$\boldsymbol{P}_{AB}$ 是卫星 A 指向 B 的矢量,α 是 $\boldsymbol{P}_A$ 与 $\boldsymbol{P}_{AB}$ 的夹角,β 是 $\boldsymbol{P}_B$ 与 $\boldsymbol{P}_{BA}$ 的夹角,$\theta_{0.5A}$ 是卫星 A 的半功率角。

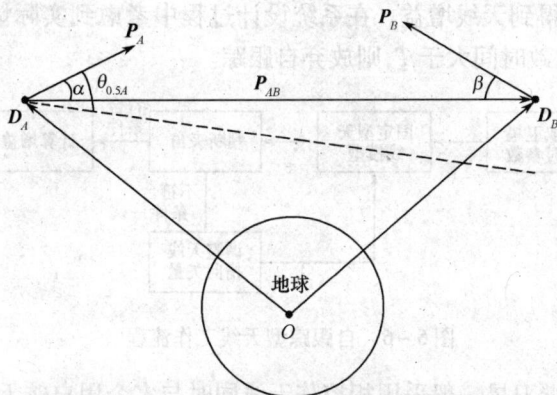

图 5-5　星载天线指向模型示意图

各个参数的关系为

$$\boldsymbol{P}_{AB} = \boldsymbol{D}_A - \boldsymbol{D}_B$$

$$\boldsymbol{P}_{BA} = \boldsymbol{D}_B - \boldsymbol{D}_A$$

$$\cos\alpha = \frac{\boldsymbol{P}_A \cdot \boldsymbol{P}_{AB}}{|\boldsymbol{P}_A||\boldsymbol{P}_{AB}|}$$

$$\cos\beta = \frac{\boldsymbol{P}_B \cdot \boldsymbol{P}_{BA}}{|\boldsymbol{P}_B||\boldsymbol{P}_{BA}|}$$

通过 α、β 角可以判断 A、B 能否相互覆盖,判断条件如下:如果 $\alpha < \theta_{0.5A}$,则 B 落在 A 的覆盖范围内,即 B 可收到 A 的信号;如果 $\beta < \theta_{0.5B}$,则 A 落在 B 的覆盖范围内,即 A 可收到 B 的信号。满足上面两个条件,A、B 具有相互通信的条件。然后对天线是否同向进行判断:设 $\gamma = \arccos \dfrac{\boldsymbol{P}_A \cdot \boldsymbol{P}_B}{|\boldsymbol{P}_A||\boldsymbol{P}_B|}$,如果 $90° < \gamma < 180°$,则天线相互指向,A、B 具备通信条件。否则,天线同向,A、B 不能通信。

对于轴对称天线,将偏离角 θ_A、θ_B 代入天线方向图模型,即可得节点 A、B 天线此时的增益。对于非轴对称天线,还需计算节点 A、B 天线指向的方位角 φ_A、φ_B,即

$$G_A = G(\theta_A) \text{ 或 } G_A = G(\theta_A, \varphi_A) \tag{5.5}$$

$$G_B = G(\theta_B) \text{ 或 } G_B = G(\theta_B, \varphi_B) \tag{5.6}$$

需要进行说明的是,$\theta_A > \theta_{A3dB}$ 和 $\theta_B > \theta_{B3dB}$ 只能说明 A、B 无法被对方的天线主瓣覆盖,但是并不能完全说明是否可以进行通信或干扰,部分情况下通过天线副瓣也可以进行通

117

信或干扰。一般地,副瓣的增益比主瓣的增益低 30dB 以上。

2) 自跟踪型天线指向模型

自跟踪型天线模型是在固定型天线模型的基础上进行设计的。设计流程图如图 5 - 6 所示。首先从数据库中读取卫星的实时参数,包括天线位置矢量 D、天线指向矢量 P、天线半功率角 $\theta_{0.5}$。然后将得到的参数通过固定型天线模型得到 α、β 角,使 α、β 角与 θ 角(天线对准误差,可是情况而定,暂定为 0.06°)作比较。如果 α、β 角小于 θ 角则计算增益,否则通过自适应算法调整天线指向矢量,将调整后的天线矢量与此时的卫星参数重新经过固定天线模型。依次循环直至满足条件。在得到符合条件的 α、β 角后,通过读取天线方向图矩阵数据表得到天线增益。在系统设计过程中考虑到实际情况,我们设计了时间系数 T,若模型的收敛时间大于 T,则放弃自跟踪。

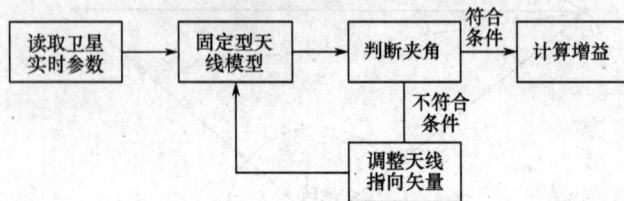

图 5 - 6　自跟踪型天线工作流程

在 TDRSS 中,中继卫星一般采用相控阵天线同时与多个用户航天器保持跟踪。在现有的系统中,用户航天器一般都分布在较低的地球轨道上,因此,中继卫星各阵元波束宽度只要达到 26° 就可以覆盖地球周围 3000km 以下的用户航天器。当用户航天器以最大速度 10km/s 运动,用户星穿过 3.5° 宽的合成波束所需的时间最短为 205s,所以中继星跟踪用户星所需的波束移动角速度是很小的。假定波束移动步进量为阵合成波束宽度 3.5° 的 5% 即 0.175°,波束步进间隔时间长达 10.5s。只要计算机能在 10.5s 内依据用户航天器位置更新相控阵的相位加权系数,就会使合成波束移动并时刻对准目标。

5.3.2　电磁波空间传输损耗模型

电磁波在空间传输损耗主要包括自由空间传播损耗、对流层损耗和空间电磁环境损耗三种。

1. 自由空间传播损耗

自由空间传播损耗为电磁波空间传输损耗的主要原因,损耗计算公式为

$$L_p = \left(\frac{4\pi d}{\lambda}\right)^2 = \left(\frac{4\pi df}{C}\right)^2 \tag{5.7}$$

式中:d 为传播距离;f 为工作频率;C 为光速。

计算出的自由损耗 L_p 经 dB 值与实际值的转换,再与输入信号相乘,其输出就是经自由空间损耗后的传播信号。

若以 dB 为单位,并将 π、C 等常数代入式(5.7),则 L_p 可表示为

$$L_p(\mathrm{dB}) = 92.44 + 20\lg d(\mathrm{km}) + 20\lg f(\mathrm{GHz})$$

2. 对流层损耗

当无线电波通过对流层时,会受到对流层中氧分子、水蒸气分子、雨、云、雾等的吸收

118

和反射,这些影响与电波的频率、波束仰角、天气情况、地理位置等有着密切的关系。

当电磁波的频率低于 0.1GHz 时,电离层中的自由电子或离子的吸收在信号的大气损耗中起主要的作用,频率越低这种损耗越严重;当频率高于 0.3GHz 时,其影响小到可以忽略不计。

在 15GHz ~ 35GHz 频段,水蒸气分子的吸收在大气损耗中占主要地位,并在 22.2GHz 处发生谐振吸收而出现一个损耗峰。

在 15GHz 以下和 30GHz ~ 80GHz 频段则主要是氧分子的吸收,并在 60GHz 附近发生谐振吸收而出现一个较大的损耗峰。

综合上述,在 0.3GHz ~ 10GHz 频段,大气损耗最小,比较适合于电波穿过大气层的传播,并且大体上可以把电磁波看作是在自由空间传播,故称此频段为"无线电频段窗口",目前在卫星通信中应用最多;在 30GHz 附近有一个损耗谷,损耗相对较小,通常把此频段称为"半透明无线电频段窗口"。

1)大气吸收损耗

大气吸收损耗主要是氧分子、水蒸气分子对电磁能量的吸收,其损耗的大小取决于信号的频率、仰角、海拔高度和水蒸气密度等,可以通过损耗率与等效路径长度的乘积计算。

对于 57GHz 以下的频段,氧分子的损耗率可通过下式近似计算,即

$$\gamma_o = \left[7.19 \times 10^{-3} + \frac{6.09}{f^2 + 0.227} + \frac{4.81}{(f-57)^2 + 1.5} \right] \cdot f^2 \times 10^{-3} (\mathrm{dB/km}) \quad (5.8)$$

式中:f 为信号频率,单位取 GHz。

对于 350GHz 以下频段,水蒸气分子的损耗率可通过下式计算,即

$$\gamma_w = \left[0.05 + 0.0021 p_w + \frac{3.6}{(f-22.7)^2 + 8.5} + \frac{10.6}{(f-183.3)^2 + 9.0} + \right.$$

$$\left. \frac{8.9}{(f-325.4)^2 + 26.3} \right] \cdot f^2 p_w \times 10^{-4} \quad (\mathrm{dB/km}) \quad (5.9)$$

式中:p_w 是水蒸气密度,可通过测量得出。

信号穿过大气时会有不同的仰角,因而路径长度也不同,在不同的仰角下,大气吸收损耗的计算公式如下:

当仰角 $\theta > 10°$ 时,有

$$A_g = \frac{\gamma_o h_o \mathrm{e}^{-h_s/h_o} + \gamma_w h_w}{\sin\theta} \quad (\mathrm{dB}) \quad (5.10)$$

当仰角 $\theta \leqslant 10°$ 时,有

$$A_g = \frac{\gamma_o h_o \mathrm{e}^{-h_s/h_o}}{g(h_o)} + \frac{\gamma_w h_w}{g(h_w)} \quad (\mathrm{dB}) \quad (5.11)$$

式中:h_o 为氧气的等效高度,取值为 6km($f < 57$GHz);h_w 为水蒸气的等效高度,可通过下式计算,即

$$h_w = h_{w0} \left[1 + \frac{3.0}{(f-22.2)^2 + 5} + \frac{5.0}{(f-183.3)^2 + 6} + \frac{2.5}{(f-325.4)^2 + 6} \right] \quad (5.12)$$

式中:h_{w0}在晴天取 1.6km,降雨时取 2.1km。函数 $g(h)$ 为

$$g(h) = 0.661 \sqrt{\sin^2\theta + 2h_s/R_e} + 0.339 \sqrt{\sin^2\theta + 2h_s/R_e + 5.5h/R_e} \tag{5.13}$$

式中:h_s 为地面通信终端的海拔高度;R_e 为考虑折射后的有效地球半径,在地面站的海拔高度小于 1000m 时,可取值 8500km。

2)降雨损耗

降雨损耗的产生是由于雨滴对电磁能量的吸收和散射造成的,其特征取决于降雨的微观结构和时空结构。它与某地点降雨率分布、降雨区范围、雨滴大小、信号频率、信号极化方式等都有关系。国际电信联盟(ITU)推荐的降雨衰减计算公式为

$$A_r = a R_p^b L_e \tag{5.14}$$

式中:R_p 为降雨率,可以通过 ITU 公布的数据查询得到,我国电波传播研究人员经过大量的研究工作,得出了很多有用的数值,也可以通过查询获得我国各地的降雨率大小;a、b 是与工作频率、极化方式有关的数值,在参考文献[11]中有具体的数据,可以查询获得;L_e 表示有效传播路径长度,单位取 km,当仰角 $\theta \geqslant 5°$ 时可以通过下式计算,即

$$L_e = \gamma_p \cdot \frac{h - h_s}{\sin\theta}$$

式中:γ_p 为衰减因子,其值是降雨时间百分比 p 和降雨区范围 L_c 的函数;H 为当地 0℃ 等温线的高度;h_s 为地面站的海拔高度。

3)云雾、雪损耗

云或雾的粒子较小,引起的损耗也相对较小,其值可通过如下经验公式计算,即

$$A_c = 0.148 f^2 / v_m^{1.43} \tag{5.15}$$

式中:v_m 为云或雾的能见度,单位取 m。

雪引起的损耗可用如下的近似公式计算,即

$$A_s = 7.47 \times 10^{-5} f \cdot I \cdot (1 + 5.77 \times 10^{-5} f^3 I^{0.6}) \tag{5.16}$$

式中:I 表示降雨强度,即每小时在单位容器内的积雪融化成水的高度,单位取 mm/h。

4)大气折射和闪烁损耗

大气折射是因为电波在传播过程中,由于大气密度随高度升高而减小,造成大气折射率也随高度减小,从而导致波束上翘一个很小的角度,这将引起天线波束扩散,从而产生散焦损耗,由经验数据可得散焦损耗一般小于 0.6dB。大气闪烁是由于大气折射率的不规则起伏,引起信号幅度的起伏。由于大气折射和闪烁的计算都比较复杂,我们通过设置经验值 A_d 来进行仿真,大气折射取 0.3dB,大气闪烁取 0.4dB,此值在仿真中可调节。

5.3.3 通信链路载噪比模型

卫星通信链路的载噪比是决定通信链路质量的最基本的参数之一,下面先从载波功率、噪声功率的计算开始,然后计算一条链路总的载噪比。

考虑以上提到的各种损耗,接收机输入端载波功率的分贝形式为

$$[C] = [P_{TE}] + [G_T] + [G_R] - [L_{FT}] - [L_{FR}] - [L] \tag{5.17}$$

120

式中:中括号表示取分贝形式;P_{TE}、G_T、G_R 分别为发射机的发射功率、发射天线增益、接收天线增益;L_{FT} 为发射系统馈线损耗;L_{FR} 为接收系统馈线损耗;L 为发射天线到接收天线的传播总损耗,可用下式计算:

星地链路,即

$$[L] = [L_p] + [L_{el}] + [A_g] + [A_r] + [A_c] + [A_s] + [A_d] \qquad (5.18)$$

式中:L_p、L_{el}、A_g、A_r、A_c、A_s、A_d 分别为自由空间传播损耗、大气吸收损耗、降雨损耗、云雾损耗、雪损耗、大气折射和闪烁损耗。

根据有效全向辐射功率(EIRP)的定义,有

$$[EIRP] = [P_{TE}] + [G_T] - [L_{FT}] \qquad (5.19)$$

接收信号的载波功率可写为

$$[C] = [EIRP] + [G_R] - [L] \qquad (5.20)$$

以接收机输入端为参考点的接收系统噪声功率为

$$N = kT_s B_n \qquad (5.21)$$

式中:T_s 为接收机的有效噪声温度。写成分贝形式为

$$[N] = [k] + [T_s] + [B_n] \qquad (5.22)$$

式中:k 为玻耳兹曼常数(1.38×10^{-23} W/Hz·K),如果采用 dB 形式表述,玻耳兹曼常数为 -228.6 dBW/(Hz·K),可得

$$[C/N] = [EIRP] + [G_R] - [L] - [T_s] - [k] - [B_n] =$$
$$[EIRP] + \left[\frac{G_R}{T_s}\right] - [L] - [B_n] + 228.6 \qquad (5.23)$$

如果使用 N_0 表示噪声的功率谱密度,则式(5.23)还可以写为载波功率与噪声功率谱密度比值的形式,这样可以忽略噪声带宽的因素。

$$[C/N_0] = [EIRP] + [G_R] - [L] - [T_s] - [k] =$$
$$[EIRP] + \left[\frac{G_R}{T_s}\right] - [L] + 228.6 \qquad (5.24)$$

5.3.4 通信干扰模型

由于信号来自开放的传播介质,所以接收机在接收信号的同时不可避免地会接收到一部分与信号具有一定相关性的非信号成分,即通常所说的噪声和干扰。其中既有信道自带的白噪声,也可能包含有敌方人为产生的干扰信号。当干扰信号的频域覆盖通信信号的频率,才会对通信信号产生有效干扰。数字通信系统受到干扰的最终结果是通信的误码率 P_e 增大,通信可靠性下降。通信系统被干扰程度常使用干信比(J/S)来衡量,即接收到干扰信功率和接收到的有用信号功率的比值。J/S 值越高,说明被干扰程度越强,通常认为当 J/S 值达到 10 时,通信系统将被完全干扰,不能进行正常通信,通信链路不能建立。

根据功率平衡方程,卫星天线接收到的干扰信号功率为

$$P_j = P_t + G_r - L_r \tag{5.25}$$

式中：P_t 是接收端的干扰信号功率（单位为 dBm）；G_r、L_r 分别是天线接收增益、接收天线到接收机的波导传播损耗（单位为 dB）。

当满足条件 $P_j \geqslant P_{rTH}$ 时，接收到信号的干信比为

$$J/S = \frac{P_j + P_o}{P_r} \tag{5.26}$$

式中：P_o 为信道白噪声；P_r 为接收到的有用信号功率。当系统未受到人为干扰时 $P_j = 0$，接收机只叠加了信道白噪声，误码率 P_e 如图 5－7 所示。一般情况下，白噪声信道的典型信噪比为 6dB，从曲线中可以看出，此时的误码率 P_e 为 $10^{-3} \sim 10^{-2}$，受到干扰值很小，可以认为通信未受干扰。

受到弱干扰时，误码率曲线如图 5－8 所示。从曲线中可看出，当干信比较小，介于 $-6dB \sim -3dB$ 时，P_e 为 $0.02 \sim 0.08$，误码率较小，可以认为系统受到轻度干扰或未受干扰。

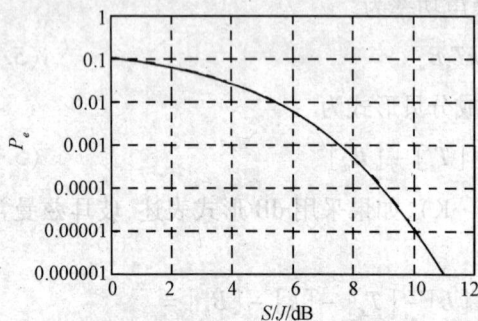

图 5－7　白噪声干扰下误码率曲线

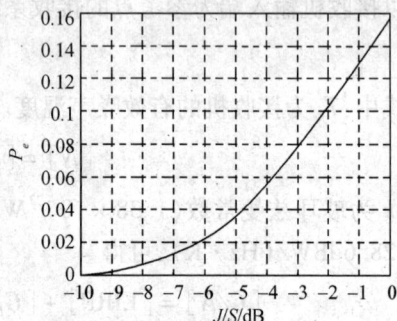

图 5－8　弱干扰时的误码率曲线

当接收到的干扰信号与有用信号功率相当时，误码率曲线如图 5－9 所示。从曲线中可看出，当干信比介入 0dB 附近时，P_e 大概在 0.15 附近，误码率很大，系统受到中度干扰。

强干扰时，误码率曲线如图 5－10 所示。从曲线中可以看出，当干信比比较大，介于 $0 \sim 10$ 时，$P_e > 0.2$，误码率很大，系统受到强烈干扰，但仍能通信。当 J/S 达到 10 时，误码率为 0.325，认为通信被完全干扰，不能建立通信链路。

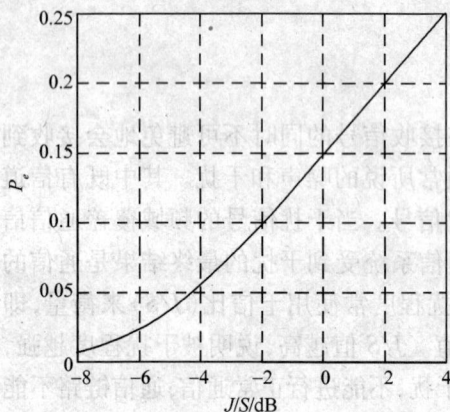

图 5－9　信干比趋于 1 时误码率曲线

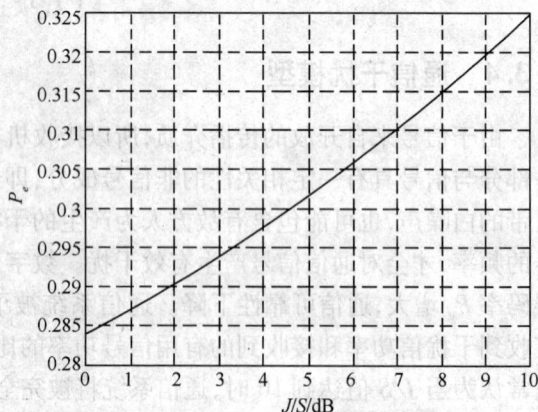

图 5－10　强干扰时的误码率曲线

将各表格进行离散化处理,近似得到不同干信比情况下所对应的误码率。如表 5 - 1 所列。

表 5 - 1　干信比(dB)与误码率(%)近似对照表

干信比	-9	-8	-7	-6	-5	-4	-3	-2	-1	0
误码率	0.2	0.7	1.3	2.3	3.6	5.5	7.9	10.4	13	15
干信比	1	2	3	4	5	6	7	8	9	10
误码率	28.7	29	29.4	29.8	30.2	30.6	31	31.5	32	32.5

5.3.5　空间通信网络模型

空间通信网络模型以通信网的拓扑结构和星间链路作为对象进行分析,星间链路(Inter-Satellite Link,ISL)是指用于卫星间通信的链路,与星地链路的不同点就在于链路的两端都是卫星,通过链路把多颗卫星互连在一起,就可以形成一个以卫星作为交换结点的空间通信网络。

根据两端卫星所处轨道类型的不同,星间链路可以分为两大类:

第一类是同种轨道类型的卫星之间的星间链路,如 GSO-GSO、LEO-LEO、MEO-MEO 和 HEO-HEO 等。在这一类中,星间链路可能只存在于同一轨道面的卫星之间(如 GSO-GSO),如图 5 - 11 所示;也可以存在于不同轨道面的卫星之间(如 LEO-LEO、MEO-MEO 和 HEO-HEO),如图 5 - 12 所示。其中,图 5 - 12 中的星间链路有同一轨道面内的星间链路和不同轨道面星间链路两种,对于地球同步轨道,只有一个轨道面,因此只存在同一轨道面的星间链路。

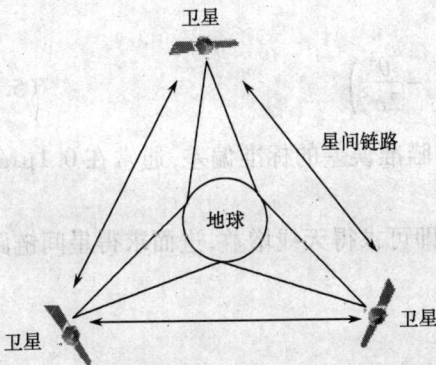

图 5 - 11　地球同步轨道卫星
组成的全球通信网络

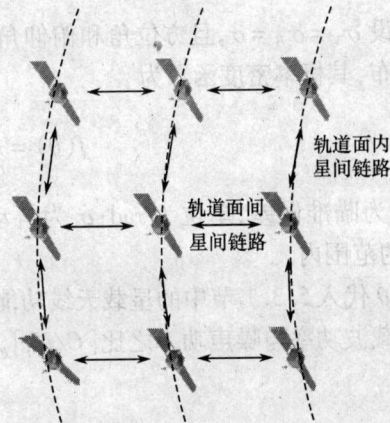

图 5 - 12　同种轨道卫星组成的
空间通信网示意图

第二类是不同轨道类型的卫星之间的星间链路,如 GSO-LEO、GSO-MEO、GSO-HEO 和 HEO-LEO 等,这类星间链路主要体现在数据中继链路,通信网的拓扑结构如图 5 - 13 所示。

天线指向误差对星间链路的影响分析如下:

星体的抖动引起天线瞄准误差的随机起伏,分析表明,俯仰角瞄准误差角度服从正态

123

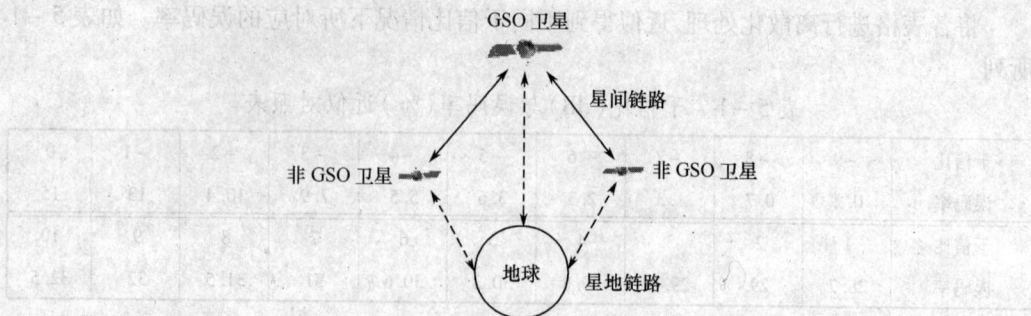

图 5 – 13　不同轨道卫星组成的空间通信网示意图

分布,其概率密度函数为

$$f(\theta_V) = \frac{\theta_V}{\sqrt{2\pi}\sigma_V}\exp\left(\frac{\theta_V^2}{2\sigma_V^2}\right) \tag{5.27}$$

式中:σ_V 和 θ_V 分别为卫星的俯仰角瞄准标准偏差和俯仰角瞄准角度。

方位角瞄准误差角度也服从正态分布,其概率密度函数为

$$f(\theta_H) = \frac{\theta_H}{\sqrt{2\pi}\sigma_H}\exp\left(\frac{\theta_H^2}{2\sigma_H^2}\right) \tag{5.28}$$

式中:σ_H 和 θ_H 分别为卫星的方位角瞄准标准偏差和方位角瞄准角度。

径向瞄准误差角度为俯仰角和方位角的均方和,即

$$\theta = \sqrt{\theta_V^2 + \theta_H^2} \tag{5.29}$$

假设 $\sigma_V = \sigma_H = \sigma$,且方位角和俯仰角的抖动过程是独立的,则径向瞄准误差角度为瑞利分布,其概率密度函数为

$$f(\theta) = \frac{\theta}{\sigma^2}\exp\left(-\frac{\theta^2}{2\sigma^2}\right) \tag{5.30}$$

式中:θ 为瞄准误差,单位为 rad;σ 为抖动引起瞄准误差的标准偏差,通常在 $0.1\mu rad \sim 1\mu rad$ 的范围内。

将 θ 代入 5.3.1 节中的星载天线功能模型即可求得天线增益,进而求得星间链路接收端的载波功率与噪声功率之比 $[C/N_0]_\theta$。

第6章　航天器导航定位功能建模与仿真

航天器导航定位系统是一种时空基准系统,在现代作战和其他军事活动中,为力量投送、目标定位、武器的精确制导提供全球性、全天候的导航、定位与授时信息服务,起到极其重要的作用,成为难以或缺的军事资源。

6.1　航天器导航定位功能原理

航天器导航定位系统是以航天器为导航平台的无线电导航系统,为地面、海洋、空中和太空用户进行导航定位,通常由卫星、地面支持网和用户设备三大部分组成。

(1)卫星。作为空间导航台,接收和储存地面站制备的导航信息,再向用户发射。同时,接收来自地面站的控制指令并向地面站发射卫星遥测数据,以便地面站了解卫星状况。

(2)地面支持网。由多种地面站和计算中心组成,收集来自卫星及与系统工作有关的信息数据并进行处理,产生导航信号和控制指令,再由地面注入站发射给卫星。

(3)用户设备。接收和处理卫星发射的导航信号,进行定位计算,为用户提供高精度、连续的三维位置(经度、纬度、高度)、三维速度和时间等信息。

现在运行的导航系统主要有美国的"全球定位系统"(Global Positioning System, GPS)、俄罗斯的"全球导航卫星系统"(Global Navigation Satellite System, GLONASS)和中国的"北斗一代"双星定位系统。

6.1.1　GPS/GLONASS 导航定位功能原理

GPS/GLONASS 同属于无源定位系统,它们仅由卫星发射信号,用户只需要装备接收设备就可通过接收卫星信号进行导航定位,由于用户不发射信号,所以这种系统隐蔽性好,且用户数量不受限制,但卫星设备和用户设备都较复杂。

GPS 是在 1973 年底由美国国防部授权研制的卫星导航定位系统,它是一种可以定时和测距的导航系统,可向海军舰船、空中飞机和陆地车辆提供全球、全天候、连续、实时服务的高精度三维位置、三维速度和时间信息。

GPS 星座最初设计为 24 颗卫星构成,分布在 6 个轨道面,每个轨道面 4 颗,轨道高度约为 20200km。各轨道接近于圆形,而且沿赤道以 60°间隔均匀分布,相对于赤道面的额定倾角为 55°。GPS 星座拓扑结构投影如图 6-1 所示。

GPS 基本定位原理是:位于地面的 GPS 接收机检测 GPS 卫星发送的扩频信号,通过相关运算获取到达时间信息并由此计算出卫星到接收机的距离,再结合卫星广播的星历信息计算卫星的空间位置,完成定位计算。有 3 颗卫星时,若卫星与接收机钟差很小即可

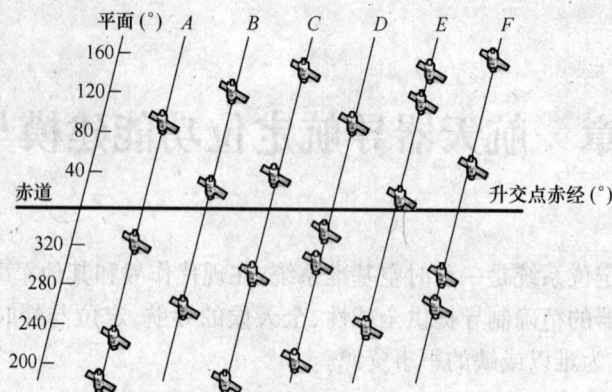

图 6-1　GPS 卫星分布示意图

实现二维定位,4 颗可见卫星可实现三维定位,更多的可见卫星可提高定位精度。GPS 接收机在全球任何地方、任意时刻均能接收到至少 4 颗卫星信号,GPS 终端可根据接收到多颗卫星的导航信息,计算出自己的三维位置(经纬度与海拔高度)、运动速度与方向以及精确的时间信息。其工作过程是:已知某一时刻卫星的位置(广播描述卫星运动的星历参数和历书参数),测得卫星和用户之间的相对位置(伪距或伪距变化率),用导航算法(几何精度系数解算、定位精度解算、导航位置解算、用户速度解算和授时精度解算)得到用户最可信赖的位置(图 6-2)。

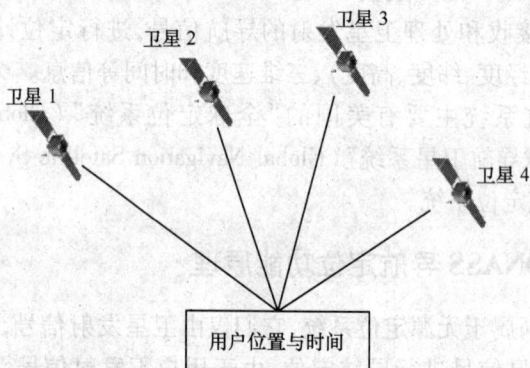

图 6-2　GPS 导航定位功能示意原理

6.1.2　双星定位功能原理

　　双星定位系统属于有源定位系统,卫星和用户设备都要发射和接收信号,隐蔽性不好,但卫星设备和用户设备较为简单。"北斗一代"卫星定位系统是我国在世界卫星导航技术迅猛发展的背景下,积极探索后提出的适合我国国情的卫星导航定位体制。"北斗一代"卫星定位系统系统的空间部分由 3 颗地球静止轨道卫星组成,两颗工作星分别定点在东经 80°、东经 140°上空,另一颗在轨备份卫星定点在东经 110.5°上空。主要技术指标如下:

126

（1）服务区域。经度区间为 $70° \sim 145°(E)$，纬度区间为 $5° \sim 55°(N)$。

（2）动态性能及环境条件。系统适合于用户机载体瞬时速度小于 1000km/h 的动、静态用户使用。陆上各种用户机在公路上行进时在树木有轻微遮挡条件下能正常使用。

（3）用户容量。系统可为以下用户提供每小时 54 万次的服务。其中一类用户机 10000 个 ~20000 个，适合于单兵携带用户，5min ~ 10min 服务一次。二类用户机 5500 个，适合于汽车、坦克、装甲车、舰船及直升机等用户，10s ~60s 服务一次。

（4）系统阻塞率小于 10^{-3}。

（5）数据误码率小于 10^{-5}。

（6）定位精度。平面定位精度 20m（不设标校机区域 100m），高程控制精度 10m。

（7）简报通信能力。用户每次最多可以传送 120 个汉字信息。

（8）授时精度。单向传递精度为 100ns，双向传播精度为 20ns。

双星定位原理为三球交会测量原理，地面中心通过两颗卫星向用户广播询问信号（出站信号），根据用户响应的应答信号（入站信号）测量并计算出用户到两颗星之间的距离；根据地面中心存储的数字地图查询到的用户高程值（或由用户自带测高仪测出的高程值），计算出用户所在点的位置坐标，然后置入出站信号发送给用户，用户收到此信号后便知自己的坐标位置。同时，也发送给与该用户有相同识别码的用户管理机构，完成用户位置报告功能。

系统的工作过程是：地面中心向 2 颗卫星发送询问（测距）信号；卫星接收到询问信号，经卫星转发器变频放大向服务区用户播送询问信号；用户响应其中 1 颗卫星的询问信号，并同时向 2 颗卫星发送回应信号。这个信号中包括了特定的测距密码和用户的高程信息；卫星收到用户响应信号，经卫星转发器变频后发送回地面控制中心；地面中心收到用户的响应信号，解读出用户申请的服务内容；地面中心利用信号经控制中心—卫星—用户之间的往返时间，进而得到这三者间的往返距离，根据系统定位的几何原理，计算出用户的坐标位置，再将相关信息或通信内容发送到卫星；卫星在收到控制中心发来的坐标资料或通信内容后，经卫星转发器传送给用户或其他收件人。系统定位过程如图 6 – 3 所示。

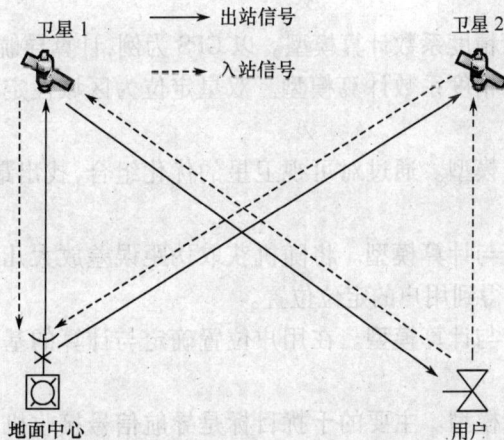

图 6 – 3　双星定位功能示意图

6.2　航天器导航定位功能仿真设计

6.2.1　仿真功能分析

航天器导航定位功能仿真主要完成以下几方面：

(1)导航星定位构型的分析计算，主要是 GPS/GLONASS 的几何精度系数(Geometric Dilution Of Precision, GDOP)计算，因为对于加强后的 GPS 星座(总卫星数量为 32 颗)，对大多数用户来说，最少可见 8 颗卫星，有时多达 12 颗，选取最优构型的定位星座可以大幅度提升定位精度，主要分析的参数有 GDOP、HDOP、PDOP、TDOP、VDOP 等。

GDOP 为总的几何精度系数，它是一个直接影响定位精度，但又独立于观测值和其他误差之外的一个量，其值恒大于 1。GDOP 包括以下 4 个分量：三维位置精度系数、高程精度系数、二维位置精度系数、时钟几何精度系数。

对于相同的观测精度，几何精度系数越小，定位精度越高，反之越低，所以它实际上是一个误差放大系数。一般认为，GDOP 值大于 6 以后，应该停止观测定位。

(2)对定位的误差源进行分析，确定导航系统的伪距误差，根据选取最佳定位星座的几何精度系数，计算用户经过导航定位后的位置参数和速度。

仿真输入数据包括航天器平台数量与轨道参数、用户参数(经纬度坐标和速度)、导航星载荷性能(各种误差形成的伪距误差)和干扰源信息。

仿真输出数据为导航定位性能，包括各种 DOP 值，星座的授时精度、定位精度、测速精度，以及经过定位解算后用户的位置坐标和速度。

6.2.2　仿真模型结构

航天器导航定位功能仿真模型包括公共基础模型和功能专用模型，公共基础模型包括坐标系转换模型、航天器轨道描述模型、可见性判断计算模型、卫星网络描述模型等(参见第 3 章与第 10 章)。而航天器导航定位功能专用模型主要包括以下 6 个子模型：

(1)全球定位几何精度系数计算模型。以 GPS 为例，计算导航星座的 GDOP 值。

(2)双星定位几何精度系数计算模型。双星定位为区域性定位星座，可得三维精度系数 PDOP 值。

(3)定位星座优选模型。通过对可视卫星的优化组合，找出最佳构型星座作为用户的定位星座。

(4)用户位置确定与计算模型。将随机获取伪距误差放大几何精度系数倍，即得到用户的定位精度，从而得到用户的定位位置。

(5)用户速度确定与计算模型。在用户位置确定与计算的基础上，分析了用户速度的确定方法。

(6)导航干扰分析模型。主要的干扰目标是导航信号接收机，干扰效果由干信比决定，如图 6 - 4 所示。

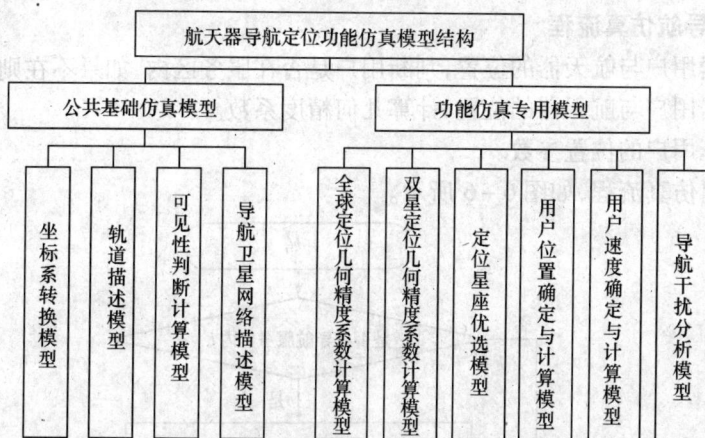

图 6-4　航天器导航定位功能仿真模型结构

6.2.3　仿真流程

1. GPS 导航仿真流程

(1)根据用户与航天器的位置,计算可视卫星并选择最佳构型定位星座。

(2)计算定位星座的 GDOP、PDOP 等几何精度系数相关参数。

(3)如果 GDOP 值大于 6,则无法进行有效定位,退出;反之,继续。

(4)利用随机函数产生伪距,再根据几何精度系数计算定位精度。

(5)如果 GPS 接收机未收到干扰,转至步骤(7);反之,继续。

(6)计算干信比,确定干扰效果。

(7)确定用户的位置和速度参数。

(8)退出仿真流程,如图 6-5 所示。

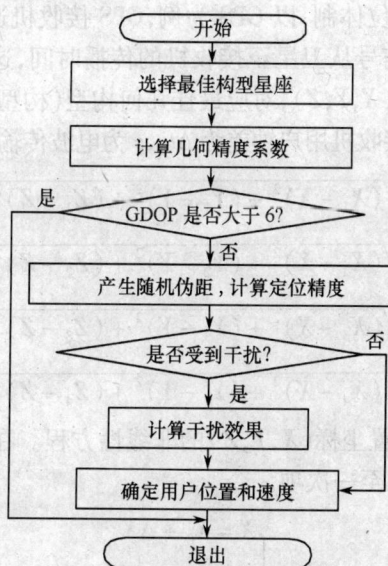

图 6-5　GPS 导航功能仿真流程

2. 双星导航仿真流程

（1）根据用户与航天器的位置，判断用户是否在服务区内，如果不在则退出。

（2）根据用户与航天器的位置，计算几何精度系数。

（3）计算用户的位置参数。

（4）退出仿真流程，如图 6-6 所示。

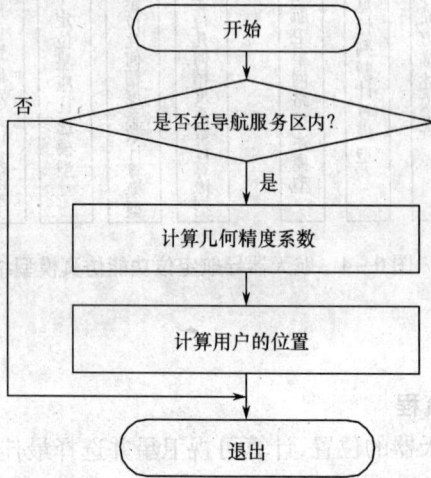

图 6-6 双星导航定位仿真功能流程

6.3 航天器导航定位功能建模

6.3.1 全球定位几何精度系数计算模型

全球定位系统为无源定位体制，以 GPS 为例，GPS 接收机通过本地码与卫星信号的伪随机码进行相关处理，测定信号从卫星至接收机的传播时间，这就是 GPS 定位的基本观测量。记用户真实位置坐标为 (X,Y,Z)，对应最佳几何构型（构型的 GDOP 值最小）卫星坐标为 (X_i,Y_i,Z_i)，$i=1,2,3,4$，接收机用户钟差为 Δt_u，c 为电波传输速度，则伪距 ρ_i 可以表示为

$$\begin{cases} \rho_1 = \sqrt{(X_1-X)^2+(Y_1-Y)^2+(Z_1-Z)^2}+c\Delta t_u \\ \rho_2 = \sqrt{(X_2-X)^2+(Y_2-Y)^2+(Z_2-Z)^2}+c\Delta t_u \\ \rho_3 = \sqrt{(X_3-X)^2+(Y_3-Y)^2+(Z_3-Z)^2}+c\Delta t_u \\ \rho_4 = \sqrt{(X_4-X)^2+(Y_4-Y)^2+(Z_4-Z)^2}+c\Delta t_u \end{cases} \qquad (6.1)$$

式（6.1）为用户真实位置坐标 (X,Y,Z) 的非线性方程。在用户近似坐标 (X_0,Y_0,Z_0) 附近进行泰勒级数展开并取至一次项。令

$$\begin{cases} X = X_0 + \Delta X \\ Y = Y_0 + \Delta Y \\ Z = Z_0 + \Delta Z \end{cases} \qquad (6.2)$$

代入式(6.1),展开并写成线性方程组习惯书写形式,有

$$
\begin{cases}
\dfrac{\partial \rho_1}{\partial X}\Delta X + \dfrac{\partial \rho_1}{\partial Y}\Delta Y + \dfrac{\partial \rho_1}{\partial Z}\Delta Z + c\Delta t_u = \rho_1 - \rho_{01} \\[2mm]
\dfrac{\partial \rho_2}{\partial X}\Delta X + \dfrac{\partial \rho_2}{\partial Y}\Delta Y + \dfrac{\partial \rho_2}{\partial Z}\Delta Z + c\Delta t_u = \rho_2 - \rho_{02} \\[2mm]
\dfrac{\partial \rho_3}{\partial X}\Delta X + \dfrac{\partial \rho_3}{\partial Y}\Delta Y + \dfrac{\partial \rho_3}{\partial Z}\Delta Z + c\Delta t_u = \rho_3 - \rho_{03} \\[2mm]
\dfrac{\partial \rho_4}{\partial X}\Delta X + \dfrac{\partial \rho_4}{\partial Y}\Delta Y + \dfrac{\partial \rho_4}{\partial Z}\Delta Z + c\Delta t_u = \rho_4 - \rho_{04}
\end{cases}
\tag{6.3}
$$

$$
\begin{cases}
\dfrac{\partial \rho_i}{\partial X} = \dfrac{X_i - X_0}{\rho_{0i}} \\[2mm]
\dfrac{\partial \rho_i}{\partial Y} = \dfrac{Y_i - Y_0}{\rho_{0i}} \\[2mm]
\dfrac{\partial \rho_i}{\partial Z} = \dfrac{Z_i - Z_0}{\rho_{0i}}
\end{cases}
\tag{6.4}
$$

$$
\rho_{0i} = \sqrt{(X_i - X_0)^2 + (Y_i - Y_0)^2 + (Z_i - Z_0)^2} \quad (i = 1,2,3,4)
\tag{6.5}
$$

记

$$
A =
\begin{bmatrix}
\dfrac{\partial \rho_1}{\partial X} & \dfrac{\partial \rho_1}{\partial Y} & \dfrac{\partial \rho_1}{\partial Z} & 1 \\[2mm]
\dfrac{\partial \rho_2}{\partial X} & \dfrac{\partial \rho_2}{\partial Y} & \dfrac{\partial \rho_2}{\partial Z} & 1 \\[2mm]
\dfrac{\partial \rho_3}{\partial X} & \dfrac{\partial \rho_3}{\partial Y} & \dfrac{\partial \rho_3}{\partial Z} & 1 \\[2mm]
\dfrac{\partial \rho_4}{\partial X} & \dfrac{\partial \rho_4}{\partial Y} & \dfrac{\partial \rho_4}{\partial Z} & 1
\end{bmatrix}
\tag{6.6}
$$

则线性方程组(6.3)可写成如下矩阵形式,即

$$
A
\begin{bmatrix}
\Delta X \\ \Delta Y \\ \Delta Z \\ C\Delta t_u
\end{bmatrix}
=
\begin{bmatrix}
\Delta \rho_1 \\ \Delta \rho_2 \\ \Delta \rho_3 \\ \Delta \rho_4
\end{bmatrix}
\tag{6.7}
$$

式中:A 为非奇异可逆,因此有

$$
\begin{bmatrix}
\Delta X \\ \Delta Y \\ \Delta Z \\ C\Delta t_u
\end{bmatrix}
= A^{-1}
\begin{bmatrix}
\Delta \rho_1 \\ \Delta \rho_2 \\ \Delta \rho_3 \\ \Delta \rho_4
\end{bmatrix}
\tag{6.8}
$$

根据最小二乘法,有

$$
\begin{bmatrix} \Delta X \\ \Delta Y \\ \Delta Z \\ C\Delta t_u \end{bmatrix} = (A^{\mathrm{T}}A)^{-1}A^{\mathrm{T}}\Delta\rho \tag{6.9}
$$

最后可得用户的坐标为

$$
\begin{cases} X = X_0 + \Delta X \\ Y = Y_0 + \Delta Y \\ Z = Z_0 + \Delta Z \end{cases} \tag{6.10}
$$

GPS 定位精度除了取决于等效距离误差外,还取决于地面接收机与高空 GPS 卫星空间后方交会的几何构型。用户与卫星间的几何关系对定位误差的影响大小,用几何精度系数 GDOP 来表示。

设用户坐标为局部切平面坐标系,记误差矢量 $\boldsymbol{\Delta} = (\Delta x, \Delta y, \Delta z, \Delta t_u)$,并设卫星伪距误差相等,互相独立,且具有零均值和方差 σ^2,根据误差传播理论,得

$$
\mathrm{cov}(\boldsymbol{\Delta\Delta}^{\mathrm{T}}) = (A^{\mathrm{T}}A)^{-1}\sigma^2 \tag{6.11}
$$

令

$$
\boldsymbol{Q} = (A^{\mathrm{T}}A)^{-1} = \begin{bmatrix} q_{11} & q_{12} & q_{13} & q_{14} \\ q_{21} & q_{22} & q_{23} & q_{24} \\ q_{31} & q_{32} & q_{33} & q_{34} \\ q_{41} & q_{42} & q_{43} & q_{44} \end{bmatrix} \tag{6.12}
$$

则称 $\boldsymbol{Q}$ 为几何精度系数矩阵,它取决于接收机与各卫星之间相对图形结构。由协方差定义可知

$$
\mathrm{cov}(\boldsymbol{\Delta\Delta}^{\mathrm{T}}) = \begin{bmatrix} \sigma_x^2 & \sigma_{xy} & \sigma_{xz} & \sigma_{xt} \\ \sigma_{yx} & \sigma_y^2 & \sigma_{yz} & \sigma_{yt} \\ \sigma_{zx} & \sigma_{zy} & \sigma_z^2 & \sigma_{zt} \\ \sigma_{tx} & \sigma_{ty} & \sigma_{tz} & \sigma_t^2 \end{bmatrix} \tag{6.13}
$$

因此定义

$$
\mathrm{GDOP} = \frac{\sqrt{\sigma_x^2 + \sigma_y^2 + \sigma_z^2 + \sigma_t^2}}{\sigma} = \sqrt{q_{11} + q_{22} + q_{33} + q_{44}} \tag{6.14}
$$

由此可见,几何精度系数表示最后定位误差是伪距测距误差的倍数,表示接收机与各卫星之间相对图形结构对定位误差的影响大小。

为了关系式的规范化,几何精度系数 GDOP 常常使用规定测距等效误差为单位误差的方式来计算,即

$$GDOP = \sqrt{\sigma_x^2 + \sigma_y^2 + \sigma_z^2 + \sigma_t^2} \qquad (6.15)$$

GDOP 值是总的几何精度系数,为了表明测距误差对有关分量的影响大小,可同时得到下列系数值:

(1)定位(三维)精度系数 PDOP(Position DOP),即

$$PDOP = \sqrt{\sigma_x^2 + \sigma_y^2 + \sigma_z^2} \qquad (6.16)$$

(2)水平位置(二维)精度系数 HDOP(Horizontal DOP),即

$$HDOP = \sqrt{\sigma_x^2 + \sigma_y^2} \qquad (6.17)$$

(3)垂直方向精度系数 VDOP(Vertical DOP),即

$$VDOP = \sigma_z \qquad (6.18)$$

(4)时钟偏差系数 TDOP(Time DOP),即

$$TDOP = \sigma_t \qquad (6.19)$$

各参数间满足下列关系,即

$$\begin{cases} GDOP = \sqrt{(PDOP)^2 + (TDOP)^2} \\ PDOP = \sqrt{(HDOP)^2 + (VDOP)^2} \end{cases} \qquad (6.20)$$

6.3.2 双星定位几何精度系数计算模型

双星系统测量的是电波在测控站、两颗卫星和用户之间往返传播的时间。现假设有双星系统中卫星 1 的坐标为 (X_1, Y_1, Z_1),卫星 2 的坐标为 (X_2, Y_2, Z_2),用户的坐标为 (X, Y, Z),如图 6-7 所示,将双星定位工作的应答过程换算为相应的距离,则有

$$\begin{cases} L_1 = 2\rho_1 + 2S_1 \\ L_2 = \rho_1 + S_1 + S_2 + \rho_2 \end{cases} \qquad (6.21)$$

式中:ρ_1、ρ_2 分别为用户至卫星 1、卫星 2 的距离;S_1、S_2 分别为测控站至卫星 1、卫星 2 的距离;L_1、L_2 为实际观测量。

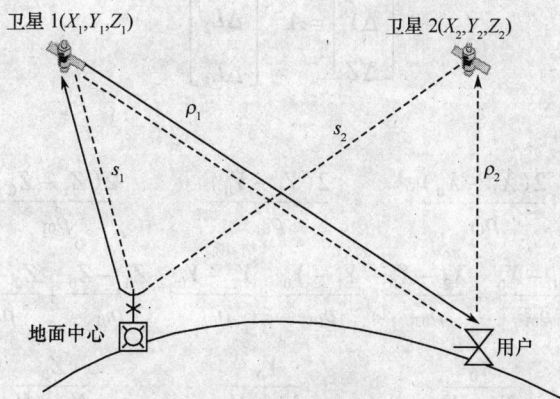

图 6-7 双星测距示意图

通过测量 L_1、L_2，利用式(6.21)和已知的用户高程，可联立解得用户的直角坐标系 (X,Y,Z)。然后利用定位解算方法进行求解。

常用的定位解算方法有高程代入法、相似椭球法、近似椭球法和三边交会法等，实践证明，三边交会法是双星定位解算的最好方法。

下面用三边交会法进行定位解算。

如图6-8所示，设用户处法线到短轴的距离为观测值 ρ_3，与 ρ_1、ρ_2 三边交会于测站点，则由椭球几何学可知，用户至点 O' 的距离为

$$\rho_3 = \sqrt{X^2 + Y^2 + (Z + Ne^2\sin^2 B)^2} \tag{6.22}$$

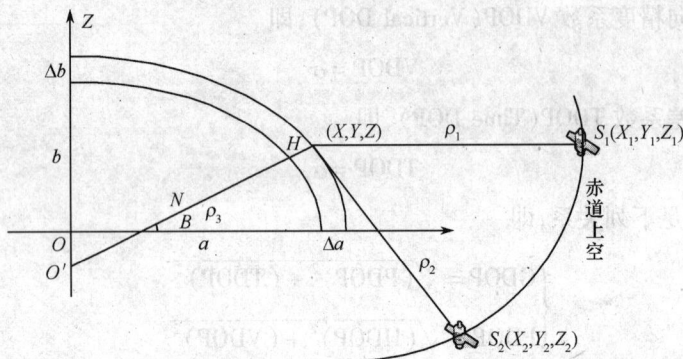

图6-8 三边交会法示意图

与式(6.21)联立得基本观测方程，即

$$\begin{cases} L_1 = L_1(X,Y,Z) = 2\rho_1 + 2S_1 \\ L_2 = L_2(X,Y,Z) = \rho_1 + S_1 + S_2 + \rho_2 \\ L_3 = L_3(X,Y,Z) = \sqrt{X^2 + Y^2 + (Z + Ne^2\sin^2 B)^2} \end{cases} \tag{6.23}$$

与 GPS 求解相似，经过一系列求解，用户的修正坐标可表示为

$$\begin{bmatrix} \Delta X \\ \Delta Y \\ \Delta Z \end{bmatrix} = A^{-1} \begin{bmatrix} \Delta L_1 \\ \Delta L_2 \\ \Delta L_3 \end{bmatrix} \tag{6.24}$$

系数矩阵为

$$A = \begin{bmatrix} \dfrac{2(X_1 - X_0)}{\rho_{01}} & \dfrac{2(Y_1 - Y_0)}{\rho_{01}} & \dfrac{2(Z_1 - Z_0)}{\rho_{01}} \\[3mm] \dfrac{X_1 - X_0}{\rho_{01}} + \dfrac{X_2 - X_0}{\rho_{02}} & \dfrac{Y_1 - Y_0}{\rho_{01}} + \dfrac{Y_2 - Y_0}{\rho_{02}} & \dfrac{Z_1 - Z_0}{\rho_{01}} + \dfrac{Z_2 - Z_0}{\rho_{02}} \\[3mm] \dfrac{X_0}{N_0 + H} & \dfrac{Y_0}{N_0 + H} & \dfrac{Z_0}{N_0 + H} \end{bmatrix} \tag{6.25}$$

式中：(X_0, Y_0, Z_0) 为用户近似坐标，且

134

$$\begin{cases} \rho_{01} = \sqrt{(X_1 - X_0)^2 + (Y_1 - Y_0)^2 + (Z_1 - Z_0)^2} \\ \rho_{02} = \sqrt{(X_2 - X_0)^2 + (Y_2 - Y_0)^2 + (Z_2 - Z_0)^2} \end{cases} \tag{6.26}$$

N_0 为卯酉圈曲率半径,则有

$$N_0 = \frac{a}{\sqrt{1 - e^2 \sin[B]^2}} \tag{6.27}$$

由空间直角与大地坐标的转换关系得

$$\begin{cases} X_0 = (N_0 + H)\cos B \cos L \\ Y_0 = (N_0 + H)\cos B \sin L \\ Z_0 = [N_0(1 - e^2) + H]\sin B \end{cases} \tag{6.28}$$

式(6.25)可改写为

$$A = \begin{bmatrix} \dfrac{2(X_1 - X_0)}{\rho_{01}} & \dfrac{2(Y_1 - Y_0)}{\rho_{01}} & \dfrac{2(Z_1 - Z_0)}{\rho_{01}} \\[2ex] \dfrac{X_1 - X_0}{\rho_{01}} + \dfrac{X_2 - X_0}{\rho_{02}} & \dfrac{Y_1 - Y_0}{\rho_{01}} + \dfrac{Y_2 - Y_0}{\rho_{02}} & \dfrac{Z_1 - Z_0}{\rho_{01}} + \dfrac{Z_2 - Z_0}{\rho_{02}} \\[2ex] \cos B \cos L & \cos B \sin L & \sin B \end{bmatrix} \tag{6.29}$$

式中:a、e 为参考椭球长半轴及偏心率;B、L、H 依次为大地纬度、大地经度和大地高。

对(6.21)取全微分并用增量代替,有

$$\Delta L = \begin{bmatrix} \Delta L_1 \\ \Delta L_2 \\ \Delta L_3 \end{bmatrix} = \begin{bmatrix} \dfrac{\partial L_1}{\partial X} & \dfrac{\partial L_1}{\partial Y} & \dfrac{\partial L_1}{\partial Z} \\[2ex] \dfrac{\partial L_2}{\partial X} & \dfrac{\partial L_2}{\partial Y} & \dfrac{\partial L_2}{\partial Z} \\[2ex] \dfrac{\partial L_3}{\partial X} & \dfrac{\partial L_3}{\partial Y} & \dfrac{\partial L_3}{\partial Z} \end{bmatrix} \begin{bmatrix} \Delta X \\ \Delta Y \\ \Delta Z \end{bmatrix} \tag{6.30}$$

式(6.30)右端系数矩阵与用户、卫星、主控站间相对几何关系有关,且与式(6.29)定义的系数矩阵是一致的。

系数矩阵 A 可逆,求逆后又有

$$\Delta r = \begin{bmatrix} \Delta X \\ \Delta Y \\ \Delta Z \end{bmatrix} = A^{-1} \begin{bmatrix} \Delta L_1 \\ \Delta L_2 \\ \Delta L_3 \end{bmatrix} \tag{6.31}$$

定义通过卫星取得的距离观测量 ΔL_1 和 ΔL_2 的权为1,通过数字高程模型得到的观测量 ΔL_3 的权为

$$p_3 = \sigma^2 / \sigma_H^2 \tag{6.32}$$

式中:σ 为双星定位系统的等效测距标准差;σ_H 为数字高程模型误差,$\sigma_H \approx 10\mathrm{m}$。因此,

随机误差 ΔL 的权阵为

$$P = \begin{bmatrix} 1 & 0 & 0 \\ 0 & 1 & 0 \\ 0 & 0 & p_3 \end{bmatrix} \tag{6.33}$$

按照随机矢量误差的传播定律,可推得由 ΔL 引起的用户坐标协方差为

$$\text{cov}(\Delta r) = (A^T P A)^{-1} \sigma^2 \tag{6.34}$$

记

$$Q = (A^T P A)^{-1} = \begin{bmatrix} q_{11} & q_{12} & q_{13} \\ q_{21} & q_{22} & q_{23} \\ q_{31} & q_{32} & q_{33} \end{bmatrix} \tag{6.35}$$

则根据协方差阵的定义,有

$$\begin{cases} m_X^2 = q_{11} \\ m_Y^2 = q_{22} \\ m_Z^2 = q_{33} \end{cases} \tag{6.36}$$

(三维)精度系数 PDOP 值为

$$\text{PDOP} = \sqrt{q_{11} + q_{22} + q_{33}} \tag{6.37}$$

即得几何定位精度系数。

6.3.3　定位星座优选模型

　　几何精度系数对定位和钟差的精度有着重大影响。因此,为了提高定位精度,应选择几何精度系数最小的 4 颗卫星进行定位,GPS 星座在轨工作卫星已达 32 颗,某一时刻地面用户可见卫星最多可达 12 颗,最少可达 6 颗,这就要求定位时进行最佳星座的选择。为了保证定位精度,应规定几何精度系数的最大限值。

　　最佳星座的选择有两条基本原则:一是观测卫星的仰角必须小于 5°或 10°,以减小大气折射误差;二是使参与定位卫星的几何精度系数 GDOP 值最小,以确保获得最好的定位和授时精度。主要有两种方法:一是遍历计算 GDOP 值选星;二是按卫星的几何构型选星。

　　第一种方法的主要思想是采用排列组合的方式进行选择,假设用户当前可见卫星为 n 颗,对可见卫星进行 4 颗一组的组合排序 C_n^4,计算每组构型的 GDOP 值,选择 GDOP 值最小的构型作为定位构型,则计算流程如图 6-9 所示。这需要较大的计算量。随着卫星位置随时间的变化,各个时间段的最佳星座不同,需要分别计算。

　　第二种方法是一种简易、近似的方法。统计计算

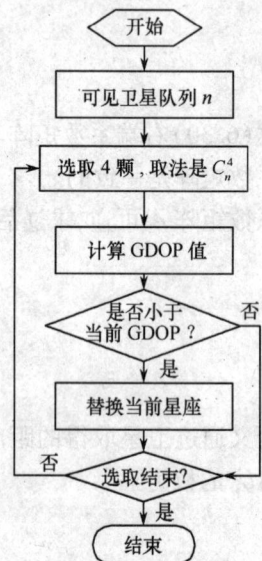

图 6-9　优选定位星座算法流程

表明,GDOP 与接收机至卫星矢量端点所形成的四面体体积 V 成反比。据此特性,选一颗处于垂线(天顶)方向的卫星,其余 3 星相距约 120°时,所构成的四面体体积最大,即星座构型最佳。

6.3.4 用户位置确定与计算模型

GPS 用户的定位精度主要取决于伪距测量误差和几何精度系数,其中伪距测量误差主要来源于三个方面:与 GPS 卫星有关的误差,与信号传播有关的误差,与接收设备有关的误差。各种影响因素及其对定位的影响如表 6-1 所列。其中卫星星历误差、电离层折射误差、对流层折射误差是影响 GPS 定位精度的主要因素。

表 6-1 GPS 定位误差的种类

误差来源	误差种类	精度/m
GPS 卫星	卫星星历误差、卫星时钟、相对论效应	1.5 ~ 15
信号传播	电离层折射误差、对流层折射误差、多路径误差	1.5 ~ 15
接收设备	接收机钟误差、相对中心位置误差	1.5 ~ 15

"北斗一代"导航定位系统的主要误差源有卫星位置误差、设备误差、传播误差、高程误差和站址误差等,如表 6-2 所列。和其他卫星导航系统相似,可以把各种误差源归结为等效测距误差,并据此估计这些误差对导航定位精度的影响。

表 6-2 "北斗一代"系统中主要误差源的量级和大小

误差来源	误差种类	精度/m
卫星位置误差	卫星定轨径向误差	3 ~ 5
设备误差	设备时延误差、标校机引起的测时随机误差、用户机引起的随机误差、地面中心测试时的随机误差、卫星转发器引起的测时误差	13 ~ 15
传播误差	电离层折射误差、对流层折射误差、多路径误差	约为 11
高程误差	数字化高程图、气压测高	5 ~ 10
站址误差	地面中心站址误差、测轨标校机站址误差、定位标校机站址误差、测高标校机站址误差	约为 4

综合以上分析可知,GPS 导航系统的 C/A 码(民用)伪距误差 ξ 为 4.5m ~ 45m,P 码(军用)的伪距误差大约是 C/A 码的 1/10,"北斗一代"卫星导航系统的伪距误差 ξ 为 36m ~ 45m。建立随机数模型,令测量的伪距误差 σ 取 ξ 的随机数,有

$$\sigma = \mathrm{Random}(\xi)$$

根据几何精度系数和测量的伪距误差,可得到用户的各种定位精度,即

$$\left\{ \begin{array}{l} \text{三维空间用户位置定位精度 } P_p = \mathrm{PDOP} \times \sigma \\ \text{水平面内二维用户位置定位精度 } P_h = \mathrm{HDOP} \times \sigma \\ \text{用户位置的垂直高度定位精度 } P_v = \mathrm{VDOP} \times \sigma \\ \text{用户时钟偏差精度 } P_t = \mathrm{TDOP} \times \sigma \end{array} \right. \qquad (6.38)$$

则根据式(6.10)可得用户的定位坐标为

$$\begin{cases} X = X_0 + \sqrt[3]{P_p} \\ Y = Y_0 + \sqrt[3]{P_p} \\ Z = Z_0 + \sqrt[3]{P_p} \end{cases} \quad \text{或} \quad \begin{cases} X = X_0 + \sqrt{P_h} \\ Y = Y_0 + \sqrt{P_h} \\ Z = Z_0 + P_v \end{cases} \tag{6.39}$$

6.3.5 用户速度确定与计算模型

对于速度较为平稳的用户,可采用位置在一定时间内的差商代替导数来近似求出速度,假设 t_1 时用户的位置为 $X_1 Y_1 Z_1$,t_2 时用户的位置为 $X_2 Y_2 Z_2$,则此时用户的速度 V 为

$$V = \begin{bmatrix} Vx \\ Vy \\ Vz \end{bmatrix} = \frac{\mathrm{d}}{\mathrm{d}t} \begin{bmatrix} X \\ Y \\ Z \end{bmatrix} \approx \frac{1}{t_2 - t_1} \begin{bmatrix} X_2 - X_1 \\ Y_2 - Y_1 \\ Z_2 - Z_1 \end{bmatrix} \tag{6.40}$$

这种方法要求在选定的时间段内,即 $t_1 \sim t_2$ 时间内,用户的速度保持恒定(即没有加速度),并且位置差值的误差较小,这样得出的结果比较令人满意,否则误差较大。

为了克服以上的局限性,可采用多普勒频移法。导航卫星在轨道上运行,以固定频率发射信号,由于卫星与用户之间的距离变化,要产生多普勒效应。当卫星向接收机飞近时,接收到的频率增大,当离去时,频率下降。设卫星频率为 f_s,接收机接收的卫星频率为 f_r,则根据多普勒效应可得

$$\Delta f = f_s - f_r = \frac{f_s}{C} \dot{\rho} \tag{6.41}$$

式中:C 是电波传播速度;$\dot{\rho}$ 是卫星相对于接收机的距离变化率。

因此,如果能够测定多普勒频移,则可得距离变化率的观测值为

$$\dot{\rho} = \frac{C}{f_s} \Delta f \tag{6.42}$$

按照类似于求解用户位置的方法,计算用户速度的变化率。对式(6.42)求时间导数,得到距离变化率方程为

$$\dot{\rho}_i = \frac{(X_i - X)(\dot{X}_i - \dot{X}) + (Y_i - Y)(\dot{Y}_i - \dot{Y}) + (Z_i - Z)(\dot{Z}_i - \dot{Z})}{\sqrt{(X_i - X)^2 + (Y_i - Y)^2 + (Z_i - Z)^2}} + c\Delta \dot{t}_u \quad (i = 1,2,3,4) \tag{6.43}$$

式中:$\dot{\rho}_i$ 为伪距离变化率;(X, Y, Z) 为用户真实位置;(X_i, Y_i, Z_i) 为卫星瞬时位置;$(\dot{X}_i, \dot{Y}_i, \dot{Z}_i)$ 为卫星瞬时速度;$(\dot{X}, \dot{Y}, \dot{Z})$ 为待求用户速度;$\Delta \dot{t}_u$ 为待求用户钟差变化率。

将式(6.43)展开后并写成线性方程组形式,有

$$\frac{\partial \rho_i}{\partial X}(\dot{X} - \dot{X}_i) + \frac{\partial \rho_i}{\partial Y}(\dot{Y} - \dot{Y}_i) + \frac{\partial \rho_i}{\partial Z}(\dot{Z} - \dot{Z}_i) + C\Delta \dot{t}_u = \dot{\rho}_i \tag{6.44}$$

与定位几何精度系数矩阵相同,可以构建速度几何精度系数矩阵 A,假设伪距误差相等,互相独立,且具有零均值和方差 σ^2,根据误差传播理论,得

138

$$\text{cov}(\Delta\Delta^T) = (A^TA)^{-1}\sigma^2 \tag{6.45}$$

令 $Q = (A^TA)^{-1}$,则测速精度系数 VeDOP(Velocity DOP)等于

$$\text{VeDOP} = \sqrt{q_{11} + q_{22} + q_{33}} \tag{6.46}$$

与位置定位精度类似,用户的速度测量精度 V_e 为

$$V_e = \text{VeDOP} \times \sigma \tag{6.47}$$

式中:σ 为伪距测量误差。

6.3.6 导航干扰分析模型

根据干扰机的基本原理,干扰效果是对接收机而不是对发射机。干扰环境分析通常是很复杂的,而且容易出错。因此,要使干扰有效必须将干扰机信号"输入"敌方接收机内,即通过天线耦合,进入接收机的滤波器和处理单元。这些都与干扰机向接收机方向发射的信号强度以及干扰机与接收机之间的距离和信号传播环境、有无遮蔽物等因素密切相关。因此,只有当 GPS 接收机受到干扰时才能计算干扰机的干扰效果。描述这一干扰效果的最常用方法是用进入接收机内部的干扰信号功率除以 GPS 信号功率(即接收机真正期望接收到的信号功率)所得到的效率比来表示。这个比率被称为干信比,以 J/S 来计算且单位为"dB"值。

GPS 卫星信号(载波、测距码、数据码)都是在同一个基本频率 $f_0 = 10.23\text{MHz}$ 的控制下产生的。其中,在载波 L_1 上调制有 C/A 码和 P 码的数据码,在载波 L_2 上只调制有 P 码的数据码,如表 6-3 所列。

表 6-3 GPS 卫星信号调制信息

信号类型	与基本频率运算关系	频率/MHz
L_1 载波	×154	1575.42
L_2 载波	×120	1227.60
C/A 码	÷10	1.023
P 码	×1	10.23

GPS 信号到达地面的功率非常微小,以 C/A 码为例,若 C/A 码到达接收机的功率为 -157dBW,当到达接收机的干扰信号功率大于 -130dBW 时,GPS 信号便不能有效地跟踪和捕获。试验表明,在 $-125\text{dBW} \sim -130\text{dBW}$ 都可以对接收机进行有效干扰。

综上所述,对 GPS 系统的干扰主要从频率和功率干扰角度考虑。在干扰频率和载波频率相等的情况下,若干扰功率大于一定值,即可对接收机进行有效干扰,致使导航定位系统不能正常工作。

1. GPS 接收机接收到的信号功率

GPS 信号从发射机到达 GPS 接收机的信号输入功率为

$$S = P_T + G_T - 32 - 20\lg(F) - 20\lg(D_S) + G_r \tag{6.48}$$

式中,S 为 GPS 接收机接收到的信号功率(dB);P_T 为发射机的发射功率(dBm);G_T 为发射天线增益(dB);F 为发射频率(MHz);D_S 为 GPS 发射机到接收机的距离(km);G_r 为接收天线增益(dB)。

2. GPS 接收机接收到的干扰功率

根据信号传输特性,干扰信号的传输是单程的。一般情况下,干扰目标是 GPS 接收机,其干扰信号的特征与通信接收机相同。除非 GPS 接收机有一个全向天线,否则天线增益将随天线接收信号的方位和仰角而变化。其次,通常干扰信号的频带宽度要比 GPS 信号的频带宽度宽得多,使接收机不能精确地测量和测定需要的信号频率。在测定干信比时,重要的是只计算进入 GPS 接收机工作频带内的干扰信号功率。在上述条件下,到达 GPS 接收机输入端的干扰信号功率为

$$J = P_J + G_J - 32 - 20\lg(F) - 20\lg(D_J) + G_{rJ} \tag{6.49}$$

式中:J 为 GPS 接收机接收到的干扰功率(dB);P_J 为在 GPS 接收机频带内干扰机的发射功率(dBm);G_J 为干扰机天线增益(dB);F 为干扰机发射频率(MHz);D_J 为干扰机到 GPS 接收机的距离(km);G_{rJ} 为干扰机方向接收天线增益(dB)。

3. 干信比

在 GPS 接收机频带内,干信比是干扰信号强度与 GPS 信号强度之比(用"dB"表示)。根据式(6.48)和式(6.49),可以直接推导出干信比公式,由于 J 和 S 均以"dB"来表示,它们的功率比与其分贝比是大体相同的。对于单程 GPS 信号传输情况来说,干信比公式可用分贝计算为 $J/S = J - S$,得

$$J/S = P_J - P_T + G_J - G_T - 20\lg(D_J) + 20\lg(D_S) + G_{rJ} - G_r \tag{6.50}$$

假设使 GPS 接收机失效的干信比阈值为 J/S_Θ,未受到干扰时的定位精度为 P,则受到干扰后的定位精度 P_Θ 为

$$P_\Theta = \begin{cases} +\infty, & J/S \geqslant J/S_\Theta \\ P\dfrac{J/S_\Theta}{J/S_\Theta - J/S}, & 0 \leqslant J/S < J/S_\Theta \end{cases} \tag{6.51}$$

第7章　航天器导弹预警功能建模与仿真

航天器导弹预警主要用于早期发现来袭的弹道导弹并根据测得的来袭导弹的运动参数预报导弹落点、提供足够的预警时间,同时给己方战略进攻武器指示来袭导弹的发射阵位。对弹道导弹预警系统的主要要求是:预警时间长,发现概率高,虚警率低,目标容量大,并能以一定的精度测定来袭导弹的轨道参数。典型的预警卫星系统是美国的 DSP 预警卫星,由几颗地球静止轨道卫星组成,俄预警卫星网则采用周期约 20h 的大椭圆轨道卫星。初期,美、俄预警卫星都是针对战略洲际导弹和潜射弹道导弹而设计的,随着战场形式的变化和航天技术的发展,导弹预警卫星系统也从战略应用为主逐渐趋向于战术应用为主。

7.1　航天器导弹预警功能原理

7.1.1　DSP 功能原理

美国于 1971 年发射第一颗工作型地球同步预警卫星,1977 年起改称为"国防支援计划"(DSP),最后一颗预警卫星(DSP - 23)已于美国东部时间 2007 年 11 月 10 日晚发射升空。目前,在轨运行的卫星有 DSP - 20(定位于西经 36.25°)、DSP - 21(定位于东经 69.48)和 DSP - 22(定位于东经 103.84)[①],如图 7 - 1 所示。DSP 迄今已发展到第三代,功能也逐步趋于完善,但卫星基本结构并无重大变化。卫星上的主要工作设备仍然是红外望远镜、高分辨力电视摄像机和天线。

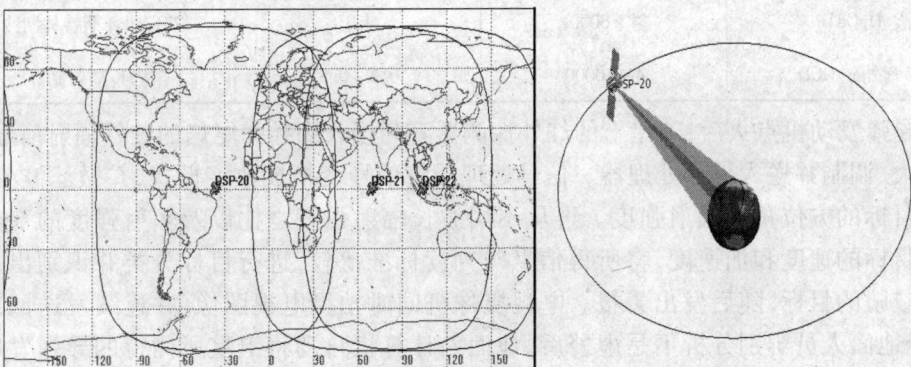

图 7 - 1　DSP 卫星分布与在轨运行示意图

---

① 美国忧思科学家联盟网站 http://ucsusa.org/satellite_database,2009 年 10 月 1 日卫星数据库。

1. 红外望远镜

红外望远镜由红外探测器阵列和施密特望远镜组成。施密特望远镜由球面主反射镜和消球差校正透镜组成,结构简单,容易校准和安装,成像质量好。消球差校正透镜装在望远镜的底部,红外辐射能量就是通过它来收集的。目前,DSP卫星上配有由6000个硫化铅(PbS)探测元组成的焦面阵列,能探测到波长为2.7μm左右的红外辐射,焦面阵列的末端还固定着一组碲镉汞探测元,能探测到4.3μm波段的辐射,这样,探测器不仅对导弹助推段而且对导弹飞行中段都具有很强的探测能力。

2. 可见光高分辨力电视摄像机

电视摄像机的作用是辅助红外探测器辨别真假导弹目标。导弹发动机点火时,红外探测器及时探测到导弹喷焰的红外辐射并报警,为避免造成虚警,电视摄像机自动控制拍摄发射导弹的照片,同时向地面发送,地面站即可根据导弹喷焰的图像,判断是否真有导弹发射及发射导弹的类型,并粗略测量导弹主动段的运动轨迹。平时,在红外探测器没有发送警报时,电视图像每隔30s发送一次,以便地面人员直观地检查卫星的工作状态。

3. 天线

卫星上所装的天线用来接收和发送数据。

第三代DSP卫星长8.5m、直径为2.7m,质量约为2.36t,设计寿命为3年~5年,实际工作寿命为7年~9年,探测器主要性能如表7-1所列。卫星采用自旋稳定方式,它以每分钟大约6转的转速绕其指向地面的主轴旋转,以保持正确的取向。望远镜轴线与卫星主轴成7.5°的夹角,因而,随着卫星自旋可形成一个圆锥扫描区域,通过施密特望远镜搜集红外辐射来监视导弹发射,地面控制人员可在120s内鉴别出目标。

表7-1 DSP卫星探测器主要性能

探测器类型	探测器像元数	工作谱段/μm	制冷
PbS CCD	4×2000	2.7	196K 辐射制冷
HgCdTe	4×6000	4.3	77K 闭环斯特林制冷
紫外硅 CCD	4×10000	0.3~0.5	196K 辐射制冷

导弹发动机点火后,卫星上的红外探测器阵列接收到导弹尾焰的红外辐射信号,立即放大、调制并送入信号处理器。信号处理器将信号变换成数字形式,并做滤波处理,测出目标的方位角和辐射强度。再从不同波长辐射强度之比以及辐射强度的变化换算出目标的速度和加速度,将所得信息与判读标准比较,进行目标分类并识别出那些存在威胁的目标,随后发出警报。电视摄像机同时拍摄电视图像,并连续发送回地面站,经地面人员辨别分析不是虚警后,地面站计算机自动将卫星所测得的导弹发射数据及红外信号特征数据与事先存入机内的已知数据进行比较,计算出弹道,预测出导弹的落点范围。

在导弹继续爬升阶段,随着星载望远镜循环往复地进行圆周扫描,DSP卫星又可获得几组观测数据,多重数据的取得,增加了导弹弹道的可信度,为导弹落点和导弹飞行时间的预报提供了更强有力的依据。

7.1.2 SBIRS 功能原理

针对 DSP 系统对战术导弹预警效果较差的弱点,海湾战争以后,美国计划发展"天基红外系统"(SBIRS)以替代 DSP 系统,该系统包括高轨道(SBIRS-HIGH)和低轨道(SBIRS-LOW)两部分,如图 7 - 2 所示。

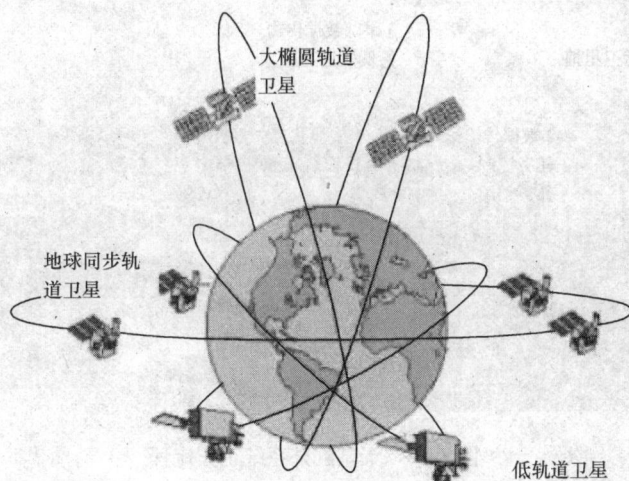

图 7 - 2　天基红外系统的空间星座

高轨道部分由 4 颗地球同步轨道卫星和 2 颗大椭圆轨道卫星组成,主要用于探测与跟踪处于助推段的弹道导弹,大椭圆轨道卫星可以加强对高纬度地区的覆盖能力,据报道,2 颗大椭圆轨道预警载荷已经搭载其他卫星平台发射升空。天基红外的高轨道卫星上装有一台高速扫描型探测器和一台与之互补的凝视型探测器,其中扫描器的扫描速度比 DSP 大许多,它同凝视型探测器相配合,使天基红外系统卫星的扫描速度和灵敏度比 DSP 卫星大 10 倍以上。

SBIRS 的低轨道部分成为空间导弹跟踪系统(SMTS),系统具有弹道导弹全程的跟踪能力,而不只在导弹发射的"热推进阶段"(主动段),与现有系统相比,提供预警信息的准确度和精确度显著提高,可大大降低反导系统的部署数量。据最新资料表明,它由 30 颗低轨卫星组成,至少分布在 3 个轨道平面上,计划 2011 年发射部署完成。

天基红外系统包括高轨卫星和低轨卫星两部分,高轨负责发现,低轨负责跟踪。当高轨道预警卫星发现导弹发射后,将数据传输至任务控制站,任务控制站将数据发送给低轨预警卫星,低轨预警卫星网采用"接力"的工作方式对目标进行跟踪监视,并将测量数据不断下传至任务控制站,任务控制站根据预警信息引导拦截导弹发射,如图 7 - 3 所示。

系统工作时,高轨道卫星先由高速扫描探测器扫掠南北半球,探测导弹发射时喷出的尾焰,如发现目标,则将已探测到的信息提供给凝视型探测器,由它将目标画面拉近放大,获取详细信息,并将信息下传到地面处理中心,中心通过计算机对图像信息进行处理、分类和目标识别,判断红外源的性质,算出导弹的弹道,引导低轨卫星保持对导弹飞行中段及末段的跟踪测量,低轨部分工作时,采用"接力"的方式,保证对目标的持续跟踪。

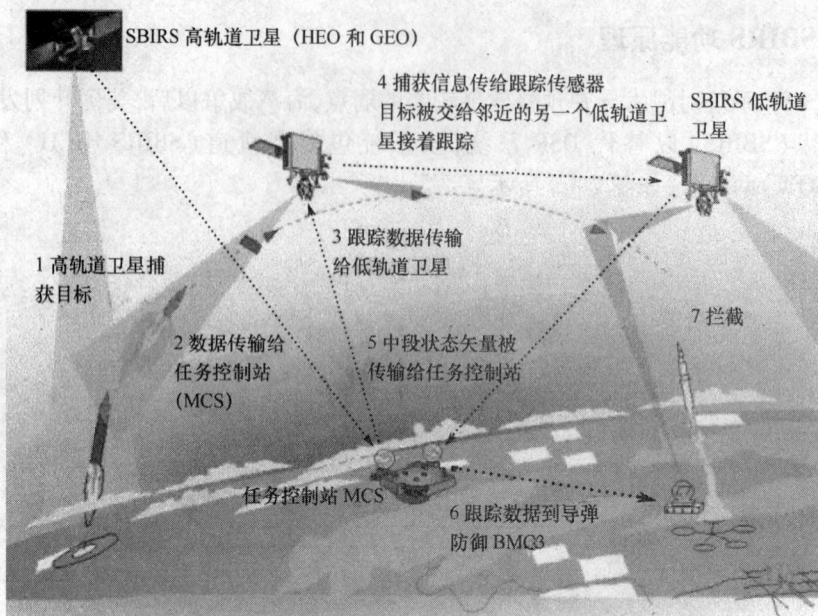

图 7-3 天基红外系统工作流程

7.2 航天器导弹预警功能仿真设计

7.2.1 仿真功能分析

航天器导弹预警功能仿真主要完成以下几方面:

(1)导弹目标飞行仿真。把弹道导弹主动段飞行过程看作是一个质量不断随时间变化的变质量运动,分析导弹在重力、惯性力和空气阻力等力作用下的质心运动,计算导弹质心主动段期间在发射坐标系下任意时刻的速度、位置分量。

(2)高轨卫星预警功能仿真。计算高轨卫星的探测距离、探测总视角,依据红外接收系统正常工作所需要的最小信噪比,对探测距离进行修正;计算卫星对目标的扫描次数,依据卫星对弹道的初步计算需要扫描次数,判断是否发现弹道导弹目标发射。

(3)低轨卫星预警功能仿真。依据弹头在探测器接收表面的红外辐射强度、探测器的噪声等效通量密度和探测器为了满足一定探测概率所必需的最低信噪比,计算低轨预警卫星的探测距离;计算单颗卫星定位精度。

(4)弹道预报模型。假设导弹的飞行弹道为椭圆弹道,根据弹道导弹关机点参数,拟合弹道参数,计算飞行时间和落点。

仿真输入数据包括航天器平台轨道参数、预警载荷的工作性能参数(红外工作波段、扫描速度等)、导弹目标的性能参数(发动机推力、工作时间等)和发射参数(起飞点坐标、射向等)。

仿真输出数据为预警能力,包括预警时间、落点预报等。

144

7.2.2 仿真模型结构

航天器导弹预警功能仿真模型包括公共基础模型和功能仿真专用模型,公共基础模型包括坐标系转换模型、航天器轨道描述模型、实时位置与速度计算模型、可见性判断计算模型、航天器轨道机动计算模型等(见本书第3章)。预警功能仿真专用模型主要包括以下7个子模型:

(1)导弹目标发射模型。描述了弹道导弹在主动段的飞行状态。

(2)探测距离计算模型。根据红外相机成像原理,分析了预警对主动段和自由段导弹的探测距离。

(3)探测扫描模型。这个模型主要针对高轨预警的扫描工作模式,高轨预警卫星负责对导弹发射的早期预警,因此其作用范围大,对区域进行扫描式侦察是其主要的工作模式。

(4)目标定位分析模型。这个模型主要针对低轨预警卫星,低轨预警卫星负责自由段导弹的跟踪测量,不断进行导弹预报。

(5)发射点预报模型。这是个近似模型,即把第一个探测点作为发射点。

(6)预警时间计算模型。根据导弹关机点参数,计算导弹全程弹道时间。

(7)落点预报模型。根据导弹关机点参数,计算导弹落点,如图7-4所示。

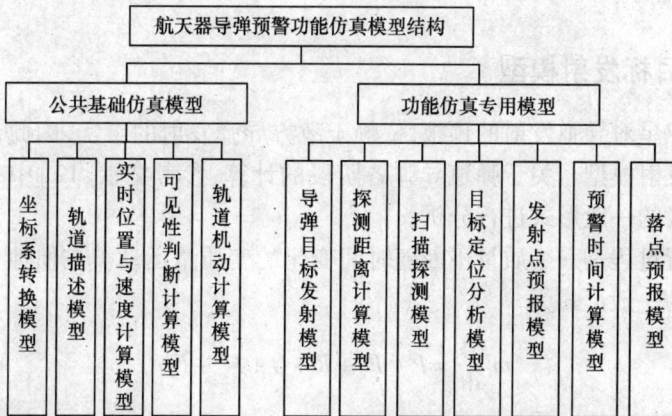

图7-4 航天器导弹预警功能仿真模型结构

7.2.3 仿真流程

航天器导弹预警仿真流程如下:

(1)运行导弹发射模型,实现导弹发射事实。

(2)计算高轨预警卫星的探测距离,开始进行扫描探测。

(3)判断高轨卫星对目标的覆盖状态,如果发现目标,转到步骤(4);反之,转到步骤(7)。

(4)计算低轨预警卫星的探测距离,根据位置参数计算覆盖状态。

(5)分析定位精度。

(6)进行导弹预报。

(7)退出仿真流程,如图7-5所示。

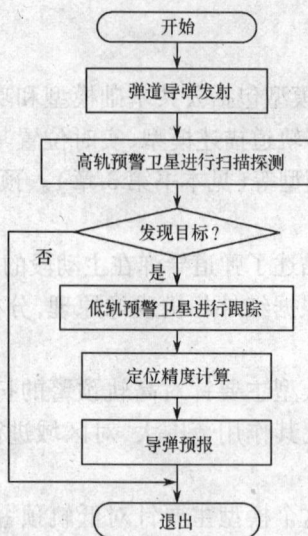

图 7-5　航天器导弹预警功能仿真流程

7.3　航天器导弹预警功能建模

7.3.1　导弹目标发射模型

导弹预警卫星对导弹发射的预报,依赖于敌方导弹发射的事实,因此,需要立足于发射方建立导弹发射模型。关于弹道导弹各阶段的计算,参考文献[12]中有详细介绍,本节只针对主动段的一般形式进行分析。

导弹的飞行过程是一个质量不断随时间变化的变质量运动。在惯性坐标系中,导弹质心运动方程的一般形式为

$$m\frac{\mathrm{d}V}{\mathrm{d}t} = P + P_i + R + G + F_c + F_e \tag{7.1}$$

式中:P 为发动机推力分量;P_i 为控制力分量;R 为空气动力分量;G 为地球引力分量;F_c 为柯氏惯性力分量;F_e 为牵连惯性力分量。各分量的计算公式如下:

1. 发动机推力分量 P 和控制力分量 P_i

发动机推力分量 P 为发动机有效推力 P_e 在发射坐标系各坐标轴上的投影,P_e 与弹体纵对称轴方向一致,控制力包括法向控制力和横向控制力,则发动机推力和控制力合力在发射坐标系各轴上的分量为

$$\begin{bmatrix} P_x + P_{ix} \\ P_y + P_{iy} \\ P_z + P_{iz} \end{bmatrix} = A_g^b \begin{bmatrix} P_e \\ R'\delta_\varphi \\ -R'\delta_\psi \end{bmatrix} \tag{7.2}$$

式中:A_g^b 为弹体坐标系与发射坐标系的方向余弦阵;P_e 为发动机有效推力;R' 为一对燃气舵的控制力梯度;δ_φ、δ_ψ 分别为俯仰、偏航等效舵偏角,且

$$A_g^b = \begin{bmatrix} \cos\varphi\cos\psi & -\sin\varphi\cos\gamma + \cos\varphi\sin\psi\sin\gamma & \sin\varphi\sin\gamma + \cos\varphi\sin\psi\cos\gamma \\ \sin\varphi\cos\psi & \cos\varphi\cos\gamma + \sin\varphi\sin\psi\sin\gamma & -\cos\varphi\sin\gamma + \sin\varphi\sin\psi\cos\gamma \\ -\sin\varphi & \cos\varphi\sin\gamma & \cos\varphi\cos\gamma \end{bmatrix} \qquad (7.3)$$

式中:φ、ψ 和 γ 分别称为导弹的俯仰角、偏航角和滚动角。

2. 空气动力分量 R

在导弹相对大气运动时,如何确定作用在导弹上的空气动力是一个颇为复杂的问题,很难通过理论计算准确确定,目前,采用空气动力学理论进行计算与空气动力试验相结合的方法。根据空气动力 R 作用在弹体位置的不同,将 R 在速度坐标系分解,在 x_c 轴的负向分量称为空气阻力,用 X 表示,而将 R 在 y_c 轴和 z_c 轴上的分量分别称为空气升力和侧力,各以 Y 和 Z 表示,于是有

$$\begin{bmatrix} X \\ Y \\ Z \end{bmatrix} = \frac{1}{2}\rho V^2 S_M \begin{bmatrix} -C_x \\ C_y^\alpha \alpha \\ -C_y^\alpha \beta \end{bmatrix} \qquad (7.4)$$

式中:S_m 为飞行器特性面积(导弹取弹头最大的横截面积);ρ 为大气密度;V 为导弹的飞行速度;C_x 为阻力系数;C_y^α 为升力系数。

空气动力分量 R 在发射坐标系各坐标轴的分量为

$$\begin{bmatrix} R_x \\ R_y \\ R_z \end{bmatrix} = \begin{bmatrix} C_{11} & C_{12} & C_{13} \\ C_{21} & C_{22} & C_{23} \\ C_{311} & C_{32} & C_{33} \end{bmatrix} \begin{bmatrix} -X \\ Y \\ Z \end{bmatrix} \qquad (7.5)$$

其中

$$\begin{cases} C_{11} = \cos\theta\cos\sigma \\ C_{12} = -\sin\theta\cos\gamma_c + \cos\theta\sin\sigma\sin\gamma_c \\ C_{13} = \sin\theta\sin\gamma_c + \cos\theta\sin\sigma\cos\gamma_c \\ C_{21} = \sin\theta\cos\sigma \\ C_{22} = \cos\theta\cos\gamma_c + \sin\theta\sin\sigma\sin\gamma_c \\ C_{22} = -\cos\theta\sin\gamma_c + \sin\theta\sin\sigma\cos\gamma_c \\ C_{31} = -\sin\sigma \\ C_{32} = \cos\sigma\sin\gamma_c \\ C_{33} = \cos\sigma\cos\gamma_c \end{cases}$$

式中:θ 为弹道倾角;σ 为弹道偏角;γ_c 为倾斜角。在主动段,由于有控制力,σ 和 γ_c 一般较小,因而有时可以略去不计。

3. 地球引力分量 G

假设地球为正常的椭球体时,地球引力 G 在发射坐标系各轴上的分量为

$$\begin{bmatrix} G_x \\ G_y \\ G_z \end{bmatrix} = m\frac{g_r}{r}\begin{bmatrix} x + R_{0x} \\ y + R_{0y} \\ z + R_{0z} \end{bmatrix} + m\frac{g_{\omega e}}{\omega_e}\begin{bmatrix} \omega_{ex} \\ \omega_{ey} \\ \omega_{ez} \end{bmatrix} \qquad (7.6)$$

式中：m 为导弹的瞬时质量；$\omega_e = 7.292115 \times 10^{-5}$ 为地球自转平均角速度，且

$$\begin{cases} R_{0x} = -R_0\sin\mu_0\cos A_0 \\ R_{0y} = R_0\cos\mu_0 \\ R_{0z} = R_0\sin\mu_0\sin A_0 \end{cases} \qquad \begin{cases} \omega_{ex} = \omega_e\cos B_0\cos A_0 \\ \omega_{ey} = \omega_e\sin B_0 \\ \omega_{ez} = -\omega_e\cos B_0\sin A_0 \end{cases} \qquad (7.7)$$

式中：A_0 为发射方位角；B_0 为发射点地理纬度；$\mu_0 = B_0 - \varphi_0$，φ_0 为发射点地心纬度，且

$$\begin{cases} g_r = -\dfrac{\mu_e}{r^2} + \dfrac{J}{r^4}(5\sin^2\varphi - 1) \\ g_{\omega e} = -\dfrac{2J}{r^4}\sin\varphi \end{cases} \qquad (7.8)$$

式中：$\mu_e = 3.986013 \times 10^{14}\mathrm{m}^3/\mathrm{s}^2$ 为地球引力常数；$J = 26.33281 \times 10^{24}\mathrm{m}^5/\mathrm{s}^2$ 为椭球体扁率常数；ϕ 为地心纬度；r 为导弹的地心距。

4. 柯氏惯性力分量 F_c

$$\begin{bmatrix} F_{cx} \\ F_{cy} \\ F_{cz} \end{bmatrix} = \begin{bmatrix} 0 & b_{12} & b_{13} \\ b_{21} & 0 & b_{23} \\ b_{31} & b_{32} & 0 \end{bmatrix}\begin{bmatrix} V_x \\ V_y \\ V_z \end{bmatrix} \qquad (7.9)$$

其中

$$\begin{cases} b_{12} = -b_{21} = 2\omega_x \\ b_{31} = -b_{13} = 2\omega_y \\ b_{23} = -b_{32} = 2\omega_z \end{cases} \qquad (7.10)$$

5. 牵连惯性力分量 F_e

$$\begin{bmatrix} F_{ex} \\ F_{ey} \\ F_{ez} \end{bmatrix} = \begin{bmatrix} a_{11} & a_{12} & a_{13} \\ a_{21} & a_{22} & a_{23} \\ a_{31} & a_{32} & a_{33} \end{bmatrix}\begin{bmatrix} x + R_{0x} \\ y + R_{0y} \\ z + R_{0z} \end{bmatrix} \qquad (7.11)$$

其中

$$\begin{cases} a_{11} = \omega_e^2 - \omega_{ex}^2 \\ a_{12} = a_{21} = -\omega_{ey}\omega_{ex} \\ a_{13} = a_{31} = -\omega_{ez}\omega_{ex} \\ a_{22} = \omega_e^2 - \omega_{ey}^2 \\ a_{23} = a_{32} = -\omega_{ey}\omega_{ez} \\ a_{22} = \omega_e^2 - \omega_{ez}^2 \end{cases}$$

由于导弹在主动段飞行过程中，角 γ、σ、ψ 及 γ_c 都是小量，可近似认为 $\sin\gamma \approx \gamma$，

148

$\sin\sigma \approx \sigma, \sin\psi \approx \psi, \sin\gamma_c \approx \gamma_c, \cos\gamma \approx \cos\sigma \approx \cos\psi \approx \cos\gamma_c \approx 1$，而且 δ_φ、δ_ψ、α 及 β 也不是很大，因此，这些角度及其函数值的二阶以上微量均可略去，所以导弹质心相对于发射坐标系的运动微分方程可简化为

$$\begin{cases} \dfrac{dV_x}{dt} = \dfrac{1}{m}\left[P_e\cos\varphi - R'\delta_\varphi\sin\varphi - \dfrac{1}{2}C_x\rho V^2 S_m\cos\theta - \dfrac{1}{2}C_y^a\alpha\rho V^2 S_m\sin\theta + G_x + F_{cx} + F_{ex} \right] \\[3mm] \dfrac{dV_y}{dt} = \dfrac{1}{m}\left[P_e\cos\varphi + R'\delta_\varphi\sin\varphi - \dfrac{1}{2}C_x\rho V^2 S_m\sin\theta + \dfrac{1}{2}C_y^a\alpha\rho V^2 S_m\cos\theta + G_y + F_{cy} + F_{ey} \right] \\[3mm] \dfrac{dV_z}{dt} = \dfrac{1}{m}\left[-P_e\psi - R'\delta_\varphi + \dfrac{1}{2}C_x\rho V^2 S_m\sigma - \dfrac{1}{2}C_y^a\beta\rho V^2 S_m + G_z + F_{cz} + F_{ez} \right] \end{cases}$$

7.3.2　高轨卫星预警功能模型

导弹预警卫星进行工作的第一要求是捕获导弹主动段喷焰的红外辐射，主动段起始于导弹发射，终止于最后的一级助推火箭发动机关机。导弹发射飞行时，火箭发动机工作，辐射功率可达 $10^5 W \sim 10^6 W$，喷焰中不仅有辐射性气体 H_2O 和 CO_2，而且有大量的 Al_2O_3 粒子，其温度在 12000K 以上，可产生强烈的红外辐射，通过试验和计算，导弹喷焰的红外辐射特征主要集中在 $2.7\mu m$ 和 $4.3\mu m$ 附近。

1. 探测距离计算

DSP 红外预警卫星采用长线列探测器，其探测距离数学模型可表示为

$$R_0 = \left[\frac{1}{2}D_0(NA)D^* J\tau_a\tau_0 \right]^{1/2}\left[\frac{\gamma C}{\dot{\Omega}} \right]^{1/4} \tag{7.12}$$

式中：D_0 为光学系统入射孔径的直径；(NA) 为光学系统数值孔径（无量纲）；D^* 为探测器单位面积、单位带宽的探测度；J 为目标的红外辐射强度；τ_a 为传感器至目标的红外透过率；τ_0 为传感器的红外透过率；γ 为脉冲能见度系统，数值大致为 $0.25 \sim 0.75$，表示信号处理系统从噪声中分离出信号的效率；C 为单个探测器元件的数目；$\dot{\Omega}$ 为搜索速率。

DSP 预警卫星的探测总视角为

$$\theta = 2\arcsin\left[(R + H_0)/(R + H_d) \right] \tag{7.13}$$

式中：R 为地球半径；H_d 为卫星轨道高度；H_0 为探测器探测的最低高度。

搜索视场的球面度为

$$A = 4\pi\sin^2\left(\frac{\theta}{4} \right) \tag{7.14}$$

最大探测距离与理想作用距离的关系为

$$R_{max} = \frac{R_0}{\sqrt{(V_s/V_n)_{min}}} \tag{7.15}$$

式中：$(V_s/V_n)_{min}$ 为红外接收系统正常工作所需要的最小信噪比。

以美国现役的 DSP 导弹预警卫星为例，假设弹道导弹红外特征峰值为 $2.7\mu m$，探测用光学望远镜口径为 0.9m，焦距为 2m，$(NA) = 0.225$；采用 $C = 6000$ 元的 PbS 探测器，对应峰值探测波长 $2.7\mu m$，温度 196K 时在该波长的 $D^* = 9 \times 10^{11} cm \cdot Hz^{1/2}W^{-1}$；搜索速率

为 6 圈/min,扫描探测视场为 $3° \times 3°$,则 $\Omega = 2.7 \times 10^{-3} \, \mathrm{Sr}$,$\dot{\Omega} = 2.7 \times 10^{-4} \, \mathrm{Sr/s}$。取 $\tau_a = \tau_0 = 1$,$\gamma = 0.75$,$(V_s/V_n)_{\min} = 1$,则对于主动段的弹道导弹,尾焰的红外辐射等于 2000K 的黑体辐射源,相当于在 $2.7 \, \mu\mathrm{m}$ 波长处 DSP 红外预警的理想有效探测距离约为 100000km,远大于 DSP 卫星的轨道高度(约为 36000km)。

假设弹道导弹助推器关闭后,进入自由飞行阶段,对预警卫星的探测系统来说,与主动段导弹相比,只有温度发生了变化而其他条件不变,这时可将导弹看作是常温下的红外辐射源,取红外辐射率为 0.9,常温下在 $2.7 \, \mu\mathrm{m}$ 波段处的最大目标辐射强度为 $J = 76 \, \mathrm{W}/(\mathrm{Sr} \cdot \mu\mathrm{m})$。和上面一样,可以计算出 DSP 卫星在此条件下对 $2.7 \, \mu\mathrm{m}$ 波段的理想有效探测距离约为 29800km,由于导弹自由段飞行高度在 1000km 左右,卫星轨道约为 36000km,所以 DSP 预警卫星对自由段飞行的弹道导弹从距离上来说无法进行有效探测。

2. 扫描探测模型

要想发现目标,探测距离满足的同时,还必须保证空间覆盖。假设导弹发射主动段的探测主要由高轨道预警卫星通过扫描完成,各卫星扫描开始时的相位随机,零相位为正东,扫描方向为逆时针,当 t_0 时,卫星 i 对经纬度为 (B_l, L_l) 的弹下点每隔 ns 即可探测一次,在任意时刻 t,卫星 i 对 (B_l, L_l) 点的探测情况按以下列步骤进行计算:

(1) 计算卫星运转第一周扫过 (B_l, L_l) 点所经过的角距,如图 7 - 6 所示。

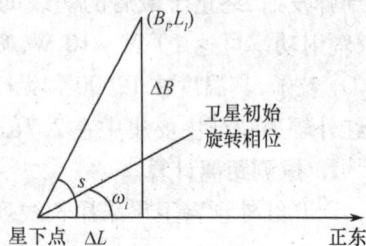

图 7 - 6　卫星扫描探测示意图

在如图 7 - 6 所示的星下点和弹下点所形成的球面三角形中,要求卫星扫过的角距离 $s - \omega_i$,首先必须求球面三角形的角 s,根据球面三角直角形公式:$\cos s = \tan\Delta \cot x$(式中:$x$ 为星下点和弹下点的大地线连线所形成的边,$x = \arccos(\cos\Delta B \cos\Delta L)$,$\Delta B = B_l - B_i$,$B_i$ 为第 i 颗星的定位纬度,对静止卫星来说 $B_i = 0$;$\Delta L = L_l - L_i$,L_i 为第 i 颗星的定位经度),可求得

$$d = \begin{cases} \arccos(\tan\Delta \cot x) - \omega_i, & \text{当 } \Delta B > 0 \text{ 时} \\ 2\pi - \arccos(\tan\Delta \cot x) - \omega_i, & \text{当 } \Delta B < 0 \text{ 时} \end{cases} \quad (7.16)$$

当 $s > \omega_i$ 时,$s - \omega_i = d$;当 $s < \omega_i$ 时,$s - \omega_i = d + 2\pi$。

(2) 计算经过以上角距离所需要的时间,即

$$t_1 = \frac{s - \omega_i}{2\pi} \cdot n(s) \quad (7.17)$$

(3) 计算 t 时刻卫星 i 对 (B_l, L_l) 的探测状况。设在 t 时刻卫星对目标共进行扫描 N 次,则 $N = \dfrac{t - t_0 - t_1}{n}$,假设卫星对弹道的初步计算需要扫描 N_0 次,则当 $N > N_0$ 时,卫星 i 在 t 时刻可探测 (B_l, L_l),否则,在 t 时刻卫星 i 不能探测 (B_l, L_l)。

7.3.3　低轨卫星跟踪功能模型

1. 探测距离计算

天基红外系统低轨卫星红外探测器对中段飞行过程中的来袭弹头的探测距离 R,由

150

弹头在探测器接收表面的红外辐射强度 I、探测器的噪声等效通量密度(Noise Equivalent Flux Density,NEFD)和探测器为了满足一定探测概率所必需的最低信噪比(SNR)决定,即

$$R = \sqrt{\dfrac{I}{NEFD \cdot SNR}} \qquad (7.18)$$

式中:弹头在自由段的红外辐射强度 I 可根据表面积、辐射率、表面温度和波段计算,常用红外波段的 NEFD 如表 7-2 所列,SNR 可由探测率和虚警率综合确定。

表 7-2 六种不同波段的 NEFD

波段名称	波长范围/μm	NEFD/(W/cm^{-2})
A	6.00 ~ 10.90	6.0×10^{-19}
B1	4.22 ~ 4.36	6.6×10^{-18}
B2	4.24 ~ 4.45	5.7×10^{-18}
C	11.10 ~ 13.20	1.6×10^{-18}
D	13.50 ~ 16.00	2.0×10^{-18}
E	18.30 ~ 26.00	11.0×10^{-18}

假设 SBIRS-Low 卫星的红外探测工作频段范围位于 $6\mu m \sim 16\mu m$,弹头表面积为 $3.5 m^2$,辐射率为 0.9,表面平均温度为 300K,则其红外辐射强度小于 75W/Sr。从表 7-2 可知,最小的 NEFD 为 $6.0 \times 10^{-19} W/cm^{-2}$。当探测概率为 0.95、虚警率为 0.01 时,探测器所需求的 SNR 为 10.2。于是,SBIRS-Low 卫星红外探测器在上述条件下对该弹头的最大理想探测距离为

$$R = \sqrt{\dfrac{75}{6.0 \times 10^{-19} \times 10.2}} = 35007 (km)$$

当其他条件不变、弹头的表面平均温度降为 150K 时,则其红外辐射强度小于 3.8 W/Sr,于是,SBIRS-Low 卫星红外探测器在上述条件下对该弹头的最大理想探测距离缩短为

$$R' = \sqrt{\dfrac{3.8}{6.0 \times 10^{-19} \times 10.2}} = 7880 (km)$$

2. 目标的定位分析模型

单颗天基红外低轨卫星上携带的红外成像传感器可以得到空间目标在像平面的位置,进而得到卫星到目标的视线方向,但无法确定位置信息,因此,需要融合多颗卫星与目标的视线方向,以获得目标的位置和速度信息。

假设在地心惯性坐标系中,对目标可视卫星 S 的位置参数为 X_s、Y_s、Z_s,目标 M 的位置参数为 X、Y、Z,方位角为 α,俯仰角为 β,如图 7-7 所示,即有

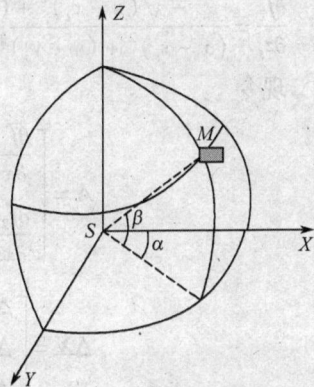

图 7-7 天基红外低轨卫星对
目标测量示意图

$$\begin{cases} \alpha = \arctan\left(\dfrac{Y - Y_s}{X - X_s}\right) = f_1 \\[3mm] \beta = \arctan\left(\dfrac{Z - Z_s}{\sqrt{(X - X_s)^2 + (Y - Y_s)^2}}\right) = f_2 \end{cases} \tag{7.19}$$

两个方程三个未知数，无法求得目标位置，因此需要另一颗卫星的参数，方可求得目标位置参数。为分析卫星对目标的测量精度，对式(7.19)进行全微分展开得

$$\begin{cases} \Delta\alpha = \dfrac{\partial f_1}{\partial x}\Delta x + \dfrac{\partial f_1}{\partial y}\Delta y + \dfrac{\partial f_1}{\partial z}\Delta z + \dfrac{\partial f_1}{\partial x_s}\Delta x_s + \dfrac{\partial f_1}{\partial y_s}\Delta y_s + \dfrac{\partial f_1}{\partial z_s}\Delta z_s \\[3mm] \Delta\beta = \dfrac{\partial f_2}{\partial x}\Delta x + \dfrac{\partial f_2}{\partial y}\Delta y + \dfrac{\partial f_2}{\partial z}\Delta z + \dfrac{\partial f_2}{\partial x_s}\Delta x_s + \dfrac{\partial f_2}{\partial y_s}\Delta y_s + \dfrac{\partial f_2}{\partial z_s}\Delta z_s \end{cases} \tag{7.20}$$

其中

$$\frac{\partial f_1}{\partial x} = \frac{-(y - y_s)}{\sqrt{(x - x_s)^2 + (y - y_s)^2}} \quad \frac{\partial f_1}{\partial y} = \frac{x - x_s}{\sqrt{(x - x_s)^2 + (y - y_s)^2}} \quad \frac{\partial f_1}{\partial z} = 0$$

$$\frac{\partial f_1}{\partial x_s} = \frac{y - y_s}{\sqrt{(x - x_s)^2 + (y - y_s)^2}} \quad \frac{\partial f_1}{\partial y_s} = \frac{-(x - x_s)}{\sqrt{(x - x_s)^2 + (y - y_s)^2}} \quad \frac{\partial f_1}{\partial z_s} = 0$$

$$\frac{\partial f_2}{\partial x} = \frac{-(x - x_s)(z - z_s)}{\sqrt{(x - x_s)^2 + (y - y_s)^2}\,[(x - x_s)^2 + (y - y_s)^2 + (z - z_s)^2]}$$

$$\frac{\partial f_2}{\partial y} = \frac{-(y - y_s)(z - z_s)}{\sqrt{(x - x_s)^2 + (y - y_s)^2}\,[(x - x_s)^2 + (y - y_s)^2 + (z - z_s)^2]}$$

$$\frac{\partial f_2}{\partial z} = \frac{\sqrt{(x - x_s)^2 + (y - y_s)^2}}{(x - x_s)^2 + (y - y_s)^2 + (z - z_s)^2}$$

$$\frac{\partial f_2}{\partial x_s} = \frac{(x - x_s)(z - z_s)}{\sqrt{(x - x_s)^2 + (y - y_s)^2}\,[(x - x_s)^2 + (y - y_s)^2 + (z - z_s)^2]}$$

$$\frac{\partial f_2}{\partial y_s} = \frac{(y - y_s)(z - z_s)}{\sqrt{(x - x_s)^2 + (y - y_s)^2}\,[(x - x_s)^2 + (y - y_s)^2 + (z - z_s)^2]}$$

$$\frac{\partial f_2}{\partial z_s} = \frac{-\sqrt{(x - x_s)^2 + (y - y_s)^2}}{(x - x_s)^2 + (y - y_s)^2 + (z - z_s)^2}$$

现令

$$A = \begin{bmatrix} \dfrac{\partial f_1}{\partial x} & \dfrac{\partial f_1}{\partial y} & \dfrac{\partial f_1}{\partial z} \\[3mm] \dfrac{\partial f_2}{\partial x} & \dfrac{\partial f_2}{\partial y} & \dfrac{\partial f_3}{\partial z} \end{bmatrix} \qquad B = \begin{bmatrix} \dfrac{\partial f_1}{\partial x_s} & \dfrac{\partial f_1}{\partial y_s} & \dfrac{\partial f_1}{\partial z_s} \\[3mm] \dfrac{\partial f_2}{\partial x_s} & \dfrac{\partial f_2}{\partial y_s} & \dfrac{\partial f_3}{\partial z_s} \end{bmatrix}$$

$$\Delta X = \begin{bmatrix} \Delta x \\ \Delta y \\ \Delta z \end{bmatrix} \qquad \Delta S = \begin{bmatrix} \Delta x_s \\ \Delta y_s \\ \Delta z_s \end{bmatrix} \qquad \Delta L = \begin{bmatrix} \Delta\alpha \\ \Delta\beta \end{bmatrix}$$

式中：ΔS 为预警卫星的定轨误差；ΔL 为测量误差，将式(7.20)写成矩阵形式，即

$$\Delta L = A\Delta X + B\Delta S \tag{7.21}$$

则

$$\Delta X = A^{-1}[\Delta L - B\Delta S] \tag{7.22}$$

假设各误差源互不相关,则定位精度的协方差矩阵为

$$\text{cov}(\Delta X) = E[\Delta X \, \Delta X^{\mathrm{T}}] \tag{7.23}$$

单颗卫星的定位精度可以表示为

$$\sigma = \sqrt{\text{Tr}(\text{cov}(\Delta X))} \tag{7.24}$$

7.3.4 弹道预报模型

1. 发射点预报

预警卫星的主要任务就是根据卫星探测信息反推导弹起飞点,并预测导弹预警时间和导弹落点。由于导弹起飞后一旦钻出云层,卫星立刻就可以探测到导弹发射,此时,射向飞行距离很短,一般只有几百米,最多几千米,相对射程为数百千米乃至上千千米的导弹而言,这一飞行距离可近似不做考虑,而且弹道导弹主动段的前期一般都是垂直飞行,故可以把第一个探测点作为发射点。

2. 预警时间计算

弹道导弹运动轨迹如图 7-8 所示,将探测点视为导弹关机点,认为此后导弹弹道是一圈椭圆轨道的一部分,从而预测此探测点开始到导弹落地所需时间,以及导弹落点。利用这种方法进行弹道预报,随着探测点接近真实关机点,预报结果趋于准确。由于红外探测只能在主动段进行,并且由于卫星自旋,不可能探测到确切的关机点,只能够得到关机点之前较为接近关机点的某一点,这样弹道预报就存在着较大的误差,只可能得到一个近似的落地时间和落点范围。

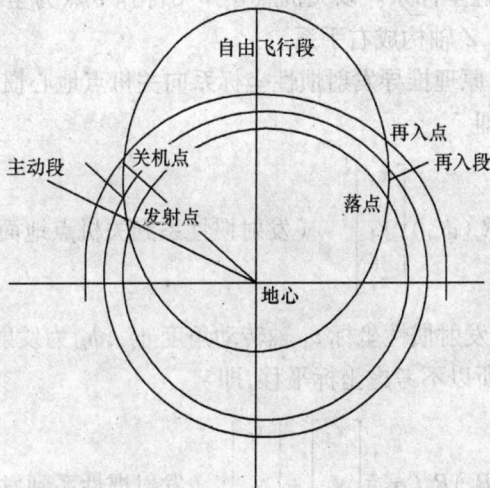

图 7-8　弹道导弹运动轨迹示意图

按照二体问题椭圆轨道理论求解弹道参数,需要在惯性坐标系中解算,因此,必须首先进行发射坐标系向发射惯性坐标系的转换。发射惯性坐标系 $o_A - x_A y_A z_A$ 在火箭起飞瞬间与发射坐标系重合,火箭起飞后,o_A 点及坐标系各轴方向在惯性空间保持不动。发射

坐标系与发射惯性坐标系的转换关系为

$$\begin{bmatrix} x_A & y_A & z_A \end{bmatrix}^{\mathrm{T}} = \boldsymbol{G}_A^{-1} \cdot \begin{bmatrix} x & y & z \end{bmatrix}^{\mathrm{T}}$$

式中：矩阵 $\boldsymbol{G}_A$ 中元素 g_{ij} 分别为

$$g_{11} = \cos^2 A_0 \cos^2 B_0 (1 - \cos\omega_e t) + \cos\omega_e t$$

$$g_{12} = \cos A_0 \sin B_0 \cos B_0 (1 - \cos\omega_e t) - \sin A_0 \cos B_0 \sin\omega_e t$$

$$g_{13} = -\sin A_0 \cos A_0 \cos^2 B_0 (1 - \cos\omega_e t) - \sin B_0 \sin\omega_e t$$

$$g_{21} = \cos A_0 \sin B_0 \cos B_0 (1 - \cos\omega_e t) + \sin A_0 \cos B_0 \sin\omega_e t$$

$$g_{22} = \sin^2 B_0 (1 - \cos\omega_e t) + \cos\omega_e t$$

$$g_{23} = -\sin A_0 \sin B_0 \cos B_0 (1 - \cos\omega_e t) + \cos A_0 \cos B_0 \sin\omega_e t$$

$$g_{31} = -\sin A_0 \cos A_0 \cos^2 B_0 (1 - \cos\omega_e t) + \sin B_0 \sin\omega_e t$$

$$g_{32} = -\sin A_0 \sin B_0 \cos B_0 (1 - \cos\omega_e t) - \cos A_0 \cos B_0 \sin\omega_e t$$

$$g_{33} = \sin^2 A_0 \cos^2 B_0 (1 - \cos\omega_e t) + \cos\omega_e t$$

式中：A_0 为发射大地方位角；B_0 为发射点大地纬度；ω_e 为地球自转角速度。

得到发射坐标与发射惯性坐标之间的转换公式后，为进行预警时间的计算，需要建立如下三个坐标系：

（1）发射点地心惯性坐标系。以地心为坐标系原点，X 轴为极轴，指向北极，Y 轴为发射点所在子午面与赤道面的交线，Z 轴构成右手系。

（2）关机点地心惯性坐标系。以地心为坐标系原点，X 轴为极轴，指向北极，Y 轴为关机点所在子午面与赤道面的交线，Z 轴构成右手系。

（3）关机点地面惯性坐标系。以关机点导弹飞行弹下点为坐标原点，X 轴指向射向，Y 轴垂直地面指向天顶，Z 轴构成右手系。

下面根据坐标转换原理推导发射惯性坐标系向关机点地心惯性坐标系和关机点地面惯性坐标的转换公式，即

$$\begin{bmatrix} x_{dm} \\ y_{dm} \\ z_{dm} \end{bmatrix} = R_z(\phi_{ok}) \begin{bmatrix} x_A \\ y_A \\ z_A \end{bmatrix} \qquad （发射惯性系到关机点地面惯性系）$$

式中：$R_z(\phi_{ok})$ 表示围绕发射惯性坐标 z_A 轴转动角度 ϕ_{ok}，ϕ_{ok} 为发射点到关机点的航程角，此式只用于速度转换，所以不考虑坐标平移，即

$$\begin{bmatrix} x_{dx} \\ y_{dx} \\ z_{dx} \end{bmatrix}_0 = R_{x1}(\phi_0 - B_0) R_y(\sigma_0) \begin{bmatrix} x_A \\ y_A \\ z_A \end{bmatrix} + \begin{bmatrix} x_0 \\ y_0 \\ z_0 \end{bmatrix} \qquad （发射惯性系到发射点地心惯性系）$$

式中：$R_y(\sigma_0)$ 表示围绕发射惯性坐标 y_A 轴转动 σ_0 角，σ_0 为发射点方位角；x_0、y_0、z_0 为地心到发射点矢径在发射惯性坐标系中的位置分量；$R_{x1}(\phi_0 - B_0)$ 表示进行第一次旋转以后围绕新坐标 x_1 轴旋转角度 $\phi_0 - B_0$，即

154

$$\begin{bmatrix} x_{dx} \\ y_{dx} \\ z_{dx} \end{bmatrix} = R_x(L_k - L_0) \begin{bmatrix} x_{dx} \\ y_{dx} \\ z_{dx} \end{bmatrix}_0 \quad （发射点地心惯性系到关机点地心惯性系）$$

式中：$R_x(L_k - L_0)$ 表示围绕发射地心惯性坐标 x 轴旋转角度 $L_k - L_0$，L 表示经度。

预警时间采用如下公式进行计算，即

$$T_c = \frac{p^2}{(1-e^2)^{3/2} r_k \nu_k \cos\Theta_k} \left\{ \left[2\mathrm{arccot}\left(\sqrt{\frac{1-e}{1+e}} \tan\frac{(f_k+\beta_c)}{2} \right) \right) - \right.$$

$$\left. 2\mathrm{arccot}\left(\sqrt{\frac{1-e}{1+e}} \tan\frac{f_k}{2} \right) \right] - e \left[\frac{\sqrt{1-e^2}\sin(f_k+\beta_c)}{1+e\cos(f_k+\beta_c)} - \right.$$

$$\left. \left. \frac{\sqrt{1-e^2}\sin f_k}{1+e\cos f_k} \right] \right\} \tag{7.25}$$

式中：T_c 为探测点到导弹落地的飞行时间；p 为椭圆轨道半通径，$p = r_k \nu_k \cos^2\Theta_k$；$e$ 为椭圆轨道偏心率，$e = \sqrt{1 + \nu_k(\nu_k - 2)\cos^2\Theta_k}$，$\nu_k$ 为动能参数，$\nu_k = \frac{v_k^2 \cdot r_k}{\mu}$，$\mu$ 为地球引力常数；Θ_k 为导弹绝对速度（考虑了地球自转的导弹飞行速度）的俯仰角，$\Theta_k = \mathrm{arccot}(v_{ydm}/v_{xdm})$，$v_{xdm}$、$v_{ydm}$ 为关机点地面惯性坐标系中的速度分量；v_k 为导弹绝对速度，$v_k = (v_{xdx}^2 + v_{ydx}^2 + v_{zdx}^2)^{1/2}$，$v_{xdx}$、$v_{ydx}$、$v_{zdx}$ 为关机点地心惯性坐标系中的速度分量，$r_k = (x_d^2 + y_d^2 + z_d^2)^{1/2}$，$x_{dx}$、$y_{dx}$、$z_{dx}$ 为关机点地心惯性坐标系中的位置分量；$f_k = \mathrm{arccot}\left(\frac{\sin f_k}{\cos f_k} \right)$，$\cos f_k = \frac{1}{e}\left(\frac{p}{r_k} - 1 \right)$，$\sin f_k = \sqrt{1 - \cos^2 f_k}$；$\beta_c = 2\mathrm{arccot}\left(\frac{-b - \sqrt{b^2 - 4ac}}{2a} \right)$，$a = (r_k + r_c)\nu_k - 2r_c(1 + \tan^2\Theta_k)$，$b = 2r_c\nu_k\tan\Theta_k$，$c = (r_k - r_c)\nu_k$；精度要求不高时，$r_c = \overline{R} = 6378137\mathrm{m}$，$\overline{R}$ 为地球平均半径，r_c 为落点地心向径。

3. 落点预报

关机点 K 的经度、地心纬度分别为 L_k、ϕ_k，计算惯性坐标系中的落点位置，可得落点地心经度 L_{cA}、落点地心纬度 ϕ_{cA} 公式为

$$\begin{cases} \varphi_{cA} = \mathrm{arccot}\left(\frac{\sin\varphi_{cA}}{\cos\varphi_{cA}} \right) \\ \\ L_{cA} = L_k + \Delta L_k \end{cases} \tag{7.26}$$

其中

$$\sin\phi_{cA} = \sin\phi_k \cos\beta_c + \cos\phi_k \sin\beta_c \cos\sigma_k$$

$$\cos\phi_{cA} = \sqrt{1 - \sin^2\phi_{cA}}$$

$$\sigma_k = \sigma_0 + \mathrm{arccot}(v_z/v_x)$$

式中：σ_0 为导弹发射方位角，v_x、v_z 为关机点地面惯性坐标系中的速度分量，且

$$\Delta L_k = \text{arccot}\left[\frac{\sin\beta_c \sin\sigma_k / \cos\phi_k}{(\sin\phi_{cA}\cos\phi_k - \sin\beta_c\cos\sigma_k)/\cos\phi_{cA}\sin\phi_k}\right]$$

落点坐标为地固坐标,也就是落点在地球上的实际位置 L_c、ϕ_c,则 L_c、ϕ_c 与 L_{cA}、ϕ_{cA} 的关系为

$$\begin{cases} \phi_c = \phi_{cA} \\ L_c = L_{cA} - \omega_e T_c \end{cases} \tag{7.27}$$

第8章 航天器气象监测功能建模与仿真

气象环境是影响部队行动和武器装备效能发挥的关键因素之一。在航天器上携带有各种气象观测设备,测量诸如大气温度、湿度、风、云等气象要素以及各种天气现象,由于航天器气象观测具有区域大、探测重复周期短、实时性强等优点,已成为气象监测和天气预报的主要手段。目前,用于气象观测的航天器主要是气象卫星,作为一种以观测大气物理状态和物理现象为主,并能同时检测地表状态的遥感卫星,它广泛应用于军事领域,如战区气象预报、空军靶场、着陆预报、远程轰炸机航线天气预报、危险天气警报、特种军事勤务保障、弹道导弹系统的计算、气象参数对通信和雷达系统的影响计算等,为部队提供常规方法所不能获得的气象信息和有关资料。

8.1 航天器气象监测功能原理

8.1.1 功能原理与卫星云图

自然界中大多数物质都具有其独特的反射、辐射特性和光谱标记,遥感系统的能力是通过测定光谱特定波段,选择合适的传感器,探测出大气成分,如云、气溶胶、水蒸气、臭氧;地表特征,如植被、水体、雪盖与冰盖、土壤和岩石、水体等的重要特征;地球系统的重要特征,如地表温度、洋流等。自然界中电磁波覆盖范围,从短波高能的 γ 射线到长波的无线电。目前,遥感对地观测主要利用的光谱范围为可见光、近红外、热红外和微波。

气象卫星遥感地球大气系统的温度、湿度和云雨演变等气象要素是通过探测地球大气系统发射或反射、散射太阳的电磁辐射而实现的,按工作方式可以分为主动遥感和被动遥感。主动遥感也称有源遥感,是指仪器接收本身发射然后经被测物体发射、散射回来的电磁辐射,再根据仪器接收到的发射、散射电磁辐射特征来识别和推断目标物的特性。这种方式由于设备体积大、质量大和消耗能量大,一般为地面遥感所采用,如测雨雷达。被动遥感也称自然源遥感,是测量目标物(太阳、地球和大气)自己发射的电磁辐射或反射自然源(如太阳辐射)发射的电磁辐射来推测目标物特性。辐射源越热,其发射辐射的强度就越大。按照普朗克函数,辐射源的温度可以根据其发射辐射的强度来计算;辐射源发射的辐射与地表、大气等目标物相互作用,其辐射被目标物反射、透射或吸收,强度和光谱分布都会发生变化,从而产生目标物的各种信息。这就是气象卫星遥感的基本原理。这种方式的优点是质量小、体积小和耗能少,一般为卫星探测采用。

天气是一种复杂和迅速变化的全球现象,大气具有三维结构,因此,与其他以获取地表几何和光谱特征信息为主的遥感卫星相比,气象遥感卫星需要具有大范围迅速覆盖,全天候全天时观测以及多谱段、多频段探测大气参数立体分布的能力。气象遥感仪器按功能大体可分成两类:一类是多谱段的平面成像仪器,目前最主要的为可见光红外扫描辐射

157

仪;另一类是大气垂直探测仪器,目前最主要的为红外分光计和微波辐射计。

气象卫星获取的气象资料大体分为两类:一类是卫星图像资料,包括卫星云图、冰雪覆盖图等,它们的特点是直观、可获得气象条件的定性描述,转化为定量描述需要对图像处理;另一类是定量探测资料,主要是大气温、湿度垂直轮廓线、地球辐射收支、臭氧含量等。

本书主要模拟卫星云图的处理。气象卫星云图有以下几种:

(1)可见光图像。可见光图像是指可见光和近红外波段太阳反射辐射的图像(波长为 $0.4\mu m \sim 1.1\mu m$),图像灰度取决于地表或云的散射或反射系数,图像可用于区分海洋、陆地和云。一般而言,海洋和湖泊具有较低的反射率,在可见光图像上显得暗;陆地比海洋亮,与深色的森林和植被相比,沙漠则显得非常亮;云要比陆地亮,除雪覆盖外,云的反射率要比陆地高,因此,在正常情况下有云的区域表现为白色或亮灰色,其亮度或反射率取决于其本身的物理特性,如高反射率的云为云层厚度大,云中水气含量高,云滴的平均尺寸小;低反射率的云为云层厚度小,云中水气含量低,云滴的平均尺寸大。

(2)红外图像。红外图像为地—气系统在热红外波段发射辐射的图像(波长为 $10\mu m \sim 12\mu m$),提供了地表或云顶温度的信息,但所发射的辐射在到卫星前必须穿过大气层,因此,大气对其辐射有吸收和折射。红外图像表示辐射面的温度。在黑白图像中,暗色调代表暖区,亮色调代表冷区。

(3)水汽图像。水汽图像为水汽发射辐射的图像(波长为 $6\mu m \sim 7\mu m$),是根据水汽在非大气窗区的水汽波段上所发射的辐射而得到的。与红外图像一样,水汽图像通常是将发射的辐射转换成温度来显示的,水汽图像描述不出对流层下半部的潮湿空气或云,所以从水汽图像上只能看到高云,如积雨云这样特别厚的高云,在水汽图像上显得特别醒目。

(4)通道3图像。通道3图像为太阳和地—气系统重叠区辐射的图像(波长为 $3.7\mu m$),有时称这一波段为"近红外"。$3.7\mu m$ 通道的辐射由散射的太阳辐射和地气系统发射的辐射组成,因此,白天和黑夜的图像不同。在夜间,没有太阳辐射的贡献,这一通道的辐射同标准的红外波段辐射一样,来源于地球,高温区为暗色,低温区为亮色;但在白天则以太阳辐射为主,像似一般的可见光图像,辐射强度对应着反射率,反映着云层的厚度、水汽含量和云滴尺寸。

8.1.2 典型的气象卫星系统

自1960年美国发射了世界上第一颗气象卫星(TIROS-1)以来,气象卫星已经经历了几代的发展,美国、俄罗斯、欧空局、日本、中国、印度都拥有自己的气象卫星。目前,世界上主要的气象卫星系列有美国的"泰罗斯-N/诺阿"(National Ocean-Atmosphere Administration,NOAA)极轨业务气象卫星系列、"戈斯"(Geostationary Operational Environmental Satellites,GOES)地球同步轨道业务卫星系列和国防气象卫星(Defense Meteorological Satellite Program,DMSP);俄罗斯的"流星"号气象卫星系列;日本的 GMS/MTSAT(Geostationary Meteorological Satellite)地球同步轨道业务卫星系列;欧空局的 Meteosat 地球同步轨道业务卫星系列;印度的 INSAT 地球同步轨道业务卫星系列;中国的"风云"气象卫星系列。本书主要介绍美国和中国的气象卫星系列。

1. 美国的气象卫星系列

美国的气象卫星主要包括静止气象卫星和极轨气象卫星两个系列。其中，静止气象卫星系列为静止轨道环境业务卫星（GOES）系列；极轨气象卫星系列包括诺阿（NOAA）卫星、国防气象卫星（DMSP）和国家极轨业务环境卫星系统（NPOESS）。GOES、NOAA 和 NPOESS 三个卫星系列由美国国家海洋与大气管理局控管，DMSP 卫星系列由美国国防部控管。

GOES 是美国 NOAA 的静止轨道业务卫星系列，采用双星运行体制，GOES-East 卫星和 GOES-West 卫星分别定点在 75°W 和 135°W 的赤道上空，覆盖范围为 20°W ~ 165°E，占近 1/3 地球面积。GOES 卫星从 1975 年开始至今已发射了 12 颗，经历了 3 代，目前处于第 3 代，第 3 代卫星共有 5 颗，现均已发射。

NOAA 极轨卫星从 1970 年 12 月第一颗发射以来，近 40 年连续发射了 19 颗。NOAA 卫星共经历了 5 代，目前使用较多的为第 5 代 NOAA 卫星，包括 NOAA - 15 ~ NOAA - 19。作为备用的第 4 代星，包括 NOAA - 9 ~ NOAA - 14。NOAA 卫星采用太阳同步极轨，双星运行，同一地区每天可有 4 次过境机会。第 5 代（NOAA - 15 ~ NOAA - 18）传感器采用改进型甚高分辨力辐射仪（AVHRR/3），和先进 TIROS 业务垂直探测器（ATOVS），包括高分辨力红外辐射探测仪（HIRS - 3）、先进的微波探测装置 A 型（AMSU - A）和先进的微波探测装置 B 型（AMSU - B）。

美国"国防气象卫星"（DMSP）是世界上唯一的专用军事气象卫星，通常运行 2 颗业务卫星和 3 颗部分业务卫星，由美国国防部始建于 20 世纪 60 年代，由美国空军空间和导弹系统中心负责实施，由美国国家海洋大气局负责运行。最初的 DMSP 卫星为自旋稳定卫星，装载"快门"式照相机。到了 20 世纪 70 年代，DMSP 已能获得可见光和红外图像。20 世纪 80 年代初，卫星姿态控制有了明显改进，星上计算机处理能力大为增强。现有 DMSP 为三轴姿态稳定卫星，运行在高度约 830km 的太阳同步轨道，周期约 101min，扫描条带宽度 3000km。两颗业务卫星同时运行，过赤道时间为每天 05：36 及 10：52，每 6h 可提供一次全球云图。DMSP 提供的信息有云高及其类型、陆地和水面温度、水汽、洋面和空间环境等。DMSP 卫星所获得的气象资料主要为军队所用，在美国陆海空部队历次军事调度和保障中起了重大作用。

2. 我国的"风云"系列气象卫星

我国的"风云"气象卫星系列包括"风云"一号、"风云"三号太阳同步卫星轨道气象卫星（又称极轨气象卫星）和"风云"二号地球静止轨道气象卫星两大类。至今，"风云"一号卫星发射了 4 颗，"风云"二号卫星发射了 4 颗（前两颗因故障未达设计寿命），"风云"三号发射了 1 颗。前 2 颗"风云"一号卫星装有可见光和红外扫描辐射计，第 3、第 4 颗的探测通道数有了增加，增加了对云层、陆地和海洋的多光谱探测能力。"风云"二号卫星装有可见光、红外和水气扫描辐射计，拍摄的云图资料填补了我国西部、西亚和印度洋上的大范围观测空白，该卫星还具有很强的数据收集和转发功能。2008 年 5 月 27 日成功发射的我国新一代极轨气象卫星"风云"三号 A 星，具有全球、全天候、多光谱、三维和定量遥感监测能力，并广泛应用于天气预报、灾害与环境监测、气候变化研究等领域，极大地提升了我国防灾减灾和应对气候变化的能力。"风云"三号 A 星的成功运行，实现了我国气象卫星从单一遥感成像到地球环境综合探测、从光学遥感到微波遥感、从千米级分辨力到百米级分辨力、从国内接收到极地接收的四大技术突破。将在我国天气预报、气候预测、生态环境和自然灾害监测方面发挥重要作用。我国已发射的气象卫星如表8-1所列。

表8-1 我国已发射的气象卫星

卫星名称	轨道类型	发射时间	性质	运行时间	主 要 载 荷
"风云"一号A（FY-1A）	极轨	1988.9	试验	39天	5通道可见光红外扫描辐射计、空间环境监测仪
"风云"一号B(FY-1B)	极轨	1990.9	试验	5个半月	5通道可见光红外扫描辐射计、空间环境监测仪
"风云"一号C（FY-1C）	极轨	1999.5	业务	4年9个月	10通道可见光红外扫描辐射计、空间环境监测仪
"风云"一号D（FY-1D）	极轨	2002.5	业务	至今运行	10通道可见光红外扫描辐射计、空间环境监测仪
"风云"二号A（FY-2A）	地球同步	1997.6	试验	10个月	3通道可见光红外自旋扫描辐射计、空间环境监测仪
"风云"二号B（FY-2B）	地球同步	2000.6	试验	8个月	3通道可见光红外自旋扫描辐射计、空间环境监测仪
"风云"二号C（FY-2C）	地球同步	2004.10	业务	至今运行	5通道可见光红外自旋扫描辐射计、空间环境监测仪
"风云"二号D（FY-2D）	地球同步	2006.12	业务	至今运行	5通道可见光红外自旋扫描辐射计、空间环境监测仪
"风云"三号A（FY-3A）	极轨	2008.5	试验	至今运行	10通道可见光红外扫描辐射计、红外分光仪、中分辨力光谱成像仪、微波成像仪、微波温度计、微波湿度计、臭氧垂直探测器、臭氧总量探测器、地球辐射监测仪、太阳辐射监测仪、空间环境监测仪

8.2 航天器气象监测功能仿真设计

8.2.1 仿真功能分析

图8-1简要说明了航天器气象遥感探测的过程以及从建模的角度对这个过程进行的抽象。图的上半部说明了航天器气象遥感探测过程：星载遥感设备对大气环境进行观测,接收和测量太阳、地球和大气所发射的散布在空间的电磁辐射,即遥感信号;从辐射源到探测仪器,是辐射信号传输的过程,这个过程会受到各种云、雨、雾等各种气象现象的影响产生吸收、散射、再发射等使辐射信号发生变化;气象遥感设备接收到辐射信号后,对辐射信号进行加工和处理,生成气象云图,并根据历史数据和经验进行反演,提取各种气象要素并输出。

航天器气象监测功能仿真主要是基于上述过程,并进行抽象,建立关键节点的功能模

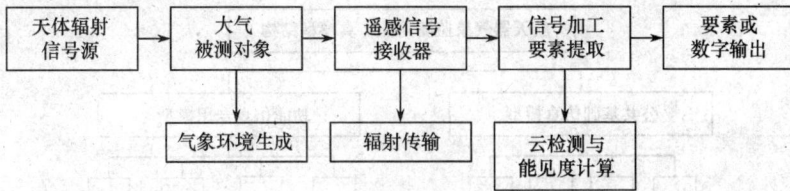

图 8-1 航天器气象遥感探测过程与模型抽象示意图

型,主要包括以下几方面:

(1)气象要素动态生成,用于为航天器军事应用功能仿真提供气象环境支持,是基于随机理论,利用马尔可夫过程,建立各种气象要素的动态生成模型。

(2)辐射传输计算,建立了可见光观测、红外观测的辐射传输方程,计算观测仪器接收到的辐射能量。

(3)气象要素反演,包括云检测和能见度反演模型,其中云检测主要基于阈值法,将晴空和云现象进行分离,能见度反演则基于统计法进行回归分析,建立回归模型,计算能见度。

8.2.2 仿真模型结构

气象卫星按卫星轨道可分为近极地太阳同步轨道气象卫星和高轨地球同步轨道气象卫星,地球同步卫星覆盖范围大,能连续进行不间断的观测,但极地观测效果不好,图像畸变很大;而近极地太阳同步轨道卫星则因在观测区光照条件好,轨道高度较低,所以能提高图像的空间分辨力和探测资料的精确度,得到较理想的观测资料,但对中低纬度地区不能够连续观测。为了能对全球范围内的天气变化进行连续监测,将地球同步卫星和极地太阳同步卫星组合在一起发挥各自的优点,是卫星气象观测的一种理想组合。航天器气象监测功能仿真模型包括公共基础模型和功能专用模型,公共基础模型包括坐标系转换模型、航天器轨道描述模型、轨道机动计算模型、实时位置与速度计算模型等(见本书第3章)。航天器气象监测功能仿真专用模型主要包括以下4个子模型:

(1)气象环境生成模型。动态生成各种气象要素。

(2)辐射传输计算模型。计算辐射传输时因反射等影响的变化。

(3)云检测计算模型。将云和晴空进行分离。

(4)能见度计算模型。对遥感信息进行统计反演,建立回归模型,计算能见度。航天器气象监测功能仿真模型结构如图8-2所示。

8.2.3 仿真流程

(1)利用公共基础模型,计算航天器的覆盖范围,判断任务区是否被覆盖,若覆盖,进行气象环境生成和气象要素反演,否则退出。

(2)利用气象环境的动态生成模型,动态生成云、雾、雷电、雨、雪、冰雹6种气象要素和气温。

(3)利用辐射计算模型,计算可见光观测和红外观测设备仪器接收到的辐射能量。

(4)基于阈值法进行云检测计算,对探测区域进行云和晴空的分离,进行任务区是否

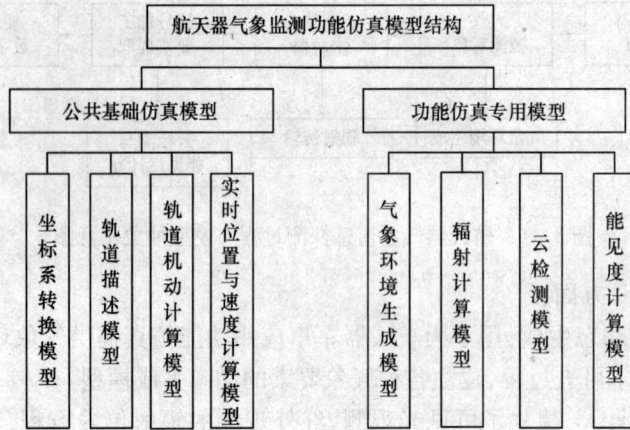

图 8 - 2　航天器气象监测功能模型结构图

有云的判断。

（5）基于统计反演法进行能见度计算，获得任务区能见度参数。

（6）退出仿真。仿真流程如图 8 - 3 所示。

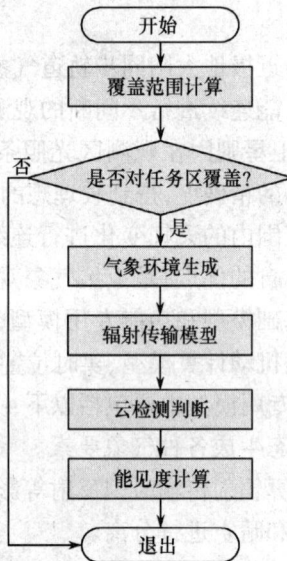

图 8 - 3　航天器气象监测功能仿真流程

8.3　航天器气象监测功能建模

8.3.1　气象环境的动态生成模型

气象环境是航天器气象观测的对象，也是影响各类军事行动的主要因素之一，基于粒子系统的气象环境生成是常用的方法之一，主要用于气象环境的可视化，计算量较大；对于功能级的模拟，可以基于随机理论，建立气象环境动态生成模型。

162

1. 马尔可夫链

一个随机过程,如果对于每一时刻 t_0,系统未来处于何状态的概率仅与当时($t=t_0$)的状态有关,而与系统是怎样和何时进入这种状态无关,则称这种随机过程为马尔可夫过程。马尔可夫过程依据状态集合过程参数集的离散和连续性分为马尔可夫链(状态和时间离散)、连续马尔可夫链(状态离散和时间连续)和连续马尔可夫过程(状态连续和时间连续)等。

马尔可夫链的最基本特征是"无后效性",即在系统"现在"的状态已知的条件下,其"将来"的状态与"过去"的状态无关。在现实生活中,很多情况都具有这种属性,如生物群体的生长与死亡、单位时段内电话交换台来的呼叫次数等。其定义如下:

若随机过程 $\{x(t), t=0,1,2,\cdots\}$ 的状态 $x(t)$ 只有 n 个可能值 $s_1, s_2, \cdots, s_n$,且

$$p\{x(t+1)=s_j | x(t)=s_i, x(t-1)=s_i, \cdots\} = \tag{8.1}$$
$$p\{x(t+1)=s_j | x(t)=s_i\} = p_{ij}(t)$$

则称此随即过程为马尔可夫链。$p_{ij}(t)$ 为过程第 t 步从状态 s_i 转移到 s_j 的一步转移概率。如果 $p_{ij}(t)$ 与 t 无关,则称此马尔可夫链为齐次的。p_{ij} 表示任何一步上系统由状态 s_i 一步转移到 s_j 的概率。全部转移概率以 $n \times n$ 矩阵 $\boldsymbol{P}$ 表示,称为概率转移矩阵即

$$p\{x(t+1)=s_j | x(t)=s_i\} = p_{ij}, \quad i,j=1,2,\cdots,n$$
$$\sum_{j=1}^{n} p_{ij} = 1, \quad 0 \leq p_{ij} \leq 1 \tag{8.2}$$

若已知系统的初始状态分布为矢量 $\boldsymbol{q}(0)=[q_1(0) \ q_2(0) \ \cdots \ q_n(0)]$,则根据齐次马尔可夫的切普曼—柯尔莫哥洛夫方程,可以求出在任意步的状态概率分布,即

$$\boldsymbol{q}(t)=\boldsymbol{q}(t-1) \times \boldsymbol{P} \tag{8.3}$$

如果具有各种状态的某种事物或某种现象的时间序列可视为马尔可夫链,则根据 n 时刻的状态即可预测 $n+1$ 时刻的状态。这就是应用马尔可夫链模型解决各种问题的基本思想。这一基本思想可以应用于动态气象环境的模拟。

2. 动态气象环境模型

气象环境模型是根据其要素的空间分布规律,描述某一地区在一定时段内气象要素的空间分布及其随时间变化的过程。用于描述气象要素的参数有两个:大气现象和等级。其中天气现象主要有云、雾、雷电、雨、雪、冰雹 6 种,每种天气现象可分为轻度、中度和重度 3 个等级。

气象环境是不断变化的,其要素值也随着时间和空间变化。在一定的时间和空间范围内,气象要素一方面要保持连续性约束,另一方面也要有一定的统计和随机性。天气现象的变化过程离散为一个随机过程,天气现象随时间的变化而变化。由于某时刻的气象状态只与上一时刻的气象状态有关,满足马尔可夫过程所描述的:如果对每一时刻 T_0,系统未来处于任何状态的概率仅与当时($T=T_0$)的状态有关,而与系统是怎样和何时进入这种状态无关。因此,可用马尔可夫随机过程来描述气象状态的变化,而气象状态等级的变化,可用满足一定分布的随机数来产生。

设天气现象共 6 种,$m=1,2,\cdots,6$,分别代表云、雾、雷电、雨、雪、冰雹 6 种天气。仿

真开始时，天气现象的初始概率分布为 q，$q = [q_1 \ q_2 \ q_3 \ q_4 \ q_5 \ q_6]$，转移概率矩阵为 $P_{6 \times 6}$，其 p_{ij} 为系统在时间 t 的状态为 i，在该状态的停留时间 Δt 服从任意分布，那么，它在时间 $t + \Delta t$ 时状态将为 j 的概率，$i = 1, 2, \cdots, 6$；$j = 1, 2, \cdots, 6$。

在实际模拟时，不同的区域因气候类型不同，P 值也不同。状态转移方程为

$$q(t + \Delta t) = q(t) \times P, \quad P = \begin{bmatrix} p_{11} & p_{12} & \cdots & p_{16} \\ p_{21} & p_{22} & \cdots & p_{26} \\ \vdots & \vdots & \ddots & \vdots \\ p_{61} & p_{62} & \cdots & p_{66} \end{bmatrix}$$

采用蒙特卡洛方法，产生区间 $[0, 1]$ 上的随机数 R，则在 $t + \Delta t$ 时刻，该区域的天气现象 m 可由下式求得，即

$$\begin{cases} 若 \quad R < p_1, & 则 \quad m = 1 \\ 若 \quad p_1 \leq R < p_1 + p_2, & 则 \quad m = 2 \\ 若 \quad p_1 + p_2 \leq R < p_1 + p_2 + p_3, & 则 \quad m = 3 \\ 若 \quad p_1 + p_2 + p_3 \leq R < p_1 + p_2 + p_3 + p_4, & 则 \quad m = 4 \\ 若 \quad p_1 + p_2 + p_3 + p_4 \leq R < p_1 + p_2 + p_3 + p_4 + p_5, & 则 \quad m = 5 \\ 若 \quad p_1 + p_2 + p_3 + p_4 + p_5 \leq R, & 则 \quad m = 6 \end{cases}$$

$$(8.4)$$

天气现象等级可视为 $[1, 3]$ 之间均匀分布，通过产生下式产生，即

$$L = 2R + 1$$

另外，若需要仿真某日的气温，则可设温度值满足正态分布，由蒙特卡洛方法产生。具体如下：

根据历年平均气温，按正态分布，产生该日的天气温度。设某日的平均温度为 T，标准差为 σ，则满足正态分布 $N(T, \sigma^2)$ 的 t 时刻的随机天气温度可由下式求出，即

$$T_t = T + \sigma \sqrt{-2\ln R_1} \cos 2\pi R_2, \quad T'_t = T + \sigma \sqrt{-2\ln R_1} \sin 2\pi R_2 \quad (8.5)$$

8.3.2 辐射传输模型

1. 可见光谱段传输方程

根据辐射传输原理，建立可见光观测下航天器接收的辐射计算模型，即辐射传输方程。卫星在可见光大气窗区观测，大气中的散射辐射很小，在大气水平方向的双向反射率近似为均匀的，则有阳光时不考虑大气散射的辐射传输方程为

$$L_\lambda^{sat}(0; \mu, \varphi) = \frac{\rho_L(\lambda)}{\pi} E_\lambda(\infty) \mu_{sun} \exp\left(-\frac{\tau_{\lambda s}}{\mu_{sun}}\right) \exp\left(-\frac{\tau_{\lambda s}}{\mu}\right) =$$

$$\frac{\rho_L(\lambda)}{\pi} E_\lambda(\infty) \mu_{sun} \tilde{T}_\lambda(\tau_{\lambda s}, \mu_{sun}) \tilde{T}_\lambda(\tau_{\lambda s}, \mu) \quad (8.6)$$

式中:$\rho_L(\lambda)$ 是朗伯面反照率;$E_\lambda(\infty)$ 是入射大气顶的辐射,通常为定值;$\tilde{T}_\lambda(\tau_{\lambda s},\mu_{sun})$ 和 $\tilde{T}_\lambda(\tau_{\lambda s},\mu)$ 分别为太阳光入射方向和卫星观测方向的大气透过率,由于在大气窗区 $\tilde{T}_\lambda(\tau_{\lambda s},\mu_{sun}) \approx \tilde{T}_\lambda(\tau_{\lambda s},\mu) \approx 1$,因此,航天器观测到的辐射可近似为

$$L_\lambda^{sat}(0;\mu,\varphi) = \frac{\rho_L(\lambda)}{\pi}E_\lambda(\infty)\mu_{sun} \tag{8.7}$$

即航天器观测的辐射可以近似地认为与地面的反照率 $\rho_L(\lambda)$ 和太阳的天顶角余弦 μ_{sun} 成正比。

在一定的太阳高度角下,卫星接收到的辐射仅决定于物体的上双向反射率,如果将地面堪称朗伯面,则卫星接收到的辐射仅取决于物体的反照率。物体反照率越大,它的色调越白;反照率越小,色调越暗。表8-2给出了各种云和地面目标物体的反照率,从表中可以看出以下几点:

(1)水面的反照率最低,厚的积雨云最大。

(2)积雪与云的反照率十分接近,所以仅从可见光图上的色调难以区别云和积雪。

(3)薄卷云与晴天积云、沙地的反照率也很接近,也不易区别他们。

表8-2 一些主要云和地面目标的反照率

云和地面目标物	主要特征	反照率	云和地面目标物	主要特征	反照率
1 积雨云	大而厚	92	10 层云	薄,洋面上	42
2 积雨云	小,云顶在6km左右	86	11 卷云	薄,单独出现在陆地上	36
3 卷层云	厚,下面由中低云和降水	74	12 卷层云	单独出现在陆地上	32
4 积云,层积云	陆地上,云量>80%	69	13 晴天积云	陆地上的云量,云量>80%	29
5 层积云	陆地上,云量>80%	68	14 中云(高层、高积云)	中等厚度	88
6 层云	厚,出现在洋面上,云厚约0.5km	64	15 沙地	谷地、平原、坡地	77
7 沙漠	白沙	50	15 沙地和矮树林		17
8 层积云	洋面成片	60	16 植被	针叶林	18
9 积雪	旧雪,已有3天~7天,大部分在森林地区	69	17 海洋、湖泊、河流		9(7)
	新雪	80			

2. 红外波段辐射传输方程

卫星在 $10.5\mu m \sim 12.5\mu m$ 红外波段接受的辐射是地面和云的长波红外辐射,太阳辐射完全忽略。若大气处于热力平衡,略去大气辐射和地面云面对向下大气辐射的反射,则可得卫星在这一波段观测到的辐射,即

$$L_\lambda(\theta) = \varepsilon_\lambda B_\lambda(T)\tau_\lambda(\theta) \tag{8.8}$$

式中:ε_λ 是表面比辐射率,在红外 $10.5\mu m \sim 12.5\mu m$ 波段,$\varepsilon_\lambda \cong 1$;$B_\lambda(T)$ 为温度为 T 波长为 λ 的普朗克函数,且对此大气窗区,$\tau_\lambda(\theta) \cong 1$,所以式(8.8)可化简为

$$L_\lambda(\theta) = B_\lambda(T) \tag{8.9}$$

由此可见,在红外 $10.5\mu m \sim 12.5\mu m$ 波段,卫星接收到的辐射仅与温度有关,物体的温度越高,卫星接收到的辐射就越大;温度越低,辐射越小。如果将卫星在红外谱段接受的辐射转换为图像,辐射大用暗的色调表示。辐射越小,色调越白,这样就可得到红外云图,其上的色调表示了物像的温度分布,从而推算地表温度。

8.3.3 基于阈值法的云检测模型

云检测是卫星遥感图像处理与应用过程中的一大难点,云和晴空的分离是反演大气和地表各种参数必须的预处理工作,云检测结果的正确与否直接影响到其他参数的反演结果。目前主要基于阈值法进行云检测处理。阈值的设定有基于实测光谱数据的,也有对图像数据进行分析、多次试验的经验值,还有基于贝叶斯因素法等。不同波段对于云有着不同的敏感特性,因此阈值也各不相同。下面以中分辨力成像分光辐射度计(Moderate Resolution Imaging Spectroradiometer,MODIS)为例,建立云检测模型。具体通道选择和应用如表 8 – 3 所列。

表 8 – 3   MODIS 云检测的特征波段及应用领域

波段	光谱范围 $\rho/\mu m$	应用领域
B_1	0. 620 ~ 0. 670	陆地、云、气溶胶边界
B_6	1. 628 ~ 1. 652	陆地、云、气溶胶特性
B_8	0. 405 ~ 0. 420	海洋水色、浮游植物
B_{26}	1. 360 ~ 1. 390	卷云、水汽
B_{29}	8. 400 ~ 8. 700	云特性、温度
B_{31}	10. 780 ~ 11. 280	地表、云顶温度

以大量不同时段及不同背景的数据为样本,进行直方图和二维离散点分析,经目视解译进行图像分类,再结合不同目标的波谱反射、辐射范围,利用单波段阈值法检验云,最后进行人工判断检验等一系列工作,确定了适用不同波段检验云的经验阈值。在此基础上对单个波段或波段组合进行检查,完成云检测处理。

可见光 B_1 是进行云检测的首选通道,反射率大于 30 即可判断为云;B_{29} 和 B_{31} 的亮温差易于高云检测,B_{26} 易于高卷云识别,将其组合起来共同判断卷云;利用 B_{26} 高云反射率高,低云反射率低,以及卷云在可见光难以识别的特点,通过 B_{26} 和 B_1 组合进一步检测卷云;在 B_1 和 B_6 的差和比判断过程中,城镇、海岸在这两个通道中反射率相似,其值和厚云值接近,算法的阈值易将其误判,但 B_8 中陆地、海洋的反射率远低于云的反射率,且该通道对厚云敏感易出现过饱和,因此,在云检测过程中利用 B_8 的反射率来修正,同时利用可见光 B_1 来剔除水体。具体流程如图 8 – 4 所示。

图中 B_i 代表第 i 通道的反射率或者亮温值;$BTD_{(29,31)}$ 代表 B_{29} 和 B_{31} 的辐射亮温差,$B_{1,6}$ 代表 B_1 和 B_6 的差和比,即 $(\rho_{0.645} - \rho_{1.64})/(\rho_{0.645} + \rho_{1.64})$,这是因为雪和云在可见光波段具有相似的反射特性,在 $1.64\mu m$ 近红外波段中,雪因吸收太阳辐射强而导致反射率低,云则相对吸收太阳辐射少而反射率高,通常,利用 $0.645\mu m$ 和 $1.64\mu m$ 反射率的差和比进行云雪判断。

166

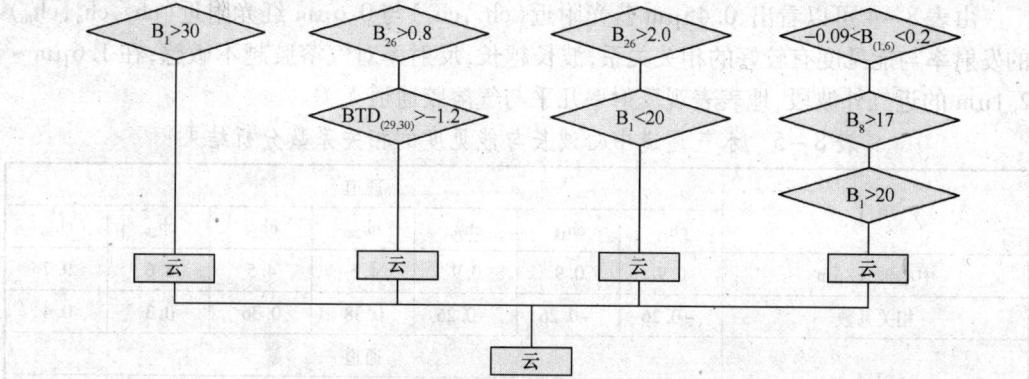

图 8-4 云检测模型流程图

8.3.4 能见度计算模型

能见度 L 是表征大气光学特性的常用物理量,通常受天气状况(湿度、风速、高空气压)和大气背景亮度影响,理论上与大气消光系数 σ 构成单因子函数关系。其中大气消光即大气对物体的辐射有吸收、散射、折射等物理过程,对物体的辐射强度的衰减作用。一般采用统计反演法和物理反演法进行大气参数的反演分析。下面以统计反演法为例进行介绍。

统计反演法是以每一层的大气参数与相应的仪器观测辐射强度之间的回归分析为基础的。通常,回归系数由一组历史的微型仪器观测辐射强度值资料确定,然后再将计算的回归系统应用于卫星的实时测量值。具体过程如下:

(1)相关性分析。不同波长的反射光谱通道与能见度的相关关系不同,一般采用统计分析的方法来进行相关性分析,筛选满足一定相关度的观测通道。一般通过能见度观测值与不同波段遥感影像的相关系数曲线来进行分析。

(2)回归分析。采用带常数项和不带常数项两种方法对能见度进行光谱回归分析,其中回归分析方法分别取强行进入法(自变量全部进入回归模型)和逐步进入法两种。这个过程基本确定了反演回归模型,即能见度计算模型。

(3)模型的校验。选取典型的能见度天气进行个例分析,验证模型的精确度。

下面以 MODIS 数据为例进行,说明能见度计算模型的建立过程。

1. 相关性分析

对于 MODIS 的 36 个通道,可选择波长在 $0.4\mu m \sim 2.5\mu m$ 的反射光谱通道作为气溶胶反演通道($ch_1 \sim ch_{19}$,ch_{26}),波长大于 $0.9\mu m$ 的红外辐射通道作为中高层水气通道,进行能见度与光谱特性的相关性分析,可得出气溶胶通道中心波长与能见度的相关系数(表 8-4)和水气通道中心波长与能见度的相关系数(表 8-5)。

表 8-4 气溶胶通道中心波长与能见度相关系数分析结果

项目	通道						
	ch_8	ch_3	ch_4	ch_1	ch_{16}	ch_6	ch_7
中心波长/μm	0.41	0.47	0.56	0.65	0.67	1.64	2.13
相关系数	-0.42	-0.39	-0.34	-0.30	-0.37	-0.06	0.03

由表 8 - 4 可以看出,0.45μm 蓝光附近(ch_3,ch_8)与 0.6μm 红光附近(ch_1,ch_4,ch_6)的发射率与能见度有较好的相关关系,波长越长,反射率对气溶胶越不敏感;在 1.6μm ~ 2.1μm 的近红外波段,地表表观反射率几乎与气溶胶通道无关。

表 8 - 5　水气通道中心波长与能见度的相关系数分析结果

项目	通道						
	ch_{17}	ch_{18}	ch_{19}	ch_{24}	ch_{25}	ch_{29}	ch_{30}
中心波长/μm	0.9	0.9	0.9	4.5	4.5	8.6	9.7
相关系数	- 0.26	- 0.26	- 0.26	0.38	0.36	0.3	0.4
项目	通道						
	ch_{31}	ch_{32}	ch_{33}	ch_{34}	ch_{35}	ch_{36}	
中心波长/μm	11.0	12.0	13.3	13.6	13.9	14.2	
相关系数	0.31	0.32	0.4	0.39	0.42	0.41	

由表 8 - 5 可以看出,ch_{17}、ch_{18}、ch_{19}均为常用的水汽吸收通道,而且由于低能见度多与低云及雾天情况相联系(低云及雾滴直径一般为 5μm ~ 10μm),因此,水汽强吸收带 ch_{24}、ch_{25}、ch_{29} 和 ch_{36} 与能见度相关性较强。

2. 能见度计算模型

上面的分析结果作为通道筛选的依据,遵照能见度相关最大和通道间相关性最小原则,采用统计回归方法,得到通道组合能见度拟合关系,建立的能见度计算模型如下:

模型一:

$$L = 7.91 - 0.38ch_1 - 5.96ch_3 + 6.2ch_4 + 1.04ch_8 - 0.69ch_{16} + $$
$$0.7ch_{24} - 1.05ch_{25} - 0.18ch_{29} - 1.15ch_{30} + 0.49ch_{31} + $$
$$1.33ch_{32} - 1.07ch_{33} - 1.8ch_{34} + 1.96ch_{35} + ch_{36} \tag{8.10}$$

模型二:

$$L = -0.09ch_1 - 4.01ch_3 + 4.53ch_4 + 1.07ch_8 - $$
$$1.26ch_{16} - 0.03ch_{32} + 0.05ch_{36} \tag{8.11}$$

式中:ch_i 为第 i 通道的反射率。

3. 模型精度验证

选取香港天文台 2003 年 1 月赤腊角机场的 3 个典型能见度天气情况进行典型个例分析,采用回归模型一和模型二对上述个例进行模拟,结果如表 8 - 6 所列。

表 8 - 6　赤腊角典型个例模拟结果与测试比较

日期	北京时间	能见度实测值/km	模型一 模拟结果/km	模型二 模拟结果/km
2003.1.13	11:00	2	3.17	5.73
2003.1.14	10:00	6	5.93	4.98
2003.1.03	10:00	14	13.57	10.92

从上面结果可以看出,采用 15 个变量的模型一的模拟结果较模型二精度更高,由于模型一中考虑了更多的通道敏感性和气溶胶、水汽粒子谱的可能分布,因此,对于不同条件下能见度的影响因子在光谱特征上的反映较敏感。但这样,也造成对数据的通道质量要求更高,个别通道的遗漏和通道特性的变化都会对反演结果造成较大的影响,影响模型的精度。

第9章　航天器电子干扰功能建模与仿真

航天器平台在搭载电子战载荷的情况下,可以遂行电子战任务,主要任务包括电子干扰和电子侦察,其中电子干扰是本章研究的主要内容,既包括航天器搭载电子干扰器对各类军事目标实施干扰,也包括航天器受电子干扰影响的分析。在内容安排上先对电子战作一简述,概述航天器平台实施电子干扰的特点;进而分析电子干扰功能仿真所需的模型结构和仿真流程;最后给出电子干扰功能仿真的主要模型。

9.1　航天器电子干扰功能原理

航天器电子干扰即利用电子干扰的手段,对敌空间系统各个环节实施电子干扰,制止其利用空间的优势,是一种软杀伤、可恢复性手段,可以欺骗、干扰、阻止、削弱敌空间系统的功能。航天器电子干扰所针对的目标包括在轨卫星、通信链路、地面站以及敌 C^4ISR 系统。

对于专门用于电子干扰的航天器,其电子干扰载荷在平时主要用于对敌卫星系统进行信号侦测和信息截获;战时,利用掌握对方卫星系统空间数据传输和卫星测控信号的数据格式、电磁特征,对其实施电磁干扰,使敌卫星整体或部分丧失使用效能,切断其决策的信息回路或阻滞其信息回路的决策周期,削弱对方军用信息网络对作战体系的支持能力。

9.1.1　载荷样式

航天器所载电子干扰系统与用于其他平台的电子干扰系统从机理上说是类似的,通常只是在发射功率上受到一定限制,并没有本质的不同。

电子干扰系统的有效载荷,由侦察载荷、干扰载荷和天线载荷组成。侦察载荷用于搜索并监视目标的信号状态,其核心设备是搜索接收机和监测接收机。搜索接收机负责搜索与截获目标信号,监测接收机负责对信号的载频或中心频率、调制方式等技术参数进行测量,用于情报收集或干扰模式的确定。干扰载荷用于直接对目标通信实施干扰,其核心设备包括干扰激励器、功率放大器、滤波器,干扰激励器根据侦察载荷的侦察结果设定干扰样式,负责干扰信号的产生与激励控制,功率放大器则进一步对干扰信号进行放大,最终送达干扰天线进行发射。天线载荷具体负责信号发射与接收,包括侦察天线与干扰天线,它们既可能共用一副天线,也可能是分离的。

9.1.2　可能的作战样式

实施电子干扰的航天器通常与干扰目标采用共轨飞行的方式,其电子干扰载荷作战行动过程是:通过天基发射的方式,把搭载电子干扰载荷的平台(以下称为天基干扰器)

送入到特定过渡轨道;再利用变轨技术将天基干扰器转移到伴随目标卫星运行的轨道;之后在地面测控站的控制下,经常修正轨道,使其和伴随目标卫星的轨道面保持同步进动,达到长期伴随目标卫星运行的目的。在接收到干扰作战指令后,天基干扰器将使用各种有效载荷对目标实施干扰。完成任务后,可以使用轨道机动技术,对电子干扰载荷进行回收,并为下一次行动做好准备。

为了实施电子干扰,天基干扰器必须对发射的干扰信号体制能够进行灵活的调整,根据被干扰链路或目标的性质,确立电子干扰的信号的波形与干扰策略。

航天器与地面(星地)及航天器之间(星间)通信通常依赖于数字通信链路的建立,而对于数字通信链的干扰行动,从概念上讲有两类策略:一是干扰机可以对接收机的信息恢复电路干扰;二是可以对接收机的同步电路进行干扰。通信系统可能存在几种不同类型的同步:相位同步、位同步、字同步、帧同步和扩谱码同步。一般来说,阻止同步或者破坏同步比在传输信息中引入错误更加有效。所以在分析航天器通信系统的易损性时这两种干扰方式均应予以考虑。此外,干扰策略的选择还涉及干扰信号的时域和频域特征。

最基本的电子干扰策略是对被干扰系统注入噪声,对于数字通信系统,其效果由误码率(Bit Error Rate,BER)来衡量。通常认为,当误码率超过20%时,信息的可懂度(Intelligibility)大大降低。对于干扰设备而言,制造较大的干扰信号,使得干信比达到5dB ~ 10dB 时,可以产生较好的干扰效果。

为了使干扰效果尽可能理想,干扰机的有效辐射功率(干扰机功率和干扰机天线增益的乘积)越高越好。这要求干扰必机须使用定向天线,其极化形式还应与通信接收机的天线极化相匹配。干扰机必须位于恰当的位置上,以使干扰信号向通信接收机的传播条件最佳,而且干扰信号的波形选择也直接影响最终的干信比。

虽然采用有限频带的噪声作为干扰波形是有效的,但实际存在许多适合对不同信道进行干扰的波形,包括:

(1)噪声调幅(AM);

(2)噪声调频(FM);

(3)噪声串(宽带或窄带);

(4)幅度键控信号;

(5)扫描调频信号;

(6)移相键控信号;

(7)语音混淆;

(8)连续波音调;

(9)移频键控信号;

(10)单边带波形。

航天器常用的电子干扰方式与一般针对通信系统的干扰方式类似,按基本的干扰样式可以分为压制式和欺骗式两种。欺骗式干扰的目的并不在于用外部噪声来压制被干扰系统,使其不能探测真实信号,而是故意制造虚假信号,从而诱使对方错误地理解或使用获得的信息。例如,事先录制待干扰系统的传输信息,然后在时间上随机播放实现干扰,就是一种典型的欺骗干扰策略。

压制式干扰意在淹没对方的有用信号,按电子干扰的频谱形式,也就是依据干扰信号

170

与通信信号的频谱相对关系,可以分为瞄准式干扰和阻塞式干扰两大类。

(1)瞄准式干扰。瞄准式干扰是压制对方一个确定通信信道的干扰方式,当干扰频谱与信号频谱的带宽完全重合,干扰信号载频与通信信号载频中心频率一致时,该种干扰就称为准确式瞄准干扰。瞄准式干扰信号的能量可以最大限度地进入通信接收机的解调器,优点是干扰效率高,可对该信道上的通信信号实施最佳干扰。有关最佳干扰理论的讨论,主要是针对瞄准式干扰展开的。但是,要实现瞄准式干扰必须对干扰目标进行细致的事前侦察,分析清楚信号的各种参数,如载频、带宽和调制样式,否则就无法实施瞄准式干扰。瞄准式干扰通常以频谱的瞄准为准则,当干扰信号的频谱宽度超过通信信号的频谱宽度时,会被通信接收机的带通滤波器所抑制,造成干扰能量的损失,所以对于通信信号的瞄准式干扰大都采用窄带干扰的形式。

(2)阻塞式干扰。在复杂的实际电磁环境中,要对目标信号进行搜索截获,并快速进行分析识别,准确测定其参数是很困难的。所以在实际行动中,瞄准式干扰实现的门槛过高,除非有可靠、准确的情报支援,或者目标信号电平比背景信号高出很多。对于瞄准式干扰面临的这一难题,可以采用阻塞式干扰的方法加以解决。

阻塞式干扰就是在某一频段上同时施放干扰信号,对在该频段上的所有信道进行全面压制的一种干扰方式。其特点是:只要在干扰频段内,对方通信采用改频或跳频措施,也无法避开干扰。但是,因干扰功率分散,干扰强度比较弱。为使阻塞式干扰发挥作用,应有宽阔的干扰频段、均匀的干扰频谱和足够的干扰场强。由于阻塞式干扰在战术使用上的简易性,特别适于在复杂电磁环境下使用,根据其频谱形式,还可以进一步区分为宽带噪声干扰、宽带扫频干扰和离散梳状谱干扰。在以航天器为电子干扰载荷平台的情况下,由于受到发射机功率的限制,不可能对于距离过远的接收机实施阻塞式干扰,阻塞干扰的实施受到一定条件的约束。

考虑到各类接收机的易损性,通常选用以下波形进行电子干扰。

(1)窄带噪声,适宜进行瞄准式干扰。

(2)连续波音调,适宜进行瞄准式干扰。

(3)宽带噪声,适宜进行阻塞式干扰。

(4)扫描调频,适宜进行瞄准式扫频干扰。

对于数字通信链路,与码元速率一致的调制分量可能会在信息中引起错位而达到干扰的目的。

9.2 航天器电子干扰功能仿真设计

9.2.1 仿真功能分析

航天器电子干扰功能仿真,顾名思义,是以航天器为平台,搭载电子干扰机,对各类含接收机的目标(含其他航天器与地面设施)实施干扰过程的功能仿真。电子干扰属于电子进攻手段,而且是一种"软"杀伤手段。电子干扰按照干扰对象通常包括雷达电子干扰、通信电子干扰、红外与光电电子干扰等内容。由于航天器通常必须与地面站或中继卫星建立正常的通信联系才能发挥作用,所以本书将各类航天器的电子干扰功能限于通信电子干扰。

作为搭载通信设备的平台,航天器自身也常成为被干扰目标,所以本章在进行仿真设计时,将同时考虑航天器作为干扰机平台载体和被干扰对象两种情况。如果是对航天器平台实施干扰,那么又可以分为两种情况:一种情况是对航天器平台与地面系统构成的上/下行链路实施干扰,也就是对星地链路的干扰;另一种情况是对用户航天器平台和跟踪与数据中继卫星(Tracking and Data Relay Satellite, TDRS)之间的前/返向链路实施干扰,也就是对星间链路的干扰。

同时,对于航天器开展电子干扰或受到电子干扰的仿真,将限于功能级的仿真。即在仿真过程中,将主要以信号的功率为干扰效果评判的主要依据指标,而不涉及信号的相位信息。仿真功能的关键在于判断何种条件下干扰源对于目标链路实施了有效的干扰,干扰效果如何?干扰成功的条件也许是使接收机处的干信比达到多少分贝,也许是使接收端信号处理后的误码率达到多大比例。根据被干扰系统通信模式的不同,干扰源也要采取相应的变化。

如果是设计一个空间电子干扰仿真系统,除了对天基干扰器和被干扰目标开展仿真外,还应对为天基干扰器提供支持的地面系统、被干扰链路的通信源或相配套的地面支持系统进行建模仿真。仿真不但涉及通信链路和干扰的功能模型,还涉及实施电子干扰行动流程的仿真。

简而言之,依托航天器平台实施的电子干扰仿真,与其他类型的电子干扰仿真相比,具有以下三个特点。

(1)聚焦于空间链路的仿真。航天器的星间或星地通信通常都具有很大的空间尺度,会带来较大的传播损耗,所以通信或干扰能否成功的关键就在于是否能有效地克服损耗,信号有足够的功率到达接收机,这一切都是围绕着卫星通信链路的传播损耗方程来进行的。

(2)卫星通信链路对于干扰的易损性与干扰源的位置密切相关。星间链路通常采用较窄的波束通信,许多情况下,上行/下行链路的波束宽度也可能出现很窄的情况,再加上低轨卫星相对地面、海洋和低空高速移动的特性,使得传统的陆基、海基或空基的干扰机平台难以获得理想的干扰位置。以航天器为干扰机平台,采用轨道机动手段,可以非常靠近干扰目标。这样,当干扰目标处于接收状态时,天基干扰器会处于较窄的信号波束的主瓣内,方便实施信号的侦察;同时,对于目标的干扰信号即使处于目标接收天线的旁瓣内,由于距离近、损失小也容易达到理想的效果。当干扰目标处于发送状态时,即使采用了较窄的波束,由于位置上的接近,天基干扰器的干扰信号也很容易对准接收天线的方向,克服较大传输距离的不利影响。因此,航天器遂行电子干扰任务具有其他平台无法比拟的一些优势,也适合运用仿真技术开展干扰/反干扰效果的研究。

(3)星间或星地链路通常采用数字通信模式,并常利用扩谱或跳频为手段克服电子干扰。对于模拟通信信号,干扰需要较高的干信比,因为可以通过前后内容来弥补干扰段造成的空白。对于数字调制信号进行干扰,如果信号在1/3的时间内不可读,则该信号被认为是无用的。这意味着干扰数字信号只需在1/3的时间内使其干信比大于0dB。也意味着,当采用跳变信号防止干扰时,如果干扰机可以覆盖有效信号跳变信道的1/3,则干扰是有效的。以上特点在航天器电子干扰仿真中应予以注意。

9.2.2 仿真模型结构

航天器电子干扰功能模型定位为功能级仿真模型,以通信链路为中心,所有影响通信质量的关键因素都应该在模型中有所反映,事实上是正常的航天器通信模型与电子干扰模型的复合。围绕通信链路与电子干扰,整个干扰功能模型由若干子模型构成,包括航天器平台模型、载荷模型、链路损耗模型、噪声模型、电子干扰模型等。

航天器有效载荷模型包括天线、发射机和接收机模型,主要参数包括通信频段、带宽、等效辐射功率、处理时延、服务质量(QoS)等。链路模型包括星间链路模型和星地链路模型,星间链路是多波束航天器的一种特殊波束,在自由空间内进行传播,可分为微波链路和激光链路,目前主要考虑微波传输。星地链路是航天器到地面节点之间的信息传输链路,地面节点可以是地面信关站、地面信息处理中心,也可以是指挥控制中心或武器平台。

星间链路又可以分为两种情况讨论:一是轨道平面内的星间链路,用于连通相同轨道平面内的卫星;二是轨道平面之间的星间链路,用于连通相邻轨道平面内的卫星。相同轨道平面内的卫星之间的距离与指向角基本上不随时间变化,要保持星间链路,卫星采用固定天线即可;不同轨道平面内的卫星,相互间距离与指向角不断随时间变化,建立链路的技术更加复杂,影响因素更多。

链路模型是非实体模型,不与其他实体模型发生交互,而是在实体之间需要传输信息时调用,判别传输的条件。作为输入条件,实体模型将需要进行传输的目标节点、链路类型、链路容量、传输速率、通信频段、信息处理时延、链路质量和安全性指标提交给链路模型,由链路模型完成对该次信息传输要求的仿真计算,并将结果返回至目标节点,提交传输结果。链路仿真计算的结果包括链路是否可通、传输时延、链路通信质量(误码率)等特性。

在受到电子干扰的情况下,链路模型将根据接收端的干信比判断链路受干扰的级别,进一步判断链路是否还能正常工作,如果能工作,通信质量下降多少。在调用链路模型时,相关实体需要说明待传输信息量的大小,链路模型根据信息量大小、链路带宽、链路容量以及节点之间的距离来确定信息传输的时延。

星际链路建立的前提是两个航天器之间物理可见,并且在当前距离下的链路特性满足通信要求,即同时满足可见性和可通性要求。对于星地链路,建立链路的要求是要满足仰角要求下的星地节点可见性。对于天基干扰器,为了对目标实施有效干扰,也要满足类似于通信的各项条件。所以,为了实施电子干扰仿真功能,还需要卫星轨道与平台仿真、变轨控制仿真、环境仿真等模型的支持,这些模型也还可以进一步细化分解,例如,轨道与平台仿真模型还可以包括卫星轨道计算模型和天线指向跟踪模型。

如图9-1所示,航天器电子干扰仿真模型结构包括公共基础仿真模型和功能仿真专业模型两部分。公共基础仿真模型又可以分为坐标系变换、轨道描述、平台变轨机动仿真模型,提供轨道位置计算、轨道机动计算;功能仿真专业模型可以分为载荷功能仿真和环境仿真两类模型,载荷功能仿真是电子干扰研究的核心内容,涉及电子侦察仿真模型、电子干扰仿真模型和被侦察或干扰的通信链路仿真模型,环境模型简单地仿真大气和雨雪天气,模拟大气和雨雪对信号的衰减效应。本章探讨的重点是电子干扰仿真,其余各模型与主旨无涉,以下不再赘述。

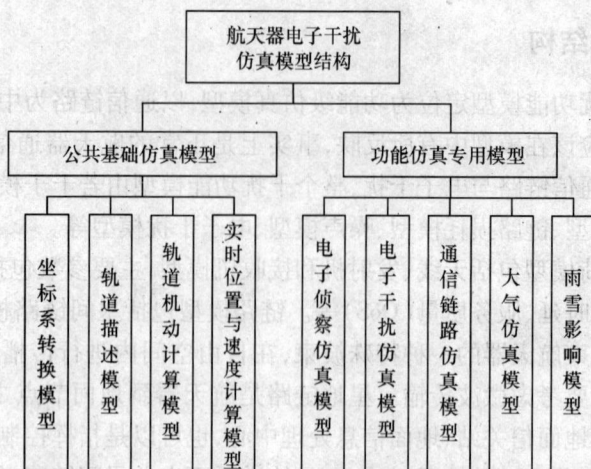

图 9-1 航天器电子干扰仿真模型结构图

9.2.3 仿真流程

1. 星地链路干扰电子战仿真流程

对于星地链路的电子干扰,可以分为上行链路和下行链路干扰。以星载干扰机为例,典型的电子干扰仿真流程如下:

(1)实现对被干扰星(以下用目标星替代)的跟踪伴飞,通过航天测控网的控制,实施轨道机动,调整干扰星与目标星之间的距离和位置,直到二者相对静止或对目标星的绕飞,满足侦察和干扰的需求。

(2)对目标星实施侦察,获取目标星的频率使用情况和通信模式,并将侦察数据下传供地面情报人员分析,以便拟定具有针对性的干扰方案。

(3)对上行链路或下行链路实施干扰。根据地面指令,在满足干扰实施条件的情况下,按设定的干扰模式实施干扰。如对于低轨目标星,仅需对其某个轨道区段实施干扰,则干扰星在进入该区域并捕获目标星的链路建立信号后,星载干扰机再开机即可,同时还可以边干扰边侦察。

(4)干扰效果分析。根据目标星、地面站、干扰星载荷情况以及环境情况,计算链路通信质量,判断对于该链路或某区域的干扰是否达到预期。

整个仿真流程可以用流程图加以表示,如图 9-2 所示。

2. 星间链路干扰电子战仿真流程

对于星间链路,可以假定目标星主要通过与中继卫星进行通信来实现可以不间断的数传。其中继星至目标星的链路属于前向链路,而目标星至中继星的链路属于返向链路。对于星间链路的电子干扰,主要由星载干扰机实现,典型的电子干扰仿真流程如下:

(1)实现对目标星的跟踪伴飞,通过航天测控网的控制,实施轨道机动,调整干扰星与目标星之间的距离和位置,直到二者相对静止或对目标星的绕飞,满足侦察和干扰的需求。

(2)对目标星实施侦察,获取目标星的频率使用情况和通信模式,并将侦察数据下传供地面情报人员分析,以便拟定具有针对性的干扰方案。

174

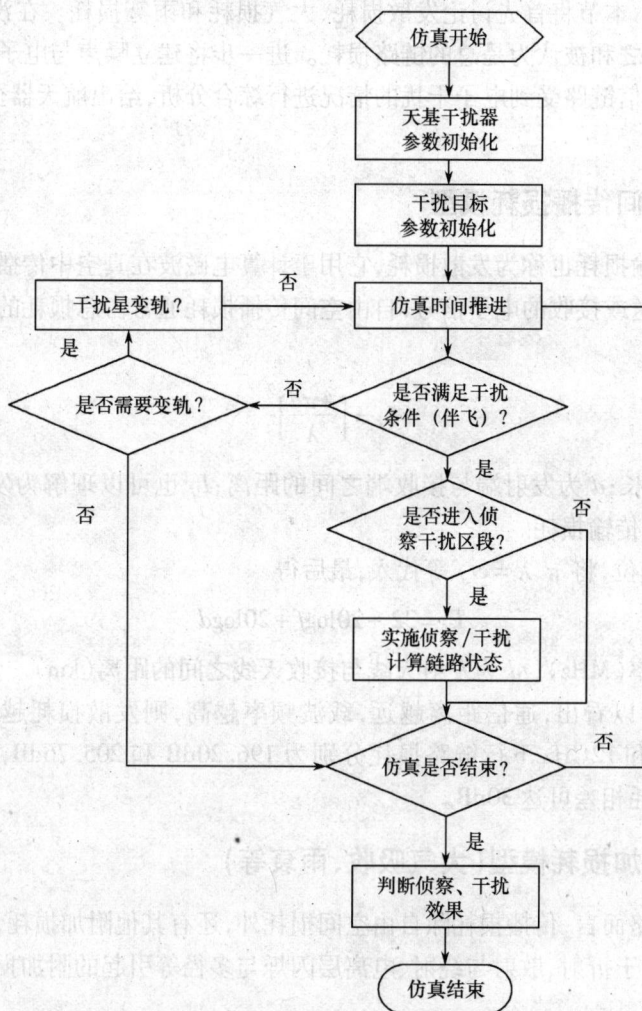

图 9 - 2 航天器电子干扰仿真流程

（3）对前向链路或返向链路实施干扰。根据地面指令，在满足干扰实施条件的情况下，按设定的干扰模式实施干扰。在捕获目标星与中继星之间的返向链路信号后，星载干扰机可以开机对数据中继卫星进行干扰；在捕获目标星与中继星之间的前向链路信号后，星载干扰机可以开机对目标星实施干扰，同时还可以边干扰边侦察。

（4）干扰效果分析。根据目标星、中继星、干扰星载荷情况以及环境情况，计算链路通信质量，判断对于该链路或某区域的干扰是否达到预期。

整个仿真流程与星地链路干扰相似，也可以参照图 9 - 2。

9.3 航天器电子干扰功能建模

航天器通信链路所涉及的空间尺度很大，因而链路损耗也非常大。对于星地通信而言，大部分链路路径位于大气层外，所以相对于大气层内的通信方式，其计算损耗时考虑

175

的因素有所不同。本节将首先讨论发散损耗、大气损耗和雨雾损耗。在没有人为干扰的情况下,这些损耗之和被认为是总的链路损耗。进一步将建立噪声与电子干扰的模型,最后,将对航天器通信链路受到电子干扰的情况进行综合分析,给出航天器全链路通信质量模型。

9.3.1 自由空间传播损耗模型

自由空间传输损耗也称为发散损耗,它用于计算电磁波在真空中传播时的能量衰减,对于航天器所发送或接收的电子信号,自由空间传播损耗通常占总损耗的绝大部分比例,由下式确定,即

$$L_f = \left[\frac{4\pi d}{\lambda}\right]^2 \tag{9.1}$$

式中:λ 为电波波长;d 为发射端与接收端之间的距离;L_f 也可以理解为发送和接收天线都为 1(0dB)时的传输损耗。

若以 dB 为单位,将 π、$\lambda = c/f$ 等代入,最后得

$$L_f = 32 + 20\log f + 20\log d \tag{9.2}$$

式中:f 为发射频率(MHz);d 为发射天线与接收天线之间的距离(km)。

由式(9.2)可以看出,通信距离越远,载波频率越高,则发散损耗越大。例如,对于 GEO 系统,4GHz 和 12GHz 下行链路损耗分别为 196.20dB 和 205.76dB,而 GEO 与 LEO 卫星系统链路损耗相差可达 30dB。

9.3.2 链路附加损耗模型(大气吸收、雨衰等)

对于星地链路而言,传播损耗除自由空间损耗外,还有其他附加损耗,包括大气损耗、雨雾衰减,以及由于折射、散射与绕射、电离层闪烁与多径等引起的附加损耗。

1. 大气损耗

星地链路穿过整个大气层,其损耗由通信频率和地面站的天线仰角确定。当通信频率处于 15GHz ~ 35GHz 时,主要由水蒸气分子对电波吸收产生损耗,并在 22GHz 处有峰值。而在 35GHz ~ 80GHz,氧分子对于电波的吸收起主导作用,并在 60GHz 处形成极大的损耗峰。而通常地面站天线的仰角越大,损耗就越小。具体损耗值可以通过经验曲线获得,如图 9 - 3 所示。在航天器电子干扰仿真中,通常情况下,大气损耗与自由空间传播损耗相比小很多,此时,也可以忽略大气损耗,但是需要注意的是,在频段和仰角的某些取值情况下,大气损耗可能会增大很多倍,此时,就成为不容忽视的因素。

2. 雨雾衰减

雨雾衰减是雨雾对微波能量的吸收和散射产生的,并随着频率的增高而加大。通常对于 Ku 频段及其以上的频段,雨雾损耗不容忽视。雨雾损耗与雨雾的密度、频率和受雨雾侵袭的路径距离有关。受雨雾影响的通信距离由地面站天线仰角以及该地区上空零度等温线的高度决定。在零度等温线以上,降落的是冰而不是雨,对电波的衰减也小很多。

一旦确定了穿过雨雾的通信路径的长度,与大气损耗类似,可以根据电波频率查经验

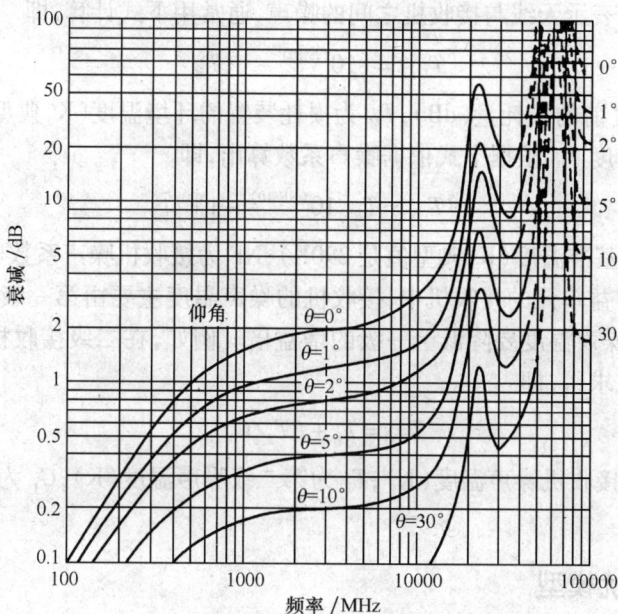

图 9 – 3 大气损耗曲线

曲线来确定雨雾衰减。当然,雨雾衰减很难被精确测定,通常得到的是对与链路设计与建模仿真都有参考意义的数值。

9.3.3 噪声模型

卫星通信系统涉及空间段和地面段,存在多种样式的噪声和干扰,其中系统热噪声是最主要的组成部分。

通信系统由各个部分组成,它们共同完成信号的处理和传输功能。信号在传输过程中经历的每个环节,只要传导媒介没有处于绝对零度,其中的带电粒子就存在着随机运动,形成对信号的干扰,称为热噪声。噪声的大小以功率谱密度 n_0 来量度,它与温度有关,即

$$n_0 = kT \tag{9.3}$$

式中:$k = 1.38 \times 10^{-23} J/K$,即玻耳兹曼常数;$T$ 为噪声源的噪声温度,单位为 K。

由此可以看出,系统热噪声计算的关键在于计算系统的噪声温度。

人们关心热噪声对于通信系统的影响,需要重点考察的是接收机的系统噪声温度,可以用下式计算,即

$$T_S = T_{Ant} + T_{Line} + (10^{L/10}) T_{RX} \tag{9.4}$$

式中:T_S 为系统噪声温度(K);T_{Ant} 为天线噪声温度(K);T_{Line} 为线路到接收机的噪声温度(K);L 为接收机前的损耗量(dB);T_{RX} 为接收机的噪声温度(K)。

天线噪声温度 T_{Ant} 由天线波束内的温度决定,若天线指向太阳,则由于噪声温度过高将导致系统无法工作。在天气晴朗的情况下,可以根据载波频率和天线仰角由经验曲线获取天线噪声温度。

线路温度 T_{Line} 表示天线与接收机之间的噪声,通常用下式计算,即

$$T_{\text{Line}} = \left[10^{(L/10)} - 1 \right] T_M \tag{9.5}$$

式中:L 为接收机之前的损耗量(dB);T_M 为损耗装置的环境温度(K,典型值是290K)。

接收机噪声温度 T_{RX} 根据下式依据噪声系数算出,即

$$T_{\text{RX}} = T_R \left[10^{(\text{NF}/10)} - 1 \right] \tag{9.6}$$

式中:T_R 为接收机基准温度(K,典型值是290K);NF 为接收机噪声系数(dB)。

在具有多个增益单元的接收机中,接收机的噪声温度主要由第一级单元的噪声温度决定,每下一级的噪声温度要降低上一级的增益倍。例如,在二级接收机中,接收机的噪声温度可以按下式求得,即

$$T_{\text{RX}} = T_1 + (T_2/G_1) \tag{9.7}$$

式中:T_1 为第一级接收机噪声温度(K);T_2 为第二级噪声温度(K);G_1 为第一级接收机增益(非 dB 形式)

9.3.4　电子干扰模型

在电子战行动中,通常既要考虑己方卫星通信链路对于对方干扰的易损性,也要考虑对于对方卫星通信链路的干扰。干扰行动一般由电子干扰机实施,所干扰的目标是通信链路中的接收机。对于航天器通信链路,通常发射机和接收机相距很远,为了实施有效的干扰,有必要使用定向干扰天线。此外,由于大多数卫星链路属于双向链路,知道了发射机的位置与天线姿态,也就能够找到接收机的方向和位置。以下首先对一般情况下的通信干扰进行建模,然后分别针对上行链路干扰、下行链路干扰、星间链路干扰展开讨论。

1. 通信干扰模型

图 9-4 所示是一个典型的通信干扰场合,其中发射机与干扰机处于不同的空间位置上,共同对接收机发送信号或干扰,接收机所接收到的信号功率与干扰功率由信号波束和干扰波束的功率以及在其方向上接收天线的增益所决定。此外,信号发射机和干扰机发出波束的功率在到达接收机时都降低了其各自距离接收机距离的平方倍。

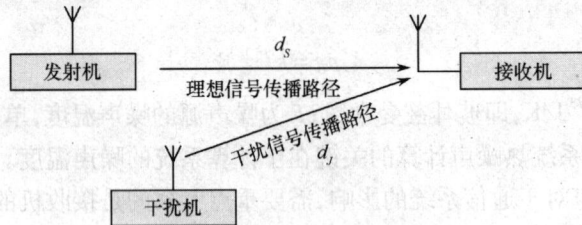

图 9-4　典型通信干扰示意图

通信干扰的基本模型就是在接收机处的干信比方程,其表达式为

$$J/S = (\text{ERP}_J)(G_{RJ})(d_S)/(\text{ERP}_S)(G_{RS})(d_J^2) \tag{9.8}$$

式中:ERP_J 为干扰机有效辐射功率(任意单位);ERP_S 为通信链路中发射机的有效辐射功率(同一单位);d_J 为干扰机至接收机的距离(任意单位);d_S 为通信链路中发射机与接收机的距离(同一单位);G_{RJ} 为接收机天线指向干扰机方向的增益(非 dB 形式)G_{RS} 为接

178

收机天线指向发射机方向的增益(非 dB 形式)。

如果用 dB 形式对上述方程进行改写,则变成下式形式,即

$$J/S = \text{ERP}_J - \text{ERP}_S + 20\log(d_S) - 20\log(d_J) + G_{RJ} - G_{RS} \tag{9.9}$$

式中:各个变量意义与前面一致,但是单位上有所不同,ERP 的单位应该采用 dBm 或 dBW,增益的单位应该采用 dB。式(9.9)应用的前提条件是假定损耗只与距离相关,如果综合考虑各种损耗因素,用信号传输损耗 L_S 和干扰传输损耗 L_J 代替式(9.9)中发射机和干扰机到接收机的距离,则有

$$J/S = \text{ERP}_J - \text{ERP}_S + L_S - L_J + G_{RJ} - G_{RS} \tag{9.10}$$

2. 上行链路干扰

对于卫星通信上行链路的干扰一般来说比对下行链路的干扰容易,这是因为不管是同步卫星还是低轨道卫星,即便是采用窄波束天线,也会在地表覆盖大面积区域,地表附近的干扰机容易对准航天器接收天线的主瓣进行干扰。这种干扰方式存在的一个主要问题是由于干扰机距离接收机较远,例如,对于地球同步卫星的距离通常超过 36000km,所以必须克服巨大的发散损耗,采用高功率的干扰机。以航天器为平台的天基干扰器在实施对上行链路的干扰中拥有一定的优势。这种优势体现在,一方面,对于任意空间目标,可以通过轨道的调整在一定时间段内获得进入其上行链路波束主瓣的机会,获得干扰上的便利;另一方面,当天基干扰器伴飞干扰目标时,虽然不一定能够直接将干扰波束对准其接收天线主瓣,但是由于距离非常接近,较小的干扰功率从旁瓣注入也有可能取得良好的干扰效果。

结合前面探讨的通信干扰模型,此时,$d_S \gg d_J$,但只是 $G_{RJ} \ll G_{RS}$,综合起来还是有利于获得较好的干信比。以下针对一种非常重要的上行链路,虽然严格起来应该称为前向链路的——TDRSS 前向链路的地—空段进行干扰建模分析。假定天基干扰器以伴星的形式伴飞干扰目标——中继星。

已知中继星接收地面 Ku 波段多路组合信号最小电平为 -79dBm,最大电平为 -54dBm,搭载天基干扰器的航天器平台距离中继星 50km 处伴飞,干扰功率从中继星天线旁瓣进入,设旁瓣电平为 -10dB,假设干扰天线增益为 38dB,则需要干扰机的输出功率应达到多少?

对于此类问题,仍基于通信干扰模型进行分析,只不过需要利用式(9.10)直接计算其中的传输损耗。干扰信号的自由传播损耗,可以由下式计算,即

$$L_S = L_f = 32 + 20\log f + 20\log d \tag{9.11}$$

经计算,对于干扰信号,50km 远产生的传播损耗为 150dB,因此,以干信比为 0dB 计算(即干扰功率与信号功率相等,满足干扰基本要求),所需干扰功率为 $\text{ERP}_J = ERP_S - L_S + L_J - G_{RJ} + G_{RS} = (\text{ERP}_S - L_S + G_{RS}) + L_J - G_{RJ}$,即干扰所需功率最小为 $-79 + 150 + 10 = 81$dBm $= 51$dBW,再减去干扰天线增益 38dB,干扰机的输出功率至少应达到 13dBW $= 20$W 的水平,这是完全可以实现的。

3. 下行链路干扰

当航天器向地面节点传送数据时,地面节点的天线波束通常很窄。对于传统的陆基、海基和空基的电子干扰器很难取得良好的干扰位置,以便将干扰波束对准目标接收天线

波束的主瓣。为了弥补位置上的缺陷，通常是在空基平台上装载尽可能高功率的电子干扰器，同时尽量接近干扰目标，以便透过接收天线较窄的旁瓣也能够达到足够的干信比。以航天器为平台的电子干扰器使得对于下行链路的干扰变得相对容易，因为此时可以使干扰波束对准地面节点的接收天线。

在天基干扰器伴飞所干扰下行链路的发射机所在航天器平台的情况下，结合前面探讨的通信干扰模型，此时，可以认为发射机和干扰机距离接收机的距离近似相等，而且接收机天线指向干扰机和发射机方向的增益也近似相等，这样干信比将完全由干扰机和发射机的等效辐射功率所决定，如下式所示，即

$$J/S = \text{ERP}_J - \text{ERP}_S$$

仍以中继星空—地返向链路为例，假设其多路复用信道发射功率为 $\text{ERP}_S = 44\text{dBW}$，其发射天线增益为 44dB，那么，其发射机功率约为 0dBW。先探讨伴星对中继星信号侦收的可能性，假设搭载天基干扰器的平台仍距离中继星 50km 伴飞，则发射信号在该处的传播损耗达 150dB，设侦收天线的增益为 38dB，则进入侦察接收机的功率为 $-10 - 150 + 38 = -122\text{dBW}$，这种灵敏度要求对于目前的数字接收机制作水平来说是不难达到的，即侦收完全可以实现。进一步考虑对地面通信节点的干扰问题，在干信比为 0dB（干扰机功率仍为 20W（13dBW））的前提下，干扰天线增益达到 44dB − 13dB = 31dB 就可以实现对发射信号的有效干扰，较之前面讨论的对于上行链路的干扰（需天线增益达 38dB）更加容易实现。

4. 星间链路干扰

星间链路干扰是指天基干扰器对于航天器之间的通信实施干扰。一种典型的星间链路就是 TDRSS 链路，其中 TDRSS 前向链路的空间部分由 TDRSS 卫星指向用户星，而 TDRSS 返向链路的空间部分由用户星指向 TDRSS 卫星。由此会产生两种可能的干扰器布置方式，即天基干扰器伴飞中继星或者伴飞用户星。

当天基干扰器伴飞中继星时，对于指向用户星的前向链路可以较容易地实施干扰，因为此时干扰信号和前向链路信号的传输损耗相当，用户星接收机天线对信号与干扰的接收增益也一致。只要干扰机的等效辐射功率不弱于中继星即可，前提是必须清楚地知道用户星所在位置。而对于由用户星指向中继星的返向链路，就必须通过距离近的优势克服干扰信号不能进入接收机主瓣的劣势，具体效果通过模型演算可以预先估计。

当天基干扰器伴飞用户星时，对于指向中继星的返向链路可以较容易地实施干扰，因为此时干扰信号和返向链路信号的传输损耗相当，中继星接收机天线对信号与干扰的接收增益也一致。只要干扰机的等效辐射功率不弱于用户星即可。而对于由中继星指向用户星的前向链路，就必须通过距离近的优势克服干扰信号不能进入接收机主瓣的劣势，具体效果也可以通过模型演算预先估计。

对于以上两种模式，从效率上讲，由于中继星能同时为多个用户星提供中继服务，如能对中继星实施有效的干扰将可能威胁到数量较多的用户星，而且，采用对中继星的伴飞模式，如前文所述，还方便对于前向、返向链路的空—地段进行干扰。由于中继星和用户星之间的通信有单址和多址两种模式，分别利用星载单通道抛物面天线和多通道相控阵天线，相控阵天线波束的指向与链路的建立非常灵活，容易形成超低旁瓣对抗干扰，所以对于星间链路的干扰需要面临复杂的计算，需要具体问题具体分析。相比之下，对于前向、返向链路的空—地段（即前面所说的上行、下行）干扰可能更易实施。

9.3.5 全链路通信质量模型

全链路通信质量模型是指对通信卫星信号端到端的传输特性进行建模,通常应用在卫星链路设计阶段,用于保证系统对信息传输质量的要求。典型的全链路分析针对信号从地面站发射至卫星,再经由卫星转发至地面其他用户节点过程中信噪比变化的情况。本书也正是以此为基础,再进一步考虑到上行、下行链路同时存在干扰的情况。

当不存在人为干扰时,对于从地面站到卫星的通信链路,发射机产生的信号经过发射天线放大、自由空间传播损耗进入接收机天线,经过接收天线的放大后到达接收机输入端(也可以进一步考虑发射机到发射天线的波导损耗和接收天线到接收机的波导损耗)。

对于此上行链路,接收信号的信(载)噪比为

$$C/N = \text{ERP} + G_R - L - N \tag{9.12}$$

式中:ERP 为发射机天线的等效辐射功率;G_R 为发射天线增益;L 为链路损耗;N 为系统热噪声,且 $N = kBT$,k 为玻耳兹曼常数,B 为接收机带宽,T 为通信系统的噪声温度。

在进行链路性能分析时,为了避免涉及接收机的带宽,除了使用信噪比作为重要参数以外,也常用载波功率与等效噪声温度之比。由于接下来还要对干扰对链路产生的影响进行分析,为了形式上的统一,将不使用 C/T 的表现形式。由于卫星接收系统的品质系数(即 G/T)通常是定值,式(9.12)还可以写为

$$C/N = \text{ERP} + (G/T) - L - k - B = \text{ERP} + (G/T) - L - B + 228.6 \tag{9.13}$$

式中:(G/T) 为通信系统的品质系数的 dB 形式,而 228.6 是 $-k$ 的 dB 形式。

现有通信卫星通常采用透明转发器,将对转发器工作在线性状态和限幅状态两种情况分别进行讨论。

首先是对转发器工作在线性状态进行讨论。此时,对于上行链路的干扰,假定干扰频率与上行信号频率相等,由于转发器的线性工作,经卫星转发前后载波与噪声、干扰的比值关系将保持不变,即

$$\frac{C'}{N'} = \left(\frac{C}{N}\right)_u = \text{EIRP} - L_u + (G/T) - B + 228.6 \tag{9.14}$$

$$\frac{C'}{J_u'} = \left(\frac{C}{J}\right)_u = \text{EIRP} - \text{EIRP}_{ju} + G_t - G_j \tag{9.15}$$

式中:(G/T) 为卫星品质系数的 dB 形式;B 为转发器带宽;G_t 和 G_j 分别为卫星对地面发射站和干扰机的接收增益;EIRP_{ju} 为干扰机的上行有效全向辐射功率;L_u 为上行自由空间传播损耗,可以用 9.3.1 中公式求得。

设 EIRP_S 为卫星饱和 EIRP,BO_O 为输出回退值,则有

$$\text{EIRP}_S/\text{BO}_O = C' + N' + J_u' \tag{9.16}$$

综合前面几式,可以得到

$$C' = \text{EIRP}_S/\text{BO}_O \left[1 + 1/\left(\frac{C}{N}\right)_u + 1/\left(\frac{C}{J}\right)_u\right] \tag{9.17}$$

当不存在人为干扰时,经下行链路传播后地面接收站收到卫星转发的信号、噪声和干扰功率为

$$C = C' - L_d + G_{RS} \tag{9.18}$$

$$N'_d + J'_d = (N' + J'_u) + G_{RS} - L_d \tag{9.19}$$

式中：G_{RS} 为地面站接收天线对于卫星的接收增益；L_d 为下行链路空间传播损耗；N'_d 和 J'_d 表示转发器对上行链路中的噪声和干扰转发而造成的下行链路中的噪声和干扰。

当存在下行干扰时，考虑最坏干扰情况，假设干扰波束能够进入到接收天线的主瓣，且干扰频率与下行信号频率相等，由链路公式，地面接收站收到的下行干扰功率为

$$J_d = \mathrm{EIRP}_{jd} + G_{rj} - L_{jd} \tag{9.20}$$

下行链路自身的噪声功率为

$$N_d = kTB$$

式中：T 为地球接收站的系统噪声温度。

综合上行、下行链路，整个卫星链路的载波与干扰噪声之比为

$$\frac{C}{X_{\mathrm{all}}} = \frac{C}{N'_d + J'_d + N_d + J_d} =$$

$$\left\{ 1 \Big/ \left(\frac{C}{N}\right)_u + 1 \Big/ \left(\frac{C}{J}\right)_u + \frac{L_d}{C'} \left[kB \left(\frac{G}{T}\right)^{-1} + \frac{\mathrm{EIRP}_{jd}}{L_{jd}} \right] \right\}^{-1} \tag{9.21}$$

注意：式(9.21)是一种比值的形式。以下再对卫星转发器工作在限幅状态进行讨论，由于转发器处于非线性状态，需要考虑互调噪声、小信号压缩和功率分配等所有非线性效应。小信号压缩将导致经过转发器输出的载波功率 C' 被一个因子 $f \geqslant 1$ 压缩。对于硬限幅转发器，f 最坏情况下接近 6dB，软限幅则不超过 3dB。经过卫星转发后，载波、噪声、干扰功率的比值关系为

$$\frac{C'}{N'} = \left(\frac{C}{N}\right)_u \Big/ f \tag{9.22}$$

$$\frac{C'}{J'_u} = \left(\frac{C}{J}\right)_u \Big/ f \tag{9.23}$$

设载波通过转发器后产生的互调噪声功率谱密度为 I_0，转发器带宽为 B，则

$$\mathrm{EIRP}_S = C' + N' + J'_u + I_0 B \tag{9.24}$$

载波通过行波管放大器(TWTA)和固态功放(SSPA)的互调噪声经验公式为

$$\mathrm{TWTA}: C'/I_0 = a \cdot B \cdot 10^{2[\mathrm{BO}_O]/10} \tag{9.25}$$

$$\mathrm{SSPA}: C'/I_0 = b \cdot B \cdot 10^{c[\mathrm{BO}_O]/10} \tag{9.26}$$

式(9.25)和式(9.26)中，$a = 5.38$，$b = 10.68$，$c = 2.6$，将上述各式联合可得

$$C' = \mathrm{EIRP}_S \Big/ \left[1 + f\left(\frac{C}{N}\right)_u + f\left(\frac{C}{J}\right)_u + B \Big/ \left(\frac{C'}{I_0}\right) \right] \tag{9.27}$$

进一步考虑下行链路存在干扰的情况，可以得到全链路载波与干扰噪声之比为

$$\frac{C}{X_{\mathrm{all}}} = \frac{C}{N'_d + J'_d + I' + N_d + J_d} =$$

$$\left\{ f \Big/ \left(\frac{C}{N}\right)_u + f \Big/ \left(\frac{C}{J}\right)_u + B \Big/ \left(\frac{C'}{I_0}\right) \frac{L_d}{C'} \left[kB \left(\frac{G}{T}\right)^{-1} + \frac{\mathrm{EIRP}_{jd}}{L_{jd}} \right] \right\}^{-1} \tag{9.28}$$

经过以上分析，可以看出，同时对卫星通信的上下行链路实施干扰可以取得更好的干扰效果，航天器搭载的电子干扰机，由于处于有利的物理位置，方便对于上下行链路同时展开干扰，随着卫星通信抗干扰技术的不断加强，对于全链路的干扰方式越来越有可能被采用，以上的分析模型也有助于对干扰效果进行评判。

第10章 航天器组网应用建模与仿真

由于航天器受到轨道的约束和载荷能力的限制,具备全面应用功能的航天器是不存在的,即使是为特定任务量身定做的航天器也不能突破时空束缚完成任务需求的所有作业,这就需要多个航天器相互协同,以编队或组网方式工作,弥补单个航天器在侦察、监视和其他服务中的空隙和时隙。对于航天器网络可以有多种理解,不同的理解对应于不同的应用模式。所以本章在体例上不再因循前几章的组织结构,而是先对航天器网络做一概述,而后针对三种不同的网络应用模式进行从原理到模型的介绍。

10.1 航天器网络概述

10.1.1 航天器网络概念

任意一个航天器都由有效载荷与航天器平台两部分构成,而为了保障航天器能够正常工作,需要通过地面站对其进行遥测遥控,并将航天器工作中产生的数据回传到地面来。也就是说,传统意义上,如果把每个航天器看作一个系统,这个系统既包含空间段,也包含地面段。随着航天技术与领域需求的发展,承担某一类任务的航天器体系出现了,这类航天器体系通常分布在各个轨道面,以星座的形式出现,可以把它看成是一种具有强耦合关系的航天器网络。这类网络中的航天器彼此关系密切,相互配合完成预定使命,但与其他种类的航天器之间却很少有交互发生。近年来,随着信息技术、控制技术和人工智能技术的突飞猛进,各类航天器体系之间建立高层次的集成关系已不再是遥不可及的事。在可见的未来,人们更倾向于将各类航天器资源看成一个大体系中的各个节点,这些节点之间可能通过地面站建立联系,也可能彼此直接建立联系,实现信息的交互。进一步,在此基础上,一些以往需要在地面由决策人员进行集中规划和调度才能完成的任务有可能通过分布式(Distributed)或去中心化(Decentralized)的方式加以执行。为了完成某项任务,一些原本各不相关的航天器之间有可能需要进行协同,建立一种松耦合的关系。从这样一种宏观的角度看待各类不同性质的航天器及其地面节点,也是一种广义的航天器网络。所以航天器网络是一个有多层次含义的概念,既可能指向某国、某联盟或某组织所有的航天器资源,也可能是实现某类专门用途的航天器资源。

10.1.2 航天器网络应用分析

航天器网络可以服务于各种不同的目的,如通信、测绘、导航、天气预报、数据中继等。本书以航天器军事应用为着眼点,所以着重介绍航天器网络遂行军事任务的能力。

以美军为例,航天器网络是其构筑的全球信息栅格的一部分,也是其 C⁴KISR(Command, Control, Communication, Computer, Kill, Intelligence, Surveillance, Reconnaissance)

系统的重要组成部分。C⁴KISR系统是指具有指挥控制、通信、计算、杀伤、情报、监视和侦察能力的军事(信息)系统。美军以全球信息栅格作为其实施网络中心战的基础,就是要在大力构建信息基础设施的基础上,实现指挥控制网络、传感器网络、射手网络的集成,而构成这一切的前提是通信网络的集成。

1. 通信网络应用

通信网络主要由通信卫星、数据中继卫星及其地面设施构成。卫星通信和数据中继卫星具有全球连续覆盖、动态信道分配、受地形地物限制少、能迅速布设/撤收通信网络等一系列优点,在地点、时间及强度不可预测的地区冲突和突发事件中能够有效提供通信保障。特别适合于跨任务、跨地区、跨军兵种之间广大用户节点的连通,因此,成为国家网络基础设施的重要组成部分,为遂行信息化作战提供坚实的保障。

卫星通信网络的主要任务和用途如下:

(1)实现对广大区域,特别是任务区域的覆盖和通信支持。

(2)实现多种带宽条件下的通信支持,提供必要的安全和抗干扰保障。

(3)与其他各类专用网络连通,成为信息基础设施中的枢纽。

(4)支持诸军兵种从战略到战术不同层级的应用,支持特殊用户(平台、武器)的应用。

(5)提供对其他航天器测控与数据传输的支持。

以下对两种典型的卫星通信网络作一简介,一种是以LEO卫星联网构成的移动通信系统,一种是由GEO卫星构成的数据传输与中继系统。

LEO卫星移动通信系统,是利用一组LEO上的小卫星,均匀分布在空间共同完成对全球表面的覆盖,支持全球全天候的通信。一个典型的LEO卫星通信系统由三部分组成:卫星星座及其系统控制中心、关口站、用户单元。LEO系统相对于其他形式系统的特点主要在于:系统成本低、发射周期短、网络构造迅速;尽管单颗卫星的易损性强,但星座整体的冗余性强;可以满足战术应用的需求;用户的长时间通信需由多颗星保障。LEO系统的应用主要面向移动用户,支持多种终端,包括手持机、便携机以及各类车载、船载、机载通信设备,还有两极地区GEO通信卫星不能覆盖的用户。LEO系统最具影响的两大实例分别是"铱星"系统和"全球星"系统。

卫星数据中继系统是为了建设天基测控网而发展起来的,一般由2颗~3颗地球同步卫星、地面终端站和用户航天器组成。用户航天器要传给地面的遥测数据、话音、电视等信息,先经星间通信链路发向中继卫星,再转发至地面终端站,构成返向传输链路;地面要发向用户航天器的指令、话音、数据等信息,由地面终端站发给中继卫星,再转发至相应的用户航天器,构成前向传输链路。卫星数据中继系统的优点是:对用户航天器轨道覆盖率高;可同时跟踪多个航天器;数据传输速率高、质量好;减少对地面站建设的需求,便于航天器的集中管理;降低用户航天器的运行测控保障费用。其不足之处是:对于用户航天器的发射功率有一定要求,对于高轨道的用户航天器跟踪受到限制,易受地面信号干扰影响。卫星数据中继系统最具影响的实例包括美国的TDRS系统、欧空局的DRS系统等。

2. 情报、监视与侦察应用

虽然每个侦察监视类的航天器都可以作为单独的实体开展情报、监视与侦察行动,但是限于单个航天器载荷的性质以及轨道的特性,都难以获得对于某目标或区域的全面了解。只有综合利用光学、红外、雷达、多光谱、电子侦察等手段,保持对目标区域在时间上和空间上尽可能全面的覆盖,才可能获得高质量的目标信息和战场态势。要达成这样的目标就需要航天器网络的协同规划,如设计光学和雷达成像卫星的编队来完成侦察任务。

此外,随着航天技术的不断发展,空间系统的功能越来越强大。将所有功能都在同一平台上完成,势必造成系统结构越来越复杂,进而提高系统的成本,同时也增加了任务的风险。为此,在20世纪90年代,有学者提出了"虚拟卫星"的概念,指出大卫星的功能,可以由多个功能相对单一的卫星合作完成,通过严格的轨道设计,这些微小卫星能够在相对较小的空间范围内实现编队飞行。20世纪90年代中后期,NASA明确提出了分布式卫星的概念。与传统的单星系统相比,分布式卫星系统在功能上已经发生了本质变化,它不仅可以完成某些传统任务,而且可以实现一些单星系统无法实现的功能,如空间长基线干涉测量、大范围立体成像、间断式定位导航等。

无论是采用单平台还是分布式卫星,所有天基情报、监视与侦察资源都需要统一的规划调配以获取最佳的原始情报,而这些情报还需要进一步融合以形成最终的空间态势图供决策使用。对于情报的处理大多发生在地面的数据处理中心,所以应该将遂行天基情报、监视与侦察任务的航天器看作是一个有机网络的组成部分。

10.1.3 航天器组网应用仿真设计

航天器以组网的方式为联合军事行动提供服务,将成为信息中心化时代一种必然的趋势。如果要利用建模仿真的手段对组网应用进行研究,就必须把握信息增值链条这一关键线索。信息增值链条包含以下关键环节:

(1)各种航天器与相应的地面系统可以作为网络上的节点,灵活地组建具有鲁棒性的物理网络。

(2)基于物理网络实现信息共享,在信息共享的基础上建立对于战场空间的公共作战态势图,形成信息优势。

(3)在具有灵活性的指挥控制机制作用下,相关节点共同做出对于任务的行动规划,形成决策优势。

(4)各个节点之间突破平台与建制的束缚,共同遂行军事行动,达成行动预期。

由信息增值链条可以看出,现阶段仍以空间信息支援为主要用途的航天器网络实际上可以通过网络化做到两件事,取得信息优势和将信息优势转化为决策优势。在建模仿真领域,可以将实现这两项任务的航天器节点(有可能同时参与这两项任务)分别看作是信息网络和任务网络。信息网络是对于通信网络的拓展,是建立在通信链路基础之上的,侧重描述网络节点之间实现信息交互的机制与体系结构;任务网络是对于传统中心式、层级式指挥结构的扩展,是建立在组织和团队基础之上的,侧重描述网络节点之间的指挥、控制与协同机制。

显然,对于这两类不同性质的网络,需要采取不同的研究策略与方法。对于信息网络,侧重考查两方面的内容:一是网络建立的物理基础,确保网络节点之间的信息交换路径在物理域可以实现;二是网络的拓扑结构,进一步研究由网络拓扑结构决定的性能指标,为网络性能与效能之间的联系建立评估的基础。对于任务网络,研究实质是要建立起一种完成任务的指挥控制机制,此时,航天器网络节点是任务的参与者,依据其自身的资源特性可以为任务提供不同类型的服务,任务、资源与决策者之间的对应关系是指挥控制机制的核心内容。这种机制有可能以两种模式来实现,下面将分别对其进行讨论。一种是中心指挥控制模式,在这种情况下,一个分布式的网络组织仍有一个确定的指挥控制中心,由该中心对所有资源进行统一规划,形成优化的任务—资源—人员分配策略,并根据任务演化的情况适时调整;另一种是去中心化或分布式的指挥控制模式,在这种情况下,航天器网络可以看作是具有自主性的主体(Agent)的集合,各个 Agent 之间通过信息交互展开协商,在协商中解决任务的分配与协同问题,整个网络呈现一定程度的自治性。

通过上述分析,决定了本章的主要研究内容,航天器组网应用仿真的模型结构如图10-1 所示。功能仿真专用模型分为信息网络仿真模型和任务网络仿真模型两部分。其中信息网络仿真模型研究基于通信的航天器网络的建模与仿真,进一步包含网络拓扑结构模型和网络性能指标模型,将在10.2 节中进行探讨;任务网络仿真模型分为中心式指挥控制模型和分布式指挥控制模型两类,中心式指挥控制模型研究面向任务的航天器网络组建与维护,进一步包括任务资源调度、决策者资源关系、决策者组织结构优化和航天器网络维护等模型,将在10.3 节中进行研究,分布式指挥控制模型利用 Agent 研究航天器的组网仿真,建立航天器的自主行为模型,将在10.4 节中进行讨论。

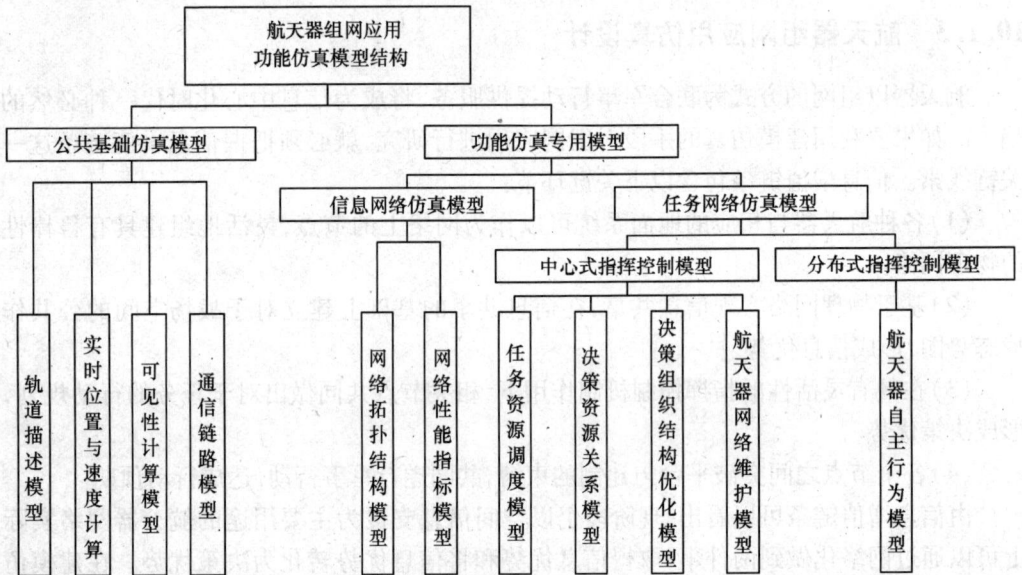

图10-1　航天器组网应用功能仿真结构图

航天器组网应用仿真流程大致如图10-2 所示,包括以下步骤:

(1)准备构成航天器网络的各个节点进行状态初始化。

(2)航天器应用任务生成。

(3)根据应用任务,以及设定的指挥控制模式,选取合适的航天器资源和决策人员,生成航天器应用网络。

(4)如果是中心式指挥控制模式,由指挥控制中心对所属节点进行统一规划调度;如果是分布式指挥控制模式,由各节点之间进行任务协同和自治管理。

(5)判断任务是否完成(或无法完成),如完成则任务网络需要解构,释放相关资源;

如未完成则仿真继续推进,更新网络节点的状态,适时调整网络的结构,直至任务结束为止。

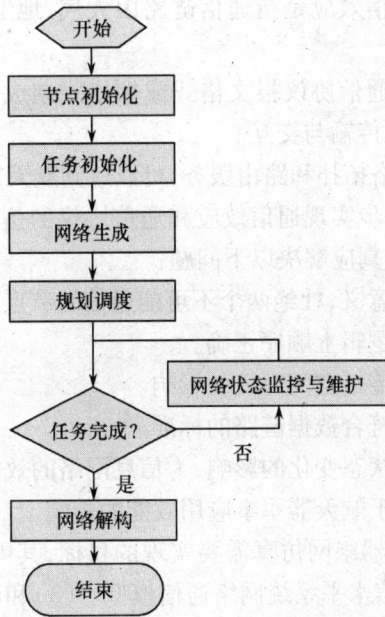

```
                    ┌──────────┐
                    │   开始   │
                    └─────┬────┘
                    ┌─────┴────┐
                    │ 节点初始化 │
                    └─────┬────┘
                    ┌─────┴────┐
                    │ 任务初始化 │
                    └─────┬────┘
                    ┌─────┴────┐
                    │ 网络生成  │
                    └─────┬────┘
                    ┌─────┴────┐
                    │ 规划调度  │
                    └─────┬────┘         ┌──────────────┐
                          │              │ 网络状态监控与维护 │
                          │              └──────┬───────┘
                       ╱──┴──╲                  │
                      ╱ 任务完成?╲────否──────────┘
                       ╲     ╱
                        ╲ ╱
                         │ 是
                    ┌────┴─────┐
                    │  网络解构  │
                    └────┬─────┘
                    ┌────┴─────┐
                    │   结束   │
                    └──────────┘
```

图 10 - 2　航天器组网应用仿真流程

10.2　基于通信的航天器网络建模与仿真

构成航天器网络的各个节点之间,通过互连、互通、互操作,实现信息的交换。这说明通信是分立松散的航天器之间能够形成网络的前提条件。网络化作战环境下,传感器网络、通信网络、指挥控制网络等虽然功能侧重不同,但是在组网方面却具有一定的相似性,且通信网络是以上各种功能网络的构建基础。航天器网络首先是一个通信网络。通信网络由通信节点和相连的通信链路组成。在通信网络层,一般采用事件驱动的机制仿真网络中的包流和信息;在链路层,一般采用时间驱动的机制仿真波形的失真、噪声和干扰等效果。在构造航天器仿真应用的过程中,无线通信系统是主要的研究对象。与第 5 章不同,本节不从链路入手,网络层的仿真是关注的重点,将侧重讨论网络的拓扑结构与节点连通性问题。

在不以研究通信链路实现细节为目的的情况下,航天器网络模型提供的基础服务应该包括以下几种:

(1)组网服务。航天器网络中的航天器、作战人员、地面设施等都可以看作是动态网络的节点。在仿真初始时刻,各个节点之间尚未建立起通信链路,它们彼此通过信息的发送/应答建立起网络的过程称为组网。

(2)维护动态网络拓扑。网络拓扑是指各个节点之间的连通性,它是随着通信链路的通断而变化的。当前大部分航天器通信链路都属于视距链路,当一对通信节点彼此超出视距范围时,必须中断该链路。仿真过程中由于节点加入或退出引起的网络重组也引发动态网络拓扑的变化。

（3）路由服务。计算任意两节点之间的通信路径，服务于需要中继的通信方式。

（4）通信效应仿真。通信效应是指通信链路因大气、地形或干扰等外部因素而使传输信息受到的影响。

（5）通信协议仿真。将通信协议报文格式或帧格式制成仿真对象模型，将传输信息按格式封装后在仿真中实现传输与交互。

通过实现组网、动态网络拓扑和路由服务，可以达到航天器网络仿真对通信服务的基本置信水平要求。如能进一步实现通信效应和通信协议的仿真，则置信水平等级会达到较高的水平。通信服务的仿真应解决以下问题：

（1）确保链路具有物理意义，杜绝两个不可能通信的节点之间的直接信息交换。

（2）保证信息的传输在逻辑上顺序正确。

（3）信息的传输会受到传播空间环境的影响。

（4）保证信息在格式上符合数据链路的标准。

（5）描述通信对于网络状态变化的影响，为信息网络的效能评估提供评判指标。

（6）评估网络复杂性对于航天器军事应用效能的影响。

以上各项问题也是航天器组网仿真需要实现的目标，其中，（1）和（2）是我们的基本目的，是为了建立具有低置信水平系统网络通信模型。（3）和（4）能够有效地提升通信仿真的置信水平等级，而（5）和（6）是网络仿真有可能带来的附属产品，属于高级应用的范畴。为了在仿真中达到目标（1）和（2），需要建立网络结构拓扑的数学表达和选用某种路由算法。

10.2.1 网络拓扑原理

借助图论的知识，网络可以用图 $G = <V, E>$ 来表示，其中 V 是网络中节点（也叫顶点）的集合，而 E 是节点之间的有向边的集合。假定是通信网络图，那么，顶点 V 可以表示通信网络中的各个节点，如交换机、路由器、主机等；而边 E 可以代表存在于节点之间的通信链接。对于某个链接 E，如果它在信息传输的双向均具备相同的属性（如容量、传输时延），则认为该通信链接是对称的，E 是无向的。对于大多数真实网络，通信链接是非对称的，这时每个双向链接需用正反两个方向的带有方向的边来表示。当两节点间的信息流具有单一流向时，称为单向链接。

每个链接可以用有关服务质量（Quality of Service, QoS）的度量标准来衡量。例如，在图 10-3 中，每个链接的状态由剩余带宽、时延和开销组成的三元组构成，这里的剩余带宽表示未分配给通信业务的带宽，是可用的带宽资源。每个节点也具有各自的状态，但是可以与相邻链接的状态结合到一起表达。如剩余带宽确定为节点剩余带宽和链接剩余带宽中的较小者，链接时延包括链接传输时延和节点排队时延两部分，链接的开销是节点和链接总的资源消耗之和。

对于有向图，如果仅需要维护网络节点的拓扑信息，可以采用基于邻接矩阵的描述方式。

一个 n 顶点的图 $G = (V, E)$ 的邻接矩阵（Adjacency Matrix）是一个 $n \times n$ 维的矩阵 A，A 中的每一个元素为 0 或 1。假定 $V = \{1, 2, \cdots, n\}$，A 中的元素定义为

$$A(i,j) = \begin{cases} 1, & \forall\,(i,j) \in E \\ 0, & \text{其他} \end{cases} \tag{10.1}$$

例如,对于图10-4所表示的网络,其邻接矩阵为

$$A = \begin{bmatrix} 0 & 1 & 1 & 1 & 1 \\ 1 & 0 & 1 & 1 & 0 \\ 1 & 1 & 0 & 1 & 1 \\ 1 & 1 & 1 & 0 & 1 \\ 0 & 0 & 0 & 0 & 0 \end{bmatrix} \tag{10.2}$$

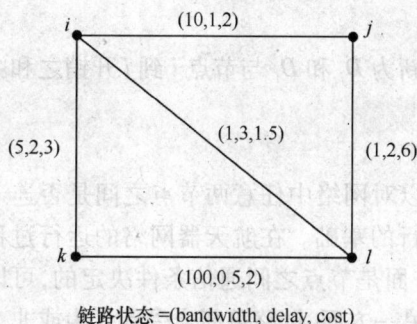

图10-3   网络状态模型

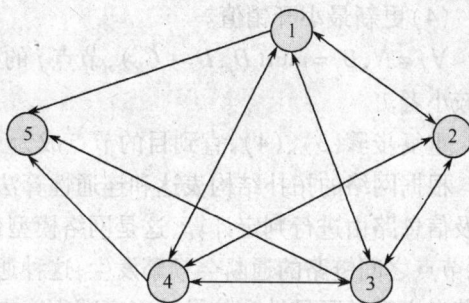

图10-4   网络的有向图表示

10.2.2   网络连通性分析

求解有向图中任意两点之间的连通性,需要利用图的搜索算法,搜索顶点的两种标准算法是宽度优先搜索和广度优先搜索,在确知两点的情况下,更适宜采用深度优先搜索方法。深度优先搜索(Depth-First Search,DFS)是这样的搜索过程:从起始顶点 v 出发,先将 v 标记为已到达节点,然后选择一个与 v 邻接的尚未到达的顶点 u,如果这样的 u 不存在,搜索中止。假设这样的 u 存在,那么,从 u 开始一轮新的 DFS 搜索。当从 u 开始的搜索结束时,再选择另外一个与 v 相邻的尚未到达的节点,如果这样的节点不存在,终止搜索,如果存在,从这个节点开始新的 DFS,如此循环下去。

如果以路径的长度作为通信的开销,那么,寻找任意两点之间开销最小的通信路径就演化成最短路径算法(Shortest-paths First Algorithms,SPF)这一路由算法问题。许多路由算法都是由最短路径算法演化而来的,最短路径算法决定了包交换相对于某种开销的最短路径。这种开销可以根据需要确定,例如,是链路带宽的倒数,或是链路的通信时延。对于军事应用,可以优先考虑最小时延。

以下简介典型的最短路径算法——Dijkstra 算法,求解单源最短路径问题。

每个节点用从源节点沿已知最佳路径到本节点的距离来标注,标注分为临时性标注和永久性标注。

(1)算法开始时,所有节点都为临时性标注,标注为∞。

$N = \phi$,清空永久性标注节点集合。

$D_i = \infty$,从源节点 s 到节点 i 的当前最小开销为∞。

（2）将源节点 s 标注为 0，且为永久性标注，并令其为工作节点。

$N = \{s\}$，节点 s 加入集合 N。

$D_j = C_{sj}, \forall j \neq s$，对于节点 s 的相邻节点 j，标注 D_j 为 s 到 j 的开销（距离）。

$D_s = 0$，节点 s 到自身的距离为 0。

（3）检查与工作节点相邻的临时性节点，若该节点到工作节点的距离与工作节点的标注之和小于该节点的标注，则用新计算得到的和重新标注该节点；在整个图中查找具有最小值的临时性标注节点，将其变为永久性节点。

$D_i = \min_{j \notin N} D_j$，寻找距离当前工作节点最近的临时性标注节点。

将点 i 加入集合 N，并成为下一轮检查的工作节点。

（4）更新最小开销值。

$\forall j \notin N, D_j = \min(D_j, D_i + C_{ij})$，节点 j 的标注更新为 D_j 和 D_i 与节点 i 到 j 开销之和中的较小者。

重复步骤（3）、（4），直到目的节点成为工作节点。

根据网络的拓扑结构表达和连通性算法，就可以对网络中任意两节点之间是否连通以及信息路由进行判定计算，这是网络模型仿真运行的基础。在航天器网络的运行过程中，节点之间链路的通断会频繁发生，这种通断一方面是节点之间通信条件决定的，可以用节点之间的可见性和信号功率衰减程度来判定；另一方面，链路可能会受到人为或非人为因素的干扰，设备可能会出现故障，这些都会导致节点或链路发生暂时或永久的失效，此时，需要即时更新链路的拓扑结构，重新评估网络的状态。

10. 2. 3　网络连通性计算模型

网络的连通性是网络的基本属性。假定一个具有 N_T 个节点的网络，具有 $\frac{1}{2}N_T(N_T - 1)$ 个连接。这里的连接表示任意两个节点之间直接的通信连接；而路由指的是一对节点之间所有可能的通信路径，每条路由由一个或多个连接构成。据此，定义一个时变的、通用的军事网络的连通性为

$$C_M(t) = \sum_{\mu=1}^{N_T} K_\mu(t) \sum_{\nu=1}^{N_\mu} \sum_{\gamma=1}^{N_{\mu\nu}} L_\gamma^{\mu\nu}(d,t) = \sum_{\mu=1}^{N_T} K_\mu(t) \sum_{\nu=1}^{N_\mu} L^{\mu\nu}(t) \sum_{\gamma=1}^{N_{\mu\nu}} \frac{F_\gamma^{\mu\nu}(t)}{(d_\gamma)^\xi} \qquad (10.3)$$

式中：N_T 是网络节点数目；N_μ 是所有与节点 μ 相连通的节点数目，在网络连通性为全连通的情况下，N_μ 等于 $N_T - 1$；$N_{\mu\nu}$ 是所有连通节点 μ 和节点 ν 的可能路由的数目，在一个完全连通的网络中 $N_{\mu\nu}$ 等于 $\{1 + (N_T - 2) + (N_T - 2)(N_T - 3) + \cdots + (N_T - 2)(N_T - 3)\cdots 2 \cdot 1\}$；$K_\mu(t)$ 是节点 μ 的值，可以表征节点的重要程度；$L_\gamma^{\mu\nu}(d,t)$ 是连接节点 μ 和 ν 的路由 γ 的信息流参数，它依赖于两节点之间路由的长度和当前时刻，可以进一步分解成表示价值的 $L(t)$ 和一个流系数 $F_\gamma^{\mu\nu}(t)$，而 $F_\gamma^{\mu\nu}(t)$ 需要除以路由长度 d 的 ξ 次幂，$F_\gamma^{\mu\nu}(t)$ 取值为 0 ~ 1，表示连接 γ 的流通能力，如果某路由是单向的，信息只从节点 μ 流向节点 ν，则有 $0 \leqslant F_\gamma^{\mu\nu}(t) \leqslant 1$，而对于反向链路就有 $F_\gamma^{\nu\mu}(t) = 0$。如果不考虑时变因素，那么，节点值 K_μ 为常值，流系数 $F_\gamma^{\mu\nu}$ 可以认为取值为 1（连通）或 0（断路）。

连通性的计算公式是计算的关键部分，公式中几个 $\sum$ 符号蕴含了以下几个步骤：

190

（1）对网络中的每个节点计算其连通性并求和。

（2）对于某个节点，计算其到网络中其他各个节点的连通性并求和。

（3）对于某个节点到另外某个节点，计算其所有可能的连通方式（路由）并求和。

上述连通性度量仍需进行归一化处理，对于一个理想的各向同性的双向连通的网络，连通性度量可以简化为

$$C = \frac{k}{N_T(N_T - 1)} \tag{10.4}$$

式中：k 为连接数。

10.2.4　网络连通性仿真

网络连通性在一定程度上反映了网络的规模和网络化程度，采用这项指标的好处是能够建立起网络和系统效能的直接关系。例如，在电子战条件下，当由于干扰而造成某条链路中断时，就会造成网络连通性的瞬时下降，某个关键节点的失效也可能导致连通性指标的大大降低。

为了仿真在实际行动过程中航天器网络节点可能失效的情况，可以利用可靠性理论来对节点和链路的失效与维修进行模拟。

假定节点或链路具有相同的平均故障率（也可以分开讨论），为 $\mathrm{MTBF} = \frac{1}{\lambda}$，故障的平均修复率为 $\mathrm{MTTR} = \frac{1}{\mu}$，对于地面节点可以认为是人工修复，对于航天器节点的修复可以认为是启用了备用系统。

可以认为故障的发生和修复符合指数分布，即 $f(t) = \lambda \mathrm{e}^{-\lambda t}$　$g(t) = \mu \mathrm{e}^{-\mu t}$，对于仿真周期的每一步推进，从时间 t 到 $t + \delta$，节点或链路 i 发生故障的概率为 $1 - \mathrm{e}^{-\lambda \delta}$，被修复的概率为 $1 - \mathrm{e}^{-\mu \delta}$，即有

$$x_i(t + \delta) = \begin{cases} 0, r_i \leqslant 1 - \mathrm{e}^{-\lambda \delta}, & \text{节点或链路 } i \text{ 故障} \\ 1, r_i > 1 - \mathrm{e}^{-\lambda \delta}, & \text{节点或链路 } i \text{ 正常} \end{cases} \tag{10.5}$$

$$x_i(t + \delta) = \begin{cases} 0, r_i \leqslant 1 - \mathrm{e}^{-\mu \delta}, & \text{节点或链路 } i \text{ 修复} \\ 1, r_i > 1 - \mathrm{e}^{-\mu \delta}, & \text{节点或链路 } i \text{ 不能修复} \end{cases} \tag{10.6}$$

在每个仿真周期中，都对航天器网络的各个节点和链路进行故障与修复的仿真，并基于网络的连通情况计算并更新网络的连通性。

10.3　面向任务的航天器网络组建与维护模型

前面从物理意义上对航天器网络的连通性进行了建模分析，但在实际情况中，对于航天器这类重要的战略资源，在遂行重要任务时，一般由指挥控制中心进行统一的规划调度。航天器网络在任务执行的过程中，又不断地发生变化，需要即时调整，由此可以将航天器任务网络看作是一个任务组合，遵循"视情组建、面向任务、集中规划、动态调整"的组建和维护原则。

在不确定使命环境下设计任务网络时，设计者面对的任务环境参数(如任务对资源的需求)往往不可能准确获得，而仅仅是估计值。一旦任务开始执行，任务环境参数值可能会发生变化。另外，在任务执行过程中，会有突发事件的发生，如资源平台失效、决策节点故障、未能预料的敌方行动，这些突发事件会改变使命环境或者组织约束。这些都会使得静态环境下设计的优化组织结构不能与当前实际的使命环境相匹配。为了解决这种动态的、不确定使命环境下的组织结构设计问题，可以对特定的使命建立优化的组织结构，并能够随着环境变化进行动态重构，从而始终保持很好的性能，这种方法称为组织结构的适应性设计。

对于这一问题，不少学者做出了有益的研究成果。Cathleen 等以计算组织理论为基础运用多主体组织模型来研究组织适应性理论，提出了基于模拟退火思想的组织适应性模型；以 George Mason 大学 C^3I 研究中心为代表的研究团队基于组织的 Petri 网交互模型建立了适应性组织模型，此方法局限于组织的信息建模。近几年，通过对团队决策的研究表明：组织的优化设计完全在于实际的任务结构和组织运作环境的关键属性，这种结论导致了应用系统工程技术来设计人类组织。Levchuk 等采用系统工程技术设计面向任务的最佳组织，提出了面向任务的组织结构的 3 阶段设计方法，是本节重点介绍的思想。

10.3.1　任务网络模型概念

网络的生成与运行模型是网络模型中最重要的一环，是对航天器实现敏捷化、灵活化控制的关键。网络生成与运行模型的实质就是对己方所有的资源、指控人员和所面临的任务之间的关系进行整体设计，使资源和指控人员得到优化的利用，形成灵活快捷的指控方式，更好地满足任务的需求。可以说，网络生成模型是在传统规划模型的基础上发展起来的，只是约束条件必须适应信息时代战争模式发展的变化，并体现网络中心战背景下的指挥控制特色，如资源的可迁移性、组织的网络化结构等，这些都将在网络生成与运行模型中有所体现。

由于本节所探讨的航天器网络是面向任务组建的，并不是一个单纯由航天装备构成的网络，这其中还包含着不少决策和执行人员，这种人与装备复合的网络也可以称为组织，在本节中以下对这二者不做明显区分。首先统一本节模型中反复使用的若干名词的定义。

(1)功能。功能是指在某项行动中，网络(组织)在执行任务时不可再分割的基本能力，记描述网络功能的资源矢量为 $F = [f_1, \cdots, f_L]$，L 表示该网络具备 L 项基本职能，$f_i(1 \leqslant i \leqslant L)$ 表示网络具备某类型资源的多少。通常，确立网络功能的依据是网络资源类型的划分。如以航天器军事应用仿真中的某次攻击任务为例，可以将其中的资源类型划分为反导类、识别探测类、应急发射类、导航定位类等。

(2)任务。某任务网络在一次作战行动中承担的使命，通常由上一级组织规划确定，但本级组织又有责任对其进行分析和分解(一项任务可以分解为一系列作业的集合)，并利用本网络的资源确保任务的达成。

(3)作业。作业模型是对网络的作战任务进行分解得到的基本的过程单元(子任务)的描述，其分解的粒度通常达到战术层次，分解的方法可以分为目标分解、功能分解和区域分解、行为分解等。作业模型的基本数据包括作业的处理时间、处理的资源要求以及地

192

理位置等。记 T 是由网络任务分解而得到的作业的集合,可以通过下列基本属性定义每个作业 T_i。

①估计的处理时间 t_i。

②位置限制矢量(位置 (x_i, y_i) 和 (x_j, y_j) 限制了任务 T_i 和 T_j 的距离 d_{ij})。

③资源需求矢量 $\mathbf{R}(T_i) = [R_{i1}, R_{i2}, \cdots, R_{iS}]$,其中 R_{il} 表示任务 T_i 对于资源类型 l 的需求量。

(4)资源。资源模型是对网络中各种资源实体(包括平台和单元)的各种能力的定量描述,其基本属性包括资源的类型、资源能力、地理位置、运动速度等,以平台 P_m 为例,定义其速度为 v_m,能力矢量为 $\mathbf{R}(P_m) = [r_{m1}, r_{m2}, \cdots, r_{mS}]$,其中 $r_{ml}(l=1,2,\cdots,S)$ 表示了平台 m 具有的 l 类型的资源的数量。

(5)决策者(Decision Maker,DM)。决策者模型是对决策实体能力和行为的描述,其能力属性包括工作负载能力(能管理多少个平台)、任务处理能力(能同时处理多少任务)、协作交流能力、决策能力等。记决策实体为 DM。之所以使用决策者的概念,是因为在组织航天器开展军事行动中,不能忽视人的作用,人也是行动所必须消耗的另一种资源。

10.3.2　航天器任务组网原理

在本模型中,航天器网络是一种描述组织关系的网络,网络的生成与运行,实质上是组织的设计和操作过程。网络结构通过描述以下元素确定了组织实体之间的关系。

(1)作业—资源之间的调度关系。

(2)决策者—资源之间的分配关系。

(3)决策者的组织层级关系。

(4)决策者之间的协同结构。

采用相关领域的研究成果,将基于任务的网络建构划分为三阶段的迭代的组织设计过程,如图 10-5 所示。

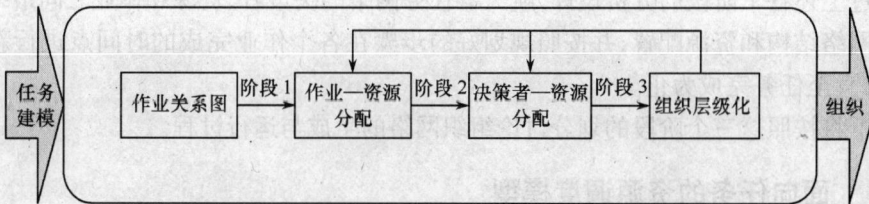

图 10-5　面向任务的网络结构设计的三个阶段

第 0 阶段:任务分解阶段。

航天器网络执行任务首先要面向任务进行分析分解,产生执行任务的行动过程方案,将任务划分为一系列不可再分的任务元——作业,作业之间可以有顺序、分支、并行的逻辑关系,并可以用作业次序图的方式表现出来。作业次序图确定了作业之间的关联和数据流关系,可以表示为 $G_T = (V_T, E_T)$,其中 V_T 是作业次序图中节点的结合,E_T 表示次序图中各项作业之间的连接关系。例如,某次航天器军事应用任务可能分解成多项作业的复合关系,如图 10-6 所示。

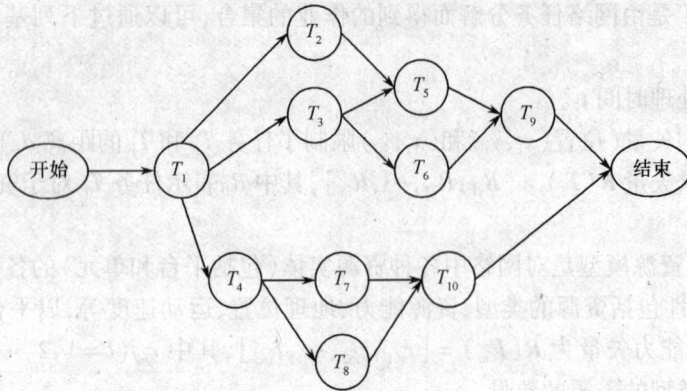

图 10-6 作业次序图

第 1 阶段:调度阶段。

在此阶段,将建立优化的作业—资源分配关系,它采用资源(平台)—作业分配矩阵的形式来表达。目标函数(通常用任务完成时间表示,也可以由独立的任务目标复合而成的联合目标函数代替)在分配、资源可用性、平台速度和优先次序等限制条件下取得最小化。

第 2 阶段:聚类阶段。

在此阶段,确定优化的决策者—资源分配策略。它采用决策者—平台分配矩阵来表示。目标函数(通常用内部负载和外部负载的加权和表示,也可以由各个独立的任务目标复合而成的联合目标函数代替)在决策者工作负载的限制条件下取得最小化。

第 3 阶段:结构优化阶段。

在此阶段,确定优化的组织层级结构,或者组织的网络化结构。层级关系是一种特殊的网络形式,可以利用树的形式表达,以有向弧来表示支持和被支持的关系。目标函数(通过直接或间接协同引起的最大层级负载或者是由各个独立的任务目标合成的联合目标函数)在信息可达性和网络层次结构的限制下取得最小化。

经过上述各个阶段的分析设计,航天器任务网络的决策者、资源和作业之间最终形成优化的网络结构和资源配置,并按照规划好的步骤在各个作业完成的时间点进行新的关系分配,直至任务完成为止。

以下将按照这三个阶段的划分讨论组织网络的生成与运行过程。

10.3.3　面向任务的资源调度模型

本阶段为面向任务的航天器组网阶段三部曲之一——调度阶段。

1. 问题定义

调度的目的是将有限的资源在一定的时间范围内分配到各项作业。资源和作业可能呈现多种形式。如资源可以是航天器平台、测控人员、有效载荷、信息源等;作业可能包括侦察、监视、军事行动、评估等。作业可能是聚合的或是独立的,不同的作业具有不同的优先级别。

调度作为一个决策过程,其决策目标可能有多种形式,如使某项任务完成的时间最小化。在本模型的范畴内,调度是指这样的过程,存在这样的一组作业的集合,每项作业具

194

有不同的处理时间、资源需求以及彼此的先后次序关系等,它们需要依赖于一组给定的具有不同能力特征的资源集合(包括平台或单位)来实现。作业对资源的需求以及资源的能力可以用能力矢量来表示。如果一个平台(单位)或几个平台(单位)组成的任务组能够胜任某项任务,那么,这些平台(单位)提供的某项功能的矢量之和一定大于等于该项作业所需的能力度量。某项作业可以开始执行需要两个条件:一是其前置任务都被完成;二是它所需的资源都已就位。不失一般意义,假定某项资源在某个时刻只能处理某一项作业,调度的目标是使总体任务在最短或较短时间内达成。

2. 调度问题的数学表达

在讨论调度问题时,使用以下统一的数学表达形式:

N = 需要处理的作业数量

K = 可用的资源数量

S = 资源能力(需求)类型的数量

t_i = 作业 i 的处理时间

v_m = 资源 m 的速度

$$p_{ij} = \begin{cases} 0, & \text{如果作业 } i \text{ 必须在作业 } j \text{ 开始之前完成} \\ 1, & \text{其他} \end{cases}$$

r_{ml} = 资源 m 的第 l 种类型能力

R_{il} = 作业 i 对第 l 种类型能力资源的需求

T = 任务终结时间

0 = 起始作业

引入以下变量来定义调度问题:

分配变量

$$w_{im} = \begin{cases} 1, & \text{资源 } m \text{ 被分配到作业 } i \\ 0 & \text{其他} \end{cases}$$

转移变量

$$x_{ijm} = \begin{cases} 1, & \text{资源 } m \text{ 在完成作业 } i \text{ 后接着处理作业 } j \\ 0, & \text{其他} \end{cases}$$

s_i = 作业 i 的起始时间

Y = 任务完成时间(最后一项作业的完成时间)

为了方便讨论,假定平台是完成任务的主要资源,在下文中,平台和资源的含义是等价的。为进一步简化问题,假定当平台 m 可以处理某项作业 i 时,一定是从处理其他的某项作业 j(包括初始作业 0)的状态转移而来,然后,再从任务 i 转移到其他某项作业。某项资源只能一次性地到达或离开某个作业岗位。这可以表示为 $x_{iim} = 0 \quad (i = 1, \cdots, N)$。

此外,如果某个资源在整个任务期间都空闲,可以表示为 $x_{00m} = 1$。

因此,可以引入如下任务分配限制条件,即

$$\sum_{j=0}^{N} x_{ijm} = \sum_{j=0}^{N} x_{jim} = w_{im} \quad (i = 0, \cdots, N; m = 1, \cdots, K) \tag{10.7}$$

如果作业 i 必须在作业 j 开始之前完成,即 $p_{ij} = 0$,那么有

$$s_i + t_i \leqslant s_j \tag{10.8}$$

式(10.8)对于 j 的所有的先导作业都成立,而且,如果平台 m 直接从作业 i 转移到作业 j,即 $x_{ijm} = 1$,那么,作业 j 只有在平台 m 处理完作业 i 后,并从 i 迁移到 j 后才能开始进行,假设作业 i 和作业 j 之间的距离可以表示为 d_{ij},那么,转移时间就是 d_{ij}/v_m,即

$$s_i + t_i + \frac{d_{ij}}{v_m} \leqslant s_j \tag{10.9}$$

将作业 i 和作业 j 的各种先后关系综合表达出来,可以称为次序限制条件,即

$$s_i - s_j + x_{ijm}\left(\frac{d_{ij}}{v_m} + p_{ij}T\right) \leqslant p_{ij}T - t_i \tag{10.10}$$

资源需求限制条件:分配给某项任务的平台组的资源能力矢量之和应该大于或等于该项任务的资源需求矢量,这可以表达为

$$\sum_{m=1}^{K} r_{ml} \cdot w_{im} \geqslant R_{il} \quad (i = 1, \cdots, N; l = 1, \cdots, S) \tag{10.11}$$

资源需求限制确保了至少有一个平台分配到任意某项任务。任务完成时间等于所有任务中完成时间最长的,并且存在任务完成的时间限制,可以表示为

$$t_i + s_i \leqslant Y \leqslant T \tag{10.12}$$

规划的目的初步确立为最小化任务完成时间,可以用多项式的形式化表达为

$$\min Y$$

$$\begin{cases} \sum_{j=0}^{N} x_{ijm} - w_{im} = 0 \\[2mm] \sum_{j=0}^{N} x_{ijm} - w_{im} = 0 \\[2mm] s_i - s_j + x_{ijm}\left(\dfrac{d_{ij}}{v_m} + a_{ij}T\right) \leqslant a_{ij}T - t_i \\[2mm] \sum_{m=1}^{K} r_{ml} \cdot w_{im} \geqslant R_{ml} \\[2mm] s_i - Y \leqslant -t_i \\[2mm] 0 \leqslant Y \leqslant T; s_i \geqslant 0; x_{ijm}, w_{im} \in \{0,1\} \end{cases} \tag{10.13}$$

这是一个混合的二进制线性规划问题(MLP),属于 NP – Hard 问题。在任务、平台的数目较多的情况下,容易引发维数灾难,必须寻找优化的解决方法。多维动态规划以缩短任务执行时间为调度目标,通过求解一系列容易解决的子问题,再根据子任务的时间序列关系综合得到系统任务的调度方案而避免了计算的复杂性,同时又满足了任务的时效性要求。因此,多维动态规划是解决具有时效性要求的航天器组网调度问题的一种可行方法。可以考虑的方法有聚类算法(Clustering Algorithm)和列表调度算法(List Scheduling Algorithm)。本模型采用的是多维动态列表调度算法(Multidimensional Dynamic List Scheduling, MDLS)。

196

3. 多维动态列表调度算法

MDLS 算法将按顺序逐个将任务分配到相关的平台,直到任务被分配完为止。它的主要流程分为两个部分:选择待分配的任务;选择与任务匹配的平台组。

模型中应用以下符号,其意义如下。

READY = 当前时刻可以开始处理的作业集合

FREE = 当前时刻可用于处理作业的平台集合

$OUT(i)$ = 作业 i 的直接后续作业

$IN(i)$ = 作业 i 的直接前任作业

$nIn(i)$ = 作业 i 的前任作业数量

$nOut(i)$ = 作业 i 的后续作业数量

$CP(i)$ = 作业 i 的关键路径(等于从 i 到任务结束时刻所需的最小时间)

$level(i)$ = 作业 i 在作业次序图中的层级

$WL(i)$ = 作业 i 的加权长度

$B(m,i)$ = 平台 m 用于处理作业 i 的资源数量

$$BR(m) = \sum_{i \in READY} B(m,i)$$

$l(m)$ = 平台 m 最近处理的一项作业(如果从没处理过就是 0)

$G(i)$ = 选中的用于处理作业 i 的平台组

$FT = [f_1, \cdots, f_M]$ 当前正在处理的各项作业的结束时刻

$P(i)$ = 第 1 步中分配给作业 i 的优先级系数

第 1 步:作业选择。

首先,待选择的作业必须是已经就绪(READY)的任务,也就是说,它的所有前导作业都已经完成。作业的整体分配状态和任务的先后次序关系决定了待选择的任务。每个就绪的作业都具有不同的优先级系数,优先级系数高的作业被优先选出。

优先级系数的主要计算方法有三种:关键路径法(Critical Path, CP);层次分配法(Level Assignment, LA);权重长度法(Weighted Length, WL)。三类方法的计算复杂程度相仿,都是 $O(M)$ 量级,这里 M 是作业先后次序图中有向边的数目。

(1)CP 算法。在给定作业先后次序图和每项任务的处理时间后,可以为每项不同的作业计算其关键路径 $CP(i)$,在列表调度算法中,所有就绪作业中具有最大 $CP(i)$ 的被选中,如果发生 $CP(i)$ 相等的情况,那么,可以选取具有最多后续作业的作业,或任选一项。优先级系数的计算可以表示为 $P(i) = CP(i)$。

(2)LA 算法。首先根据作业先后次序图按照顺序的方式定义每项作业的层级,任一作业的前导作业都具有较低的层级。LA 算法按照作业的层次逐层次进行分配,优先选择具有最低层次的作业,如果发生层级相等的情况,可以选择具有最大 $CP(i)$ 的作业。优先级系数的计算可以表示为

$$P(i) = \max_j \{l(j)\} - l(i) \tag{10.14}$$

(3)WL 算法。采用下式计算优先级系数,即

$$P(i) = WL(i) = CP(i) + \max_{j \in OUT(i)} CP(j) + \frac{\sum_{j \in OUT(i)} CP(j)}{\max_{j \in OUT(i)} CP(j)} \tag{10.15}$$

具有最大 WL(i) 值的作业被优先选择。如发生 WL(i) 值相等的情况,那么,可以选择具有最大 CP(i) 值的作业,或从中任选一项。

第 2 步:平台组的选择。

接下来为第 1 步中选择的作业选择执行者——平台组。总的思路是:可以将选择的平台组看作被该作业消费的资源,这种被消费的资源应该对 READY 集合中其他作业的执行造成的影响最小。此外,还应考虑选择距离"最近"的平台组,最近是指该平台组应该能够尽快地到达工作位置,以缩减作业的完成时间。每个平台被分配一项系数,并按照升序分配作业。假定在第 1 步中,作业 i 被选中,那么,可以采用以下计算平台系数的方法,即

$$V_1(m) = \frac{B(m,i)}{BR(m) - B(m,i)} \tag{10.16}$$

$$V_2(m) = \left(s_{l(m)} + t_{l(m)} + \frac{d_{l(m),i}}{v_m}\right)\frac{B(m,i)}{BR(m) - B(m,i)} \tag{10.17}$$

$$V_3(m) = s_{l(m)} + t_{l(m)} + \frac{d_{l(m),i}}{v_m} + \frac{B(m,i)}{BR(m) - B(m,i)} \tag{10.18}$$

首先按照上述系数的升序确立待选择的平台集合,然后再按照上述系数的降序对该集合进行裁剪;去除冗余的平台,最后能够胜任该项作业又不可精简的平台组队,被分配给该项作业,标记为 $G(i)$。

当平台组确定后,任务 i 的开始时间也相应确定下来,可以用下式计算,即

$$s_i = \max\left(f, \max_{m \in G(i)}\left\{s_{l(m)} + t_{l(m)} + \frac{d_{l(m),i}}{v_m}\right\}\right) \tag{10.19}$$

10.3.4　决策者与资源分配关系模型

本阶段为面向任务的航天器组网阶段三部曲之二——聚类阶段。

在上文中,已经实现了资源(平台)到作业的分配,接下来要进一步将各个选定的平台分配到相应的决策者或执行者。平台之间的协同源于它们需要处理相同的作业,协同的实现通过分配到这些平台的决策人员来实现,决策人员可以看作是信息和决策的载体。协同本身可以是信息的协同,也可以是决策的协同或者行动的协同。对于同时处理相同作业的不同平台的决策者,可以认为他们之间存在协同的关系。注意:如果某项作业的相关资源都被分配给某个决策人员,则决策人员之间的协同被减至最小,但同时增加了决策者和其所控制的平台之间的交互,这类交互可以被看作是决策者的内部协同(Internal Coordination)。与此相应,决策者之间的协同被称为外部协同(External Coordination)。外部交互有两种类型:决策者之间个体对个体的直接协同以及由于决策者群体构成的层级结构引发的间接协同。以下模型中只考虑由于直接协同引发的工作负载。

给定了第 1 阶段的结果,已被分成若干组的平台集合需要进一步分配给决策者。总体目标是通过决策者—平台—任务的分配减小决策者的工作负载。工作负载是决策者内部协同和个体对个体外部协同引发的负载之和。

1. 问题的形式化表达

以下定义用于量化问题的表述。

198

DM 内部负载:分配到某 DM 的平台数目。

DM – DM 直接外部协同:分配到两个 DM 的相同的作业的数目。

DM 直接外部工作负载:某个 DM 所有 DM – DM 直接外部协同之和。

以下符号用于形式化描述问题。

$D = $ 可用的 DM 的数量

$B^I = $ 内部协同工作的负载限制

$B^E = $ 外部协同工作的负载限制

$B^T = $ 分配至某 DM 的作业数量的限制

$W^I = $ 内部协同工作负载权重

$W^E = $ 外部协同工作负载权重

从第一阶段得到的平台—任务分配构成一个矩阵 $[w_{im}]$,在此直接作为参数使用。

新引入下述变量:

$$dp_{nm} = \begin{cases} 1, & \text{平台 } m \text{ 被分配给 DM}_n \\ 0, & \text{其他} \end{cases}$$

$$ddt_{nmi} = \begin{cases} 1, & \text{DM}_n \text{ 和 DM}_m \text{ 在作业 } i \text{ 上协同} \\ 0, & \text{其他} \end{cases}$$

$$dt_{ni} = \begin{cases} 1, & \text{DM}_n \text{ 要处理任务 } i \\ 0, & \text{其他} \end{cases}$$

$C_W = $ 最大的加权协同工作负载

某个任务 i 被分配至 DM_n,当且仅当 DM_n 被分配到处理作业 i 的平台(单个或多个)。因此,隐含着 DM 分配的限制条件为

$$dt_{ni} \geqslant w_{im} \cdot dp_{nm} \quad (\forall m = 1, \cdots, K) \tag{10.20}$$

DM_n 和 DM_m 在作业 i 上进行协同,当且仅当它们被都分配到该项作业。也就意味着,$ddt_{nmi} = \min(dt_{ni}, dt_{mi})$,也可以称为决策者的外部协同限制条件,可以表示为

$$ddt_{nmi} \geqslant dt_{ni} + dt_{mi} - 1 \tag{10.21}$$

式(10.21)等号成立当且仅当 $dt_{ni} = dt_{mi} = 1$。

考虑到工作负载的关系,存在着以下限制条件:

$$\sum_{i=1}^{N} dt_{ni} \leqslant B^T \quad \text{(DM 作业数量限制)}$$

$$\sum_{m=1}^{K} dp_{nm} \leqslant B^I \quad \text{(DM 内部工作负载限制)}$$

$$\sum_{Z=1, Z \neq n}^{D} \sum_{i=1}^{N} ddt_{nzi} \leqslant B^E \quad \text{(DM 外部工作负载限制)}$$

这样,最大加权协同负载可以表示为

$$\max_{n=1,2,\cdots,D} W^I \cdot \sum_{m=1}^{K} dp_{nm} + W^E \cdot \sum_{z=1, z \neq n}^{D} \sum_{i=1}^{N} ddt_{nzi}$$

因此,最大加权协同负载的限制可以表示为

$$\max_{n=1,2,\cdots,D} W^I \cdot \sum_{m=1}^{K} dp_{nm} + W^E \cdot \sum_{z=1, z \neq n}^{D} \sum_{i=1}^{N} ddt_{nzi} \leqslant C_W \quad (\forall n = 1,2,\cdots,D) \tag{10.22}$$

阶段 2 的主要目标是最小化 C_W，可以表示为以下线性规划问题，即

$$\min C_W$$

$$\max_{n=1,\cdots,D} W^I \cdot \sum_{m=1}^{K} dp_{nm} + W^E \cdot \sum_{z=1,z\neq n}^{D} \sum_{i=1}^{N} ddt_{nzi} \leqslant C_W \quad (\forall n = 1,2,\cdots,D)$$

$$\begin{cases} dt_{ni} \geqslant w_{mi} \cdot dp_{nm} \quad (m = 1,2,\cdots,K; n = 1,2,\cdots,D; i = 1,2,\cdots N \\[2mm] ddt_{nmi} \geqslant dt_{ni} + dt_{mi} - 1 \quad (m = 1,2,\cdots,K; n = 1,2,\cdots,D; i = 1,2,\cdots,N) \\[2mm] \sum_{i=1}^{N} dt_{ni} \leqslant B^T \quad (n = 1,2,\cdots,D) \\[2mm] \sum_{m=1}^{K} dp_{nm} \leqslant B^I \quad (n = 1,2,\cdots,D) \\[2mm] \sum_{z=1,z\neq n}^{D} \sum_{i=1}^{N} ddt_{nzi} \leqslant B^E \quad (n = 1,2,\cdots,D) \\[2mm] C_W \geqslant \max_{n=1,2,\cdots,D} W^I \cdot \sum_{m=1}^{K} dp_{nm} + W^E \cdot \sum_{z=1,z\neq n}^{D} \sum_{i=1}^{N} ddt_{nzi} (\forall n = 1,2,\cdots,D) \\[2mm] dt_{ni}, dp_{nm}, ddt_{nzi} \in \{0,1\} \end{cases}$$

$$(10.23)$$

2. 聚类的次优化算法——层级聚类（Hierarchical Clustering）

假定有两个决策者 n 和 m，分别被分配给平台组 $C_1 = \{n_1, n_2, \cdots, n_U\}$ 和 $C_2 = \{m_1, m_2, \cdots, m_V\}$，那么，每个决策者的内部的工作负载分别为 U 和 V。针对每个决策者，定义一个分配特征矢量，即

$$Q_n = [q_n \ I_{n1} \cdots I_{nN}]$$

式中：q_n 为分配给决策者 n 的平台组包含的平台个数，对于平台组 C_1，$q_n = U$，对于平台组 C_2，$q_m = V$，且

$$I_{ni} = \begin{cases} 1, & \text{决策者 } n \text{ 参与作业 } i \\ 0, & \text{其他} \end{cases}$$

平台组 C_1 和 C_2 之间的外部通信量可以认为是决策者 n 与 m 之间共同承担的作业数量，即 $\sum_{i=1}^{N} \max(I_{mi}, I_{mi})$。

假定将两个平台组聚合成一个新簇（Cluster），那么，势必会减少它们与其他决策者之间的外部协同的工作量，如果矢量 $[I_{n1} \ I_{n2} \cdots I_{nN}]$ 和矢量 $[I_{m1} \ I_{m2} \cdots I_{mN}]$ 相同并且等于 $[1 \ 1 \ 1]$，通过聚类而减少的外部工作负载达到最大值。

显然，应该合并那些分配特征矢量更加接近的平台组。换言之，如果两个平台组的分配特征矢量完全相异，合并它们就起不到降低其他决策者外部工作负载的目的。两个平台组的接近程度可以用矢量 $[I_{n1} \ I_{n2} \cdots I_{nN}]$ 和矢量 $[I_{m1} \ I_{m2} \cdots I_{mN}]$ 相同位置上同时为 1 的数量来表征。显然，按照前文的定义，当两个平台组合并后，新的平台组的内部工作负载是原有两个平台组内部工作负载之和。在最大化平台组之间的接近程度和最小化新的平台

组的大小之间,目标是能够取得一个折中。顺着这条思路,定义两个簇 $C_1 = \{n_1, n_2, \cdots, n_U\}$ 和 $C_2 = \{m_1, m_2, \cdots, m_V\}$ 之间的距离为

$$d(C_1, C_2) = d([q_n \ I_{n1} \cdots I_{nN}], [q_m \ I_{m1} \cdots I_{mN}]) = W^I(q_n + q_m) - W^E \sum_{i=1}^{N} \min\{I_{ni}, I_{mi}\}$$

$$(10.24)$$

并以此作为平台组合并的依据。

10.3.5 决策者组织结构优化模型

本阶段为面向任务的航天器组网阶段三部曲之三——结构优化阶段。

经过第 2 阶段,可以获得决策者和资源(平台)之间的分配关系。决策者——决策者之间的协同形成了一个网络,网络的节点代表决策者,网络的边则表示决策者之间由于进行联合作业处理而产生的协同,边的权重与需要协同的量值相应。

本阶段的目的是通过确立上下级层级关系来削除决策过程中可能引发的混乱。通常,这样的组织结构是一种层级化的树状结构,较低层级的决策者有唯一的一个链接指向较高的一个层级。目的是尽量使组织的层级结构与完成任务所需的决策者的协同网络相适应。如果两个需要进行通信的决策者之间在组织层级的结构中没有与之匹配的关系,它们之间的协同就要依赖于组织结构中位于它们彼此路径上的其他一些节点。对于树状结构的系统而言,这样的结构是唯一的。两个节点之间的作为中介的节点需要承担额外的工作负载,称为间接协同(Indirect Coordination)。这样,外部工作负载就是直接协同(个体对个体)和间接协同(需要中介者)的工作量之和。显然,目的是在某种意义上使得该负载趋向于最小化。对于网络化结构而言,设计的目的是使得在网络上传递的信息包的平均时延趋向最小。

1. Min-Max 问题的形式化表达

当目标确认为最小化外部协同工作负载时,需要对信息流增加额外的限制,如限制节点(决策者)之间的通信最多经过一个中间节点。由于信息在传递的过程中可能会发生损失,而且额外的中间节点会增加决策的时延,因此,最多一个中间节点的限制,可以保障组织的反应更加敏捷。

在构造问题的形式化表达的过程中,引入哑节点 0,作为一个单链接的根节点。在优化结束后,再将其删除以保持原有树的结构。

引入以下变量:

$$x_{ij} = \begin{cases} 1, & \text{节点 } i \text{ 和节点 } j \text{ 之间存在直接链接} \\ 0, & \text{其他} \end{cases}$$

$$z_{ijk} = \begin{cases} 1, & \text{节点 } i \text{ 和节点 } j \text{ 通过 } k \text{ 连通} \\ 0, & \text{其他} \end{cases}$$

W_{MAX},最大的组织层级工作负载。

定义以下参数,其中用到了第 2 部分的输出结果。

$c_{mn} = \sum_{i=1}^{N} ddt_{mni}$，决策者 m 和 n 之间的协同。

$d_{mn} = 1$，如果决策者 m 和 n 必须通信，在 $dd_{mn} = \max_{i=1,2,\cdots,N} ddt_{mni}$ 的情况下。

$e_n = \sum_{m \neq n} c_{nm}$，节点 n 的外部（直接）工作负载。

$i_n = \sum_{m=1}^{K} dp_{nm}$，决策者 n 的内部工作负载。

对于树状结构，其中"边"的数目等于节点的数目减 1。在引入一个哑节点作为根节点的情况下，节点的数目会变为 $D+1$，消去哑节点并不会导致网络的断路，因为原有节点本身已经构成了一个树结构。这个条件可以表示为

$$\sum_{i,j=1}^{D} x_{ij} = D - 1 \tag{10.25}$$

如前文所述，任一层级的某节点（根节点除外）都具有与其上一层级的单一链接，也就是说，对于任一非根节点，有且只有一个"进入"的链接。根节点没有入向链接。因此，存在以下限制条件，即

$$\sum_{j=0}^{D} x_{j0} = 0, \sum_{j=0}^{D} x_{ji} = 1 \quad (i = 1,2,\cdots,D) \tag{10.26}$$

如果节点 i 处于层级 l，且有一条从 i 到 j 的边，那么，节点 j 就位于层级 $l+1$，可以引入如下的限制条件，即

$$l_j \geq l_i + 1 + (x_{ij} - 1)(D + 1) \quad (i,j = 0,\cdots,D(l_0 = 0)) \tag{10.27}$$

显然，如果 $x_{ij} = 1$，则 $l_j \geq l_i + 1$；否则，$l_j \geq l_i - D$。因为层级数不可能大于边的数目，所以右侧小于等于 0，该式恒成立。这个条件实际上是一个"无循环"的限制性条件，暗含着组织保持一种树状结构。

如果节点 i 和节点 j 需要协同，那么，它们要么直接连通，要么通过某个决策者 k 连通，且连通是唯一的，这样可以得到如下的限制条件，即

$$x_{ij} + \sum_{k=1}^{D} z_{ijk} \geq dd_{ij} \quad (i,j = 1,2,\cdots,D) \tag{10.28}$$

如果 $z_{ijk} = 1$，那么，节点 i 和节点 k 之间，以及节点 k 和节点 j 之间存在着链接。节点 i 和 k 之间存在边的条件是当且仅当 $x_{ik} + x_{ki} = 1$。由于层级限制条件禁止两个节点之间在不同方向上存在超过两条边，得到变量 x_{ij} 和 z_{ijk} 之间的关系为

$$x_{ik} + x_{ki} + x_{jk} + x_{kj} \geq 2z_{ijk} \quad (i,j,k = 1,2,\cdots,D) \tag{10.29}$$

将第 2 阶段得到的直接外部协同工作负载与间接外部负载相加，就得到整体外部工作负载，即

$$W_{MAX} \geq i_n + e_n + \sum_{i<j} z_{ijn} c_{ij} \quad (n = 1,\cdots,D) \tag{10.30}$$

由于目标是使 W_{MAX} 最小化，将上述限制条件组合到一起，得到线性规划问题的形式化表达，即

$$\min W_{\mathrm{MAX}}$$

$$
\begin{cases}
\displaystyle\sum_{i,j=1}^{D} x_{ij} = D - 1 \\[2mm]
\displaystyle\sum_{j=0}^{D} x_{j0} = 0, \quad \sum_{j=0}^{D} x_{ji} = 1 \quad (i = 1,2,\cdots,D) \\[2mm]
l_j \geqslant l_i + 1 + (x_{ij} - 1)(D+1) \quad (i,j = 0,1,\cdots,D) \\[2mm]
x_{ij} + \displaystyle\sum_{k=1}^{D} z_{ijk} \geqslant dd_{ij} \quad (i,j = 1,2,\cdots,D) \\[2mm]
x_{ik} + x_{ki} + x_{jk} + x_{kj} \geqslant 2z_{ijk} \quad (i,j,k = 1,2,\cdots,D) \\[2mm]
W_{\mathrm{MAX}} \geqslant i_n + e_n + \displaystyle\sum_{i<j} z_{ijk} c_{ij} \quad (n = 1,\cdots,D) \\[2mm]
x_{ij}, z_{ijk} \in \{0,1\}
\end{cases}
\tag{10.31}
$$

当搜索到上述问题的解后,再将哑节点(根节点)舍弃,就可以得到具有最小工作负载的节点层级结构。

2. 优化的决策协同树算法

本算法的目的是使由于层级结构引起的额外协同(间接)工作负载最小化。如果两个节点 i 和节点 j 进行协同,并且 i 和 j 之间存在直接链接,那么,这种直接的协同负载将被加到每个相应的决策者身上,如总的协同会是 $2c_{ij}$。若两个节点之间没有直接链接,间接协同的负载也会加到每个位于两节点之间路径上的其他决策者身上,这种中介节点的个数是路径包含的边的数目减 1。因此,总的协同应该为

$$c_{ij} \cdot (i \text{ 与 } j \text{ 之间的边的数量} + 1)$$

因此,树 T 的外部协同负载为

$$\mathrm{COM}(T) \sum_{i=1}^{D} \sum_{j=i+1}^{D} c_{ij} \cdot (\text{在树 } T \text{ 上},i \text{ 与 } j \text{ 之间的边的数目} + 1)$$

能够将函数 $\mathrm{COM}(T)$ 最小化的树 T 称为 Gomory-Hu 树,也称为优化协同树,为了介绍该树的算法,需要先给出以下定义:

(1)原始网络。由决策者(节点)构成的带权网络,每条边的权重为 c_{ij}(决策者 i 与 j 之间的协同)。

(2)剩余网络。利用算法步骤从原始网络和当前的树 T 中派生出来的网络,用于树 T 的中间变换。

(3)圈(Clique)。原始网络中单个或多个节点的集合,也可以理解为树 T 的一个节点。

(4)凝聚。如果某个集合的节点聚合成一个节点,可以被称为是一个凝聚的过程。新的聚合节点与网络中其他某个节点 n 之间的边的权重就等于原始网络中节点 n 与所有聚合节点中包含的各个节点的链接的权重之和。如果两个圈之间发生了凝聚,就等价于原始网络中构成这两个圈的节点之间直接发生了凝聚。也就是说,如果两个圈 $G_1 = \{i_1, i_2,\cdots,i_k\}$ 和 $G_2 = \{j_1,j_2,\cdots,j_m\}$ 发生了凝聚,新的节点 $G = \{i_1,i_2,\cdots,i_k;j_1,j_2,\cdots,j_m\}$ 与原始

网络中的任一其他节点 n, 在剩余网络中的边的权重为

$$c_{nG}^{\text{new}} = \sum_{v=1}^{k} c_{ni_v} + \sum_{u=1}^{m} c_{nj_u} \qquad (10.32)$$

新的节点本身也是一个圈, 圈 G_1 和圈 G_2 之间的边的权重为

$$c_{G_1G_2} = \sum_{v=1}^{k} \sum_{u=1}^{m} c_{i_vj_u} \qquad (10.33)$$

(5) 扩展。如果一个圈中所包含的原始网络中的节点作为独立节点加入到剩余网络中的话, 就成为一个扩展的过程。

(6) 最小裁剪。在网络中, 两个节点 n 和 m 之间的最小剪裁是指存在这样的两个集合 $(X, \bar{X})$, 且 $n \in X, m \in \bar{X}$, 如果两个集合之间的信息流量最小, 即 $\sum\limits_{i \in X, j \in \bar{X}} c_{ij}$ 最小, 则集合 $(X, \bar{X})$ 称为节点 n 和 m 的最小裁剪。

在明确上述定义后, 以下是优化协同树的解算方法。

初始化: 从 $|T| = 1$ 开始, 树 T 包含一个圈, 该圈包含所有原始网络中的节点。

步骤 1: 在 T 中选取一个圈 G, 该圈由原始网络中两个或两个以上的节点组成, 将该圈从 T 中拆开 (去掉 T 中所有连接到该圈的边), 这样就将 T 划分为几个相互连通的组成部分。

步骤 2: 凝聚每个相互连通的部分, 并扩展选中的圈, 得到一个剩余网络。

步骤 3: 在选取的圈中任选两个节点 i 和 j, 在剩余网络中找出它们的最小剪裁 $(X, \bar{X})$, $i \in X, j \in \bar{X}$。注意: X 和 $\bar{X}$ 由 T 中凝聚的圈和原始网络中的节点 (来自圈 G) 组成。

步骤 4: 在 T 中创建两个新的圈 G_1 和 G_2, 并利用它们取代原有选取的圈。

$G_1 = \{i \in G | i \in X\}, G_2 = \{j \in G | j \in \bar{X}\}$, 注意 $G = G_1 \cup G_2$, 在这些新的圈和其他圈之间需要创建 "边"。

如果 $N \in X$, 就在 N 和 G_1 之间创建边。

如果 $N \in \bar{X}$, 就在 N 和 G_2 之间创建边。

按描述更新这些边。

步骤 5: 如果 T 的每个圈都只包含唯一一个的原始网络中的节点, 就停止算法。

3. 组织的网络化设计

根据 DM 之间的通信结构, 可以构造节点之间的信息传输时间和网络构造代价模型。假设 $R_{k,m}$ 是 DM_k 到 DM_m 之间的信息量, x_p 是 DM_k 到 DM_m 的某条路径 p 上发送的信息流, $P_{(k,m)}$ 是从 DM_k 到 DM_m 的所有路径的集合, 则链路上的信息流应该满足以下条件, 即

$$R_{k,m} = \sum_{p \in P_{(k,m)}} x_p, \ \forall k, m \qquad (10.34)$$

采用 $M/M/1$ 排队模型, 某链路上等待传输的平均信息量为 $n = \dfrac{\lambda}{C - \lambda}$, λ 为信息到达速率, C 为链路的容量。因此, 在链路 $\langle k, m \rangle$ 上等待的平均信息量为 $n_{k,m} = \dfrac{\lambda_{k,m}}{C_{k,m} - \lambda_{k,m}}$, 其中 $C_{k,m}$ 为链路 $\langle k, m \rangle$ 的容量, $\lambda_{k,m}$ 为链路 $\langle k, m \rangle$ 上的信息到达率。

根据 DM 之间的信息流路由, $\lambda_{k,m}$ 是通过对该链路上的信息率传输求和来解算的, 即

$$\lambda_{k,m} = \sum_p x_p, p = 包含 < k,m > 的路径 \qquad (10.35)$$

当网络中共有 D 个 DM 存在时,网络中正在等待的平均信息量为 $\sum_{k,m=1}^{D} n_{k,m}$。由于网络中平均到达的信息量为 $\gamma = \sum_p x_p = \sum_{k,m=1}^{D} R_{k,m}$,那么,每单位信息的平均延迟为

$$T_D = \frac{1}{\gamma} \sum_{k,m=1}^{D} \frac{\lambda_{k,m}}{C_{k,m} - \lambda_{k,m}} \qquad (10.36)$$

假设 $p_{k,m}$ 为 DM_k 与 DM_m 之间链路的每单位信息传输能力的代价,那么,构造整个网络的代价为 $\sum_{k,m=1}^{D} p_{k,m} C_{k,m}$。

在以上分析的基础上,可以开展决策组织的网络结构优化设计,目的是在满足一定约束的条件下使得信息的平均延迟时间最小,以及在满足平均网络延迟的基础上减少网络的构造成本。可以表示为

$$\min \sum_{(k,m)} p_{k,m} C_{k,m}$$

$$\begin{cases} \dfrac{1}{\gamma} \sum_{(k,m)} \dfrac{\lambda_{k,m}}{C_{k,m} - \lambda_{k,m}} \leqslant \hat{T}_D \\ C_{k,m} \geqslant 0, \forall (k,m) \end{cases} \qquad (10.37)$$

当通信网络的路径流量已知的条件下,可以采用拉格朗日松弛法,设计每条路径的优化的容量配置为

$$C_{k,m} = \lambda_{k,m} \left(1 + \frac{1}{\hat{T}_D \gamma} \frac{\sum\limits_{(r,u)} \sqrt{p_{r,u} \lambda_{r,u}}}{\sqrt{\lambda_{k,m} p_{k,m}}} \right) \qquad (10.38)$$

式中:$\hat{T}_D$ 为每个信息单元的平均网络延迟的时间界限。最终,优化的网络的设计代价为

$$\sum_{(k,m)} p_{k,m} \lambda_{k,m} + \frac{1}{\hat{T}_D \gamma} \left(\sum_{(k,m)} \sqrt{p_{k,m} \lambda_{k,m}} \right)^2 \qquad (10.39)$$

以上对组织设计过程的三个不同阶段提供了形式化表述和算法。严格的数学表达是探索这类问题解法的基础,由于问题的复杂程度属于 NP-hard,所以引入了次优化的多项式算法。

10.3.6 面向任务的航天器网络维护模型

在前面的模型中,提出了基于任务构造航天器任务网络的组织结构。可以预见的是,在军事任务执行的过程中,任务环境会发生许多具有不确定性的变化。参考网络中心战的思想,敏捷的组织结构应该能够根据任务环境的变化相应地进行调整,即具备一定的自适应能力。所以,在网络生成和运行模型的基础上,可以借鉴自适应的多主体系统的设计思想,描述适应性的航天器网络重构模型,反映在动态环境中任务网络的发展变化。

根据相关研究成果,任务网络的适应性组织结构模型应包含网络状态模型和网络结构模型。可以用数学形式表达为

$$N = <N_{state}, N_{struct}>$$ (10.40)

1. 网络状态模型

网络状态模型描述了网络各个决策实体、各种资源、各项作业的当前状态,包括资源集合 P、决策实体集合 DM、当前网络承担的任务集合 T、组织当前拥有的功能类型集合 F、组织的规则集合 Rule、资源与功能之间的对应关系 R_P、作业对功能的需求关系 R_T、作业之间的依赖关系 A_T。形式上,网络状态可以表示为一个多元组,即

$$N_{state} = \langle P, DM, T, F, Rule, R_P, R_T, A_T \rangle$$ (10.41)

此外,$R_P(k,l) = r_{kl}$,表示资源 P_k 拥有的功能类型为 l 的资源数量;$R_T(i,l) = R_{il}$,表示作业 T_i 所需的功能类型为 l 的资源数量,且

$$A_T(i,j) = \begin{cases} 1, & \text{任务 } T_i \text{ 必须在 } T_j \text{ 之前完成} \\ 0, & \text{其他} \end{cases}$$

以上网络状态的描述包括了与当前任务相关的资源、作业和决策者的基本状态信息。

2. 网络结构模型

网络结构模型描述了任务网络的资源与决策实体为了完成任务而建立的彼此之间的关系。这些关系包括资源与作业之间的分配关系 R_{P-T}、决策者和资源之间的控制关系 R_{DM-P}、决策者和作业之间的执行关系 R_{DM-T},以及决策者之间的层级结构关系 R_{DM-DM}。这样,任务网络的结构可以形式化地表达为

$$N_{struct} = \langle R_{P-T}, R_{DM-P}, R_{DM-T}, R_{DM-DM} \rangle$$ (10.42)

以上网络结构的描述明确了针对当前任务组织内部决策和资源分配的结果。

3. 网络状态转移

在不确定的战场环境下,组织的组成要素(资源、决策者、作业)会随时间的变化而动态变化,网络状态和网络结构也要进行相应的变化以达成组织与作业之间的最佳匹配。网络转移方程定义了网络如何从一种状态过渡到另一种状态,或者从一种结构过渡到另一种结构。网络转移方程是组织适应性的体现,可以形式化地表示为

$$N_{trans}: N \rightarrow N$$ (10.43)

网络转移蕴含着两种不同类型的重构:一种是状态的重构,仅考虑网络状态的改变;另一种是结构的重构,仅考虑网络结构的变化。一次网络转移可能是这两种重构的复合。

对于状态重构,可以表示为

$$N_{trans}(state): N \rightarrow N$$ (10.44)

并满足一定的约束条件,$N_{trans}(state)(N). N_{struct} = N. N_{struct}$,即状态重构不影响网络的结构。

对于结构重构,可以表示为

$$N_{trans}(struct): N \rightarrow N$$ (10.45)

并满足一定的约束条件,$N_{trans}(struct)(N). N_{state} = N. N_{state}$,即结构重构不影响网络的状态。

4. 网络重构的触发条件

在任务网络的生命周期中,面对任务环境的动态变化,需要及时地实施网络的转移,建立完整的重构触发条件。重构触发条件可以分为三类:一是网络资源的约束;二是网络性能的约束;三是任务环境的变化。

(1)网络资源的约束。网络资源的约束又可以分成任务资源约束和作业资源约束两个类型。在任务网络的生命周期中,网络的实体成员(平台实体或决策者)在执行任务中可能发生严重的损耗或损毁而退出网络,由于战场态势的演化可能又有旧的实体的离开和新的实体的加入,因此,每当组织实体成员发生变更时,都应重新判断任务资源约束和作业资源约束的条件是否得到满足。

(2)网络性能的约束。约束的目的是判断当前的网络结构是不是能在一定的性能范围内达成组织结构的任务。组织结构与任务环境的匹配是对任务网络完成任务性能的度量。根据相关领域的研究成果,这种匹配程度的主要测度参数包括工作负载、交流和决策者之间的依赖关系。详细的约束条件讨论见下文的数学模型。

(3)任务环境的变化。由于外界环境的变化,当前的任务目标和任务分解可能不再适应改变后的外部环境,从而引发网络的重构。

5. 网络重构的数学模型

对于网络资源的约束,分为任务资源约束和作业资源约束两种情况进行讨论。

(1)任务资源约束。$\forall T_i \in T, f_l \in F$,满足

$$\sum_{k=1}^{K} R_P(k,l) \geqslant R_T(i,l) \tag{10.46}$$

若存在 $T_i \in T, f_l \in F$ 使得式(10.46)不成立,则说明网络中当前的资源不能满足任务需求,需要新的平台加入到组织中,从而引发网络结构的重构。

(2)作业资源约束。$\forall T_i \in T, f_l \in F$,满足

$$\sum_{k=1}^{K} R_{P-T}(i,k) \cdot R_P(k,l) \geqslant R_T(i,l) \tag{10.47}$$

若存在 $T_i \in T, f_l \in F$ 使得式(10.47)不成立,则说明当前网络结构中资源在作业上的协作关系已经不适合当前的任务环境,需要进行网络结构的重构。

(3)网络性能约束。本模型考虑网络完成任务的两个主要测度参数,即决策者的内部工作负载和外部工作负载。

DM_m 的内部工作负载是分配到该决策者的平台累积形成的负载,表示为

$$I_m = \sum_{k=1}^{K} R_{\mathrm{DM}-P}(k,m) \tag{10.48}$$

DM_m 的外部协作负载是该决策者与其他决策者协作的累积,表示为

$$E_m = \sum_{n=1, n \neq m}^{D} d(m,n) \tag{10.49}$$

DM_m 的工作负载就是其内部工作负载和外部协作负载之和(加权和),表示为

$$W_m = W^I \cdot I_m + W^E \cdot E_m \tag{10.50}$$

定义网络结构 N_{struct} 执行任务 M 的性能测度为各个决策者工作负载的均方根

（RMS），即

$$W_{\text{RMS}}(N_{\text{struct}}, M) = \sqrt{\frac{1}{D} \sum_{m=1}^{D} W_m^2} \tag{10.51}$$

该度量值越小，网络结构与任务的匹配程度越好。如果事先假定性能测度的上限 $W_{\max}$，记当前网络执行任务的性能测度为 W_{RMS}，若出现 $W_{\text{RMS}} > W_{\max}$ 的情况，就说明当前的网络结构已经不能适应当前的组织任务，需要进行网络结构的重构。

（4）任务环境的变化。需要建立任务与环境匹配程度的有效性测度 $E(M, En)$，该测度是对任务的作业流程的有效量度，可以表示为 $E(T, R_P, A_T, En)$，该测度值越大，任务与环境的匹配越好。如果事先假定任务有效性测度的下限 $E_{\min}$，若出现了 $E(M, En) < E_{\min}$ 的情况，就说明当前的任务目标和任务分解已经不适应外部环境的变化，需要设计得到新的任务，从而该约束条件的破坏将触发适应性任务网络的网络状态重构，而网络状态的重构将进一步触发网络结构的重构。

10.4　基于 Agent 的航天器组网仿真

在 10.3 节中，已经从面向任务的角度描述了航天器组网的模型。思路是基于中心决策、人为控制的思想。然而，正如本章在开篇时所提到的，随着信息技术的发展和航天器网络的日益复杂，所有任务均靠地面人员规划调度变得越来越不能满足要求，希望航天器网络在某种程度上"自治"的愿望日益迫切。

航天器网络本身就是一个分布式的系统，对于航天器网络的管理需要灵活应对各种可能突发的意外，并且在意外发生时还要保持足够的鲁棒性。航天器网络需要提供的服务越多，内部就需要交换和处理更大量的信息，部分节点的失效就需要快速重新配置。这对于采用全局中心化管理机制的系统是一个很大的挑战，而运用分布式的、本地化的问题解决方案有助于管理过程自动化程度的提高。

以系统确立路由的过程为例，其目的在于优化对网络的利用。而相关研究表明，为了实现优化的路由决策，要求决策节点不仅需要即时而准确的网络状态的知识，还要能够精确预测信息流传递过程中网络发生的动态变化。这样，除非路由决策能够实时完成，否则，上述优化就是不可能实现的。当然，还有一种解决方案，就是事先对所有可能出现的情况进行分析，设计好相应的优化方案，然而，这种策略随着网络的复杂化几乎不可能完成。所以对于一种具有鲁棒性和适应性的方案需求就变得日益迫切，而基于主体（Agent）的建模/仿真技术是目前看来最有力的工具，多主体系统（Multi-Agent System，MAS）也适于解决分布式环境下多主体追求多目标之类的问题，接下来将对此进一步分析。

10.4.1　Agent 概述

主体的 BDI 模型描述了信念（Belief）、愿望（Desire）和意图（Intention）的关系。

（1）信念包含主体对环境的基本看法。主体使用它们可以表达将来可能发生的状态。

（2）愿望直接从信念得到，它们包括主体对将来情景的判断。

(3)意图制约主体的行动,是目标的子集。

航天器网络要达到自治性的目的,也必须满足以下三个前提条件:

(1)必须有一套涵盖各种想定的规则集合,这些条例必须为各个 Agent 所一致理解。

(2)各个 Agent 之间必须有灵活的信息交换确保达成共同的目标。

(3)必须有一个清晰的行动意图,并澄清在哪些场合下可以发生或禁止发生自治性行为。

这三个条件与主体的 BDI(信念、期望、意图)模型是相类似的。

将一个执行任务的航天器网络看作一个团队,并为其成员建立 Agent 模型,那么,事实上得到的是一个多主体系统(Multi – Agent System,MAS)。MAS 是多个 Agent 组成的相对较大的系统,是为了实现一定的目标而进行合理的管理和协调,并具有一定边界的计算实体的集合。为了实现一定目标,MAS 中的成员必须对组织与环境之间,组织内各子系统或成员之间、用户与主体、主体与主体、主体与资源之间等相关要素进行管理,以使组织目标高效实现。研究 MAS 行为的 Teamwork 理论是智能体协同行为的建模/仿真成果,可供借鉴。

现有的 Teamwork 理论的主要流派包括联合意愿(Joint Intensions)、共享计划(Shared Plan)以及联合责任(Joint Responsibility)等。其实现机制和算法可以参阅有关文献。Teamwork 理论稍加改进就可以应用在基于 Agent 的军事行动建模领域。Teamwork 理论中的智能体之间一般是对等的关系,在决策时有自私的考虑,而军事领域活动的特点,要求智能体之间存在层次关系(非对等)的考虑,智能体决策的出发点是群体的共同利益,有时甚至要牺牲局部的一些利益。

10.4.2 基于 Agent 的航天器组网仿真框架

基于 Agent 的航天器组网仿真框架,实际上就是描绘以航天器网络各个节点为 Agent 的多主体系统的体系结构。常见的多主体系统的组织方式主要有网状、树状和多 Agent 联邦。其中,树状结构适于集中式的管理结构,这种结构中的 Agent 缺少平等的交互,Agent 仅仅与其父节点或子节点建立通信关系。网状结构适于小规模的多主体系统,这种模式下各个 Agent 之间均可以相互通信,呈现对等的关系,随着节点数目的增多网络复杂性急剧增加。对于规模较大的多主体系统可以采用多 Agent 联邦的形式,这是一种灵活的控制结构,各个 Agent 可以根据任务和能力形成动态的任务小组,每个小组之间建立联盟的关系,通过小组负责协调的 Agent 进行相互沟通,在全局进一步由全局控制 Agent 进行调控。

在可见的未来,航天器网络应该会被赋予一定程度的自主性,一些关键性决策或调控措施仍将由地面控制人员做出。所以,航天器网络的组织结构是一种具有中央控制节点的层级式的框架结构,也比较适于采纳前面提到的 Agent 联邦机制,如图 10 – 7 所示。

图中展现了这种层级式的结构,图底部的大椭圆表示若干协作小组,每个组都由若干 Agent 构成,每个 Agent 根据其提供服务的不同,可以分为传感器 Agent、计算 Agent、知识 Agent、模型 Agent、行动 Agent 等多种,此外,每个小组都有一个负责协调的 Agent,负责管理本组的 Agent,维护各个成员的信息,也可以看作是本组 Agent 之间及与外部 Agent 之间的信息中介。在网络的最上层,是承担任务总控的 Agent,负责本次任务的落实实施,同

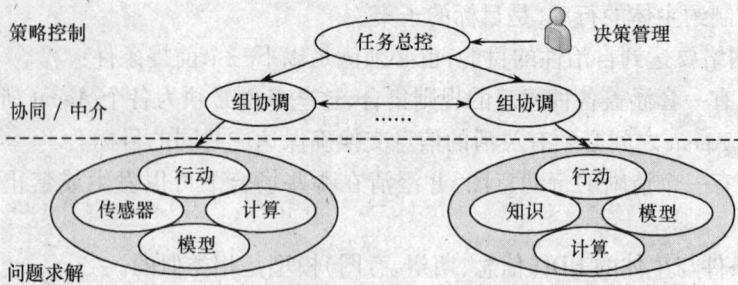

图 10 - 7 Agent 联邦——航天器网络的组织结构

时,该 Agent 也受到决策管理人员的直接干预。

值得注意的是,这种基于 Agent 的航天器网络不应是一种固定的结构,而是一种具有灵活性的临时结构。当该网络承担的任务已经完成或由于某种原因无法完成时,应由任务总控 Agent 负责 Agent 网络的析构,各个 Agent 作为可以提供服务的资源重新归于自由状态。

航天器由于承载载荷的多样性,可能被看作是多种类型 Agent 的复合,所以某个航天器可能同时参与多个任务联邦。同样,有可能某个 Agent 同时参与多项任务,此时,不同的任务应该有不同的优先级描述,以免在资源调度时发生冲突。

在图 10 - 7 所示的航天器组网仿真框架中,各种不同类型的 Agent 之间可能发生频繁的交互,这些交互基于任务领域的公共知识(本体)而发生,同时还需使用一种通用的 Agent 通信语言(Agent Communication Language, ACL)。该语言负责描述通信的协议。

任意 Agent 的能力都可以被看作是通用型问题求解机制与特定的面向问题能力的复合。其中,通用型的问题求解机制由一个产生式系统引擎构成,该引擎负责解释执行基于任务领域知识的行动规则。没有一种单一的规则集适用于所有情形,所以 Agent 所拥有的规则集也在与其他 Agent 的交互过程中不断演化,这也是 Agent 系统适应性的来源。

Agent 的行为通常用 Agent 定义语言来描述。这种语言可以被控制 Agent 行为的控制器所解释执行。一个 Agent 的执行周期包括以下几个步骤:处理新消息;决定适于当前态势的规则;执行由规则指定的行动;有时还要规划新的行动。为了实现 Agent 建模仿真机制的灵活性和开放性,需要以下几种技术的支持:

(1)Agent 技术。Agent 技术为系统具有良好的伸缩性和扩展性奠定基础。将应用封装在 Agent 层级,实现了一种更高层次的软件抽象。

(2)领域模型(本体)。领域知识提供一种对于信息含义的统一断言。通过将多个本体添加至不同的任务联邦,能扩大 Agent 对于信息的理解程度。

(3)分布式决策。Agent 之间需要使用 Agent 通信语言进行通信与协商,分布式求解问题也有赖于通信、协商与协同。为了实现 Agent 对问题的协同解决,它们彼此之间必须能够共享关于行动的信息,这都需要分布式技术作为支撑。

10.4.3 基于 Agent 的航天器网络描述

航天器网络是一个有主从、有分工、有协同、为了共同的目标而行动的对象的集合。对于这种面向任务的网络结构,可以通过资源、任务、主体、组织和行为等关键要素对其进

210

行描述。

1. 资源

把物理资产(装备、燃料等)、信息、知识、专家意见等执行任务所需都看作是资源。系统中资源的有限集合可以表示为 $R=\{r_k=(r_{ck},r_{qk},r_{tk})\}_{k=1}^{N}$,其中 r_{ck} 代表资源的统一标识符,r_{qk} 为同一资源的数量,r_{tk} 表示资源 r_k 的可转移性。对于航天器这类具有战略意义的军事资源,在军事行动中很有可能服务于不同的作战任务。基于航天器网络的建立,隶属于不同平台的资源有可能同时受控于同一个 Agent,所以这里说明资源的所有权是可在 Agent 之间转移的,体现了网络中心化的行动思想,具有重要意义。

2. 任务

任务是 Agent 或 Agent 联邦所从事的基本行动。一项任务有可能分解成多项子任务。系统的总体任务可以看成是有限的不能再分解的底层任务的集合。

假定 T 是所有底层任务的集合,对于某个底层任务 $T_i \in T$,可以拥有以下相关属性。

$\underline{\mathrm{Re}\,sources}_R(T_i)$:$T_i$ 所需资源,是一个资源矢量,且 $\mathrm{Re}\,sources_R(T_i) \subseteq R$。

$\underline{PT}(T_i)$:在资源条件满足的情况下,执行任务 T_i 的期望处理时间。

$UWL(T_i)$:在资源条件满足的情况下,执行任务 T_i 的期望单位时间负载。

$\mathrm{Re}\,source_G(T_i)$:Agent 在执行任务 T_i 期间新获得的资源。

$SYN(T_i)$:在执行任务 T_i 期间,需要进行同步的任务集合。

3. 主体

主体即 Agent,是任务的执行者,可能是某个航天器加载的智能程序,也可能是地面决策控制人员。

假定 A 为所有 Agent 的集合,对于某个 Agent $A_j \in A$,可以拥有以下相关属性。

$\mathrm{Re}\,sources(A_j)$:$A_j$ 所拥有的资源,且 $\mathrm{Re}\,sources_R(A_j) \subseteq R$。

$Max\_UWL(A_j)$:单位时间内,A_j 工作负载的上限。

$Tasks(A_j)$:分配至 A_j 的底层任务的集合,注意,底层任务只可能由一个 Agent 执行。

4. 组织

这里的组织专指遂行军事任务的航天器联邦或其任务组。组织结构直接影响任务执行的效率。各个 Agent 在执行任务期间,需要进行资源的转移或彼此状态的查询,需要发布命令或者收集信息,组织结构可以按照功能进行划分。

(1)指挥结构指命令发布执行的结构。

(2)控制结构指资源所有权的结构。

(3)通信结构指信息发布传输的结构。

(4)信息结构指知识获取与态势感知的结构。

5. 行为

行为通过 Agent 状态的迁移加以体现。任意时刻,假定一个 Agent 了解自己所有任务的执行状态。对于一个不能再分解的底层任务,其执行 Agent 的状态有如下几种:

(1)无准备。至少有一项该任务的使能任务尚未完成。

(2)准备就绪。当所有该任务的使能任务完成时。

(3)列入规划。Agent 为该任务安排了开始执行的时间。

(4)正在执行。

（5）任务结束。

为了实现 Agent 之间的同步，每个 Agent A_j 都应一直维护下列状态信息。

（1）TODO(A_j)。A_j 需要做，但是尚未做的任务列表。

（2）READY(A_j)。任务列表，其中任务的执行条件已经齐备，但尚未开始执行。

（3）SCHEDULED(A_j)。任务列表，其中的任务尚未执行，但已确立了执行时间。

（4）DOING(A_j)。A_j 正在执行的任务。

（5）IWL(A_j,t)。t 时刻 A_j 的瞬时工作负载。

在 Agent 之间进行的信息交换包括以下三种约定：

（1）COMM1(A_j,A_k,T_i)。Agent A_j 告知 Agent A_k 任务 T_i 已完成。

（2）COMM2(A_j,A_k,R_T)。Agent A_j 向 Agent A_k 请求执行任务所需资源 R_T。

（3）COMM3(A_j,A_k,T_h,ST)。Agent A_j 向 Agent A_k 发出同步请求，于时间 ST 开始执行任务 T_h。

10.4.4 基于 Agent 的航天器自主性行为建模

多主体系统的目标之一是自治，自治的核心是规划技术。

1. Agent 自治的规划和行动模型

Agent A_j 的调度步骤：重复以下两个步骤，直到 READY$(A_j)=\varnothing$，或者在当前时刻再调度任何作业都将导致 IWL$(A_j,t)\geqslant$Max_UWL(A_j)，$t\geqslant t'$，t' 为当前时刻。

步骤 1：$\forall T_k\in$READY(A_j)，计算

$$t\_process\_time(T_k,A_j)=PT(\overline{PT}(T_k),\mathrm{Re\,sources}_R(T_k),\mathrm{Re\,sources}(A_j)) \quad (10.52)$$

$$t\_quality(T_k,A_j)=Q(\mathrm{Re\,sources}_R(T_k),\mathrm{Re\,sources}(A_j)) \quad (10.53)$$

$$t\_UWL(T_k,A_j)=UWL(\mathrm{Re\,sources}_R(T_k),\mathrm{Re\,sources}(A_j)) \quad (10.54)$$

计算预估的作业完成时间（Mission Completion Time，MCT），即MCT$_k$，选择一项作业 $T_i\in$READY(A_j)，使得MCT$_i$ 尽可能最小，同时有

$$\mathrm{IWL}(A_j,t)+t\_UWL(T_i,A_j)<\mathrm{Max\_UWL}(A_j) \quad (10.55)$$

式中：$t'<t<t'+t\_process\_time(T_i,A_j)$，$t'$ 为当前时刻。

步骤 2：

步骤 2.1：Agent A_j 检查作业 T_i 所需的资源，对于任务 T_i 所需的可迁移的资源 R_T，假设 A_j 发现 A_k 拥有该资源，即向 A_k 发出请求 COMM2(A_j,A_k,R_T)，当 A_j 获取了所有 T_i 所需的可转移资源后，将 T_i 从 READY(A_j) 中去掉，并加入到 DOING(A_j) 中，并设定作业的执行时间 $t\_process\_time(T_k,A_j)$

步骤 2.2：开始执行作业，并更新 A_j 的瞬时工作负载，即

$$\mathrm{IWL}(A_j,t)=\mathrm{IWL}(A_j,t)+UWL(T_i,A_j),\ t'<t<t'+t\_process\_time(T_i,A_j) \quad (10.56)$$

保存记录 $\{A_j,T_i,\mathrm{Start\_Time},t\_process\_time,t\_quality,t\_UWL\}$。

步骤 2.3：如果 T_i 是一个需要同步的作业，那么，A_j 需要检测所有的作业 $T_h\in$ SYN(T_i)，并对 T_h 的实施者 A_k 发出信息 COMM3$(A_j,A_k,T_h,t'+\Delta)$，Δ 为通信以及等待 A_k

212

发出确认消息时所消耗的时间,当确认信息收到后,A_j 将 T_i 的开始时间设定为 $t' + \Delta$,并将其从 READY(A_j)中移动到 SCHEDULED(A_j)中。

Agent A_j 的事件处理步骤(分四种情况):

事件 1:任务 T_i 完成后,A_j 将其从 DOING(A_j)中删除,并更新 Re sources(A_j),将 T_i 所占用的资源加入其中;将 T_i 使能的作业从 TODO(A_j)移到 READY(A_j)中,更新工作负载

$$IWL(A_j,t) = IWL(A_j,t) - t\_UWL(T_i,A_j), t \geq t' \tag{10.57}$$

通知其他承担 T_i 使能作业的 Agent,如 A_k,COMM1(A_j,A_k,T_i),作业 T_i 已完成;开始调度下一个已经准备好的作业。

事件 2:A_j 开始按时执行 SCHEDULED(A_j)中已经规划好的作业,更新瞬时工作负载并存储相应记录。

事件 3:当 A_j 收到消息 COMM2(A_k,A_j,R_T)时,需要将相关的资源进行转移,发送消息 COMM2_ACK(A_j,A_k,R_T)。

事件 4:当 A_j 收到同步请求 COMM3(A_k,A_j,T_h,ST)时,需要检验其可行性。在可行的情况下,将发布确认消息 COMM3_ACK(A_k,A_j,T_h,ST);如果不可行,将发布一个建议信息 COMM3_NAK(A_k,T_h,new_ST),其中 new_ST 是 A_j 建议的新的作业执行时间。

2. Agent 仿真开发基础

构造基于 Agent 的航天器网络仿真系统,需要通信语言和平台的支持。

通信是 Agent 社会学的体现,对于 Agent 之间的知识共享、行为协调以及互操作性的提高起着关键性作用。Agent 通信语言使得 Agent 之间的通信建立在认知级别上,这样 Agent 之间的通信效率大大高于传统的分布式计算中的通信。

Agent 通信语言(ACL)通常由三个层次组成:外部语言、内部语言和共享语汇。外部语言用来表示言语行为,即不同的语用。语用描述对应消息的以言行事强度,描述了消息发送 Agent 的心智状态以及对消息接收 Agent 心智状态的作用,如请求、建议、告知等。内部语言用于 Agent 能力和需求的声明,包括消息内容以及支持描述消息内容的公共交换格式。共享语汇就是前面提到的本体(Ontology),是关于某领域知识的概念化的显式说明。直观地讲,本体是对某领域应用本体论的方法分析、建模的结果,即把现实世界中的某个领域抽象成一组概念(如实体、属性、过程等)及概念间的关系,构造出这个领域的本体。本体是实现 Agent 互操作的核心,其目的是使所有 Agent 对于环境中使用的术语或对象的意义具有一致的理解。

目前,主要有两种 ACL:一种是 ARPA 的知识共享计划(Knowledge Sharing Effort, KSE)提出的 KQML(Knowledge Query and Manipulation Language)语言;另一种是欧洲 FIPA(Foundation for Intelligent Physical Agents)协会提出的语言标准 FIPA-ACL。

KQML 既是一种语言,也是一种协议,可以看成由内容层、消息层和通信层三个层次构成。内容层包含了用程序自身语言表示的消息实际内容。KQML 可以传递用任何语言表示的消息,如逻辑语言、ASCII 字符串等,KQML 的实现忽略消息内容部分,而只考虑消息内容的结束位置。KQML 通信层为消息定义了一组描述底层的通信特征参数,如消息发送者、接收者,以及和通信相关的唯一标识符。所有的通信行为最终用 KQML 原语(Performative)来表达。一条 KQML 消息是由一个 KQML 原语与真实的通信内容复合而成,其中可以用参数的形式添加各种可选项。例如,查询某个天线是否可用可以用下面的

句子来表达。

  （ask-all ：content（AVAILABLE（？antenna））

    ：ontology MISSION-MODEL）

  KQML 定义了一组保留的通信原语，但这些保留通信原语并非 Agent 通信所需原语的最小集合或封闭集合。在具体的实现和应用中，可以选取其中的一部分原语，也可以在此基础上进行扩展。KQML 保留的通信原语包括以下三类：

  （1）交谈类原语。主要目的是实现信息和知识交换，如 ask-if、ask-all、ask-one、achieve 等。

  （2）干预和会话机制原语。主要目的是对正常的会话过程进行干预，如 error、sorry、standby、ready 等。

  （3）网络和推进原语。这一类原语并非纯粹意义上的言语行为，目的是让 Agent 发现其他能够处理其请求的其他 Agent，如 register、unregister、forward、broadcast 等。

  采用 KQML 表述的信息交互，使得 Agent 之间的通信发生在目标层次上，而非具体的行动指令。作为发送方的 Agent 清晰地表达自己的意图，作为接收方的 Agent 进行相应的推理和规划。例如，下面用 KQML 表述的交互，发送方向接收方提出了一个任务请求

  （request

    ：sender i

    ：receiver j

    ：content（achieve-goal（at（target 1284））camera-x）

    ：ontology "Telecom"

    ：reply-with commitment-to-achieve-at）

  其中，achieve-goal 触发与完成指定目标相关的行为准则，作为接收方的 Agent，将根据其自身的信念、承诺和环境状态推理并选择最好的行动方案，发送方与接收方的共享语汇基于"Telecom"这一本体。进一步，如果行动失败，接收方 Agent 还要将失败的原因告知发送方 Agent。

  关于多 Agent 系统的开发平台，目前应用最为广泛的有 JADE 及 IBM 的 Aglets、JADEX 等。

  （1）JADE。一种优秀的 Agent 开发平台，它是遵守 FIPA 规范的构建软件 Agent 的框架。利用它能够构建出基于 FIPA 规范的互操作 Agent 系统。JADE 提供了一整套 Agent 开发包，如 jade. core、jade. domain、jade. lang. acl、jade. content. onto、jade. proto、jade. util 等，同时还提供了调试和配置 Agent 的工具，包括一些可视化图形用户界面，大大简化了 Agent 的开发。

  （2）Aglets。基于 Java 的移动主体平台和程序库，用来开发基于移动主体的应用软件。Aglets 是一个 Java 主体，可以携带一段代码，自主地或自发地从一个主机移动到另一个主机。Aglet 可以设计为在远端执行的程序，并且在不同的主机上表现出不同的行为特性。基于 Java 的安全实现负责授权 Aglet 访问远端主机上的本地资源。

  （3）JADEX。基于 BDI 模型的 Agent 体系结构，该结构中包含四个部分：信念库、反应推理机、目标库和规划库。在 JADEX 系统中，Agent 包含一组信念（Beliefs），它可以是任

214

何类型的 JAVA 对象；目标集（Goals）表示要实现的目标；规划库（Plans）用来具体实现 Agent 目标的方法。

以上几种开发平台相比，JADE 与 Aglets 更注重于 Agent 通信基础设施的搭建，遵循 FIPA 规范；JADEX 更注重 Agent 内在含义的表现，实质是一种 BDI 推理引擎。它们各具特色，用户应该根据自己的需要选用。

第11章 航天器军事应用可视化建模与仿真

可视化仿真技术是以相似原理、信息技术、系统技术、多媒体技术、虚拟现实技术等专业知识为基础,借助计算机和多种专用软件工具,利用系统模型对实际的或设想的系统进行试验研究的一门综合性技术,它是实现信息的多元化、立体化、人机多维交互的最佳途径,为用户创造了一个实时反映对象变化与相互作用的多维图形世界。在航天器军事应用建模与仿真中运用可视化技术,对航天器实体、作战行为以及作战环境在仿真场景中进行全面直观形象的表达或映射,不仅能逼真表现出航天器军事应用的静态信息(如形状、大小等),又可近实时表现出航天器军事应用过程中的动态信息(如运动、作战行为等),为航天器军事应用研究提供一个良好的可视化仿真试验环境和途径。

11.1 航天器实体可视化建模

航天器实体主要指各类用途的卫星和空间武器。各类卫星根据其所搭载的有效载荷不同,包括侦察卫星、导航卫星、预警卫星、气象卫星、测地卫星、通信卫星等;各类空间武器根据作战用途不同,包括各种作战飞行器、作战机器人等。为了达到可视化建模的效果要求,航天器实体可视化建模在技术实现上分为几何物理建模、动力学建模和行为能力建模三个方面。

11.1.1 几何物理建模

航天器实体几何物理建模是建立航天器实体内部固有的几何性质和物理特征的抽象模型,模拟实体对象的立体外形,实质上是航天器对象的三维建模。它是航天器实体可视化建模的基础,所表达的内容包括以下几方面:

(1)航天器基本的轮廓和形状,以及反映基本表面特点的属性,如颜色、纹理、粗糙度、硬度等。

(2)航天器组成部件之间的连接性,即结构或对象的拓扑特性。连接性的描述可用矩阵、数、网络等。

(3)航天器应用中的数值和说明信息。这些信息不一定与几何形状有关,如部件的名称、型号、物理特性等。

航天器及其部件的轮廓和形状可用点、直线、多边形、曲线或曲面方程,甚至图像等方法表示。航天器的几何物理模型一般可以表示成分层结构,因此,既可使用自顶向下的分解方法建立一个几何对象模型,也可使用自底向上的构造方法重构一个几何对象模型。到底采用什么方法表达和建模需要综合考虑存储和计算开销。

航天器实体三维模型的生成包括航天器实体的数据结构与数据模型设计、航天器实

216

体的几何建模等。

对航天器实体的三维建模与可视化主要采用基于图形的模型重建技术。基于图形的三维建模技术是面向景物的几何模型的，其基础数据是景物的矢量几何数据。进行基于图形的模型重建，主要从数据结构的设计、面向对象的模型重建以及与商业建模软件的数据接口等几个方面考虑。

针对航天器实体的特点，可将航天器实体对象划分如下部分：点对象、线对象、面对象、体对象、组对象和纹理对象等。由于航天器实体的外形各异，对航天器实体的三维重建无法采用一个通用的几何模型来表达。因此可利用面向对象的思想，首先设立一个几何数据超类，该类包含了一些具有公共特征的操作，如工作路径设立、数据检索、查询、修改、删除等。由超类派生出栅格类和矢量类，其中矢量类由抽象点类作为基类，再派生出构成复杂对象的基本要素：点类、线类、三角面类。由这三个类复合出简单几何体类，再由简单几何体类复合复杂几何体。

对于其他较为复杂的航天器实体三维建摸，可采用 CAD 辅助建模的方法。如利用其他建模工具如 3DMAX、Multi-Gen Creator 等对复杂航天器目标进行建模，然后以通用三维模型文件输出，这样在进行三维场景的显示时，可直接导入模型文件。由于该模型是在统一的空间基准坐标系的基础上建立的，因此，导入后能准确地融入到整个场景中。

航天器外表的真实感主要取决于它的表面反射和纹理。在进行了航天器实体的几何形状重建后，对于航天器实体表面存在的纹理信息，可采用纹理映射技术（包括颜色纹理、几何纹理和过程纹理）进行对航天器实体表面纹理信息的表述。

Multi-Gen Creator 系列软件是由 MultiGen-Paradigm 公司开发的三维实体建模及三维地景生成工具，是当今最优秀的建模软件之一。它拥有针对实时应用优化的 OpenFlight 数据格式，强大的多边形建模、矢量建模、大面积地形精确生成功能，以及多种专业选项及插件，能高效、最优化地生成实时三维数据库。

Multi-Gen Creator 非常适用于开发诸如大地、海洋、天空等视景仿真数据库。对于建立动态的模型，产生特定地点的符合地球弧度的视景以及操控半自动化的武器，Multi-Gen Creator 可在同一个集成环境中提供所有必需的高效工具来创建最优化、高度逼真的实时三维模型。

Multi-Gen Creator 包括一套综合的强大建模工具，具有精简、直观的交互能力。工作在所见即所得/三维/实时的环境中，从而可以了解在数据库的什么地方发生了什么事情。针对要完成的任务，能够找到所需的工具或使用自定义的工具箱。

Multi-Gen Creator 能够建立实时优化的场景，不会出现视觉异常。也可以调节数据库，校正源于 CAD 或动画软件所建模型中的数据错误，最终结果将具有无可比拟的效率和可靠性，以及优越的实时性能。

OpenFlight 为 Multi-Gen 数据格式，它是一个分层的数据结构，使用几何层次结构和属性来描述三维物体，可以保证对物体顶点、面的控制。Multi-Gen Creator 强大的工具核心为 25 种不同的图像生成器提供自己的建模系统和定制的功能。先进的实时功能如等级细节、多边形删减、逻辑删减、绘制优先级、分离平面等是 OpenFlight 成为最受欢迎的实时三维图像格式的几个原因。Multi-Gen Creator 通过交互、直观的图形界面进行多边形建模和纹理映射，能很快地生成一个高逼真度的模型，并且所创建的 3D 模型能够在实时过程中随意进行优化。Multi-Gen Creator 提供的转换工具能够将多种 CAD 或动画软件模型转换成 Multi-Gen Creator 所支持的 OpenFlight 数据格式(图 11-1)。

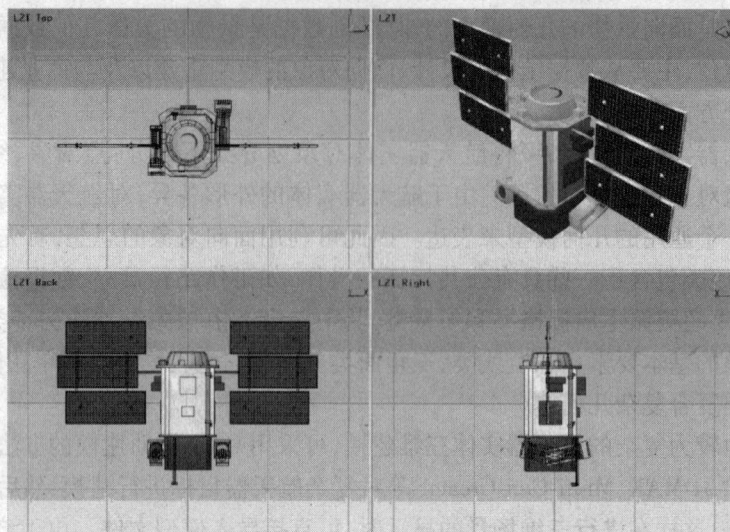

图 11-1 利用 Multi-Gen Creator 制作的航天器几何模型

Multi-Gen Creator 提供交互式多边形建模及纹理应用工具,构造高逼真度、高度优化的实时三维(Realtime 3D)模型,并提供格式转换功能,能将常用 CAD 或动画三维模型转换成 OpenFlight 数据格式(图 11-2)。

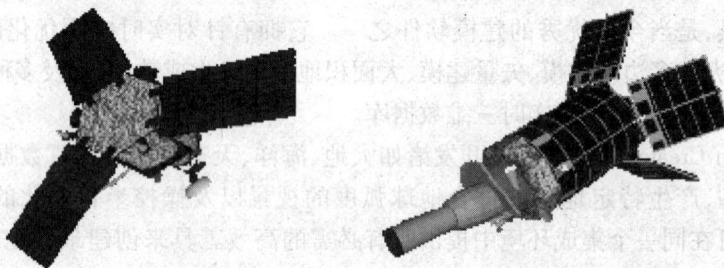

图 11-2 航天器实体可视化效果图

11.1.2 动力学建模

航天器动力学建模是根据航天器飞行力学原理,可利用实时测控数据,建立航天器的运动特性,包括位置、姿态、各部件间的相对运动、推力器的工作状态等模型。它在航天器实体可视化仿真中起着关键作用,实际上是将可视化技术同轨道动力学、姿态动力学技术融合在一起。如果不能正确构建航天器的动力学模型,可视化仿真就失去了其真正的意义。

1. 轨道运动位置建模

根据一组已知的轨道开普勒根数,利用解析法进行外推,计算当前时刻航天器地固系的位置,具体算法见3.2节。

218

2. 姿态建模

航天器应用任务要求航天器姿态在空间保持高精度定向，或要求航天器姿态在空间按预定要求进行机动。航天器的姿态运动是航天器绕自身质心的转动运动，也是航天器的角运动。利用实时姿态数据和当前时刻的轨道根数，可仿真航天器在空间的姿态特性。根据姿态稳定方式可分为三轴稳定方式和自旋方式。

对于三轴稳定方式的航天器而言，其姿态仿真算法是：根据某一时刻卫星开普勒轨道根数 a、e、i、Ω、ω、M（分别代表为半长轴、偏心率、倾角、升交点赤经、近地点幅角、平近点角，其中角度均为弧度），利用轨道外推计算当前历元时刻的开普勒根数，计算该时刻恒星时 s，根据 M、e 计算出真近点角 f，在不考虑干扰力矩影响的情况下，则姿态（默认姿态，在本体坐标系中，指定前进方向为 X 轴，Z 轴指向地心）模型矩阵计算如下，即

$$
T_1 =
\begin{bmatrix}
\cos(\Omega-s) & \sin(\Omega-s) & 0 & 0 \\
-\sin(\Omega-s) & \cos(\Omega-s) & 0 & 0 \\
0 & 0 & 1 & 0 \\
0 & 0 & 0 & 1
\end{bmatrix}
\times
\begin{bmatrix}
1 & 0 & 0 & 0 \\
0 & \cos i & \sin i & 0 \\
0 & -\sin i & \cos i & 0 \\
0 & 0 & 0 & 1
\end{bmatrix}
\times
$$

$$
\begin{bmatrix}
\cos(\omega+f+\pi/2) & \sin(\omega+f+\pi/2) & 0 & 0 \\
-\sin(\omega+f+\pi/2) & \cos(\omega+f+\pi/2) & 0 & 0 \\
0 & 0 & 1 & 0 \\
0 & 0 & 0 & 1
\end{bmatrix}
\times
\begin{bmatrix}
1 & 0 & 0 & 0 \\
0 & 0 & 1 & 0 \\
0 & -1 & 0 & 0 \\
0 & 0 & 0 & 1
\end{bmatrix}
$$

$$
\tag{11.1}
$$

如果利用测控数据提供的三个欧拉角 φ、θ、ψ，则

$$
T_2 =
\begin{bmatrix}
\cos\psi & \sin\psi & 0 & 0 \\
-\sin\psi & \cos\psi & 0 & 0 \\
0 & 0 & 1 & 0 \\
0 & 0 & 0 & 1
\end{bmatrix}
\times
\begin{bmatrix}
\cos\theta & 0 & -\sin\theta & 0 \\
0 & 1 & 0 & 0 \\
\sin\theta & 0 & \cos\theta & 0 \\
0 & 0 & 0 & 1
\end{bmatrix}
\times
$$

$$
\begin{bmatrix}
1 & 0 & 0 & 0 \\
0 & \cos\varphi & \sin\varphi & 0 \\
0 & -\sin\varphi & \cos\varphi & 0 \\
0 & 0 & 0 & 1
\end{bmatrix}
$$

$$
\tag{11.2}
$$

卫星模型当前姿态的转换矩阵为

$$
T_Z = T_1 \cdot T_2 \tag{11.3}
$$

如果利用测控数据提供的航天器在本体坐标系中三个转速（ω_x，ω_y，ω_z）、时间 t 和欧拉角初值（φ_0、θ_0、ψ_0），则计算当前时刻的欧拉角（φ、θ、ψ）。

$$\boldsymbol{T}_3 = \begin{bmatrix} \cos(\omega_z t) & \sin(\omega_z t) & 0 & 0 \\ -\sin(\omega_z t) & \cos(\omega_z t) & 0 & 0 \\ 0 & 0 & 1 & 0 \\ 0 & 0 & 0 & 1 \end{bmatrix} \times \begin{bmatrix} \cos(\omega_y t) & 0 & -\sin(\omega_y t) & 0 \\ 0 & 1 & 0 & 0 \\ \sin(\omega_y t) & 0 & \cos(\omega_y t) & 0 \\ 0 & 0 & 0 & 1 \end{bmatrix} \times$$

$$\begin{bmatrix} 1 & 0 & 0 & 0 \\ 0 & \cos(\omega_x t) & \sin(\omega_x t) & 0 \\ 0 & -\sin(\omega_x t) & \cos(\omega_x t) & 0 \\ 0 & 0 & 0 & 1 \end{bmatrix} \times$$

$$\begin{bmatrix} c\theta_0 c\psi_0 & s\varphi_0 s\theta_0 c\psi_0 - c\varphi_0 s\psi_0 & c\varphi_0 s\theta_0 c\psi_0 + s\varphi_0 s\psi_0 & 0 \\ c\theta_0 s\psi_0 & s\varphi_0 s\theta_0 s\psi_0 + c\varphi_0 c\psi_0 & c\varphi_0 s\theta_0 c\psi_0 - s\varphi_0 c\psi_0 & 0 \\ -s\theta_0 & s\varphi_0 c\theta_0 & c\varphi_0 c\theta_0 & 0 \\ 0 & 0 & 0 & 1 \end{bmatrix} \qquad (11.4)$$

其中

$$c\theta_0 = \cos\theta_0, \qquad s\theta_0 = \sin\theta_0$$
$$c\psi_0 = \cos\psi_0, \qquad s\psi_0 = \sin\psi_0$$
$$c\varphi_0 = \cos\varphi_0, \qquad s\varphi_0 = \sin\varphi_0$$

设 $\boldsymbol{T}_3 = \begin{bmatrix} a_{11} & a_{12} & a_{13} & a_{14} \\ a_{21} & a_{22} & a_{23} & a_{24} \\ a_{31} & a_{32} & a_{33} & a_{34} \\ a_{41} & a_{42} & a_{43} & a_{44} \end{bmatrix}$，则当前时刻的欧拉角为

$$\theta = -\arcsin(a_{13})$$
$$\varphi = \arctan(a_{23}/a_{33})$$
$$\psi = \arctan(a_{12}/a_{11})$$

然后根据式(11.2)和式(11.3)，计算当前姿态。

对于自旋方式的航天器而言，其姿态仿真算法是:针对自旋航天器的特点，测控数据往往提供的是航天器在惯性系下的赤经、赤纬、章动、转速数据。

设当前时刻的恒星时为 s、赤经为 φ、赤纬为 ψ、章动角为 a、转速为 ω，则自旋航天器的姿态矩阵为

$$\boldsymbol{T} = \begin{bmatrix} \cos(-s) & \sin(-s) & 0 & 0 \\ -\sin(-s) & \cos(-s) & 0 & 0 \\ 0 & 0 & 1 & 0 \\ 0 & 0 & 0 & 1 \end{bmatrix} \times \begin{bmatrix} \cos\varphi & \sin\varphi & 0 & 0 \\ -\sin\varphi & \cos\varphi & 0 & 0 \\ 0 & 0 & 1 & 0 \\ 0 & 0 & 0 & 1 \end{bmatrix} \times$$

$$\begin{bmatrix} \cos(\pi/2 - \psi) & 0 & -\sin(\pi/2 - \psi) & 0 \\ 0 & 1 & 0 & 0 \\ \sin(\pi/2 - \psi) & 0 & \cos(\pi/2 - \psi) & 0 \\ 0 & 0 & 0 & 1 \end{bmatrix} \times \begin{bmatrix} \cos\omega & \sin\omega & 0 & 0 \\ -\sin\omega & \cos\omega & 0 & 0 \\ 0 & 0 & 1 & 0 \\ 0 & 0 & 0 & 1 \end{bmatrix} \times$$

$$\begin{bmatrix} \cos a & 0 & -\sin a & 0 \\ 0 & 1 & 0 & 0 \\ \sin a & 0 & \cos a & 0 \\ 0 & 0 & 0 & 1 \end{bmatrix} \tag{11.5}$$

若考虑自旋航天器在消旋时的状态,即天线部分指向地球,不随本体的转动而转动,假设天线的指向与本体的 X 轴同向,设航天器当前的位置为:经度 β,则消旋时天线部分的姿态矩阵 $\boldsymbol{T}_{消}$,按如下步骤计算:

首先计算天线不随本体的转动而转动的姿态矩阵,根据式(11.5)得

$$\boldsymbol{T}' = \boldsymbol{T} \cdot \begin{bmatrix} \cos(-\omega) & \sin(-\omega) & 0 & 0 \\ -\sin(-\omega) & \cos(-\omega) & 0 & 0 \\ 0 & 0 & 1 & 0 \\ 0 & 0 & 0 & 1 \end{bmatrix} \tag{11.6}$$

在此基础上,计算地球与本体连线矢量在 XY 平面上的投影与本体 X 轴的夹角 δ。

设航天器当前的位置为 $\boldsymbol{E}(x \text{、} y \text{、} z)$,地球在本体坐标系的位置矢量 $\boldsymbol{P}(p_x \text{、} p_y \text{、} p_z)$ 为

$$\boldsymbol{P} = -\boldsymbol{E} \cdot \boldsymbol{T}' \tag{11.7}$$

则夹角为

$$\delta = \arctan(p_y / p_x)$$

天线的消旋矩阵 $\boldsymbol{T}_{消}$ 为

$$\boldsymbol{T}_{消} = \boldsymbol{T}' \cdot \begin{bmatrix} \cos\delta & \sin\delta & 0 & 0 \\ -\sin\delta & \cos\delta & 0 & 0 \\ 0 & 0 & 1 & 0 \\ 0 & 0 & 0 & 1 \end{bmatrix} \tag{11.8}$$

根据以上算法可较好地得到航天器的姿态数据,将计算得到的姿态数据结合场景表现出来。

11.1.3　行为能力建模

对航天器实体能力的表达,其实质是实体的静态可视化过程,主要表现为对实体本身和实体能力的表达,如武器作战范围(侦察卫星的覆盖范围、平台或武器的轨道机动控制范围、武器的打击或干扰范围、测控站的测控范围等),具体实现过程如下:

对实体能力的表达首先调用实体模型库将要表达的实体导入场景中,通过访问实体编目表查询实体物理属性参数来调整实体在场景中的位置和姿态,同时通过调用模型库里的实体能力计算模型计算出实体的覆盖能力,然后对能力参数进行映射、绘制和显示处理,其中映射处理将能力参数通过映射模型转化为表达能力范围的几何数据。可视化流程如图 11-3 所示。

例如,对天基雷达作用范围的三维可视化实现过程:首先调用实体三维模型库把天基

221

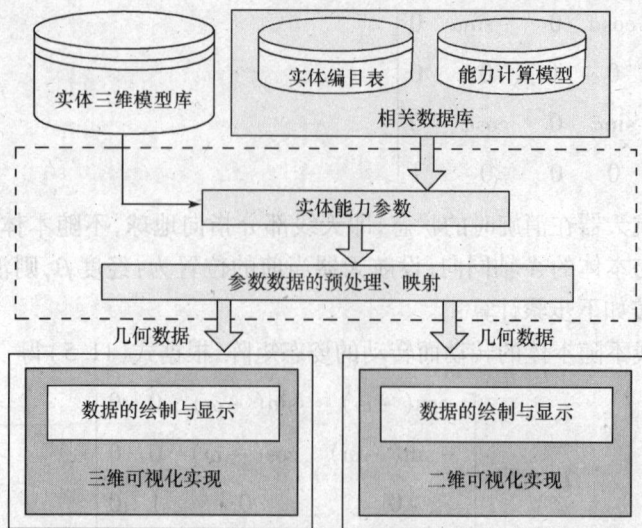

图 11 - 3　实体能力可视化流程

雷达实体模型映射到场景相应位置,通过调用作用范围计算模型得到特定坐标系下作用区域边界上各点 P,经过一系列的数据处理和映射后在场景中实现作用范围的可视化显示,效果图如图 11 - 4 所示。

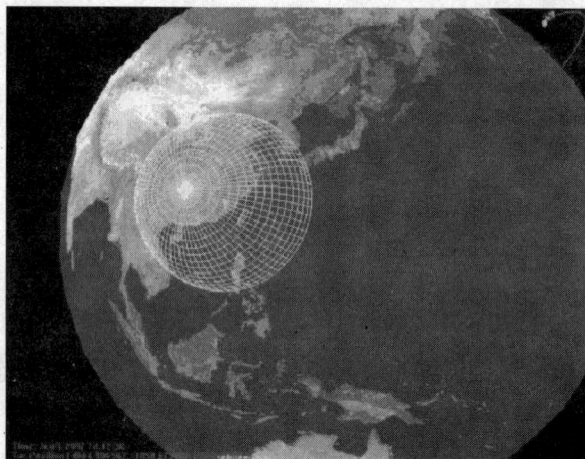

图 11 - 4　天基雷达作用范围三维可视化效果图

11.2　航天器军事应用行为可视化建模

航天器军事应用过程由一系列作战行动组成,这些行动大到一组任务的实施,小到一个指令的执行,都是空间战场中行动的重要组成因素。航天器军事应用行为是各种参战实体根据自身作战任务或生存需要进行的各种调整、支援或保障活动。根据航天器军事应用仿真的研究重点,主要开展了地面系统支持下的航天器军事应用行为组成要素分析。概括起来讲,主要包括空间轨道及姿态保持、空间轨道机动、空间信息支援、空间防御行为以及航天工程支持等行动,如图 11 - 5 所示。

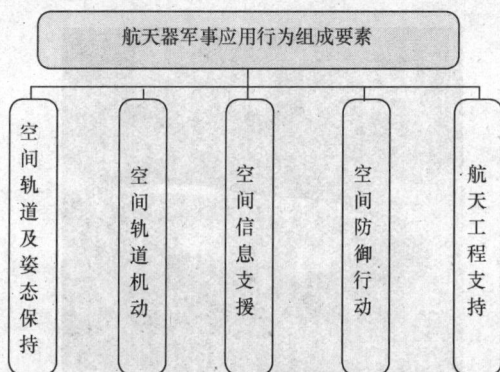

图 11 - 5　航天器军事应用行为组成要素

11.2.1　空间轨道及姿态保持可视化建模

航天器在运行过程中由于受到各种空间环境或敌方航天力量干扰的影响,其运行轨道和姿态往往会与设定参数存在一定的偏差,当偏差值大于某一规定阈值时,需要对轨道或姿态进行修正以保持正常工作状态。空间轨道和姿态保持的整个过程包括测控过程、轨道和姿态的检验过程、轨道的调整过程和姿态的修正过程。

1. 任务目标

空间轨道及姿态保持任务目标是通过调整或修正航天器实体的轨道和姿态使该实体处于正常工作状态,以确保完成作战任务。如当航天器由于各种摄动因素影响而使轨道参数与设计值产生较大偏差或受到敌方作战系统的干扰使得该实体姿态有所改变而影响其正常工作时,需要地面控制系统及时对其进行修正。

2. 行动过程

当航天器处于测控站的测控范围内时,测控系统对其运行轨道和姿态进行测量,通过轨道确定模型计算其运行轨道参数。同时访问实体编目表,把计算值与该航天器的设计轨道参数相比较,当偏差大于某一设定阈值 ε 时,测控站发出轨道调整指令,调用轨道调整方案对轨道实施修正处理;当航天器姿态与编目表中理论姿态参数偏差大于某一设定阈值 ε' 时,测控站发出航天器调姿指令,综合考虑大气阻力和地磁引力等引起的摄动,调用姿态修正方案对航天器姿态进行修正。

3. 涉及到的相关计算模型

可以看出,航天器轨道调整和姿态修正的关键是调用调整和修正方案,在对态势进行表达时,这些方案是综合考虑能够对实体的轨道和姿态产生影响的各种因素之后,通过相关计算模型计算而设计的一种行动执行方案。轨道调整和姿态修正方案涉及的计算模型包括轨道确定计算模型、大气阻力计算模型、地磁引力计算模型等。

航天器轨道调整和姿态保持中的可视化显示效果如图 11 - 6 所示。

11.2.2　空间轨道机动可视化建模

在航天器军事应用过程中,由于航天器按照自己预定的轨道运行,针对某一任务,往往存在目标不在航天器覆盖能力范围内的情况,或者航天器恰好处于敌方武器的有效打

图 11 - 6　航天器轨道调整和姿态保持可视化显示效果图

击范围内时,需要对航天器下达机动变轨指令,以达到航天器能够执行任务或躲避敌方打击的目的。

航天器执行任务轨道机动的整个过程包括测控过程、航天器效力判断过程、航天器机动能力判断过程和机动动作完成过程。

1. 任务目标

空间轨道机动任务目标:一是为了作战到达,通过对己方航天器实体的轨道机动,使己方的航天器实体更接近敌方目标实施侦察,或者以便在己方航天器实体的有效作战范围内更好地对目标实施打击或干扰作战;二是为了躲避防御,当敌方对己方航天器实体实施打击或干扰时,通过轨道机动行动进行规避。

2. 行动过程

当接到作战任务后查询目标编目表获取目标相关信息参数,并调用航天器轨道确定计算模型和航天器轨道机动能力计算模型,判断航天器能否覆盖目标,或者判断目标是否处于己方实体轨道机动能力范围内,从而确定机动策略,当机动方案确定后,在航天器处于测控站测控范围内时下达机动变轨指令完成机动变轨动作。

3. 涉及到的相关计算模型

航天器执行任务轨道机动过程中涉及到的计算模型包括轨道确定计算模型、航天器机动能力计算模型、测控范围计算模型等。

航天器执行任务轨道机动过程的可视化效果如图 11 - 7 所示。

11.2.3　空间信息支援可视化建模

空间信息支援不但包括信息服务内容,还包括对它们之间的管理与协调。按照信息的流程,信息支援是包括从信息获取到传输、处理以及保持的整个过程。遂行信息支援任务的有侦察监视分系统、预警探测分系统、导航定位分系统、专用气象和测绘分系统、信息传输分系统、信息应用和保障分系统等多种空间信息系统资源,由多个资源实体协同完成。空间信息支援行动的具体作战行动包括空间侦察监视行动、空间预警探测行动、空间导航定位行动、空间通信传输行动等。

224

图 11 - 7　航天器轨道机动过程的可视化效果图

1. 任务目标

空间信息支援任务目标是通过各种航天器和航空器从外层空间、临近空间和航空空间实施侦察、监视、预警、通信、导航和定位等活动,为己方的陆、海、空、天和导弹等作战单元提供信息和情报支援,以提高快速决策、准确指挥和精确控制的能力。

2. 行动过程

当接到上级赋予的空间信息支援任务后,指挥控制分系统通过分析信息支援任务要求(信息支援的类型、时间、空间、对象、方式等),明确上级有关空间信息支援的意图,根据具体任务要求设计信息支援任务方案并通过空间信息网络向执行空间信息支援行动的信息系统实体发出信息获取任务指令。信息系统实体在执行完信息获取命令后将情报信息通过空间信息网络传给空间信息应用和保障分系统,最后由空间信息应用和保障分系统将有用信息通过空间信息网络分发给用户。

3. 影响任务完成的因素

系统平台的空间位置和机动能力,平台上有效载荷的性能,信息处理和应用系统的性能,电磁、光学自然环境,自然气候条件(雨、云和雾),敌方信息干扰等。

空间侦察监视行动的可视化效果如图 11 - 8 所示。

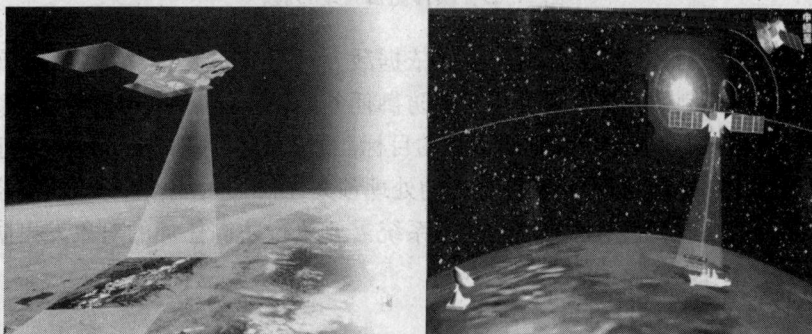

图 11 - 8　空间侦察监视行动的可视化效果图

11.2.4 实体防御行动可视化建模

实体防御行为是在航天器军事应用中为保存自己的行为,防御的内容主要包括敌方的空间力量威胁、打击和干扰,防御行为分为被动防御和主动防御。其中,被动性措施包括伪装、隐蔽和欺骗、系统加固、系统分散部署等;主动性措施包括机动、改变配置(如跳频或变频)、压制敌方进攻能力等,并制定若干个威胁处理预案,建立预案库进行管理,以便威胁真的来临时,能够快速响应。

实体防御的具体行动包括己方作战实体防御被打击作战和己方信息系统防御敌方的信息干扰作战。其中,前者较为典型的作战行动主要表现为己方卫星防御对方打击;后者主要表现为信息系统防御保护。

1. 任务目标

实体防御行动的任务目标是保护己方航天器系统免遭敌方攻击和干扰,能够保持和发挥己方航天器系统的能力。由于敌方对己方航天器系统的进攻行动具有较强的随机性、隐蔽性和快速性,因此,实体防御贯穿航天器军事应用的整个过程。

2. 行动过程

实体防御行动的具体过程如图 11-9 所示。

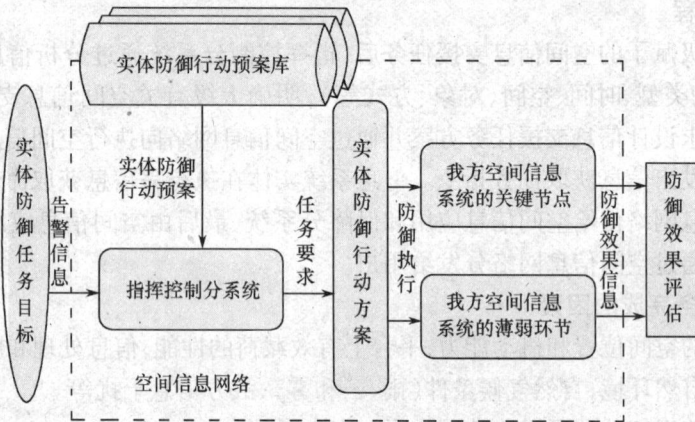

图 11-9 实体防御行动过程

接到上级赋予的实体防御行动任务后,依据敌方对己方航天器系统或实体产生威胁的告警信息,指挥控制分系统通过分析实体防御任务的要求(包括任务操作、行动和活动时间等),明确上级的作战意图和希望达成的目标。通过分析评估攻击威胁,基于威胁分析结论从预案库中提取若干个相同或相近的处理预案,对相近的预案,结合现有资源情况制定防御行动方案。然后,对己方空间信息系统需要执行防御任务的对象发出防御行为指令。

3. 影响任务完成的因素

有效判断己方空间信息系统关节点和薄弱环节的能力,准确发现、识别、预警敌方攻击的能力,敌方攻击的强度,己方航天器实体改变位置和姿态的能力,通信信号跳、变频能力,信息加、解密处理能力等。

226

实体防御行动的可视化场景如图 11 - 10 所示。

图 11 - 10　实体防御行动可视化场景

11.2.5　航天工程支持可视化建模

航天工程支持行动是未来作战中空间信息系统行动的重要组成部分,具体行动主要包括为保障航天器军事应用准备、实施和有效进行所提供的空间测控、空间运输支援以及航天器实体的应急发射等。航天工程支持行动的整个过程包括:任务需求分析过程和任务执行过程。

1. 任务目标

航天工程支持行动的任务目标包括:一是在航天器应用时对航天器的在轨测控和管理,主要包括对航天器轨道和姿态的测量控制,对航天器实体工作状态的测量和监视,战时负责对航天器实施应急机动变轨以完成特定任务及躲避敌方攻击,必要时采取保护、修复措施,提高航天器生存能力等;二是为航天器系统提供空间运输支援、应急发射以及部署军用卫星和空间武器,增强航天器系统实力或补充受损的航天器系统,满足作战需求。如当己方通信卫星受到攻击失效时,或己方组网卫星的某颗卫星受到干扰或故障时,应急发射卫星后备星。

2. 行动过程

当战场态势评判系统通过计算分析得出,由于己方航天器系统受到打击或干扰而受损使得己方空间战场态势明显处于不利情况时,任务管理分系统下达应急发射任务,指挥控制分系统通过分析任务的要求(包括任务类型、时间、空间、对象等),明确有关航天工程支持的意图,根据具体任务要求设计航天工程支持任务方案并通过空间信息网络向航天工程支持系统发出应急发射指令,执行补充受损航天器系统任务。

3. 涉及到的相关计算模型

遂行航天工程支持行动的计算模型包括战场态势判断分析计算模型、环境影响计算模型、轨道确定计算模型等。

空间运输支援任务中的火箭飞行可视化效果如图 11 - 11 所示。

图 11-11　空间运输支援任务中的火箭飞行可视化效果图

11.3　航天器军事应用环境可视化建模

航天器军事应用的影响环境主要包括天空环境、陆地环境、海洋环境和电磁环境。根据航天器军事应用仿真的需求,需要对航天器军事应用环境要素进行可视化建模与仿真,以使航天器军事应用仿真达到逼真的效果。

11.3.1　天空视景建模与渲染

在航天器军事应用可视化仿真中,天空视景仿真是必不可少的内容。天空背景的真实感对用户来说能大大提高视觉享受和沉浸感。天空视景仿真主要包括大气(气象)环境的绘制和三维星空视景建模。

1. 大气(气象)环境的建模

大气(气象)环境的可视化主要有两个内容:一是基于气象数据的天空环境绘制;二是数值模拟气象数据的可视化。前者是增强虚拟环境真实感和“沉浸感”的重要内容之一;后者主要是针对专业气象人员,方便其进行天气现象分析和预报的应用技术,作战模拟系统中也可用于战场气象信息的查询。

大气环境的模拟实质上是仿真光穿过大气介质的过程,光和介质交互的理论是大气绘制的理论基础,而基于正确物理模型的大气绘制才是大气效果真实感绘制的里程碑。光和大气介质交互作用的过程即是大气的辐射传输过程,可分为两个方面:一是介质粒子可以再辐射已经接受的能量,再辐射可以在所有方向上发生,在不同的方向上其辐射强度不同,这个过程称为散射;二是辐射能可以转变成其他形式的能量,如热能和化学反应能,这个过程称为吸收。在可见光范围内,对于黑烟的光衰减主要以吸收为主,而对于水汽为主的大气微粒则主要受散射影响。介质中的辐射传播可以用辐射传播理论和多次散射理论两种理论从不同的角度来解释,即两类物理模型:一是大气辐射传输和辐射传输方程;二是大气物理模型及散射性质,大气模型中与场景正确绘制相关的内容包括大气空间结构、大气的成分和各成分的散射性质。这两类物理模型都在计算图形学中得到逐步发展和完善，不同的图形显示系统或绘制对象可能采取不同的物理模型。

(1)基于气象数据的天空环境绘制。考虑了气象因素影响的战场视景仿真绘制是增强虚拟战场环境真实感和"沉浸感"的重要内容，也是大气效果绘制技术的典型应用领域，特别是对武器平台操纵训练仿真具有重要意义。其主要研究内容可概括为两个方面：一是对不同大气条件下的天空和太阳的建模和绘制，即仿真不同气象条件下的阴、晴、雨、雪、云、雾等天空背景和太阳，其实质是对不同大气条件下的户外光源的建模和绘制，特殊情况下，光源包括月亮、其他星体和户外其他人工光源；二是建立不同大气条件对光传输产生影响的模型和户外场景中物体的绘制，即根据不同太阳起落和气象条件下的光照情况仿真绘制昼夜变化的战场景物。

由于完全基于物理模型的大气效果绘制的复杂性和计算机实时运算处理速度的限制，工程中基于气象数据的战场视景仿真往往都采用较简单的模型。例如，对地形及景物的绘制，仅考虑不同位置下唯一太阳光源和雾的影响；而天空也仅当作背景对其模型进行简化。一个简单天空模型的算法思想是：构造一个多层球形天空模型，把天空分为连续的七层(淡蓝层、上可见层、上薄云层、云层、下薄云层、下可见层、近地雾层)，每一层为具有一定厚度的球壳；绘制时，根据三维网格中气象数据的变化，改变多层球形天空模型各个层次的宽度和明暗度，就可以描绘虚拟自然环境中晴、多云、阴和多雾等不同的气候现象。例如，根据气象模型输出云量的高、中、低程度，诊断天空为晴天、多云、阴天或多雾，当晴天时，近地雾层变薄，上下薄云层接近零；当多云时，云层的厚度增加；当阴天时，上下可见层接近零，上下薄云层扩大；当多雾时，近地雾层扩大。

(2)数值模拟气象数据的可视化绘制。气象数据一般是分布在某等值面(等压面 P 或 MM5 的 σ 面)上的，但等值面并不是一个平面，而是一个高低起伏不平的曲面。即所给的气象数据场其真实物理含义是反映同一等值面上的气象要素场分布情况，而不是在同一高度上的分布，如对矢量场 $u(x,y,pk)$、$v(x,y,pk)$，当 k 相同时，意味着数据在同一等压面上。但当前常规的二维气象绘图软件(如 NCAR、GRADS)却没有考虑这一情况，只简单地把它处理成在同一平面上的分布，直接进行等值线图的绘制(如某等压面 P 上的流场分布图、水汽分布图等)，这样就没有很好地反映出气象要素场在等压面上的空间分布特征。特别是，在气压场分布梯度较大(等压面比较陡峭)时，不能准确地反映出气象要素场随着高度改变而变化的情况，将歪曲数据本身所包含的物理信息。

当专业气象人员阅读这些等值线图时，又必须配上该等压面的高度分布场图(等高线图)，将两个二维气象剖面图进行精心叠加，在想象等压面起伏形状的基础上理解这些图的物理意义(大气在等压面上真实空间分布和运动状况)，很不形象直观。随着科学计算可视化技术的成熟，发展三维气象可视化系统成为可能，而且也是发展趋势。三维气象可视化系统是在三维立体的等压面基础上绘制其他气象要素场(如流场、温度场、湿度场等)，这样气象工作者可以在三维空间上看到以色彩区分的各个气象要素的准确分布情况，摆脱了繁琐的二维图像计算，使其精力集中于关键的天气现象的分析和预报上，而且即使是非专业人员也可从中了解到实际天气情况。

整个气象要素场从宏观上可分为标量场(如温度、气压、云量、湿度水汽场等)和矢量场(如风力和风向)两类。对这两类数据进行可视化时可分别采取不同的方法,标量场主要采用体绘制方法,其效果取决于算法的描述和光照模型的选择;矢量场主要应考虑采取何种映射方式来表现其全场的分布特征。

对标量场气象数据三维立体可视化时,可在真实三维地形的基础上叠加显示气象要素场,以体现地形对气象要素的影响,这样就必然存在气象数据从气压 P 坐标系向海拔高度 Z 坐标系的转换,需要对数据进行插值。需要要注意的是:这种插值转换应当依据气象要素本身的规律,不能简单采用线性插值的方法。例如,对水汽场的插值转换,根据大气规律知道:水汽值在两气压层之间大致是递减的,但并不是线性的,而且气压 P 与高度 Z 成指数关系,这时应该采用非线性插值(如拉格朗日插值)实现由等压面上的数据转换成等高面上的数据,即将 $f(x,y,p) \ = \ > f(x,y,z)$。然后,再用科学可视化技术中的体绘制方法,进行标量场气象数据的三维立体可视化。云量数据的三维可视化效果如图 11–12所示。

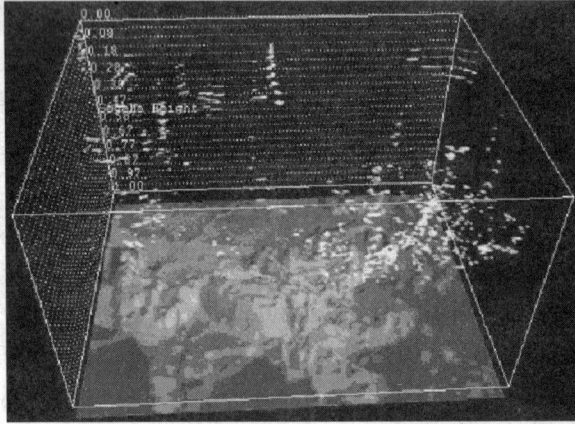

图 11–12　云量数据的三维体可视化图

对气象要素矢量场可视化方法的映射方式主要有风向杆映射和流线映射两种方法。其中,风向杆映射实质上就是点图标映射,由矢量的方向和大小决定风向杆方向和长度,这种映射方式若点图标逐点映射所有矢量场数据会导致图形显示的混乱,若显示的图标太少,又不能准确反映出矢量场的全场分布特征,并且它的显著缺点是无法表现场的连续性;流线映射属于线图标映射,它能很好地表现出矢量场内矢量分布的连续性,不会造成显示的混乱,另一方面流场图在气象上的物理意义是能表明冷暖空气的活动状况及其冷暖空气的源和汇,流线源和汇的地区是空气辐合和辐散的强中心地区,是空气作垂直运动最为明显的地区,也是气象分析重要关注的内容。因此,气象上主要选取流线来表现矢量场的分布特征,而三维流线的绘制是在三维立体等压面基础上进行的。风场数据的三维流线可视化如图 11–13 所示。

2. 星空视景的建模

在天空视景中建立准确的三维星空模型,是建立逼真空间场景的基础,也可以为许多空间研究提供基本保障。星空建模与绘制方法大致可以分为两类:第一类是根据恒星亮度在天球上用不同大小的点来表示,如 STK/VO 等软件的星空背景建模就属于此类,这种方法简单、绘制速度快,但效果一般;第二类是根据恒星亮度不同,在天球上绘制大小不同

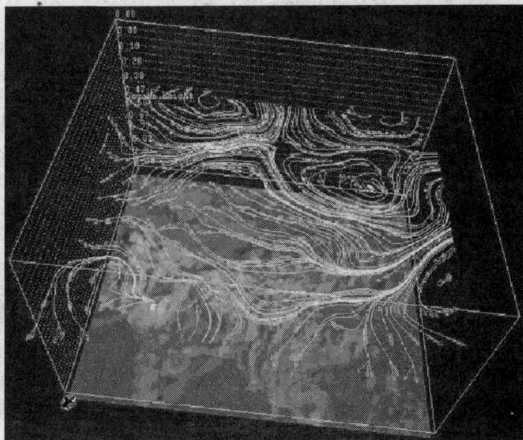

图 11 - 13   风场数据的三维流线可视化效果图

的公告板(Billboard)并映射上有衍射效果的纹理来表示,这种方法在效果上有了一定程度的改善。第二类方法具体算法描述如下:

(1)读取星表,得到历元时刻恒星的平位置。

(2)自行改正。对恒星历元平位置进行自行改正,得到所需时刻恒星平位置。

(3)计算恒星距离,根据距离计算绝对星等。星等表现的是亮度的差别。

(4)计算恒星直角坐标。要在三维空间中绘制星星,还需要将其转换到直角坐标系,这里,统一选择 J2000 地心赤道直角坐标系,再将其映射为屏幕座标。

(5)计算衍射效应。采用圆孔夫朗禾费衍射,衍射角半径为从中心到主极大边缘之间的照度,也可以不计算,但具有衍射的星空更真实一些。

(6)星点可视化显示。计算出星点中心处的亮度,并按高斯分布变化计算从中心到极大边缘的照度。

天空建模与渲染的流程如图 11 - 14 所示,星空渲染效果如图 11 - 15 所示。

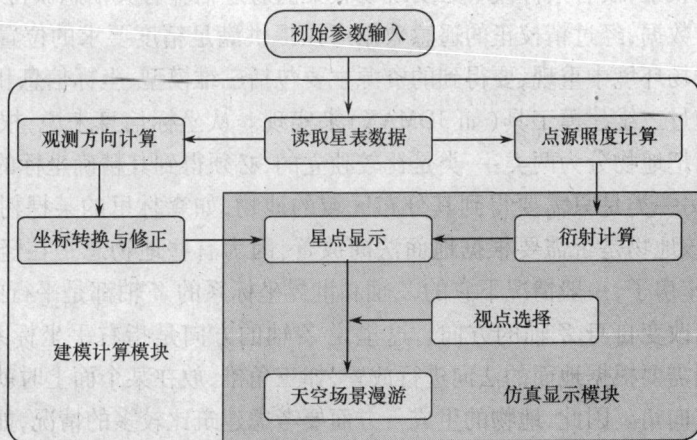

图 11 - 14   天空建模与渲染的流程

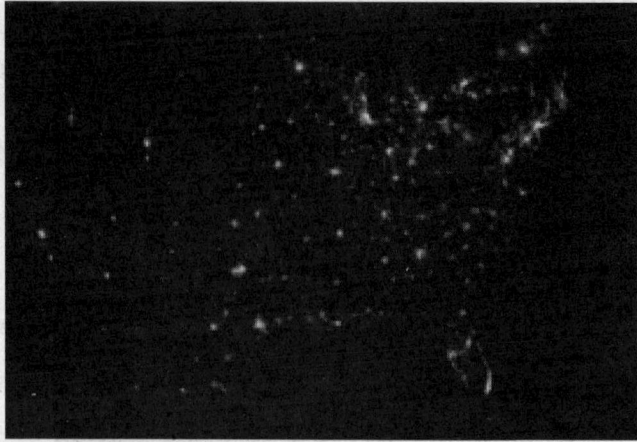

图 11 - 15　星空渲染效果图

11.3.2　陆地场景建模

1. 陆地场景的建模基础

真实的地形、地物、地貌是模拟真实陆地环境的基础,地形模型的建立是整个航天器军事应用环境中动态虚拟视景生成的重要内容。首先获取实际陆地环境的三维数据,然后再根据实际需要建立相应的动态地景。目前,一般采用地理信息系统(GIS)中的数字高程模型(DEM)数据和卫星遥感数据来构造真实陆地场景库。关于数字高程模型(DEM)的原理介绍,可查阅相关书籍,在此不再叙述。

陆地场景的建模,不仅仅是表征了相应区域的地形特征,还要通过增加地物、依据地形特征设置相应颜色和纹理映射来增强真实感。

地物包括森林、建筑、障碍物等。地物布置得是否合理极大地影响虚拟战场的质量,地物布置的效率也极大地影响虚拟战场的生成速度。地物数据一部分指只维尺寸,精确尺寸要到现场收集,没有条件或不必要现场收集的通过估算有关信息获得;另一部分地物数据是指定位数据,经过精校正的遥感数据可以提供满足精度要求的位置信息。一个地物要在虚拟战场环境中重现,要得到的资源主要包括三维模型、坐标信息和方向角。它的三维模型要通过三维建模工具(如 3DMAX)来实现。从坐标信息来说,根据各种地物的分布特点可以把地物分为两类:一类是比较独立的,必须得到其精确坐标的地物,如碉堡、大型建筑物;另一类是只需要得到其分布区域的地物,如森林里的某棵树。从方向角来说,主要考虑该地物是否需要根据地面法向放置,因为有些地物总是在竖直方向上放置的。例如,一座房子,一般情况下它的 Z 轴和世界坐标系的 Z 轴都是平行的,它不会因为地面的坡度而改变自身 Z 轴的方向。这里说 Z 轴的方向是指右手坐标系的竖直方向。但有些地物则需要根据地面的法向进行放置,如三角锥,放在某个面上时就会根据地面的坡度改变其方向角。因此,地物的生成一方面要考虑建筑比较多的情况,如城市环境的渲染,另一方面要考虑植被比较多的情况。

对土壤特征的描述,可以针对地形的高程依据分层设色思想来实现,也可以针对地形的坡度设置颜色来实现。分层设色思想是一种生成真实感地形很重要的思想,根据相应

232

区域的实际地形设定几个高程的经验值作为分层设色时的阈值,例如,对于地形高程值小于零即真实地形处于海平面以下可以用蓝色,地形高程值大于 0m 而小于 800m 的用草绿色。依此类推,可以设定多种颜色。一般来说,不同的颜色设置越多,地形变化越柔和,因而为比较所需时间越多。按坡度着色是指利用数字高程模型中的地形数据计算各点的坡度值,再用各点坡度值与事先设定的阈值比较来决定各点的颜色。例如坡度值小于零的可认为是河流、湖泊、山谷等,设置为蓝色;坡度值为零的可认为是平原地区,设置成草绿色。依此类推,可以设定多种颜色。相比之下,一方面坡度着色比分层设色更突出了实际地形的复杂性,另一方面坡度着色由于需要计算各点的坡度而比分层设色所需时间多一些。实际应用中可酌情选用不同的着色方法。

分层设色或坡度着色是对地形场景的材质颜色进行初步设置,可以说从一定程度上描述了地形的表面特征,但还未能实现真实感地形。在进行植被渲染时,还要进一步通过纹理映射技术为地形添加相应的植被来生成具有真实感的地形。

2. 三维地形建模的流程

在航天器军事应用环境建模中,进行三维地形建模时,一方面要考虑充分利用已有数据,另一方面要考虑所建立虚拟战场的特点、图形计算机性能和视景仿真程序等因素确定有关场景参数。具体的建模工作可使用 Multi-Gen Creator、Terrex 等建模软件和 Photoshop 图形图像处理软件。使用 Multi-Gen Creator 建模流程如图 11－16 所示,大致分为以下几步:

(1)精选数据及对数据进行预处理。目前,市场上可出售的 DEM 数据有 1∶25 万、1∶5 万等精度,能够满足一般虚拟战场模拟训练的需要。对 DEM 数据的预处理主要是转换为建模软件能识别的数据格式。根据对场景中各地域的关注程度选用不同分辨力的遥感数据,这样可以提高场景库的性价比。对不同卫星的数据进行色彩还原后,需再进行融合调色,以保证较高的色彩一致性,使不同分辨力的数据自然地融为一体。

(2)数据库规划。根据图形发生器硬件性能,确定地形细节层次(LOD)以及地形单元的范围、三角形密度、纹理密度。估算漫游可视区,可视区内的地形单元纹理总量不能超过纹理内存的 80%。

(3)地形生成、纹理分割。将地形数据用 Delaunay 算法,生成地形单元。各项参数由数据库规划阶段提出。把经融合调色后的遥感图像按地形单元进行分割及重采样,再与地形单元匹配。

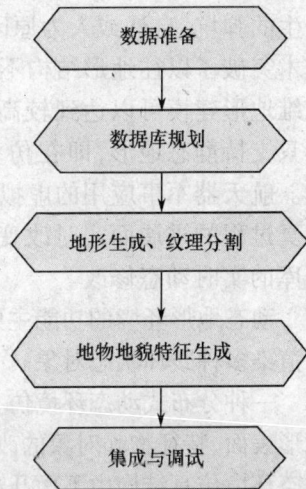

图 11－16 使用 Multi-Gen
Creator 建模流程

(4)生成地物地貌特征。地物地貌特征包括林木、建筑、道路等,地物主要依据彩色卫星图片纹理中的显示进行三维重构及定位。

(5)调试。场景库在建模平台上的工作基本完成后,将其移植到使用平台上,结合用户使用需求,记录下场景库需改进之处,然后回到建模平台进行修改,反复进行这一工作,直到达到航天器军事应用环境仿真设计要求。

图 11－17 所示是生成的三维地形。

图 11 – 17　使用 Multi-Gen Creator 生成的三维地形

3. 动态地形的实现

动态地形环境是指战场环境仿真过程中生成的弹坑、车辙、放置的障碍物、创建毁坏的交通要道设施等，以及它们对仿真结果的影响。为了增强航天器军事应用仿真的有效性，环境建模仿真要具有支持动态地形环境的功能。动态地形允许在仿真过程中对地形数据库实时地进行局部修改，呈现新的地形地貌，如作战过程中炮弹击中地面产生的弹坑，自然或人为原因形成的山地滑坡、桥梁坍塌、道路阻断等现象。动态地形技术突破了以往地形结构不可破坏的限制，真正实现了作战实体与环境的交互。尽管三维地形建模可以达到较高的逼真度，能够满足一定的仿真需求，但现在各种建模工具只支持静态地形，即在仿真运行过程当中无法对地形数据库进行灵活而实时的改动。航天器军事应用的虚拟环境是一个实时动态变化的作战空间，整个作战环境将随仿真过程的进展而实时改变。因此，必须对环境数据库进行实时动态管理，包括对数据库的实时动态修改。

动态地形环境的功能主要主要包括两类：一类是对地表的多边形表示的修改；另一类是渲染多种毁坏状态对象。

一种分布式动态环境仿真结构如图 11 – 18 所示。它是基于 HLA 设计的，用来支持地形表面、特征物和对象的改变。这一结构为动态环境的仿真研究提供了一个技术框架。动态环境仿真结构由下面几部分组成。

（1）地形改变消息（Environmental Change Notices，ECN）。为了支持多种类型的仿真应用，对地形特征类及其改变状态有个一致的表示，使所有的仿真应用可以及时更新数据库，必须有一种相应的格式来通知所有仿真应用地形环境发生的变化。ECN 即这种通知格式，它由作战仿真工作站或环境中的交互事件生成。在 HLA 中，ECN 用对象来表示，并包含几何及语义两类信息。

①多种状态对象（Multi-state object，MSO）ECN，包括位置、方向、类型和模型状态，如对桥梁、建筑物的描述。

②特征物 ECN，包括点特征物、线特征物和面特征物。

③参数化的 ECN，如对爆炸弹坑的描述。

④属性化的多边形 ECN。

234

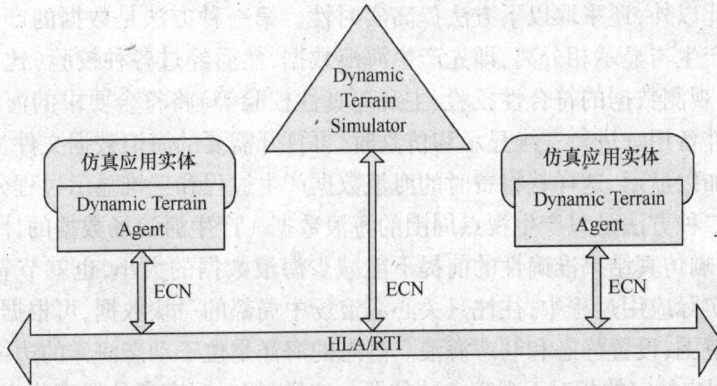

图 11-18　一种分布式动态环境仿真结构示意图

（2）动态地形仿真器（Dynamic Terrain Simulator）。它负责监控网上交互事件,生成环境状态改变信息 ECN。可以是在单独的主机上的运行程序,或存在于其他仿真程序中。当仿真的规模扩大时,可以增加动态地形仿真器,负责不同地域的地形环境管理。

（3）动态地形仿真代理（Dynamic Terrain Agent）。它负责接收发送来的 ECN,并对 ECN 进行验证、识别,更新相应的本地数据库。这一模块存在于任何要支持动态地形的仿真应用中。

11.3.3　海洋场景建模

为了逼真地表现作战环境的海洋场景,需要对海面环境和水下或海底环境进行建模,模拟海面的波动、浪花、洋流、舰艇的前浪、尾浪等以及水下和海底环境的地形地貌、能见度等效果。

1. 海浪的建模与实现

海浪的运动是一个十分复杂的自然现象,无论从时间上还是空间上都具有不规则性。海浪建模与实时绘制是虚拟海洋环境中的关键技术与难点之一。

在海面模型的构建中,海面状态不能由单一的正弦曲线来表示,应由许多单一的不同波幅、波长和方向的波浪总和来表示。经过长期细致的观察,人们发现平均波高和平均的海水方向对导航判断有直接作用。由计算机产生的海洋表面模型应在所希望的总体波幅、波长和方向的基础上,产生每一个波浪的特定参数。实现方法之一是声明一任意的平均波幅、波长和方向,然后由一些合适的加权函数生成每一个波浪的参数。这个加权函数得到的效果应是当这个波浪的方向与海洋运动的方向一致时波幅最大,而垂直时最小。其波长也具有同样的效果。由于波浪的形成和传播是一个相当宽的知识领域,虽然有多个模型和波型来描述和预测波浪的行为,但都受到实时计算的限制。为此,在确定海浪的平均波幅、波长和方向后,将海洋表面的波浪用一些简单的正弦曲线的总和来表示,以保证系统的实时性。

在航天器军事应用环境仿真中,为了直观地观察海浪场和相关仿真过程,往往需要将海浪场进行三维动态实时显示。但是因为海浪场的数据量大,硬件环境也往往是 PC 机,所以海浪场的实时绘制是应用中的重点和难点。通常采用视点相关的海浪现场分割算法（View Divisional Algorithm,VDA）,它将整个海浪表面划分成很有限的三角形面片,以支持

235

常速渲染。除此以外,还采取以下方法提高实时性。第一种方法是数据的产生与显示相分离。数据的产生与显示相分离,即先产生海浪数据,然后经过各种校验(比如谱估计校验、和实际海洋观测数据的符合性校验、主观逼真性校验等)将符合要求的海浪数据保存成海浪数据文件备用。进行三维显示和仿真时,再打开需要的海浪数据文件,直接从内存调用海浪数据加以显示,这样就将费时的海浪数据产生过程和三维显示过程分开,以提高显示速度。第二种方法是只产生视点周围的海浪数据。产生海浪场数据的计算量是较大的,如果在不影响仿真结果准确性的前提下能减少海浪数据的大小,也就节省了时间,提高了效率。在实际应用过程中,往往只关心海浪场中局部的一块数据,可根据观察者的位置和有效观察范围,设置静态和动态海浪。静态的海洋是位于动态海洋的边缘外部,动态海洋的边缘由用户指定的相对于观察者的位置。这样,相对观察者位置变化来生成海洋的模型,不但可以保证观察者在可视范围内海水的逼真度,也降低了系统的负担(图11-19)。

图11-19　海面场景生成

2. 水下场景的实现

海底场景显示具体由电子海底地形图、海底地形模型、三维显示等各功能模块组成。

电子海底地形图实际上是二维的展现海底地形变化的地图。海底地形图的制作过程是首先将实测水深资料,依据探测资料的密度与地形变化的特性加以网格化,完成网格化内差计算后依据不同的深度区间配以不同的颜色来表达海底的高低起伏,并利用数值晕渲染制作具有太阳日照效果的海底地形图,最后依据不同 GIS 软件的图像图形格式进行地理编码,并运用 GIS 软件组件将海底地形图与其他信息套叠。电子海底地形图同时应具备查询功能。

海底地形的情况与陆地表面相似,可根据海底的深度数据进行几何建模,需要特殊考虑的是大陆架的建模,以及如何将陆地的高程数据和海洋的水深数据衔接和统一。

在水下作战等领域的视景仿真中,视点需要深入到海面以下。水下空间具有光影、气泡、混浊等特殊的视景效果,一直是视景仿真的难点。由于随着海水深度的增加,海水的各种特性(如压力、温度、颜色等)也将相应地改变,所以,可将海体垂直地分为连续的多层,并且每层具有一定厚度,以不同颜色的纹理贴图对其进行显示。对水下空间的光影效果可以通过动态光照效果实现,也就是不断改变光照的方向、光源位置、光照强度等光的属性。同时,雾化功能在水下空间添加适当浓度的蓝色雾,以模拟水下的混浊效果。

236

11.3.4 电磁环境可视化建模

航天器军事应用环境时刻处在一个无形的电磁空间中,对电磁环境的描述一直是制约作战仿真有效性和准确性的关键环节。科学、直观地描述电磁环境,对于作战仿真人员准确把握电磁特性及其作战影响至关重要。

1. 描述电磁环境应遵循的原则

描述战场电磁环境,其根本目的是在航天器可视化仿真中直观地表现战场电磁态势,为军事应用提供依据。因此,战场电磁环境描述必须遵循以下原则。

(1)满足作战仿真需要。电磁环境描述是为作战仿真提供所需要的战场电磁信息。因此,必须对作战仿真的需求加以分析,在此基础上提供足以判断战场电磁态势的电磁环境信息。

(2)真实性强,贴近战场实际。真实地反映战场实际,是对战场电磁环境进行建模描述的基本要求。作战仿真不仅要求电磁信息的可参考性,更注重其真实性和可靠性。脱离了实际的战场电磁信息是毫无价值的。所以,在进行战场电磁环境描述时,要杜绝理想化。不仅要对战场电磁环境各要素进行正确、合理的分析,而且要把影响电磁环境的其他因素,如地理要素和气象要素考虑进去,进行科学分析,使得电磁环境描述最大限度地符合客观实际。

(3)尽量全面反映客观电磁环境。电磁环境是纷繁复杂、动态多变的。其中的每一单个因素都不可能永远独立存在并单独发挥作用。在作战仿真中既要研究通信电磁环境,又要研究雷达和光电等电磁环境;既要研究电磁信号的时域特征,又要对频域、空域特性进行分析。

(4)在完整性的基础上做到重点突出。在作战仿真中所要了解的电磁环境及电磁态势,无疑是电磁环境中的重点部分。对作战仿真人员所关心的问题必须要给予着重标示和呈现。例如,当敌方重要监控信号出现时,必须要以适当手段给予提示告警。

(5)表述方式必须简洁、直观、可用。电磁环境表述必须做到迅速、简洁、直观、可用。电磁环境表述内容应能被作战仿真人员看得懂、用得上,并且要做到简洁直观。

2. 电磁环境可视化及其基本要求

战场电磁环境的可视化就是对战场上各种电磁信号的类型、属性和分布情况进行分析,并用图形、分析报告等可视化方法将战场电磁态势表现出来。战场上的电磁信号极其复杂,仅通过一种方式是不可能将其表述清楚的,所以不仅要综合采用多种手段和方法,还应尽量使各种方式有机结合成一个功能完善且能够相互补充的整体。电磁环境的可视化表达应做到以下几方面。一是综合显示,全面掌握电磁态势。例如,不但能将侦收到的信号覆盖情况显示出来,还要考虑当时的海洋地理环境对电磁波的影响,模拟出雷达和电子对抗装备的电磁波使用覆盖图,使作战仿真人员一目了然。二是具备电磁环境细节查询。这个细节包括两方面的内容:一是敌方电磁信息的细节;二是战场海洋大气物理环境对电磁波传播影响的细节,以便对雷达使用和电子进攻、电子防御能力进行科学的预测。三是要有较强人机交互性。必须有和作战仿真的其他系统互连的通用接口,作战仿真人员可以随时查询除电磁环境以外的其他信息,并能及时反馈给电磁环境可视化系统,以便作战仿真人员作出正确的决策。四是具备辅助决策功能。战场环境瞬息万变,当大量的信息涌入人脑时,往往使人不知所措,仅仅将战场电磁环境信息可视化还不够,另外,还要求电磁环境可视化仿真在作出正确的态势估计后,给出几套辅助决策方案,其中应包括雷达使用、电子对抗措施、兵力机动等方面的几套备选方案,供作战仿真人员选择,这样才能真正达到军事应用仿真的效果。

3. 电磁环境可视化的表现要素

战场电磁环境的可视化要素归纳为以下几方面:

(1)信号密度。主要指单位时间内一定频段内战场无线电信号的数量,也可用单位地域单位时间内电磁辐射源的数量表示。电磁辐射源数量与战术及电子装备类型有关。

(2)信号强度。指在接收点的无线电信号的场强。信号强度直接影响到电子侦察、电子干扰的效果。实际上,某一点的电磁信号是无数电磁信号的叠加,测定具体一点的电磁场强非常繁琐且显示意义不大。因此,要求能给定在某一点针对某一发射信号的信号强度。

(3)信号类型。指挥员必须了解战场上电磁信号类型,为其有针对性地策划行动方案、调整部署和配备兵力兵器提供依据。信号类型有多种区分方法:按发射信号的电子设备用途,分为通信信号、雷达信号、无线电引信信号、制导信号、导航信号等;按信号的频段,分为长波信号、中波信号、短波信号、超短波信号、微波信号、红外信号、激光信号等;按照电磁波传播方式,分为表面波信号、地波信号、天波信号、对流层散射信号等;还可分为模拟信号与数字信号、连续信号与脉冲信号等。

(4)信号分布。通常可从时域、频域、空域三个方面来描述。时域分布描述的是不同时段内信号分布情况,频域分布描述的是信号在不同频段的分布情况,空域分布描述的是信号辐射源在不同空(地)域的分布情况。图11-20所示为通信电磁环境可视化,表现通信信号的分布。

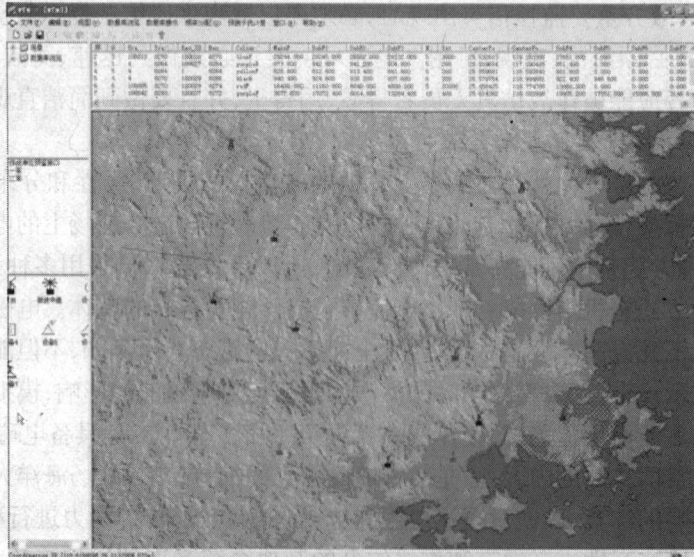

图11-20 通信电磁环境可视化

238

4. 电磁环境可视化的技术实现

电磁环境可视化的实现主要包括三个子过程:数据处理、可视化映射和绘制。数据流程如图 11-21 所示。可视化过程从数据处理模块开始,经过映射、绘制和显示模块,将原始数据转换成易于被理解或接受的图像数据。

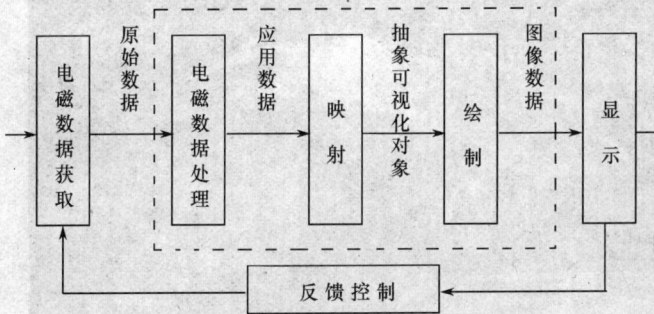

图 11-21　电磁环境可视化数据流程示意图

实现电磁波现象可视化在理论上应具备的两个基本条件如下:

(1)有一种在数值上能模拟电磁波与物质相互作用过程的数值方法。

(2)能将数值转换为图形和图像的方法。

计算电磁学中的时域有限差分法(FD-TD)满足条件(1),它从数值上完全模拟了电磁波与物质相互作用过程。条件(2)正是科学可视化的研究内容。在航天器军事应用仿真中,实现电磁环境可视化主要有两种方式:一种是实时计算显示方法,将 FD-TD 法每一时间步所生成的数据场通过某种表现形式及时显示出来,适用于网格数较少的情况或二维数据场的可视化;另一种是事后处理可视化方法,首先生成所有时间步的数据场并以某种格式化形式保存起来,然后在仿真应用中将其可视化,适用于网格数较多的情况或三维数据场的可视化。

实现电磁环境可视化有如下步骤:

(1)原始数据场的获取。FD-TD 法的计算过程表现为在每一时刻整个模拟空间网格点上的场量,其物理意义十分明确。将每一时间步(或每隔几个时间步)的整个模拟空间网格点上的场量数据,以计算机能读取的格式保存下来,形成一系列的数据文件,便完成了原始数据场的获取。

(2)将电磁数据映射成图像。描述三维数据场的一个有效而简单的方法是切片技术(Slice)。即用一个或多个平面去切开模拟空间某个(或几个)感兴趣的部位,切面上各网格点上的电磁场量的值,按一定的规则用各种色图(Colormap)来表示,从而在切面上可得到用色图来表示的电磁场量分布图像。利用 MATLAB 软件对模拟空间进行切片十分容易。

(3)电磁波现象动态显示。电磁波现象动态图像可形象地显示电磁波传播、穿透、散射和吸收等现象,使我们能清晰地观察到电磁波与物体相互作用的动态过程,为研究物体对电磁波的散射和吸收的机理,提供了一种的直观方法。制作动画的一种常用方法是:将事先生成的每一时间步的图像保存在储存器中,再用动画放映程序进行连续播放,可获得逼真的动画效果。电磁波可视化效果如图 11-22 所示。

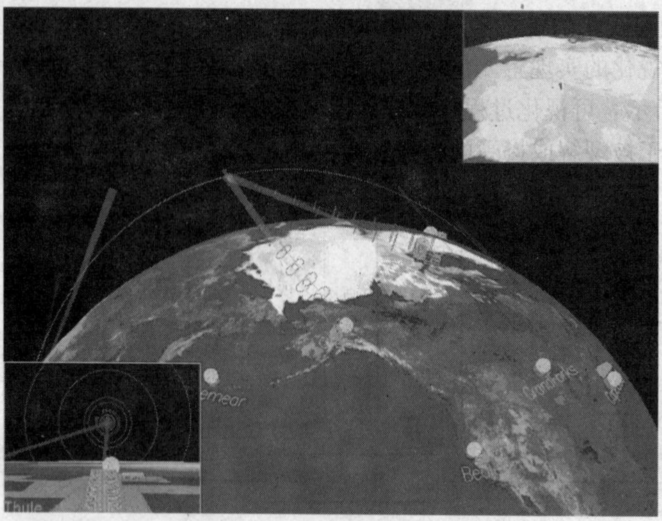

图 11 - 22　弹道导弹作战过程中干扰与雷达探测效果演示

11.4　航天器军事应用可视化仿真设计

为了实现航天器军事应用仿真直观性和逼真性的要求,有必要对其可视化仿真进行专门的设计。下面提到的航天器军事应用可视化仿真设计基于 HLA 结构,涉及的软件主要包括 HLA 支撑软件、Multi-Gen Creator 视景建模软件、CTS 视景建模软件和 Vega Prime 实时视景驱动软件。

11.4.1　可视化仿真功能

根据航天器军事应用可视化仿真目的,基于 HLA 的可视化仿真功能应该包括程序启动初始化与退出、实时仿真、仿真回放、态势场景切换、视点控制、可视化模型与数据管理等内容,详细的功能设计如图 11 - 23 所示。

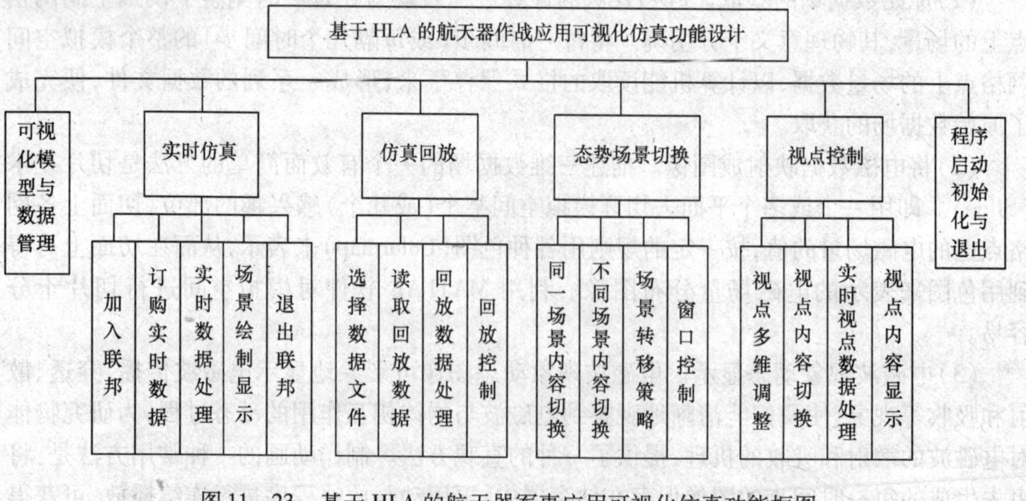

图 11 - 23　基于 HLA 的航天器军事应用可视化仿真功能框图

11.4.2　可视化仿真框架

基于 HLA 的航天器军事应用可视化仿真框架如图 11 - 24 所示。在这种结构中,RTI 从某种程度上来说,可以看作一种"软总线",联邦成员可以在仿真联邦运行过程中随时加入。基于 HLA 的航天器军事应用可视化仿真程序实际上可以看作航天器军事应用仿真联邦中的一个联邦成员,主要分为三大部分,即联邦通信与数据处理、可视化仿真驱动和可视化建模。

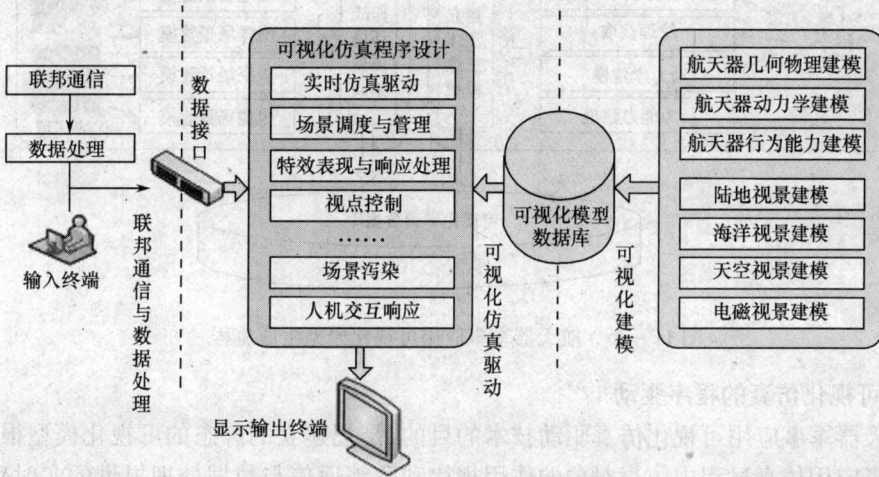

图 11 - 24　基于 HLA 的航天器军事应用可视化仿真框架

1. 联邦通信与数据处理模块

联邦通信与数据处理是仿真的基础,它在航天器军事应用可视化仿真过程中完成实体数据、交互数据订购收集,而后对收到的数据进行分析、过滤、解算和坐标转换等过程后,按照自定义数据包的格式进行存储和三维显示。联邦通信与数据处理流程如图 11 - 25 所示。

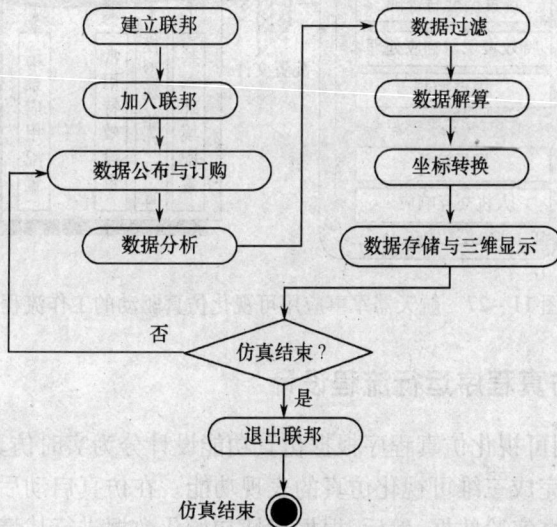

图 11 - 25　联邦通信与数据处理流程图

2. 可视化模型的建立

在航天器军事应用可视化仿真中,可视化模型的建立通常分为两个部分:一是航天器实体可视化模型的建立;二是作战环境场景模型的建立。在实践中可分别采用 Multi-Gen Creator 和 CTS 来完成视景模型的建立。航天器军事应用可视化模型的建立流程如图 11 –26所示。

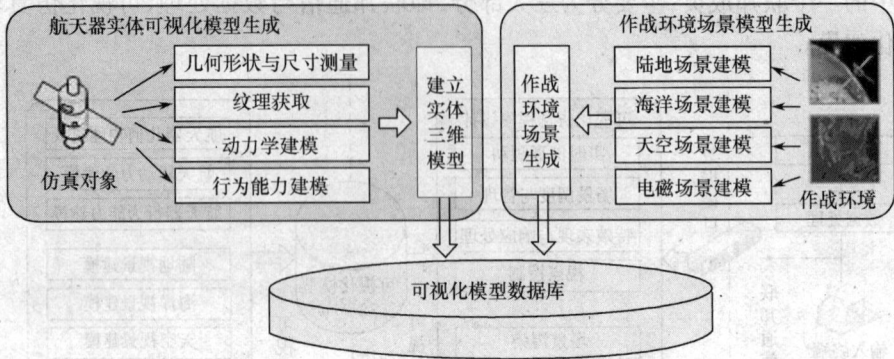

图 11 – 26　航天器军事应用可视化模型生成流程

3. 可视化仿真的程序驱动

航天器军事应用可视化仿真驱动技术的目的,是把建立的静态的可视化模型根据航天器军事应用仿真过程中仿真对象的作用规律和联邦通信与数据处理提供的实时数据,利用视景仿真软件编程,以实现多种实体平台在一个共同的作战环境中进行虚拟作战演练、模拟航天器应用过程和效果。在实践中可视化仿真驱动的工作流程如图 11 – 27 所示。

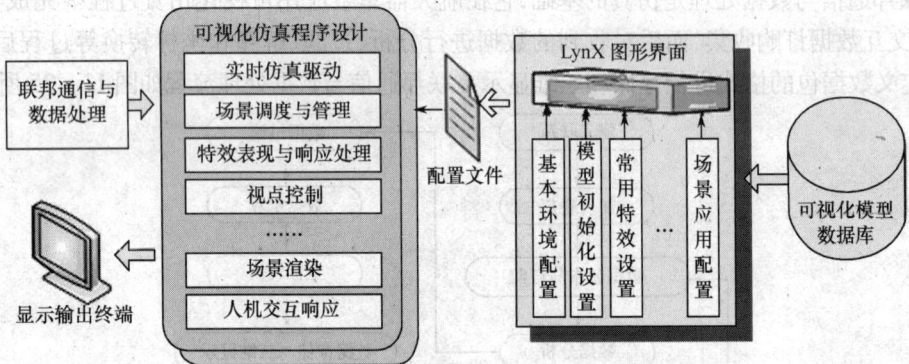

图 11 – 27　航天器军事应用可视化仿真驱动的工作流程

11. 4. 3　可视化仿真程序运行流程设计

航天器军事应用可视化仿真程序根据仿真功能设计分为实时仿真和仿真回放两种模式,选择任一种模式完成三维可视化仿真的表现功能。在仿真启动后,首先进行数据初始化,使之可以接收仿真实验数据,然后,根据战情初始化数据进行战情初始化,接着实时接收仿真数据并设定仿真状态,显示战情态势及作战效果,同时可以根据需要设定视窗内容以及进行视角的切换。仿真结束后还提供仿真重放,整个仿真结束后退出系统。基于HLA 的航天器军事应用可视化仿真的运行流程如图 11 – 28 所示。

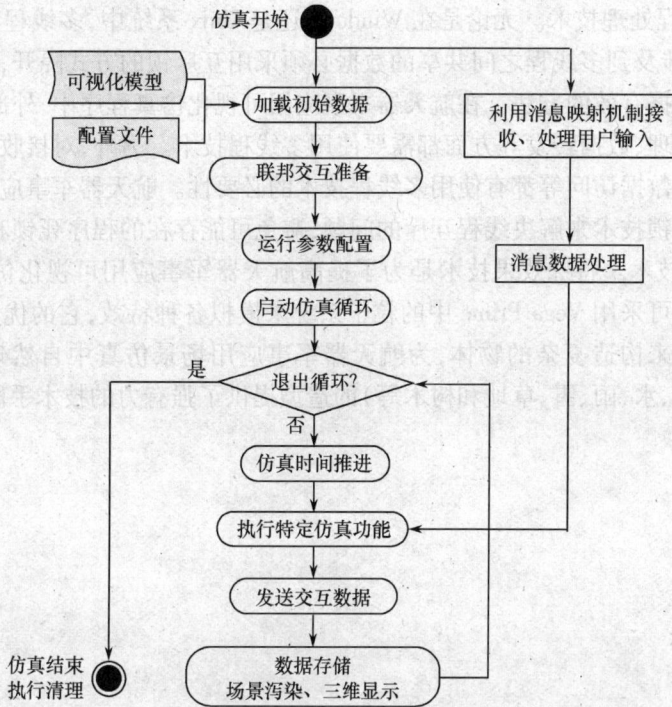

图 11 – 28 航天器军事应用可视化仿真的运行流程

航天器军事应用可视化仿真程序是将航天器军事应用的流程、数据、结果等信息转化为直观的、易于理解的图形、图像、动画等表现形式,实现其仿真分析环境或虚拟环境,使研究人员更加容易获得对航天器军事应用的流程、数据、结果等信息的理解和洞察,发现其内在规律。为了较好地开发航天器军事应用可视化仿真程序,需要把握以下几个关键技术:

(1)三维视点控制与显示策略。当仿真场景中实体的移动、坐标的转换和爆炸的场面等都正确的时候,如何选择正确、适宜的视点来显示是一个重要的问题。可采用输入视点选择控制与隐藏输入视点的方法实现,输入视点即根据航天器军事应用仿真试验的推演情况,保证显示终端某一时刻把用户感兴趣的场景作为当前主要显示控制的场景进行显示,而隐藏视点则是把用户在当前时刻不感兴趣的场景的内容进行隐藏或在不重要的位置显示。通过这种方法不但可以实现一台计算机上演示多个态势场景的需求,并可以减少计算机运行资源的开销,以保证计算机图形处理的效果,进而保证视景画面显示的实时性。在航天器军事应用可视化仿真过程中还充分应用适当的视点选取与变换方案,实现实时视点的切换与管理,并实现人为控制视点的观察点、观察角度以及观察距离,可以根据不同的视觉需求实时调整,很好地完成三维视点显示任务。

(2)场景数据组织与显示调度策略。场景数据组织指对场景模型中的原始数据进行合理的组织,方便场景数据的快速调度和查询。显示调度指根据显示算法确定本帧图像显示的场景范围和数据精度,并将相应数据调度到内存中进行显示。为了保证显示的效果,一方面要求场景满足一定精度,另一方面又要显示速度达到一定的帧速率。这就要求模型数据的组织便于管理调度,显示算法有自适应性。

(3)多线程处理技术。无论是在 Windows 还是 Unix 系统中,多线程都是一个不可或缺的部分,而涉及到多线程之间共享的数据必须采用互斥锁的方式隔开,互斥锁是一种解决线程共享数据有效的方法。在航天器军事应用可视化仿真程序中,外部数据监听、接收和内部数据处理、数据转发等方面都需要使用多线程技术。另外,对接收数据的解析处理以及可视化的数据访问等都有使用多线程技术的必要性。航天器军事应用可视化仿真程序可采用互斥锁技术来解决线程互斥的问题,避免可能存在的程序死锁和瘫痪。

(4)特效技术。特殊效果技术是为了提高航天器军事应用可视化仿真的逼真程度,在仿真实现中可采用 Vega Prime 中的粒子系统来模拟各种特效,它的优点是可以利用非常简单的体素来构造复杂的物体,为航天器军事应用场景仿真中自然现象(如爆炸、碰撞、烟雾、火焰、水、雨、雪、草地和树木等)的造型提供了强有力的技术手段。

第12章　基于 STK 的航天器军事应用仿真分析

航天器军事应用的仿真研究可以以现代计算机系统为工具,借助一些分析软件进行,以提高研究的效率和准确性。目前,国外已出现 GPS 导航模型 PSM + Nav、空间信息分析模型 SIAM、卫星和导弹分析工具 SMAT、卫星工具箱 STK 等多种软件工具,本章主要介绍 STK 软件在航天器军事应用仿真分析中的应用。

12.1　STK 软件简介

卫星工具包(Satellite Tool Kit,STK)是美国 AGI 公司推出的应用于航天领域的先进的、商品化的卫星系统分析软件。STK 是一个用来快速了解空间飞行任务中多学科交叉内容的十分强大而灵活的软件工具。它能方便快捷地帮助用户编制飞行计划,进行飞行任务分析和实时机动。通过设置地面站、目标、传感器以及各种类型的运动物体的参数,STK 则迅速模拟任务过程,显示任务场景。用户根据生成的数据报告、图表,进行任务分析,确定最佳解决方案。用 STK 分析复杂任务和确定最佳解决方案十分方便,其出色的图形能力及文本报告使分析和解释工作更为简单。世界各国数千名航天领域的专家在贯穿卫星系统工程的全过程中使用 STK,包括需求定义、设计、制造、发射、运行和应用等。

12.1.1　STK 主要特性

STK 软件的主要特性和能力体现在以下方面:

(1)分析能力。STK 包含复杂的数学算法,可以快速而准确地确定卫星在任意时刻的位置;可以评估空间、空中、陆地、海洋目标间复杂几何关系;可以计算卫星遥感器或地面遥感器的指向角度等。

(2)访问计算。STK 可以方便地计算出一个对象"看见"或"访问"到另外一个对象的时间。用户还可以在访问的目标间增加约束,来组成有效的联系。STK 可以计算任务情节中所有类型的运动物体、地面站、目标、遥感器与所有对象(包括行星和恒星)之间的联系。

(3)遥感器分析。遥感器可以附加在任何空基或地基对象上,用于可见性分析的精确计算。遥感器覆盖区域的变化动态地显示于二维地图窗口中,包括有多种遥感器类型(复杂圆弧、半功率、矩形、扫摆、用户定义等)

(4)姿态分析。提供标准姿态定义,或从外部输入姿态文件(标准四元数姿态文件),为计算姿态运动对其他参数的影响提供多种分析手段。

(5)全面的数据报告。使用系列标准的文字或图表报告来总结关键信息是 STK 的特色之一。使用者可以创建单一对象或一组对象的文字或图表报告,输出的数据概述了单个对象或对象间的关系。生成文字报告和图表简单到只需按动一个图标即可。这些报告提供给用户解释复杂数据的强大工具。

(6)可视化的计算结果。在二维地图窗口中可以显示所有时间为单位的信息,多个窗口可以分别以不同的投影方式和坐标系显示。可以向前、向后或实时地显示任务场景的动态变化:空基或地基对象的位置、遥感器覆盖区域、可见情况、光照条件、恒星/卫星位置,可将结果保存为 BMP 位图或 AVI 文件。

(7)平台的独立性。STK 可以运行于 Windows 98/2000、Windows NT 和 Unix 平台。它既可以运行在高级工作站如 SGI IRIX6.3 上,也可运行于笔记本计算机上用于会议室演示。

(8)友好的用户界面。不论是新用户还是经验丰富的航天工程师都会发现,STK 友好的用户界面使对卫星系统的任务分析变得如此容易,无论任务是简单还是复杂。用户通过对象浏览窗口和地图窗口的操作对目标进行分析。

12.1.2 STK 的功能模块

STK 是用于分析卫星飞行任务的软件工具包,经过了严格测试,适用于各种飞行任务类型。其核心产品是 STK4.0,可免费提供给用户,基本功能包括预报飞行器轨道、确定可见区域和时间、计算遥感器的定向角度等。同时,STK 的功能还可以通过附加模块得到扩充,其专业版面向卫星系统专家的需求,为航天领域专家们提供了很多尖端的新功能,从扩展的坐标系和航天器姿态到三维地形数据和长期轨道预报的有机集成,直接满足航天工业需要,为富有经验的 STK 用户提供了解决最复杂问题的工具。它的功能模块主要包括以下六类:

1. 可视化模块

(1)STK/Visualization Option(STK/VO)。三维可视化 STK 的三维显示模块。把复杂的飞行任务生动、鲜明、实时地展示在观众眼前。

(2)STK/High Resolution Maps。高分辨力数字地图,包括全球高分辨力地图数据,地图精度为 1/2600rad,约 30m。

(3)STK/VO High Resolution Earth Imagery。高分辨力地球影像,全球高分辨力彩色光栅影像。

(4)STK/VO Terrain View。三维地形观察,通过三维地形、拖拽技术和外部光栅文件实现三维地形可视化。

2. 可见性分析模块

(1)STK/Chains。链路,通过 STK/Chains 可以生成复杂的链路和对象集(如星座)。

(2)STK/Coverage。覆盖,详细分析地面目标区的覆盖特性。

(3)STK/Advanced Analysis Module(STK/AAM)。高级分析,具有姿态模拟和定向功能,扩展了 STK 遥感器类型和遥感器的约束条件,加强了 STK 在飞行力学方面的能力。

(4)STK/Comm。通信,分析通信卫星的链路特性并进行可视化分析。

(5)STK/Radar。雷达,用于雷达系统的分析和结果显示。

(6)STK/Terrain。地形,全球三维地形数据模型,精度为 1km。

(7)STK/GIS。地理信息,STK/GIS 与 ESRI'S 的 ArcView 可以同时运行,在 STK 和

ArcView 中双向传递地理信息数据。

3. 动力学模块

（1）STK/High Precision Orbit Propagator（STK/HPOP）。高精度轨道预报，考虑了所有引起轨道摄动的因素，精确的预报轨道。

（2）STK/Long-term Orbit Predictor module（STK/LOP）。长期轨道预报，精确预报卫星在轨数月或数年后的轨道。

（3）STK/Lifetime。寿命，计算低轨道卫星在轨保持时间。

4. 轨道运行模块

（1）STK/Close Approach Tool（STK/CAT）。接近工具，用来确定飞行器是否与其他轨道目标过于接近，STK 提供大于 5cm 的 8000 多个空间目标。

（2）STK/Astrogator。轨道机动，交互式轨道机动设计工具，它可以用于地球轨道的飞行，可以用于深空飞行。

（3）STK/Precision Orbit Determination System（STK/PODS）。跟踪，处理空间和地面站观测的跟踪数据来准确地预报飞行器的轨道。

（4）Generic Resource Event Activity Scheduler（GREAS）。飞行任务排序，优化卫星与地面站运行的资源配置和调度的模块。

5. 综合模块

（1）STK/Programmer's Library（STK/PL）。STK 程序库，STK/PL 是一套用于开发航天系统软件的完整工具，通过它可以把 STK 融于用户现有的软件体系中，或给 STK 增加新的功能。

（2）STK/Connect。连接模块，使用 TCP/IP 或 UNIX DOMAIN SOCKETS，在其他应用软件与 STK 之间传输数据（包括实时数据传输）。

（3）STK/Distributed Interactive Simulation（STK/DIS）。分布式交互仿真，是 STK 面向对象的接口，它遵守 IEEE 仿真系统的格式标准。

（4）STK/Server。服务器，它与 STK/Connect 联合使用，服务于来自客户端的申请。在服务器端没有 STK 的图形界面。

（5）STK/Network Token。网络浮动节点，使 STK 可以在网络系统中浮动使用。

6. 导弹分析模块

Missile Flight Tool（MFT）为导弹飞行工具，MFT 是高精度导弹轨道生成器，它可以模拟导弹从发动机点火到再入的飞行全过程。

12.1.3　STK 基本操作

1. 创建场景及加载对象

利用 STK 进行航天器应用分析首先需建立一个"Scenario"（场景），可通过功能菜单 File→New 建立，也可通过控制面板上的██按钮建立，这时会在"Object Browser"（对象浏览器）出现场景"Scenario1"，一个 STK 运行界面只能包含一个场景。场景成功建立后，即可向其添加分析对象，可通过控制面板上的下拉框选择，如图 12 - 1 所示，各对象将在同一场景下运行演示。场景可包含的对象有卫星、飞机、船、车辆、运载、导弹、地面站、行星、恒星、目标、区域目标以及遥感器、接收机、转发器、雷达等。有些对象不能直接加到场景下,需要其他对象作为加载平台,例如,"Sensor"(遥感器)需要添加至"Satellite"(卫星)对象上。

图 12 - 1　STK 场景添加对象

2. 设置参数

场景和各对象的参数设置通过"Properties Browser"(参数浏览器)窗口实现,可通过双击对象或单击右键的方式打开该窗口。以卫星对象为例,需要设置的参数主要包括"Basic"(基础)、"2D Graphics"(二维显示)、"3D Graphics"(三维显示)和"Constraints"(约束)。

基础设置主要是航天器的轨道参数设置和时间参数,以二体模型为例,包括半长轴、偏心率、轨道倾角、升交点赤经、近地点幅角、平近点角和轨道历元。二维显示设置包括颜色、地面轨迹和光照等。三维显示设置包括空间轨迹、航天器模型等。约束设置包括角度、距离、延迟、光照等。

3. 查看分析报告与图表

建立完场景并且设置好各对象参数时,就可以对感兴趣的对象进行计算分析了,STK可以通过报告和图表两种方式显示分析结果。报告分为"Report"(静态报告)和"Dynamic Display"(动态展示)两种,报告对话框主要有四部分:"Styles"(样式列表)、"Report"(报告)、"Style"(样式)和"Change Name"(更改名称),在样式列表中选择感兴趣的报告种类,产生报告前,可以通过"Style"中的"Customize"(定制)按钮进行报告样式设置。图

248

表分为"Graph"(静态图表)和"Strip Chart"(动态图表)两种,具体设置与报告类似。

4. 数据更新

AGI 公司会定期对卫星数据库进行更新维护,连接国际互联网后,可以通过在线升级的方式进行更新,具体的方法是选择菜单栏的"Tools"(工具)→"Options"(选项),弹出选项对话框,选择"Online Update"(在线更新)页面,设置完参数后单击"Go Online"按钮即可在线更新,如图 12 - 2 所示。

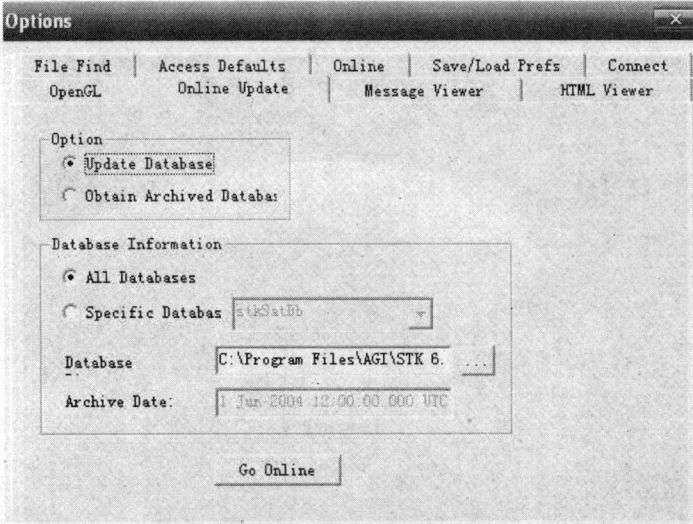

图 12 - 2　STK 数据在线更新

12.2　STK 软件在航天器典型作战任务仿真分析中的应用

12.2.1　STK 在航天器侦察监视任务仿真分析中的应用

在侦察卫星的设计与仿真演示中,需要仿真卫星的运行规律、轨道性能以及各种有效载荷的侦察效果,形象直观地向地面提供卫星对特定区域的覆盖范围以及何时覆盖等信息,从而考察验证侦察方案,优化确定方案。根据侦察卫星的特性和 STK 各对象模块的功能,对于 STK 在侦察功能中的应用,主要介绍遥感器配置、目标配置、访问时间计算和覆盖分析计算四部分内容,其中遥感器配置和目标配置是功能仿真的基础;访问时间计算针对单颗卫星,功能较为简单实用;覆盖分析计算既可分析单颗卫星,也可分析多颗卫星及星座。

1. 遥感器配置

在 STK 中,根据形状上的显著差异,传感器可分为六种类型,各种传感器配置参数的意义如表 12 - 1 所列。侦察卫星一般采用简单圆锥体、矩形传感器和 SAR 传感器三种。简单圆锥体传感器呈现圆锥体状,可通过改变"Cone"(角度)来改变圆锥体的大小;矩形传感器可以通过"Vertical Half"(水平极化角)和"Horizontal Half"(垂直极化角)定义的角度,改变四棱锥垂直和水平方向的大小;SAR 传感器主要用来对 SAR 成像侦察进行定义,效果图如图 12 - 3 所示。

表 12 - 1　各种传感器的参数设置

传感器类型	参数 1	参数 2	参数 3	参数 4	参数 5
简单圆锥体	圆锥体角度				
复杂圆锥体	内部空心锥角度	外部圆锥体角度	探测起始角	探测终止角	
半功率点	频率	直径			
矩形传感器	垂直角度	水平角度			
SAR 传感器	最小俯仰角	最大俯仰角	前部排除角	后部排除角	父对象高度

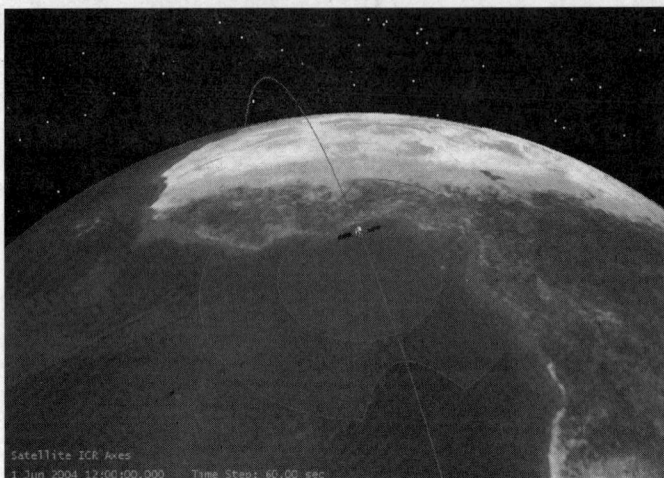

图 12 - 3　SAR 传感器波形示意图

除了遥感器的基础形状参数,需要设置的参数还有基础指向属性、二维图形属性、三维图形属性和约束设定属性等,当传感器具有侧摆功能时,需要对基础指向属性进行设置,常见的定义方式为"Fixed"(固定)方式,通过设定与卫星星体中轴偏离的程度来改变侧摆角的大小。

2. 目标设置

在 STK 中,可作为侦察目标的对象包括卫星(Satellite)、飞机(Aircraft)、地面车辆(Ground Vehicle)、船(Ship)、区域目标(Area Target)、地面站(Facility)和目标(Target)。下面介绍最常用的"目标"、"区域目标"和"船"这三种对象目标。

(1)"目标"对象。"目标"对象的位置有五种定义方式,用户可以通过在"Position"(位置)选项中填写或者在地图中点击希望放置的位置来定义"目标"对象的位置参数。五种定义方式如表 12 - 2 所列,其中最常使用的是大地测量坐标系。

表 12 - 2　"目标"对象位置设置

类型	参数	说　　明
大地测量坐标系 (Geodesic)	Latitude	范围是 −90° ~ +90°
	Longitude	范围是 −360° ~ +360°
	Altitude	位于参考椭球体的上或下的距离
球坐标系 (Spherical)	Latitude	范围是 −90° ~ +90°
	Longitude	范围是 −360° ~ +360°
	Radius	从对象到地球中心的距离

类型	参数	说　明
笛卡儿坐标系 （Cartesian）	X Y Z	对象位置矢量的 X 轴 对象位置矢量的 Y 轴 对象位置矢量的 Z 轴
圆柱坐标 （Cylindrical）	R Longitude Z	极半径 经度,范围是 −360° ~ +360° 对象位置矢量的 Z 轴
地心坐标系 （Geocentric）	Latitude Longitude Altitude	范围是 −90° ~ +90° 范围是 −360° ~ +360° 位于参考椭球体的上或下的距离

设定好基础位置参数后,还需要对二、三维显示参数进行设置,包括颜色、模型、显示比例等。因为侦察卫星在工作时,环境因素对其影响较大,包括地面最小仰角要求、太阳高度角等,因此需要对目标进行约束设置,主要对其"Basic"(基础约束)和"Sun"(光照约束)进行设置。

（2）"区域目标"对象。"区域目标"对象的位置设置包括两个方面:一是区域边界的设置;二是质心的设置。其中,"Boundary"(边界)有两种设置方式,如表 12 − 3 所列,椭圆型边界所形成的区域目标在二维地图上成椭圆形,椭圆的长短半轴确定区域的大小,轴线方向确定椭圆区域的方向。自定义边界可以形成不规则形状的区域目标,通过设定 $n(n \geqslant 3)$ 个点自动形成闭合的区域,假设先后设置点 A、C、B 的经纬度,则区域目标为 $A \to C \to B \to A$,点参数既可在编辑框内设置,也可在二维地图上标绘。

表 12 − 3　区域边界设置

类型	参数	说　明
椭圆型边界 （Ellipse）	Semi-Major Semi-Minor Bearing	椭圆长半轴长度 椭圆短半轴长度 轴线方向
自定义边界 （Pattern）	Longitude Latitude	构成边界的一个点的经度 构成边界的一个点的纬度

"Centroid"(质心)是区域目标的中心位置,如果是椭圆边界,质心即为椭圆的圆心;如果是自定义边界,则"质心"既可由用户确定,也可以由"Auto Compute Centroid"(计算机自动计算)。"质心"的参数形式与"目标"位置参数相同,如表 12 − 2 所列。

与"目标"对象相似,设定好基础位置参数后,还需要对二、三维显示参数进行设置,包括颜色、模型、显示比例等。"区域目标"的约束设置主要是基础约束的"Minimum Elevation Angle"(最小仰角)。

（3）"船"对象。以上两种目标均为静态目标,"船"对象为一种典型的动态目标,其基本设置是对"Route"(航线)的设置,比较简易的方法是打开航线设置对话框界面,而后在二维地图上标绘舰船所经过的各目标点,形成基本航线,再对各参数进行调整,主要参数如表 12 − 4 所列。

表 12 - 4   "船"目标航线参数设置

参数	说明	参数	说明
Longitude	航点经度	Speed	出发时的速度
Latitude	航点纬度	Acceleration	出发时的加速度
Altitude	航点高度		

与以上两种目标相似,在设定好基本参数后,还需要对其他相关参数进行设置,这里就不一一详述。

3. 访问时间分析

STK 允许用户确定一个对象访问/看见另一对象的时间。为了完成该任务,可在卫星或传感器右键下拉单中单击"Access"(访问)选项,此时,将会出现"Access"窗口。在计算过程中,最好确保两物体的时间周期都是由星历表确定的。在执行访问计算时,最好能检查一下物体间的限制,在"Associated Objects"(关联对象)列表框中选择所要进行访问的对象,然后单击"Compute"(计算)选项,这时将会有一个星号(*)出现在用户所选对象的左上方,如果选择 Graphics 设置区内的"Static Highlight"复选框,此时,地图窗口将会显示基于时间和物体约束基础上的第一个物体对第二个物体的访问,用粗线表示。

计算完成后,单击"Reports"按钮和"Graphs"按钮可得到卫星或传感器经过目标时详尽的时间报告,以报告和图表形式表现,包括经过目标的开始时间、结束时间、持续时间、时间间隙、距离变化、角度变化等,如图 12 - 4 和 12 - 5 所示。

```
Satellite-Satellite-To-Target-Target:  Access Summary Report


Satellite-To-Target
--------------------
          Access    Start Time (UTCG)          Stop Time (UTCG)        Duration (sec)
          ------    -----------------          ----------------        --------------
            1    1 Jun 2004 12:00:00.000    1 Jun 2004 12:04:51.691        291.691
            2    1 Jun 2004 22:10:28.580    1 Jun 2004 22:16:15.416        346.836
            3    1 Jun 2004 23:40:54.713    1 Jun 2004 23:51:46.563        651.850
            4    2 Jun 2004 11:27:57.081    2 Jun 2004 11:39:02.301        665.220


Global Statistics
-----------------
Min Duration    1    1 Jun 2004 12:00:00.000    1 Jun 2004 12:04:51.691        291.691
Max Duration    4    2 Jun 2004 11:27:57.081    2 Jun 2004 11:39:02.301        665.220
Mean Duration                                                                 488.899
Total Duration                                                               1955.597
```

图 12 - 4   卫星 Satellite 对目标 Target 的可见性报告

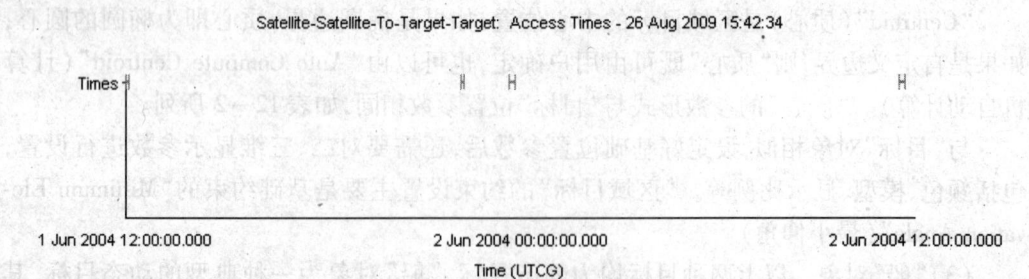

```
Satellite-Satellite-To-Target-Target:  Access Times - 26 Aug 2009 15:42:34


Times                                          H    H                                    H



1 Jun 2004 12:00:00.000        2 Jun 2004 00:00:00.000        2 Jun 2004 12:00:00.000
                                    Time (UTCG)
```

图 12 - 5   卫星 Satellite 对目标 Target 的可见性图表

当不需要计算可见性时,可通过"Remove Access"(取消访问)取消当前对象的可见性计算,选择"Remove All"(取消所有)则是取消所有的可见性计算。

4. 覆盖分析

利用 STK 的覆盖分析模块,可以分析单个或星座对象的全局或区域覆盖问题,在进行覆盖分析时,STK 不仅可以提供详尽的分析报告和图表,能对覆盖的变化进行同步仿真,而且还会充分考虑所有对象的访问约束,避免计算误差。

为了实现上述覆盖分析功能,STK 提供两个专门对象:"CoverageDefinition"(覆盖定义)和"FigureOfMerit"(覆盖品质参数)。覆盖定义对象允许定义或设置覆盖区域、可以进行覆盖计算的对象,以及时间周期。同时,覆盖定义对象也可以直接进行区域访问计算。在 STK 进行覆盖分析时,覆盖品质参数对象通常作为覆盖定义的子对象存在,它能为对象的覆盖活动提供更多的分析计算能力,同时还能更加形象地展示覆盖活动。对于侦察功能仿真,主要用到"CoverageDefinition"对象,具体实施如下。

(1)定义目标。覆盖分析目标对象的定义在"Grid"(栅格属性页),包括"Grid Definition"(栅格定义)和"Point Definition"(点定义)两部分。栅格定义是面目标,包括"Custom Region"(自定义区域)、"Global"(全球)、"Latitude Bounds"(纬度区域)、"Latitude Line"(纬度线)和"Longitude Line"(经度线)五种,"Resolution"(精度)定义包括"Area"(面积)、"Distance"(距离)和"Lat/Lon"(经纬度)三种,是对面目标采样精度进行定义。

点定义用来定义点目标的位置和属性。位置是通过"Compute Based on Resolution"(根据精度计算)和"Specify Custom Location"(指定位置)选项来确定;而属性则需要通过"Associate Class"按钮,打开"点定义属性"对话框来设置。定义的对象包括飞行、地面站、雷达、接收机、发射机和目标七种,如图 12 - 6 所示。

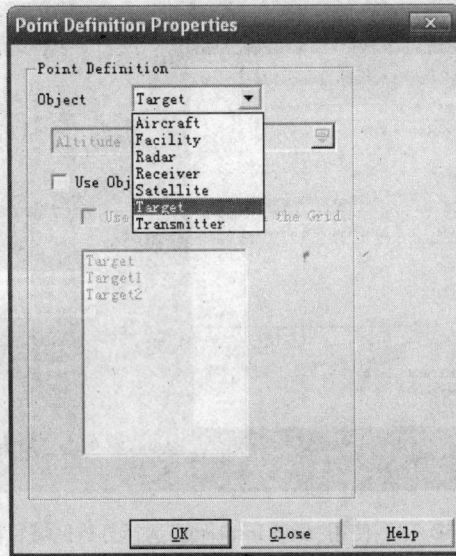

图 12 - 6　点定义属性对话框

(2)资源设置。资源设置是对工作对象的选择,在资源属性页中,选择与覆盖分析目标进行关联的对象,然后利用"Assign"(关联)按钮建立所选对象与覆盖目标的关联性,此时,被选对象前端将标记星号(*),并在"Status"(状态)下拉列表中选择"Active"(活动),图 12 - 7 演示选择 Satellite/Sensor1 传感器作为目标的关联对象,即工作载荷。

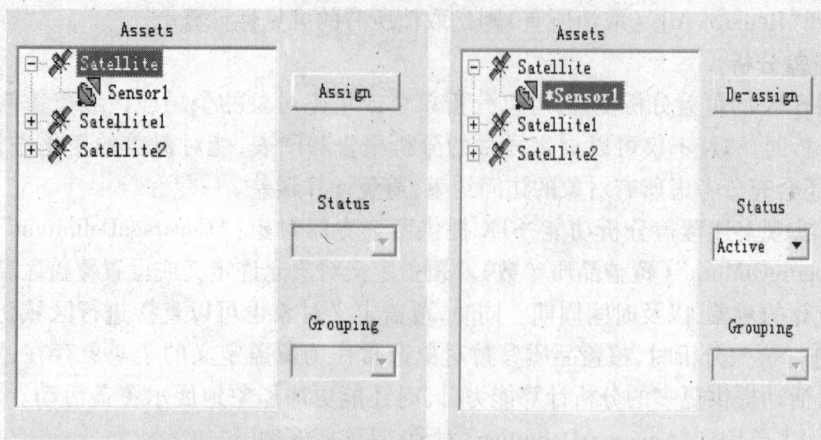

图 12 -7　设置覆盖资源对象

（3）计算访问和选择分析对象。在对象浏览器中,右击"CoverageDefinition",选择弹出菜单中的"CoverageDefinition Tools"下的"Compute Accesses"（计算访问）,开始计算,计算时间长短跟目标区域、采样精度、时间步长和计算机性能有关,计算进度状态条可表示当前的计算进度。

计算完成后,右击"CoverageDefinition",选择弹出菜单中的"CoverageDefinition Tools"（覆盖定义工具）下的"Grid Inspector"（栅格检查器）,选择需要进行计算的区域目标或者点目标,如图 12 -8 所示。

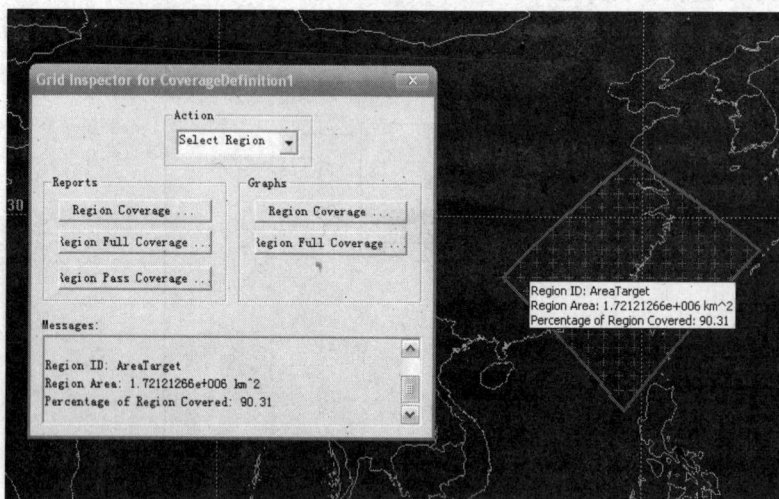

图 12 -8　使用"Grid Inspector"选择分析区域目标

在"Action"（行为）下拉列表框中,可以选择"Select Region"（选择区域）或者"Select Point"（选择点）。通过"Report"（报告）和"Graph"（图表）选择组,可以产生三种常见报告和两种常见图表。

（4）生成分析报告。完成使用"Grid Inspector"选择分析区域目标后,便可利用"CoverageDefinition"产生分析报告和图表,静态分析报告中典型的报告有 14 项,如表 12 -5 所列。

表 12 - 5 CoverageDefinition 提供的主要分析报告

序号	报告内容 中文	报告内容 英文	说　明
1	资源覆盖报告	Coverage By Asset	对整体覆盖区域的最小覆盖率、最大覆盖率、平均覆盖率、累计覆盖率
2	纬度覆盖报告	Coverage By Latitude	计算在覆盖带上每一纬度总的覆盖时间,及其占整个仿真周期的比率(纬度时间覆盖百分比)
3	区域覆盖间隙报告	Gaps in Global Coverage	从中可得到整体区域中至少有一点未覆盖的时间段,及其所占整个仿真周期的比例
4	完全覆盖报告	Global Coverage	从中可得到整体区域全部被覆盖的时间段,其所占整个仿真周期的比例
5	每一时刻覆盖面积百分比报告	Percent Coverage	得到在场景时间内每一时刻对整体覆盖区域的覆盖比率和累计覆盖率
6	区域覆盖时间报告	Time To Cover By Region	得到二维窗口中所有区域的最小覆盖时间、最大覆盖时间、平均覆盖时间
7	点覆盖报告	GI Point Coverage	对目标点的覆盖时刻
8	每日点覆盖报告	GI Point Daily Coverage	目标点每日的覆盖时间百分比
9	点覆盖概率报告	GI Point Prob Of Coverage	得到从开始时间目标点的覆盖概率
10	区域覆盖报告	GI Region Coverage	得到每一时刻对区域目标的覆盖比例、覆盖目标、累计覆盖面积和累计覆盖比例
11	完全区域报告	GI Region Full Coverage	对区域目标完全覆盖一次的时刻和总时间
12	局部区域报告	GI Region Partial Coverage	部分覆盖区域目标的时刻和总时间
13	区域过境覆盖报告	GI Region Pass Coverage	过境时刻、覆盖率和覆盖面积
14	覆盖时间报告	GI Region Time To Cover	区域目标距离被覆盖还有多长时间

表 12 - 5 中,7 项 ~ 14 项分析报告在"Grid Inspector"(栅格检查器)打开的情况下使用,对选定区域或点有效。对于覆盖对象类型为"Global"、"Latitude/Longitude"的覆盖对象,跟前八项是有明显区别的。前六项是对整体区域的覆盖分析,后八项只能是该区域的一个网格或点。

①GI Region Time to Cover 与 GI Region Full Coverage 是相一致的,互为补充。

②Global Coverage 与 Gaps in Global Coverage 是相一致的,互为补充,加起来就是整个覆盖周期。

③对于覆盖对象类型为 Custom Regions 的覆盖对象,GI Region Full Coverage 与 Global Coverage 完全相同。

④GI Region partial Coverage 与 GI Region pass Coverage 相一致,计算的是局部区域,不同的地方为 GI Region pass Coverage 将覆盖情况按覆盖资源分开来计算,由多个覆盖资源时,可能有重叠的时间段。GI Region partial Coverage 将覆盖资源看成一个整体,所以重叠的时间段是合计在一起的。

(5)轨道机动。战时,侦察卫星为了尽可能长时间的覆盖目标区域,需要进行轨道机动,以达到需要的过境次数和覆盖时间,可利用"STK/Astrogator"(轨道机动)模块进行航天器变轨分析,通过定义推力模型、目标星历、航天器姿态,提供轨道机动的解决和优化方案。

12.2.2　STK 在航天器通信任务仿真分析中的应用

STK 中的 STK/Comm 模块用来定义与分析通信系统的能力,可以对航天器和地面站之间,航天器与航天器之间,提供通信链路品质的详细分析,并将分析的结果进行二、三维态势演示,此外,STK/Comm 模块还模拟了通信干扰及环境对通信质量的影响。

STK/Comm 模块能够精确模拟各种类型的接收机和发射机,它们可以附属于多种STK 对象上,如卫星、地面站、遥感器。普通的天线类型如抛物面、螺旋、ITU、多波束天线等都可以建模,还可以输入 SATSOFT(原名 CPLAN)或 ITU GIMROC 天线方向图。STK 的卫星轨道信息与定义的接收机和发射机属性紧密结合,提供完整的链路分析功能。

以外,STK/Chains 模块可用来分析中低轨道通信卫星星座的星间链路连通性,STK/CoverageDefinition 用来分析对用户的覆盖情况。

1. 载荷设置

通信载荷对象主要包括两种:一是"Transmitter"(发射机);二是"Receiver"(接收机)。其中发射机对象种类繁多,主要分为发射机和转发器两种,每种发射机需要设置的参数各不相同,以"Complex Source Transmitter"(复杂源发射机)为例,需要设置的参数包括"Frequency"(频率)、"Power"(功率)、"Data"(数据传输速率)、"Polarization-Type"(极化方式)、"Modulation-Type"(调制方式)、"Antenna-Type"(天线波束类型)、"Orientation"(指向)、"Elevation"俯仰角、"Bandwidth"(带宽)、"Gain"(增益)等,如图 12-9 所示。准确设置通信载荷参数,需要良好的通信知识基础。

接收机类型有"Simple"(简单)、"Complex"(复杂)、"Medium"(媒体)、"Laser"(激光)等,以"媒体接收机"为例,需要设置的参数有"Gain"(增益)、"Frequency"(频率)或"Auto Track"(自动跟踪)、"Bandwidth"(带宽)或"Auto Scale"(自动测量)、"Polarization-Type"(极化方式)、"System Temperature"(系统温度)等,如图 12-10 所示。

2. 初期分析

把以上两种载荷分别置于不同的平台上,就可以进行一些初期的分析了,方法与侦察

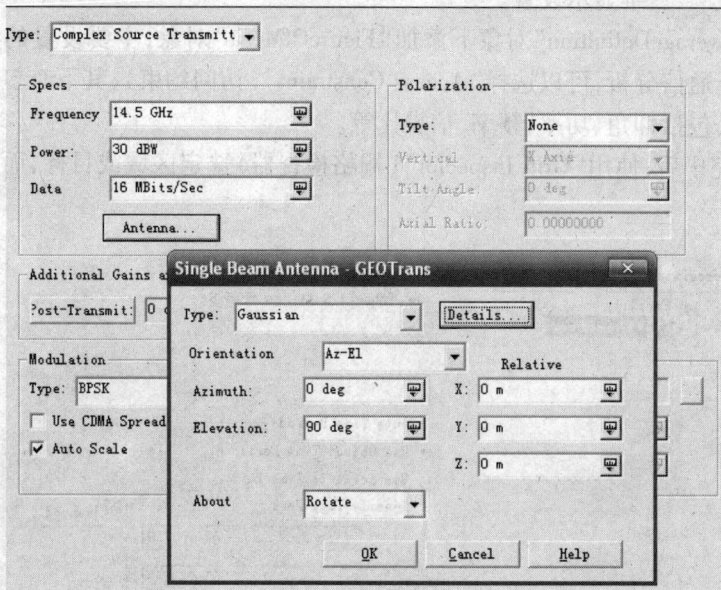

图 12 - 9 "复杂源发射天线"参数设置对话框

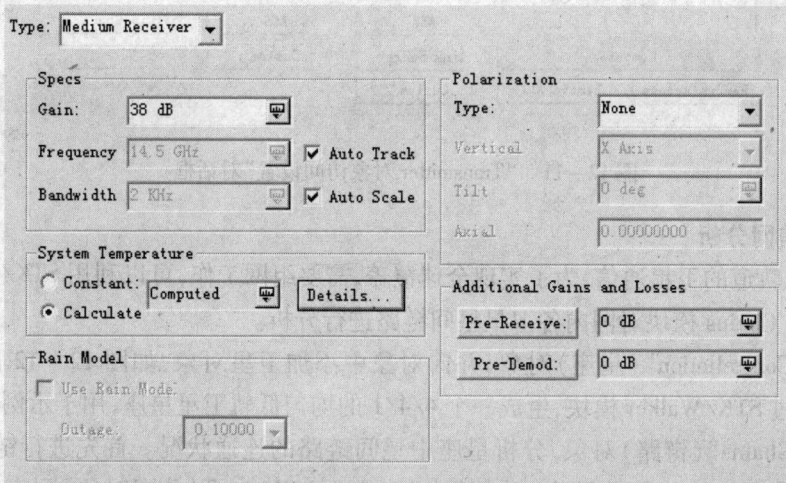

图 12 - 10 "媒体接收机"参数设置对话框

应用中的可见性类似,具体如下。在对象浏览器中右击发射机对象"Transmitter",选择菜单中的"Transmitter Tools"→"Access"命令,打开对象访问对话框,如图 12 - 11 所示。在"Associated Objects"(关联对象)中选择"WReceiver",单击"Compute"按钮,建立发射机与接收机的关系。STK 会根据设置的参数,生成通信链路可用性报告和图表,进行初期的分析。

3. 覆盖分析

与侦察覆盖分析类似,通信的覆盖分析除了基本的覆盖外,还需要进行"FigureOfMerit"(覆盖品质因数)分析,具体方法如下:

(1)添加"CoverageDefinition"对象,设置发射机与单个通信接收机用户或者区域用户

257

的关联关系,及二、三维显示设置。

(2)在"CoverageDefinition"对象下添加"FigureOfMerit"对象,主要设置的参数是品质因数类型,对于通信分析,可以选择"Access Constraint"(访问约束),其下有多种与通信有关的约束分析,包括仰角、功率、频率、信噪比等。

(3)计算完毕后,使用"Grid Inspector"(栅格检查器)选定区域或目标,而后生成各种分析报告和图表。

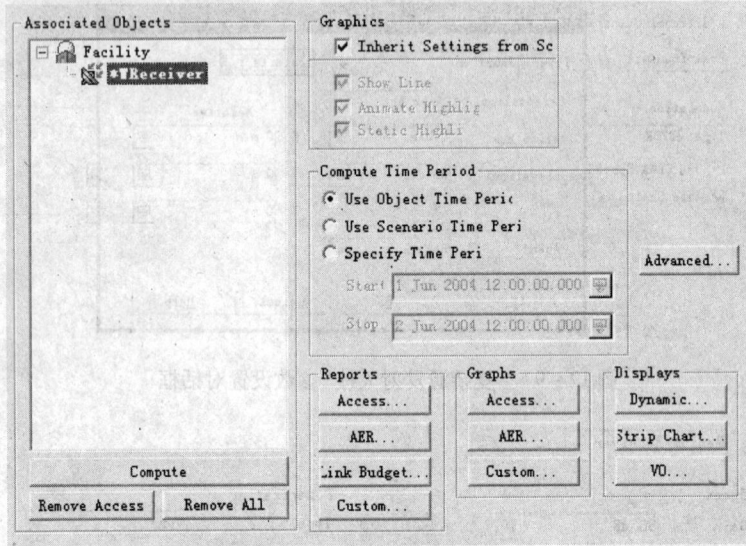

图 12 – 11 "Transmitter 对象访问设置"对话框

4. 通信网分析

对于低轨道的卫星通信,为了实现全球覆盖,需要组网工作,可以利用 STK/Constellation 和 STK/Chains 模块对网内各卫星星间链路进行分析。

添加"Constellation"(星座)对象,并向对象中添加卫星对象,如图 12 – 12 所示。例如,首先通过 STK/Walker 模块,生成一个 4/4/1 的均匀低轨卫星星座,用于示例。

添加"Chains"(链路)对象,分析星座中星间链路的连通状况。首先进行链路定义,从"Available Objects"(可获对象)列表中向"Assigned Objects"(分配对象)列表中添加分析对象,如图 12 – 13 所示。设置好后,鼠标右键单击对象浏览器"Chain"对象,选择"Chains Tools"→"Computer"对链路进行计算,再通过"Chains Tools"下的"Report"和"Graph"查看分析结果,如图 12 – 14 和图 12 – 15 所示。

12.2.3　STK 在航天器导航定位任务仿真分析中的应用

利用 STK/CoverageDefinition 和 STK/FigureOfMerit 模块可以对航天器导航能力进行仿真分析,选择不同的模型,可以详细分析导航星座对各种目标定位精度随时间的变化规律,分析不同构型星座导航能力的优劣,以 GPS 星座为例具体说明。

1. 载入星座

对于在轨运行的导航星座,可直接通过 STK 卫星数据库加载,打开"Satellite Data-

258

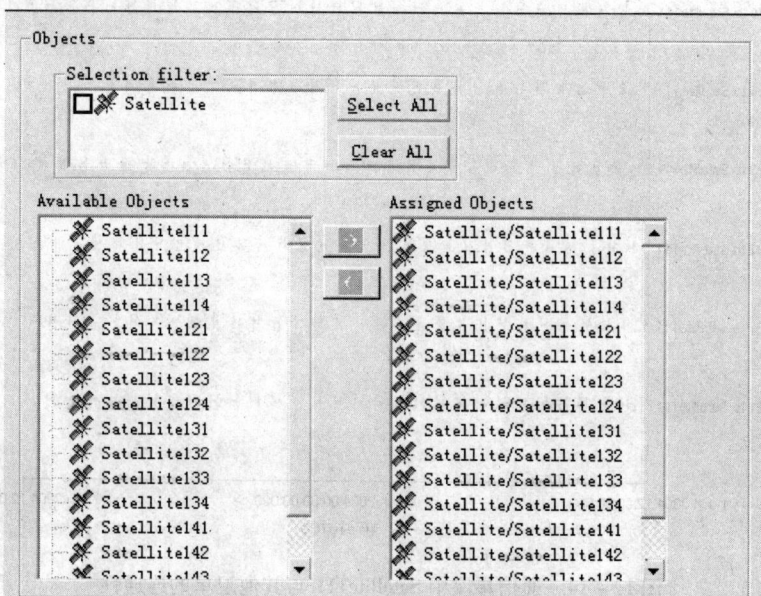

图 12 – 12　"Constellation"对象添加卫星对象

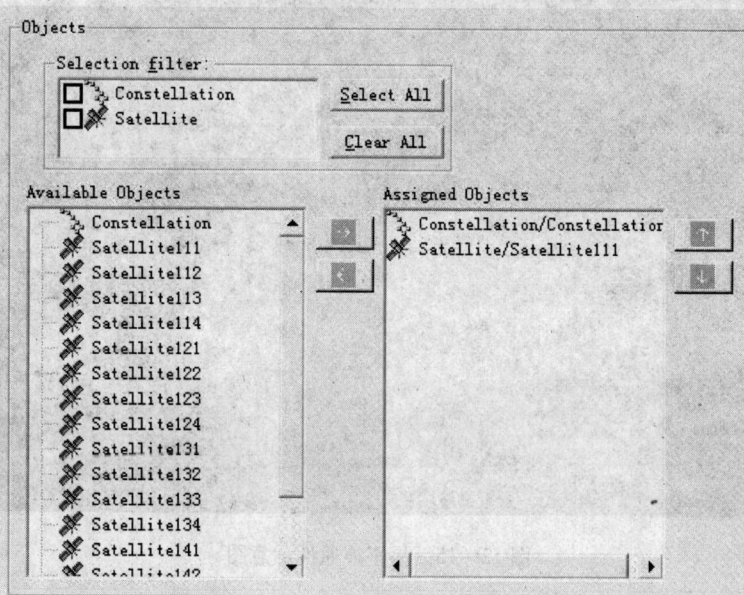

图 12 – 13　"Chains"对象设置

base"对话框,如图 12 – 16 所示,填写搜索关键词,例如,"Common Name"(俗称)填写"GPS","Status"(状态)选择"Active"(未失效),然后单击搜索按钮即可。

2. 设置对象

添加"CoverageDefinition"对象,设置参数,包括分析区域目标或点目标、添加 GPS 卫星资源等;在"CoverageDefinition"对象下添加"FigureOfMerit"对象,选择分析类型,对于导

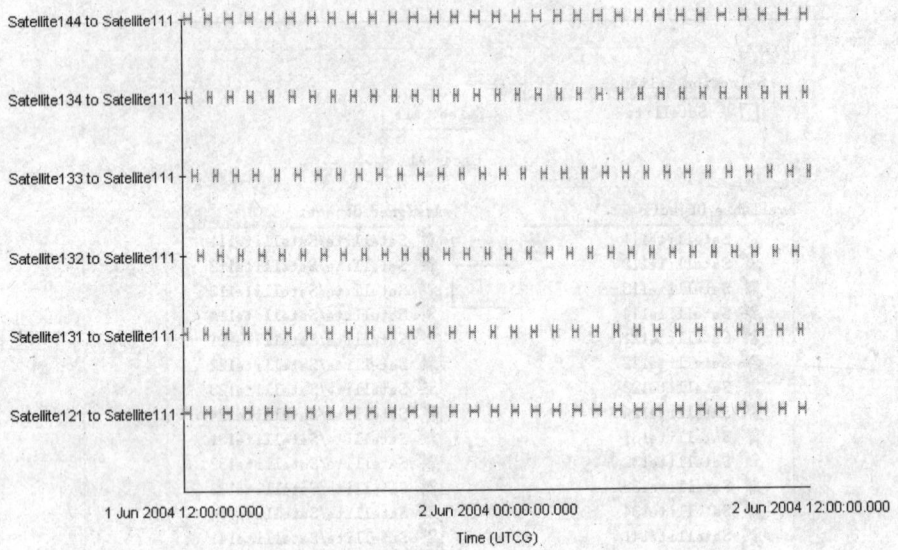

图 12 - 14　通信星座中 Satellite111 与其他卫星的连通性

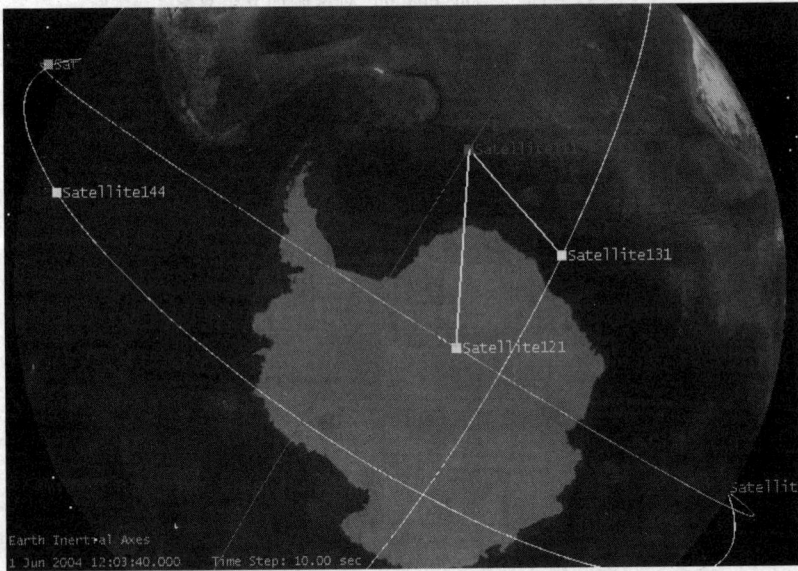

图 12 - 15　星座连通性示意图

航星座,主要选择"Navigation Accuracy"(定位精度)和"Dilution Of Precision"(精度衰减系数)。

3. 计算并分析结果

进行访问计算,计算完毕后,使用"Grid Inspector"(栅格检查器)选定区域或目标,而后生成各种分析报告和图表。图 12 - 17 所示为 GPS 星座在一天内,对我国区域导航的 GDOP 值变化曲线,最大约为 1. 75,最小约为 1. 3,构型良好。

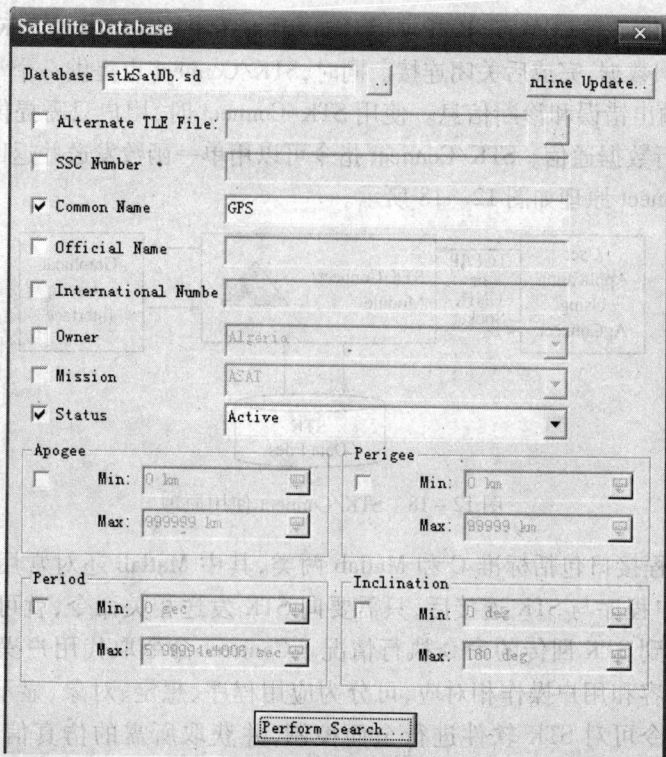

图 12-16　从 STK 卫星库中添加"GPS"卫星

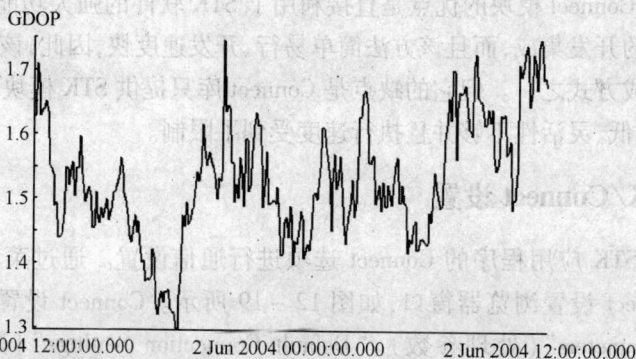

图 12-17　GPS 星座平均 GDOP 值变化曲线

12.3　STK/Connect 程序驱动模块应用

12.3.1　STK/Connect 模块简介

　　STK/Connect 模块提供给用户一种简单的方法,使 STK 和客户端服务环境相配合,用户可以开发应用软件与 STK 进行通信,从而驱动 STK 达到扩展和利用的目标。STK6.1 以前的版本应用软件需要通过加载动态库的方法与 STK 保持通信,STK6.1 以后应用软件还可以采用添加组件的方法,使用 AGI 公司提供的各种 STKx 组件。其基本原理是

261

STK/Connect 打开一个 COM、TCP/IP 或者 Unix 到 STK 的连接,发送 STK/Connect 指令, 接收 STK 的返回数据,完成后关闭连接。同时,STK/Connect 也提供一个消息功能以用户 定义的方式来输出错误和诊断信息。使用 STK/Connect 时,用户只需提供连接名和端口 号以便 STK 进行数据通信。STK/Connect 指令可以用单一函数发送并返回任何所期望的 数据。STK/Connect 原理如图 12 –18 所示。

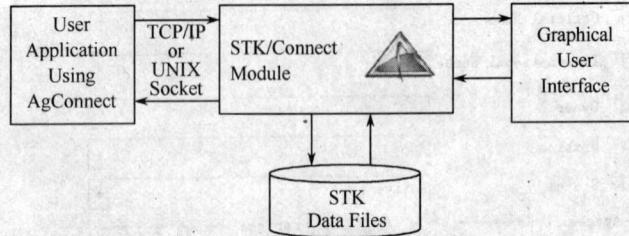

图 12 –18   STK/Connect 使用原理

  Connect 编程接口包括标准 C 和 Matlab 两类,其中 Matlab 还对常用的 STK 操作进 行了封装。用户程序与 STK 连接后,只需要向 STK 发送相关命令,就可以控制 STK 进 行仿真,并且得到 STK 回传的命令执行情况。Connect 命令取代用户操作 STK 服务器 的作用,命令内容和用户操作相对应,可分为应用程序、想定、对象、显示、工具、接口六 类,借助这些命令可对 STK 软件进行全面控制,并获取所需的仿真信息。通过 STK/ Connect 模块,用户可以把对 STK 的操作封装到自己的程序中,从而方便地实现对 STK 的编程控制。

  使用 STK/Connect 模块的优点是直接利用了 STK 软件的强大功能,实现了对 STK 软 件和用户程序的开发集成,而且该方法简单易行、开发速度快,因此,该方法已成为目前使 用最广泛的集成方式之一。但它的缺点是 Connect 库只提供 STK 模块功能的命令方式调 用,代码效率较低、灵活性不够并且执行速度受到了限制。

12.3.2   STK/Connect 设置

  用户可对 STK 应用程序的 Connect 选项进行通信设置。通过菜单选项 Tools→Op-tions 打开 Connect 设置浏览器窗口,如图 12 –19 所示。Connect 设置窗口包括三部分: "Processing Parameters"(处理参数)、"Default Connection Settings"(默认连接设置)和 "Command Logging"(命令日志)。各部分包括的参数及其意义如表 12 –6 所列。

表 12 –6   STK/Connect 连接参数简述

分类	选项	描　　述
处理参数	Allow Connect	选中表示 Connect 允许通过 socket 进行连接
	Allow Async	选中表示 Connect 允许以异步通信模式进行通信
	Max	指定 STK 在同一时刻允许的最大连接数
	Poll period	指定检查连接消息的时间(毫秒)
	TCP/IP	使用 socket 连接的端口号,范围是 5001 ~ 32000

262

分类	选项	描　述
默认连接设置	Acknowledge Msg Receipt	选中表示 Connect 发送一个 ACK 消息来响应接收到的消息。
	Error Notify Mode	选中表示 Connect 通知用户在连接处理期间发生的错误
	Verbose	选中表示允许 Connect 通过标准的输出,以详细信息来响应连接和消息事件
命令日志	Allow Logging	选中表示任何在 STK 会话期间进入的 Connect 命令都将被记录到文件中
	Log File	记录 Connect 命令的文件。如果该文件已存在,则命令添加到该文件尾。如果该文件不存在,则新建文件

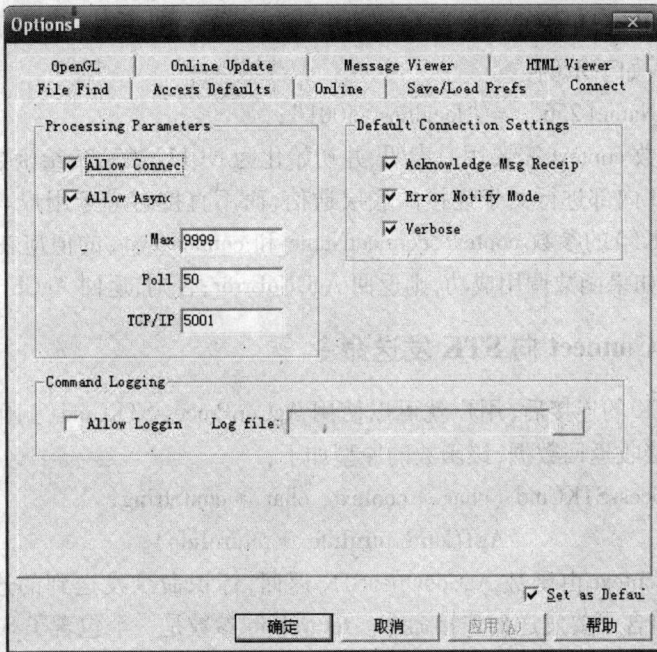

图 12 - 19　STK/Connect 连接参数设置窗口

12.3.3　建立与 STK 的连接

下面介绍利用 C 语言与 STK 建立连接,调用 STK 提供的 API 函数的方法,C 语言环境是 Microsoft Visual C + + 6.0。利用 VC6 开发 STK 连接应用程序,需要 STK 提供连接的头文件和库文件进行配置。其中,头文件共有三个,均在“STK 安装目录\Connect\Includes”文件夹中,分别为 AgConnect. h、AgConSendData. h 和 AgUtMsgCommon. h。库文件则分别为调试库文件和运行库文件,分别在“STK 安装目录\Connect\Lib\Debug”和“STK 安装目录\Connect\Lib\Release”文件夹中,文件名为“AgConnect. lib”,如图 12 - 20 所示。

完成配置后,需要对 Connect 进行初始化,用户需调用 AgConInit( ) 函数,其原型如下:

int AgConInit (char * initFileName);

参数 initFileName 指向初始化配置文件,若 initFileName = NULL 表示 STK/Connect 将

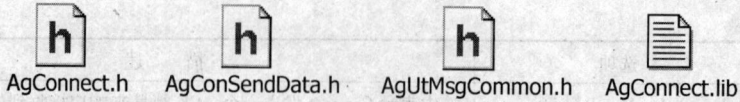

图 12 - 20 STK 提供的头文件与库文件

启用默认配置文件,其配置即为 12.3.2 节中的参数配置,为方便设置,一般采用赋空值的方式。

一旦完成了 Connect 的初始化,用户就需要使用 AgConOpenSTK( )打开与 STK 的连接。该函数的原型如下:

int AgConOpenSTK (char * * context, char * connectType, char * connectName);

其中,参数 connectType 指定要打开的连接的类型,可默认。

connectName 参数指定连接的详细内容。对于 TCP/IP 连接,指定主机名和端口号,二者由冒号分隔,如下示例:

char connectName[256] = "localhost:5001";

最后一个参数 context 需要用户声明,并初始化为 NULL,然后传给函数即可。它用于在 AgConnect API 内部进行关于连接的底层通信,而不直接对应于用户。这里传递给函数 AgConOpenSTK( )的参数 context、connectName 和 connectType 的值应在后续的函数调用中保持一致。如果函数调用成功,则返回 AgCNoError;否则,返回 AgCError。

12.3.4　使用 Connect 向 STK 发送命令

建立了与 STK 的连接后,用户就可以使用 AgConProcessSTKCmd( )函数向 STK 发送命令、从 STK 中接收返回数据,该函数的原型如下:

int AgConProcessSTKCmd (char * context, char * cmdString,

　　　　　　　　　　AgTConReturnInfo * returnInfo);

其中,参数 context 由函数 AgConOpenSTK 返回,标识命令发送到的连接。cmdString 是一个字符串,包含了要发送的连接命令。returnInfo 参数是一个包含了 STK 返回信息的结构。

cmdString 命令格式是驱动 STK 的关键,单个命令格式如下:

< CommandName >　< ObjectPath >　[< CommandData >]

其中,< CommandName >为命令名称,< ObjectPath >为关键参数,[< CommandData >]为可选参数。通过用分号将单个命令连接起来,可以在一次事务中向 Connect 发送多个命令。由于 STK 一次只能打开一个场景,用户可以使用通用匹配符" * "来代替场景名,例如,用户可以输入 New/ * /Satellite SatName 来代替 New/Scenario/ScenarioName/Satellite SatName,其中" * "表示已经装载的场景。下面以卫星 SatName 对目标 TargetName 探测为例,简单介绍一下用命令如何获取仿真结果。

(1)New / Scenario ScenarioName //建立名字为"ScenarioName"的场景

(2)New / * /Satellite SatName //添加名字为"SatName"的卫星对象

(3)SetState * /Satellite/ SatName Classical TwoBody "1 Dec 2009 00:00:00.00 " "2 Dec 2009 00:00:00.00 " " 60 J2000 " "1 Dec 2009 00:00:00.00 " 7378137 0.0 63.4 0.0

0.0 0.0 //设置卫星轨道参数,仿真时间从 2009.12.1 0 时 0 分 0 秒至 2009.12.2 0 时 0 分 0 秒,轨道历元为 2009.12.1 0 时 0 分 0 秒

　(4) New / ＊/Target TargetName //添加名字为"TargetName"的目标对象

　(5) SetPosition ＊/Target/TargetName Geodetic 20.0 20.0 0.0 //设置目标参数,经度 20,纬度 20,高程 0

　(6) Access ＊/Satellite/SatName ＊/Target/TargetName //计算卫星对目标的访问

　(7) GetRptSummary ＊/Satellite/SatName "Access" ＊/Target/TargetName "1 Dec 2009 00:00:00.00 " "2 Dec 2009 00:00:00.00" " 30" //获取报告,存储在 returnInfo 中

12.4　STK 在分布式仿真中的应用

随着航天仿真规模的不断扩大和仿真粒度的不断减小,仅利用单台计算机进行仿真往往负载过重,分布式仿真得到了广泛的应用。1996 年美国国防部建模与仿真办公室提出的一种全新的分布交互仿真系统结构(High Level Architecture,HLA),以促进仿真的互操作性、可重用性、可伸缩性、实时性和协同性,其显著特点是通过运行时间支撑环境(Run-Time Infrastructure,RTI),提供通用的、相对独立的支撑服务程序,将仿真应用同底层的支撑环境分开。2000 年 9 月,HLA 已被正式接受为 IEEE 标准,成为新一代分布交互仿真体系结构的标准。

12.4.1　STK 中间件的实现方式

为了将 STK 和 RTI 有机的结合在一起,可以采用 STK-RTI 中间件的思想。STK-RTI 中间件用于连接 STK 与 RTI,使得 STK 可以通过 RTI 与其他 HLA 联邦成员集成,完成更大规模的仿真。STK-RTI 中间件的目的是将 STK 改造成为符合 HLA 分布仿真标准的仿真软件,从而拓展 STK 软件的应用领域,增强其功能,满足联合作战建模与仿真的需求,其实现方式如下:

(1)采用代理成员模式,代理成员运行在 STK 服务器节点上,作为 STK 服务器与 HLA 其他联邦成员的唯一接口程序,通过必要的封装,STK 软件系统可以作为一个 HLA 联邦成员与其他成员一起加入到 HLA 联邦应用。

(2)代理成员使用 STK/Connect 模块实现代理成员和 STK 服务器进行交互,包括向 STK 服务器发送仿真控制信息、外部仿真对象信息、事件信息,以及从 STK 服务器获得内部仿真实体信息,事件信息。

(3)代理成员采用 HLA/RTI 提供的联邦管理、申明管理、对象管理、时间管理、所有权管理和数据分发管理等标准服务实现代理成员和 HLA 其他联邦成员的交互,完成联邦运行的控制以及和其他联邦成员的数据交互。

(4)代理成员采用服务转换机制建立 STK/Connect 模块功能函数和 RTI 标准服务之间的映射关系,将 RTI 的联邦管理服务、时间管理服务转换为 STK/Connect 模块的场景、动画控制服务;将 RTI 的对象管理、数据分发管理服务转换为 STK/Connect 模块的卫星、导弹、地面站和车辆等实体的添加、删除以及实体参数的设置与查询等;并将应答结果通过 RTI 的对象管理、数据分发管理服务发送给联邦的其他相关成员。

(5)STK 数据结构转换为符合 HLA 数据标准的属性和交互/参数以及复合数据类型，并通过 OMDT 工具登记到 FOM 中。

代理成员运行流程如图 12 - 21 所示。

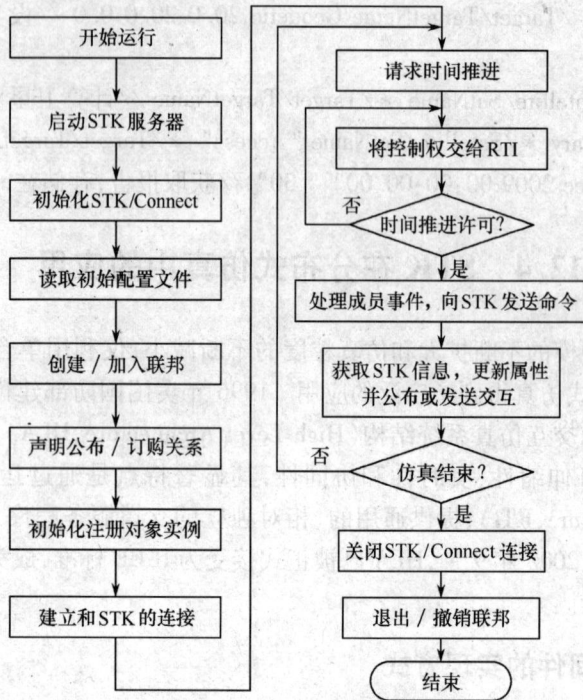

```
┌──────────────┐
│    开始运行    │
└──────┬───────┘
       │
┌──────▼───────┐              ┌──────────────┐
│  启动STK服务器  │   ┌─────────▶│   请求时间推进   │
└──────┬───────┘   │          └──────┬───────┘
       │           │                 │
┌──────▼───────┐   │          ┌──────▼───────┐
│ 初始化STK/Connect│  │          │ 将控制权交给RTI  │
└──────┬───────┘   │          └──────┬───────┘
       │           │       否       │
┌──────▼───────┐   │          ┌──────▼───────┐
│  读取初始配置文件 │  │ ◀────────│  时间推进许可？  │
└──────┬───────┘   │          └──────┬───────┘
       │           │              是 │
┌──────▼───────┐   │          ┌──────▼─────────────┐
│  创建 / 加入联邦 │   │          │ 处理成员事件，向STK发送命令 │
└──────┬───────┘   │          └──────┬─────────────┘
       │           │                 │
┌──────▼───────┐   │          ┌──────▼─────────────┐
│ 声明公布 / 订购关系 │  │          │ 获取STK信息，更新属性 │
└──────┬───────┘   │    否    │ 并公布或发送交互      │
       │           │          └──────┬─────────────┘
┌──────▼───────┐   │          ┌──────▼───────┐
│ 初始化注册对象实例 │  └──────────│   仿真结束？    │
└──────┬───────┘              └──────┬───────┘
       │                         是 │
┌──────▼───────┐              ┌──────▼───────┐
│  建立和STK的连接 │              │ 关闭STK/Connect连接 │
└──────────────┘              └──────┬───────┘
                              ┌──────▼───────┐
                              │  退出 / 撤销联邦 │
                              └──────┬───────┘
                              ┌──────▼───────┐
                              │     结束      │
                              └──────────────┘
```

图 12 - 21　代理成员运行流程

12.4.2　STK 中间件代理成员的开发

STK-RTI 中间件本质上是一个 HLA 成员，因此，具有一般成员同样的开发方式与步骤。

1. STK-RTI 中间件 SOM 设计

第三方应用程序通过 STK/Connect 模块向 STK 发送命令，根据 STK/Connect 模块可接收的命令进行 STK-RTI 中间件 SOM 交互类的设计。

STK-RTI 中间件根据 STK 场景可包含的对象及其具有的属性进行 SOM 对象类的设计。STK 采用面向对象设计、具有分级组织结构，其场景可包含的对象有卫星、导弹、飞机、轮船、车辆、运载、地面站、行星、恒星、目标、区域以及遥感器、接收机、转发器、雷达等。

2. STK-RTI 中间件生成

根据 STK-RTI 中间件 SOM,利用成员自动生成工具生成 STK-RTI 中间件框架。该框架实现了大部分 RTI 服务的功能,具有一般 HLA 成员的性质。

3. STK-RTI 中间件内部功能实现

在每一个仿真步长内,STK-RTI 中间件定购 HLA 成员公布的对象类,由此生成 STK 场景中相应的对象:同时接收来自 HLA 成员的命令交互,然后向 STK 转发相应的命令。接着,STK-RTI 中间件向 STK 发出命令,要求 STR 返回 STK 中场景、场景对象的属性、状态,STK-RTI 中间件对返回的数据进行提取、分析,转化为对象类实例的属性更新。最后,STK-RTI 中间件请求时间推进。

STK-RTI 中间件实现功能如图 12 - 22 所示。

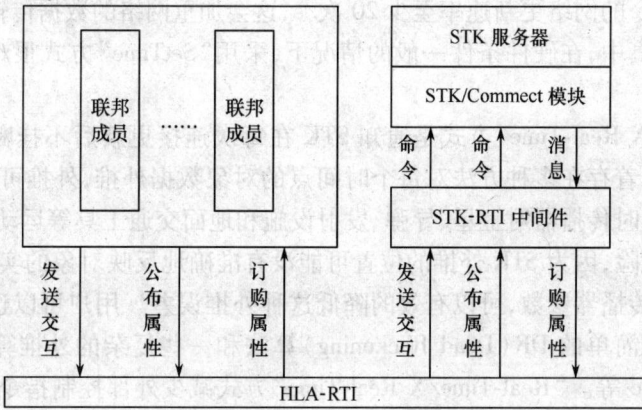

图 12 - 22 STK-RTI 中间件实现功能

4. 命令交互类的实现

命令交互类根据 12.3.4 节介绍的方法进行开发,实现 HLA 成员作为第三方应用程序通过 RTI 向 STK 发出命令,此时 STK-RTI 中间件的作用仅仅是转发 HLA 成员的命令,STK 接受命令后作出的应答。在这种情况下,RTI 及 STK-RTI 中间件是透明的,可以视为 HLA 成员作为第三方应用程序与 STK 通过 Connect 模块直接进行通讯。

5. 场景对象类的公布与定购

HLA 成员发出命令交互后,STK-RTI 中间件向 STK 转发命令,STK 根据这些命令生成场景对象,或改变已有场景对象的属性、状态;同时,STK-RTI 中间件定购 HLA 成员公布的 STK 场景对象类、反射更新的场景对象类实例的属性。STK-RTI 中间件的重要功能是将 STK 中生成的场景对象类、场景对象类实例的属性随 HLA 仿真时间的推进公布、更新出去,这里将用到 Connect 模块的一个重要命令 GetReporte。GetReport 以报告的形式返回数据,STK-RTI 中间件对返回的数据进行提取、分析,转化为对象类、对象类实例的属性进行公布、更新。

12.4.3 STK 在分布式仿真中的时间同步设计

时同同步是分布式仿真的关键,在基于 STK-RTI 的分布式仿真中,采取的时间同步策略是:以 STK 演示时钟为基准时钟,通过 STK/Connect 模块绑定服务器端演示联邦成员与 STK 的时间同步,从而在演示联邦成员中建立仿真虚拟世界的时间基准;通过 RTI,保证联邦成员之间的时间同步,从而实现整个分布式系统的时间同步。STK 提供两种实时控制方式:一种是"SetTime"方式;另一种是"Real-Time/X Real-Time"方式。

"SetTime"方式是利用发送时间戳来实时驱动 STK。在这种驱动方式下,STK 的内部时钟不会做任何推进,场景也不会做任何刷新,除非外部的 Connect 命令更新它的时间戳。这意味着在相邻两次外部实时命令的时间间隔之内。STK 场景是静止不动的,这样导致的结果是屏幕显示的动作不够平滑,场景中的对象从一个位置运动到另一个位置,视觉效果好像在"眨眼";另一个不利的因素是如果存在网络延时,此时,STK 的动作将要被冻结,以等待下一时刻网络数据的刷新。

"SetTime"方式对仿真硬件设备的要求较高,如果要仿真画面的刷新率达到 20 帧/s,则要求时间戳指令的网络更新速率至少 20 次/s,这会加重网络的数据传输负担。在复杂的分布交互式仿真中,在硬件条件一般的情况下,采用"SetTime"方式很难达到画面流畅的平滑效果。

"Real-Time/X Real-Time"方式是通知 STK 在每次连接更新后不挂断场景中对象的时间推进,这意味着存在多种方法对每个时间点的对象数据外推,外推可以包括位置、速度和姿态,这种实时传播器对卫星、导弹、发射设施和地面交通工具等运动对象都存在,但是,它也存在着危险,因为 STK 外推的位置可能没有准确地反映对象的实际位置,合理的设置对象的实时传播器参数,可以有效的降低这种外推误差。用户可以选择不同的传播器外推算法,如最简单的 DR(Dead Reckoning)算法和一些复杂的外推算法:卫星的 J2/J4、导弹的 Ballistic 等。"Real-Time/X Real-Time"方式减少外部控制指令的发送,可以最大限度地保证画面的流畅。

附录　STK 术语表

Access	两物体间的相互可访问
Altitude	海拔高度
Animate	显示地图上物体在某特定时间内运动的过程
Animation	允许用户设置运动参数的属性键
Apparent Position	观察者在考虑光照时间延滞和失常的时间内所看到的物体位置
Application	在程序中包括所有情节和对象,在申请阶段被设置的基本属性
Apogee	远地点
Area Target	已定义的地面上感兴趣的地理区域
Argument of Perigee	近地点幅角(ω)
Ascending Node	升交点
Atmospheric Drag	大气阻力
Attitude	姿态(飞行器的三轴方向)
Auto Save	保存文件时,用户可以根据自己的需要定义路径名和时间
Azimuth	方位角
Azimuth Rate	方位角变化速率
Azinuthal Equidistant	等距方位投影(天顶等距投影)
B1950	以 1950 贝赛尔年为起点定义的标准时间
Cartesian Elements	笛卡儿原理(在一直角坐标系通过位置矢量定义的一条轨道)
Classical Elements	用惯性空间的尺寸、形状、三维方向定义的物体
Conic	二次锥面
Coordinate Type	坐标类型
Coordinate System	坐标系统
Coverage	覆盖
Date Format	时间格式
Delta-v	轨道参数变化所需要的速度
Descending Node	降交点
Diameter	直径
Direct Sun	完全看到太阳的地方
Drift Orbit	转移轨道
ECI(Earth-Centered Inertial)	地心惯性坐标系
ECF(Earth-Centered Fixed)	地心固定(非惯性)坐标系
Eccentricity	离心率
Eccentric Anomaly(E)	偏近点角
Elevation	俯仰角
Elevation Angle	高度角
Elevation Rate	高度角变化率

Facility	地面上的固定位置,如地面站、发射场、跟踪站
Field of View(FOV)	视域
Fixed Coordinate System	固定坐标系
Frequency	频率
Geocentric	由地心向径决定的地球上某点的经纬度
Geodetic	由地理向径决定的地球上某点的经纬度
Geostationary Orbit	地球同步轨道
Grazing Angle	入射角
Greenwich Mean Time(GMT)	格林威治平时
Ground Elevation Angle	地面高度角
Ground Track	星下点轨迹
Half Angle	右圆锥的轴及其表面间的角度
Half-Power	半功率
Hohmann Transfer	霍曼轨道转移
HPOP(High Precision Orbit Propagator)	高精度轨道预报
Inclination	轨道倾角
Inclined Orbit	倾斜轨道
J2 Perturbation	考虑到一阶项地球扁平率长期影响的解析性轨道函数
J4 Perturbation	考虑到一阶和二阶项的地球扁平率的长期影响的解析性轨道分布函数
J2000 Coordinate System	2000 年 1 月 1 号 12:00 时,X 轴指向平春分点 ,Y 轴指向地球平旋转轴的坐标系
Keolerian Elements	开普勒轨道要素
Major Axis of an Ellipse	通过椭圆的中心和两交点的最长直径
Mean Anomaly	平近点角
Mean Solar Time or Universal Time(UT)	平均太阳时或格林威治平时
Mean Motion	平动(在同周期圆轨道上的卫星统一速率)
Mercator	麦卡托投影
Miller	米勒投影(与麦卡托投影相似)
Mixed spherical	混合球形坐标系
MSGP4 Propagator	用于双线平根数设置。当用于平阻力模型时考虑地球扁平、日月引力和共振的影响
Perigee	近地点
Prograde Orbit	顺行轨道
Real Time	以用户的时钟标准显示运动
Rectangular Coordinate System	直角坐标系
Resolution	分辨力
Retrograde Orbit	逆行轨道
Right Ascension	赤经
Right Ascension of Ascending Node(RAAN)	升交点赤经
Semi-major Axis	椭圆的主半轴
Sensors	传感器
Sidereal Time	恒星时

SSC(Space Surveillance Catalog) Number	为了便于识别而给卫星进行的编号
Start Time	运动的开始时间
Stop Time	运行的结束时间
Sun Elevation Angle	太阳的高度角
Sun Lighting	控制光照状态
Target	地面上的不动点
Time Period	用于确定运行中的对象的时间间隔
Time Step	更新信息的时间间隔
Tool Bar	位于地图窗口上部的工具栏
True Anomaly	真近点角
Two-Body	将地球看作没有摄动的质点
Universal Time(UT)	格林尼治子午线上的当地平太阳时(格林尼治平时)
Walker Constellation	星座位于相同的圆轨道,有相同的周期的一组卫星
X Real-time	比真时运行快的倍数
Zoom In	在焦点不变的情况下进行放大
Zoom Out	按照放大的比例进行缩小

参考文献

[1] 邱毅. 航天与太空武器[M]. 北京:军事谊文出版社,2000.

[2] 常显奇. 军事航天学[M]. 第2版. 北京:国防工业出版社,2005.

[3] 曹裕华,刘淑丽. 试论联合作战中空间力量运用特点与要求[J]. 联合作战空间力量运用研讨会论文集. 北京:军事谊文出版社,2009.

[4] 曹裕华,赵玉普. 空天信息系统发展现状与趋势研究. 装备指挥技术学院学报, 2009,20(2):50-53.

[5] 汪洲,彭晓源. 基于HLA的分布式卫星仿真通信系统的构建[J]. 系统仿真学报,2004,16(12): 2747-2750.

[6] 吴炜琦,张育林. 光学侦察卫星的目标探测概率分析[J]. 国防科技大学学报, 2006,28(4):14-17.

[7] 张雅声,张育林. 侦察卫星星座目标发现概率与最大访问间隔分析[J]. 系统工程与电子技术, 2005,27(9):1587-1589.

[8] 吴炜琦,张育林. 海洋目标探测卫星的通用效能模型初探[J]. 宇航学报,2006,27(4):814-818.

[9] Wang Zhou, Li Ning, Peng Xiaoyuan. Research on Self-synchronization in Network Centric Warfare Simulation[A], Proceedings of Asia Simulation Conference/The 6th International Conference on System Simulation and Scientific Computing (Beijing), Vol. 2, 1404-1408, Beijing, China, 2005.

[10] 白洪波. 航天电子侦察对抗方式与策略探析[J]. 联合作战空间力量运用研讨会论文集. 北京:军事谊文出版社,2009.

[11] 陈振国,杨鸿文. 卫星通信系统与技术[M]. 北京:邮电大学出版社,2003.

[12] 张毅,杨辉耀. 弹道导弹弹道学[M]. 湖南长沙:国防科技大学出版社,1999.

[13] Curtis Schleher D,. Electronic Warfare in Information Age[M]. Artech House,1999.

[14] David L. Adamy. EW102:A Second Course in Electronic Warfare[M]. Artech House,2004.

[15] 吴诗其,李兴. 卫星通信导论[M]. 北京:电子工业出版社,2002.

[16] 曹裕华,廖兴禾. 航天测控设备保障体系能力评估研究[J]. 装备指挥技术学院学报, 2009,20(5): 45-49.

[17] 丁红勇. 空间信息传输模型设计[J]. 系统仿真学报,2006(8):33-36.

[18] 赵舒. TDRSS系统通信链路特性及干扰分析[D]. 重庆:重庆大学,2007.

[19] 侯柳英,徐慨,王路. 卫星通信系统在综合干扰条件下的性能分析[J]. 通信技术,2008,41(12): 120-124.

[20] Eftekharietal R. Communications design considerations in interference limited satellite networks[C]. AIAA 9th Communications Satellite Systems Conference,1982:82-528,504-511.

[21] 曹裕华,冯书兴. 天基成像侦察任务分配模型及其求解[J]. 军事运筹学会年会论文集,北京:海潮出版社,2008.

[22] 常艳. 基于MAS的分布式群体决策支持系统框架体系结构的研究[J]. 计算机工程与应用,2003 (18).

[23] Sanda Mandutianu. Space Networking-Interacting in Space Communication Networks[A]. Aerospace Conference Proceedings[C],2000 IEEE Volume 6, Issue , 2000 Page(s):193-202 vol.6.

[24] Georgiy M Levchuk el, et al. Normative Design of Organizations—Part I : Mission Planning[J]. IEEE

TRANSACTIONS ON SYSTEMS, MAN, AND CYBERNETICS—PART A: SYSTEMS AND HUMANS, VOL. 32, NO. 3, MAY 2002.

[25] Georgiy M Levchuk el, et al. Normative Design of Organizations—Part II: Organizational Structure [J]. IEEE TRANSACTIONS ON SYSTEMS, MAN, AND CYBERNETICS—PART A: SYSTEMS AND HUMANS, VOL. 32, NO. 3, MAY 2002.

[26] Sui Ruan, Swapna S. Gokhale, Krishna R. Pattipati, An-Agent Based Simulation Model for Organizational Analysis[A], Proc. of the 2006 Command and Control Research and Technology Symposium[C], 2006.

[27] 汪洲. 网络中心战建模仿真关键技术研究[D]. 北京:北京航空航天大学,2007.

[28] 尹全军. 基于多 agent 的 CGF 建模与仿真[D]. 湖南长沙:国防科技大学,2005.

[29] Rafael H. Bordini, Mehdi Dastani, et al. Multi-Agent Programming, Languages, Platforms and Applications[M]. Springer, 2005.

[30] 修保新,张维明,等. C2 组织结构适应性设计方法[J]. 系统工程与电子技术,2007,29(7).

[31] 汪连栋,等. 电子战视景仿真技术与应用[M]. 北京:国防工业出版社,2007.

[32] 管清波,冯书兴. 战场环境的抽象化模型设计与仿真[J]. 系统仿真技术,2009,16(3).

[33] 曹裕华,冯书兴. 空间军事信息系统仿真设计技术研究[J],军事系统工程与军事运筹年会论文集,北京:海潮出版社, 2007.

[34] 王信峰,李言俊,张淑琴. 航天器运动可视化仿真建模技术研究[J]. 系统仿真学报, 2008,20(10): 2609-2613.

[35] 王乘,等. Creator 可视化仿真建模技术[M]. 湖北武汉:华中科技大学出版社,2005.

[36] 罗小明,等. 弹道导弹攻防对抗的建模与仿真[M].北京:国防工业出版社,2009.

[37] 张玉军,冯书兴,蒲波. 海洋监视卫星星座功能建模与仿真[C]. 军事运筹学学会 2009 年学术年会论文集. 北京:军事科学出版社,2009(10)829-831.

[38] 汪洲,彭晓源,李宁. 基于网络中心战概念的虚拟战场建模/仿真技术[J],系统仿真学报,2005,17 (6):1294-1298.

[39] 汪洲,丁哲峰. 天基 ISR 网络成像侦察能力分析与仿真[A]. 系统仿真技术及其应用,2009,11: 647-650.

[40] [美]Wayne L Winston. 运筹学—概率模型应用范例与解法[M]. 第 4 版. 李乃文,等译. 科学出版社,2006.

[41] Gray W S,Gonzalez O R,Dogan M. Stochastic Perturbation Models of Electromagnetic Disturbances In Closed-Loop Computer Controlled Flight System, Digital Avionics Systems Conference,1999,Processings 18th,10. C. 4-1_10. C. 4-8 Vol. 2.

[42] 郭齐胜,董志明. 战场环境仿真[M]. 北京:国防工业出版社,2005.

[43] 曹裕华,冯书兴. 基于 Web 的军事航天任务规划系统设计与实现[J]. 装备指挥技术学院学报. 2007,18(3):47-51.

[44] 管清波,杨勇. 电子侦察卫星信息获取及处理建模与仿真[J]. 计算机仿真,2007,24(8): 42-45.

[45] 曹裕华,江敬灼. 军事概念模型及其建模方法,军事系统工程与军事运筹,2003(4).

[46] 管清波,冯书兴. 训练模拟系统的数据及其分析问题研究[J]. 装备指挥技术学院学报, 2009,20 (4):75-78.

[47] 范勇. 军事概念建模形式化描述语言比较分析[J]. 火力与指挥控制,2006(6).

[48] 藤崇志,曹裕华,郭顺林. 航天电子侦察系统仿真设计与实现[C]. 军事系统工程学会 2009 年学术年会论文集,北京:军事科学出版社,2009,9:809-813.

[49] 丁泽柳,曾熠,罗雪山. 基于 IDEF0 的 NCW 指控概念模型研究[J]. 舰船电子工程,2007(4).

甫宁,牟肖光. 基于 OPNET 的网络模型仿真[J]. 现代电子技术,2008(12).

李哲,洪志国,吕家国. 基于 SPN 的 LEO 卫星网络建模分析[J]. 中国传媒大学学报自然科学版,
2008(3).

[52] 钱峻屏,黄菲,等. 基于 MODIS 数据的海上气象能见度遥感光谱分析与统计反演[J]. 海洋科技进
展,2004(10).

[53] 何全军,曹静,黄江,等. 基于多光谱综合的 MODIS 数据云检测研究[J]. 国土资源遥感,2006(9).

[54] 蒲波,冯书兴,张玉军. 卫星成像信息处理建模与仿真[C]. 军事运筹学学会年会论文集. 北京:军
事科学出版社,2009(10):1020-1022.

[55] 刘成国,祁飞. 卫星工具包在分布式仿真中的实时控制研究[J]. 计算机应用,2006(6):1463-1465.

[56] 杨华. SBIRS-Low 卫星红外探测系统探测距离分析[J]. 现代防御技术,2003(6):45-47.

[57] 张更新,张杭,等. 卫星移动通信系统[M]. 北京:人民邮电出版社. 2001.

[58] 张玉军,冯书兴. 基于 STK 的 GPS 星座构型研究[J]. 装备指挥技术学院学报,2009(12):47-50.